普通高等教育系列教材

Altium Designer 22 电路设计基础与实例教程

陈　慧　黄志刚　槐创锋　主编
沈晓玲　贾雪艳　杨世德　参编

机械工业出版社

本书以 Altium Designer 22 为基础，全面讲述了 Altium Designer 22 电路设计的各种基本操作方法与技巧。全书共有 10 章，主要包括 Altium Designer 22 概述、电路原理图的设计、层次化原理图的设计、原理图的后续处理、印制电路板设计、电路板的后期处理、创建元件库及元件封装、信号完整性分析、电路仿真系统，第 10 章为综合实例，介绍单片机显示电路原理图与 PCB 设计。

本书理论与实践相结合，内容丰富、图文并茂，可作为高等学校电子相关专业的教材，也可作为各种电路设计培训机构的培训教材，同时还可以作为电路设计从业者的参考用书。

本书配有授课电子课件，以及全书讲解实例和练习实例的源文件素材，需要的教师可登录 www.cmpedu.com 免费注册，审核通过后下载，或联系编辑索取（微信：13146070618，电话：010-88379739）。

图书在版编目（CIP）数据

Altium Designer 22 电路设计基础与实例教程 / 陈慧，黄志刚，槐创锋主编. —北京：机械工业出版社，2023.8（2024.9 重印）

普通高等教育系列教材

ISBN 978-7-111-73482-6

Ⅰ. ①A… Ⅱ. ①陈… ②黄… ③槐… Ⅲ. ①印刷电路-计算机辅助设计-应用软件-高等学校-教材 Ⅳ. ①TN410.2

中国国家版本馆 CIP 数据核字（2023）第 125906 号

机械工业出版社（北京市百万庄大街 22 号 邮政编码 100037）

策划编辑：解 芳　　责任编辑：解 芳

责任校对：张爱妮 刘雅娜 陈立辉　　责任印制：张 博

河北鑫兆源印刷有限公司印刷

2024 年 9 月第 1 版第 2 次印刷

184mm×260mm · 18.5 印张 · 465 千字

标准书号：ISBN 978-7-111-73482-6

定价：75.00 元

电话服务

客服电话：010-88361066

010-88379833

010-68326294

网络服务

机 工 官 网：www.cmpbook.com

机 工 官 博：weibo.com/cmp1952

金 书 网：www.golden-book.com

机工教育服务网：www.cmpedu.com

前　言

EDA（Electronic Design Automation，电子设计自动化）技术是现代电子工程领域的一门新技术，它提供了基于计算机和信息技术的电路系统设计方法。EDA 技术的发展和推广极大地推动了电子工业的发展。EDA 在教学和产业界的技术推广是当今业界的一个技术热点，EDA 技术是现代电子工业中不可缺少的一项技术。掌握这项技术是通信电子类高校学生就业的一个基本条件。

电路及 PCB 设计是 EDA 技术中的一个重要内容，Altium 是其中一款比较杰出的软件，在国内流行最早、应用面最宽。Altium Designer 22 较旧版本功能更加强大，它是桌面环境下以设计管理和协作技术（PDM）为核心的一个优秀的印制电路板设计系统。Altium Designer 22 主要包含以下几个模块：原理图设计软件、电路板设计软件、PCB 自动布线软件、可编程逻辑器件设计软件、电路仿真软件和信号完整性分析软件，可谓功能齐全。

本书试图通过对具体软件使用的指导和作者科研工作中的实例描述，简洁和全面地介绍 Altium 软件的功能和使用方法。为了让读者对 Altium 早期版本以及相关的 EDA 软件有所了解，本书也用少量篇幅介绍了这些软件的基本功能和使用情况，这部分材料难得在同一本书中出现。因此，相信本书的内容对于新老版本的 Altium 用户以及其他同类 EDA 软件的用户都会有一定的参考价值。

本书以目前应用最广泛的 Altium Designer 22 为基础，全面讲述了 Altium Designer 22 电路设计的各种基本操作方法与技巧。全书共有 10 章，主要包括 Altium Designer 22 概述、电路原理图的设计、层次化原理图的设计、原理图的后续处理、印制电路板设计、电路板的后期处理、创建元件库及元件封装、信号完整性分析、电路仿真系统，第 10 章为综合实例，介绍单片机显示电路原理图与 PCB 设计。

本书除利用传统的纸面讲解外，还随书配有电子资源，包含全书所有实例的源文件素材，并制作了实例动画的全程操作视频（扫描书中二维码即可观看）。同时，我们也为授课教师精心准备了完整的 PPT 电子教案，需要的老师可联系索取。

全书内容丰富实用、语言通俗易懂、层次清晰严谨，特别是一些设计实例，使本书更具有特色，可以在短时间内使读者成为电路板设计高手。

本书作者都是电子电路设计与电工电子教学与研究方面的专家和技术权威，都有多年教学经验，也是电子电路设计与开发的高手。他们将自己多年的心血融于字里行间，有很多地方都是他们经过反复研究得出的经验总结。本书所有实例都严格按照电子设计规范进行设计，这种对细节的把握与雕琢无不体现作者的工程学术造诣与精益求精的严谨治学态度。另外，在本书所使用的软件环境中，部分图片中的固有元器件符号可能与国家标准不一致，读者可自行查阅相关国家标准及资料。

本书由华东交通大学教材基金资助，华东交通大学的陈慧、黄志刚和槐创锋主编，华东交通大学的沈晓玲、贾雪艳、杨世德参编，其中，陈慧编写了第 1～3 章，黄志刚编写了第 4 章，槐创锋编写了第 5 章，沈晓玲编写了第 6、7 章，贾雪艳编写了第 8、9 章，杨世德编写了第 10 章，胡仁喜、刘昌丽和解江坤三位老师对全书进行了审校。

由于作者水平有限，书中疏漏之处在所难免，敬请各位读者批评指正。

作　者

目　录

第 1 章　Altium Designer 22 概述

内容指南

Altium 系列是流传到我国最早的电路设计自动化软件，一直以其易学易用而深受广大电路设计者的喜爱。Altium Designer 22 是原 Protel 软件开发商 Altium 公司推出的一体化的电子产品开发系统，作为一种简单易用的板卡级设计软件，以 Windows 的界面风格为主，同时，Altium 独一无二的 DXP 技术集成平台也为设计系统提供了所有工具和编辑器的相容环境。友好的界面环境及智能化的性能为电路设计者提供了最优质的服务。

Altium Designer 22 有什么特点？如何安装 Altium Designer 22？如何对其界面进行个性化的设置？这些都是本章要介绍的内容。

本章将从 Altium Designer 22 的功能特点讲起，介绍 Altium Designer 22 的安装与卸载、Altium Designer 22 的系统参数设置，以使读者能对该软件有一个大致的了解。

知识重点

- Altium Designer 22 的功能特点
- Altium Designer 22 的安装和卸载
- Altium Designer 22 的参数设置

1.1　Altium Designer 22 的主要特点

本节将简要介绍 Altium Designer 22 的基本组成和软件的主要特点。

1.1.1　Altium Designer 22 的组成

Altium Designer 22 主要由两大部分组成，每一部分各有三个模块。

1）电路设计部分，主要有：

- 用于原理图设计的 Schematic。这个模块主要包括设计原理图的原理图编辑器，用于修改、生成零件的零件库编辑器以及各种报表的生成器。
- 用于电路板设计的 PCB。这个模块主要包括用于设计电路板的电路板编辑器，用于修改、生成零件封装的零件封装编辑器以及电路板组件管理器。
- 用于 PCB 自动布线的 Advanced Route。

2）电路仿真与 PLD 设计部分，主要有：

- 用于可编程逻辑器件设计的 Advanced PLD。这个模块主要包括具有语法高亮功能的文本编辑器，用于编译和仿真设计结果的 PLD 以及用来观察仿真波形的 Wave。
- 用于电路仿真的 Advanced SIM。这个模块主要包括一个功能强大的数/模混合信号电路仿真器，能提供连续的模拟信号和离散的数字信号仿真。
- 用于高级信号完整性分析的 Advanced Integrity。这个模块主要包括一个高级信号完整性仿真器，能分析 PCB 设计和检查设计参数，测试过冲、下冲、阻抗和信号斜率。

1.1.2 Altium Designer 22 的新特点

Altium Designer 22 具有以下特点。

（1）设计环境

通过设计过程中各个方面的数据互连（包括原理图、PCB、文档处理和模拟仿真），显著提升生产效率。

（2）可制造性设计

学习并应用可制造性设计（DFM）方法，确保每次 PCB 设计都具有功能性、可靠性和可制造性。

（3）软硬结合设计

在 3D 环境中设计软硬结合板，并确认其 3D 元件、装配外壳和 PCB 间距满足所有机械方面的要求。

（4）PCB 设计

通过控制元件布局和在原理图与 PCB 之间完全同步，轻松地操控电路板上的对象。

（5）原理图设计

通过层次式原理图和设计复用，在一个内聚的、易于导航的用户界面中，更快、更高效地设计顶级电子产品。

（6）制造输出

体验从容有序的数据管理，并通过无缝、简化的文档处理功能为其发布做好准备。

（7）模拟

使用 SPICE 仿真工具，可以轻松地仿真用户的设计并跟踪设计结果，使查看电路质量和稳定性变得更加容易。

（8）PCB 改进

可以将各种新的电路板特性建模到用户的设计中，包括沉孔/埋头孔、IPC-4561 通孔类型等。

1.2 Altium Designer 22 的运行环境

Altium 公司提供了 Altium Designer 22 的试用版本，用户可以通过网上下载来体验其新功能。

安装 Altium Designer 22 软件的配置要求如下。

1）操作系统：Windows 7（仅限 64 位）、Windows 8（仅限 64 位）或 Windows 10（仅限 64 位）；

2）CPU：Intel Core i5 处理器或同等产品（推荐 Core i7 处理器或同等产品）；

3）内存：4GB RAM（推荐 16GB）；

4）空间：10GB 硬盘空间；

5）显卡：支持 DirectX 10 或更好，例如 GeForce 200 系列/Radeon HD 5000 系列/Intel HD 4600；

6）显示器：屏幕分辨率至少 1680×1050 像素（宽屏）或 1600×1200 像素（4∶3）；

7）Adobe Reader（XI 版或更高版本，用于 3D PDF 查看）；

8）最新的 Web 浏览器；

9）Microsoft Office 32 位或 64 位。

1.3 Altium Designer 22 的安装与卸载

Altium Designer 22 虽然对运行系统的要求有些高，但安装起来却是很简单的。

1.3.1 Altium Designer 22 的安装

Altium Designer 22 的安装步骤如下。

1）将安装光盘装入光驱后，打开该光盘，从中找到并双击 AltiumInstaller.exe 文件，弹出 Altium Designer 22 的安装界面，如图 1-1 所示。

2）单击“Next（下一步）”按钮，弹出 Altium Designer 22 的安装协议对话框。选择语言 Chinese，勾选同意安装“I accept the agreement”复选框，如图 1-2 所示。

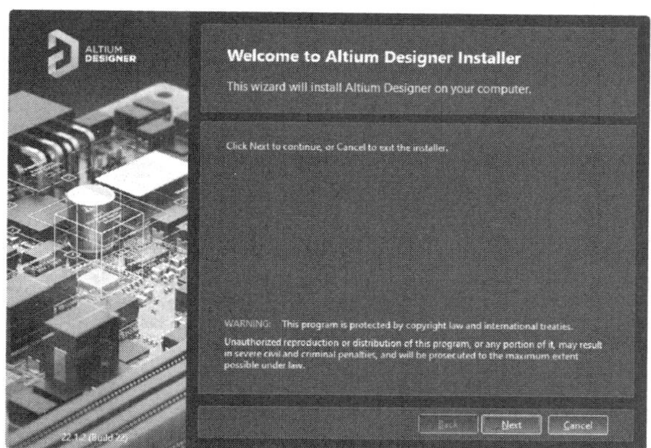

图 1-1　安装界面

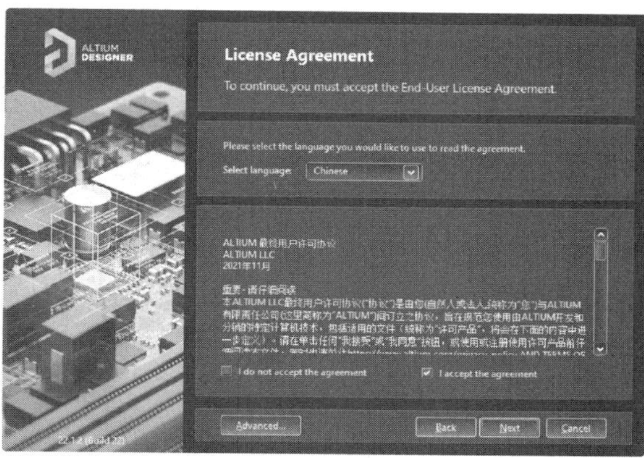

图 1-2　安装协议对话框

3）单击“Next（下一步）”按钮，出现安装类型信息的对话框，选择所有选项，设置完毕后如图 1-3 所示。

4）单击“Next（下一步）”按钮，进入安装路径对话框。在该对话框中，用户需要选择 Altium Designer 22 的安装路径。系统默认的安装路径为 C:\Program Files\ Altium\AD22，用户可以在此自定义其安装路径，如图 1-4 所示。

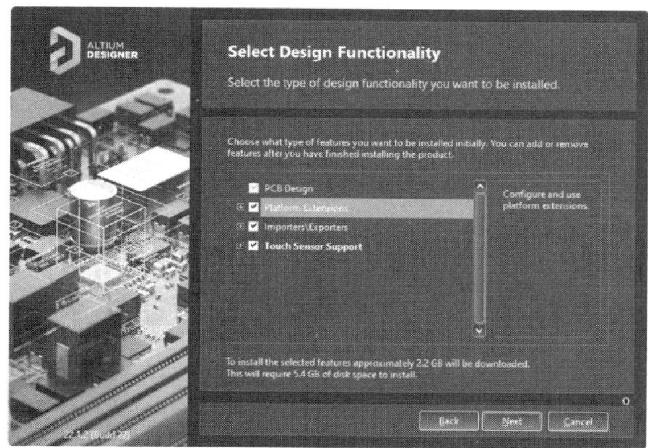

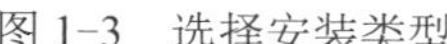

图 1-3　选择安装类型

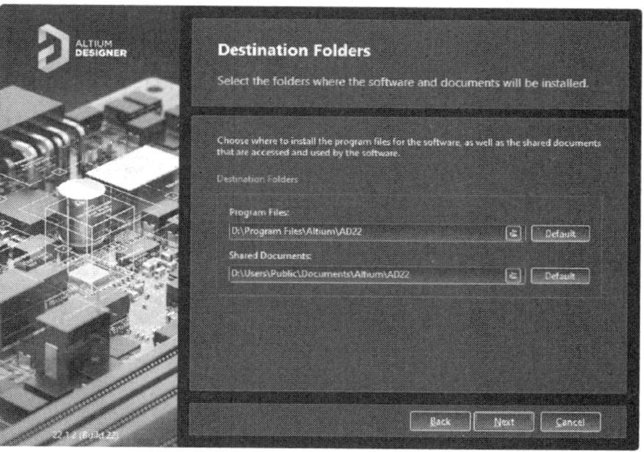

图 1-4　安装路径对话框

5）单击“Next（下一步）”按钮，进入下一个对话框。在该对话框中，勾选“Don’t participate”复选框，如图 1-5 所示。

6）确定好安装路径后，单击“Next（下一步）”按钮弹出确定安装对话框，如图 1-6 所示。继续单击“Next（下一步）”按钮，此时对话框内会显示安装进度，如图 1-7 所示。由于系统需要复制大量文件，所以需要等待几分钟。

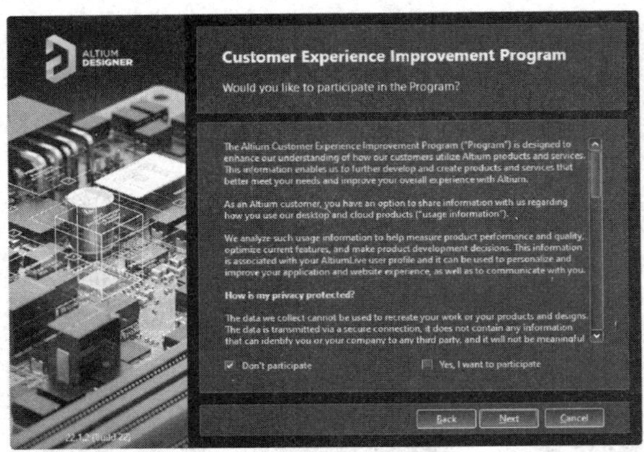

图 1-5　勾选复选框

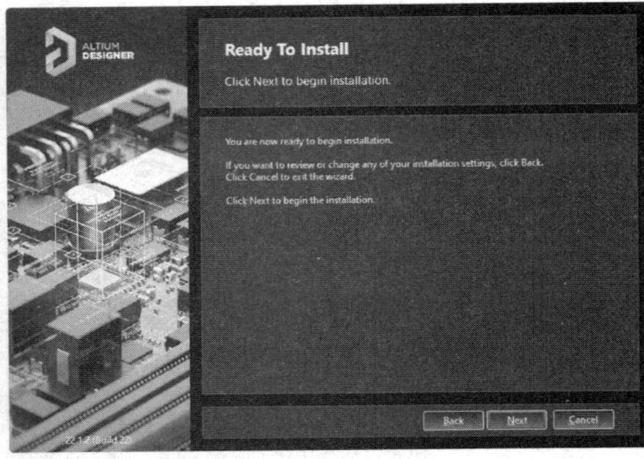

图 1-6　确定安装对话框

7）安装结束后会出现一个“Finish（完成）”对话框，如图 1-8 所示。单击“Finish”按钮即可完成 Altium Designer 22 的安装工作。安装完成，先不要运行软件，即不选中“Run Altium Designer”复选框，完成安装。

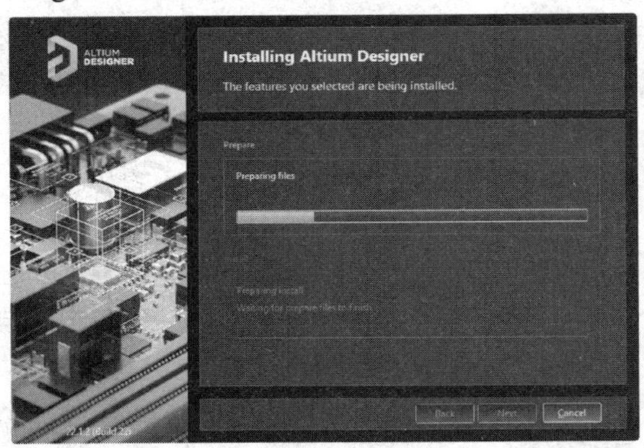

图 1-7　安装进度对话框

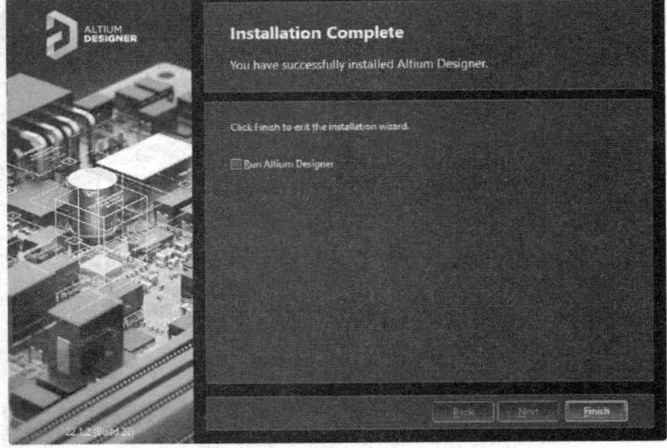

图 1-8　“Finish（完成）”对话框

在安装过程中，可以随时单击“Cancel”按钮来终止安装过程。安装完成以后，在 Windows 的“开始”→“所有程序”子菜单中会出现一个 Altium 级联子菜单和快捷键。

1.3.2 Altium Designer 22 的卸载

软件卸载步骤如下。

1）选择“开始”→“控制面板”选项，显示“控制面板”窗口。

2）双击“添加/删除程序”图标后选择 Altium Designer。

3）单击“卸载”按钮，弹出卸载对话框，如图 1-9 所示，勾选“Uninstall（卸载）”复选框，卸载软件。

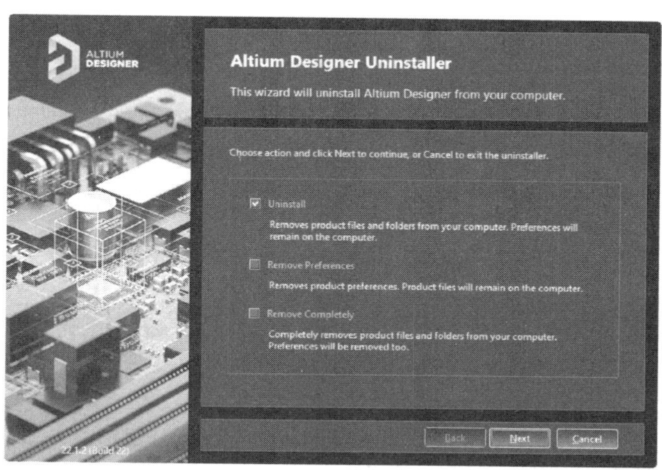

图 1-9　卸载对话框

1.4　Altium Designer 22 的启动

成功安装 Altium Designer 22 后，系统会在 Windows“开始”菜单栏中加入程序项，并在桌面上建立 Altium Designer 22 的启动快捷方式。

启动 Altium Designer 22 的方法很简单，与其他 Windows 程序没有什么区别。在 Windows“开始”菜单栏中找到 Altium Designer 并单击，或者在桌面上双击 Altium Designer 快捷方式，即可启动 Altium Designer 22。

启动 Altium Designer 22 时，将有一个 Altium Designer 22 的启动画面出现，通过启动画面区别于其他的 Altium 版本，Altium Designer 22 的启动画面如图 1-10 所示。

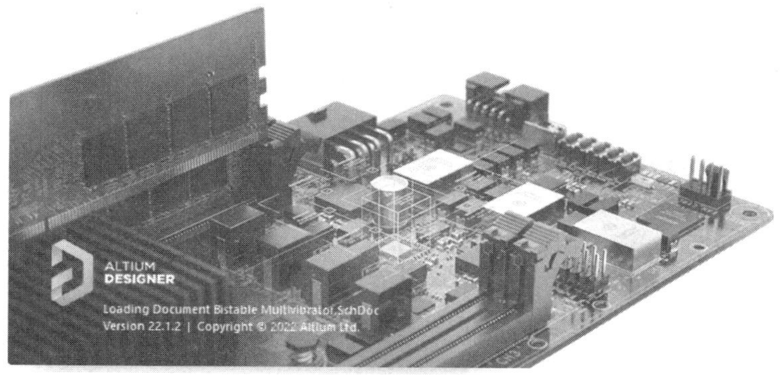

图 1-10　Altium Designer 22 启动画面

1.5　Altium Designer 22 的工作环境

本节将简要介绍 Altium Designer 22 的基本工作环境，包括菜单栏和工具栏以及工作区面板的设置方法。

1.5.1 Altium Designer 22 的基本工作环境

打开 Altium Designer 22，窗口显示的是初始视图，完全打开的视图如图 1-11 所示。

为建立新文件，执行“文件”→“新的”菜单命令，显示如图 1-12 所示的菜单栏。

图 1-11 工作窗口的初始视图

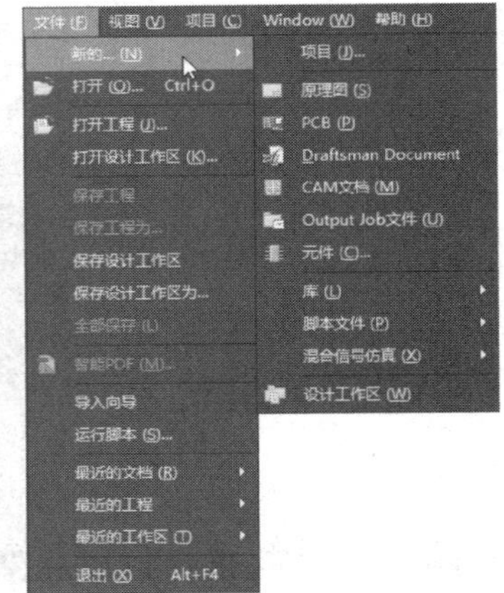

图 1-12 “文件”菜单

选中其中要编辑的文件类型后，进入相应的编辑窗口，如图 1-13 所示为原理图编辑工作环境。如图 1-14 所示为 PCB 编辑工作环境。

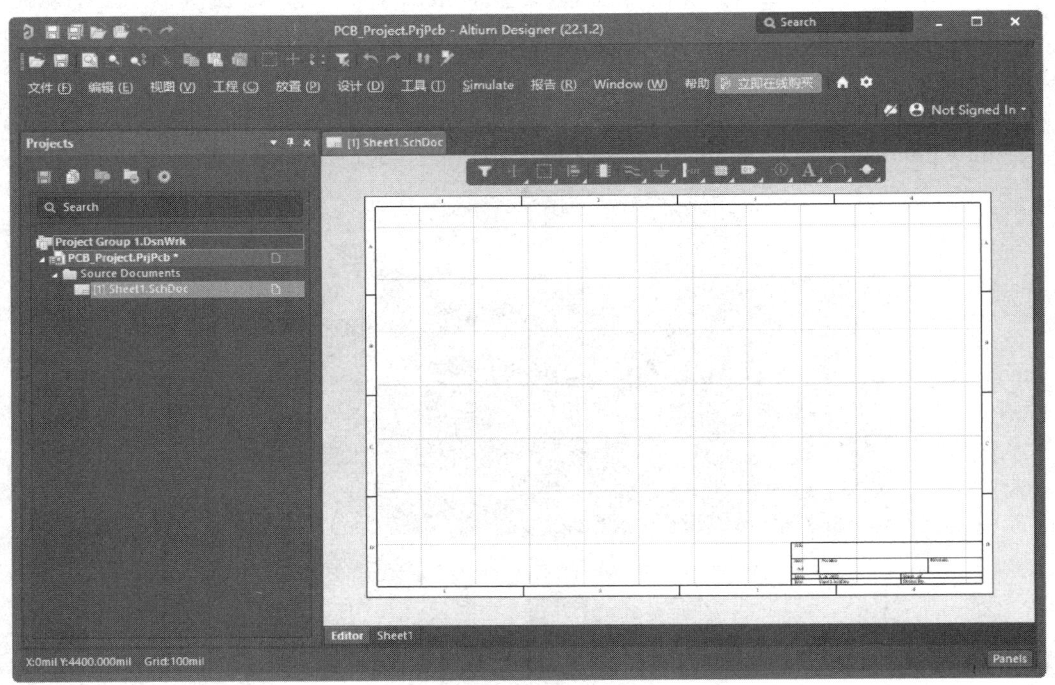

图 1-13 原理图编辑工作环境

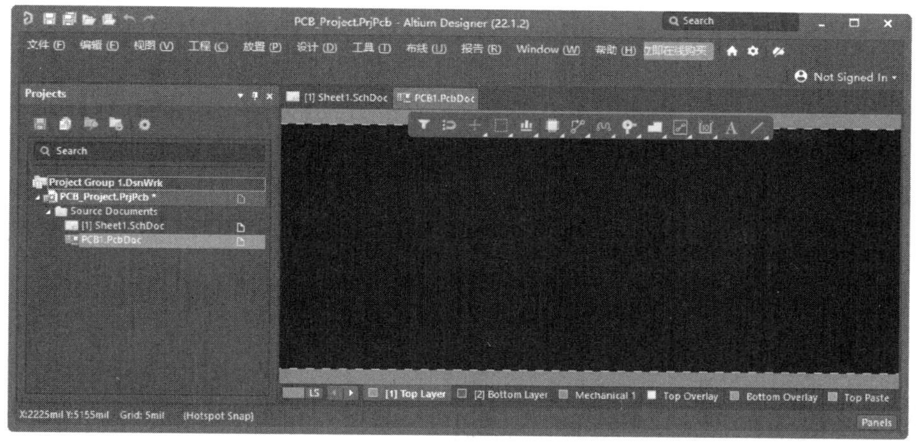

图 1-14　PCB 编辑工作环境

1.5.2 Altium Designer 22 菜单栏

菜单栏包括“文件”“视图”“项目”“Window（窗口）”“帮助”5 个菜单按钮。

1. “文件”菜单

“文件”菜单主要用于文件的新建、打开和保存等。下面详细介绍“文件”菜单中的各命令及其功能。

- “新的”命令：用于新建一个文件，其子菜单命令如图 1-12 所示。
- “打开”命令：用于打开已有的 Altium Designer 22 可以识别的各种文件。
- “打开工程”命令：用于打开各种项目文件。
- “打开设计工作区”命令：用于打开设计工作区。
- “保存工程”命令：用于保存当前的项目文件。
- “保存工程为”命令：用于另存当前的项目文件。
- “保存设计工作区”命令：用于保存当前的设计工作区。
- “保存设计工作区为”命令：用于另存当前的设计工作区。
- “全部保存”命令：用于保存所有文件。
- “智能 PDF”命令：用于生成 PDF 格式文件。
- “导入向导”命令：用于将其他 EDA 软件的设计文档及库文件导入 Altium Designer，可导入 Protel 99SE、CADSTAR、OrCAD、P-CAD 等设计软件生成的设计文件。
- “运行脚本”命令：用于运行各种脚本文件，如用 Delphi、VB、Java 等语言编写的脚本文件。
- “最近的文档”命令：用于列出最近打开过的文件。
- “最近的工程”命令：用于列出最近打开的工程文件。
- “最近的工作区”命令：用于列出最近打开的设计工作区。
- “退出”命令：用于退出 Altium Designer 22。

2. “视图”菜单

“视图”菜单主要用于工具栏、面板、状态栏及命令状态的显示和隐藏，如图 1-15 所示。

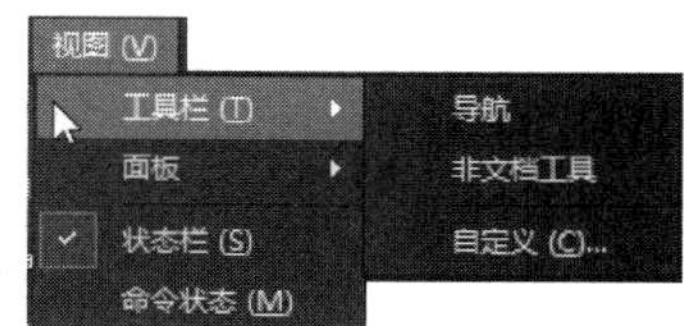

图 1-15　“视图”菜单

1）“工具栏”命令：用于控制工具栏的显示和隐藏，其子菜单如图 1-15 所示。

2）“面板”命令：用于控制工作面板的打开与关闭，其子菜单如图 1-16 所示。

3）“状态栏”命令：用于控制工作窗口下方状态栏上标签的显示与隐藏。

4）“命令状态”命令：用于控制命令行的显示与隐藏。

3．“项目”菜单

“项目”菜单主要用于项目文件的管理，包括项目文件的验证、添加、删除和显示差异等命令，如图 1-17 所示。这里主要介绍“显示差异”命令。

“显示差异”命令：单击该命令，将弹出如图 1-18 所示的“选择比较文档”对话框。勾选“高级模式”复选框，可以进行文档之间、工程与文档之间、工程之间的比较。

图 1-16 “面板”子菜单命令

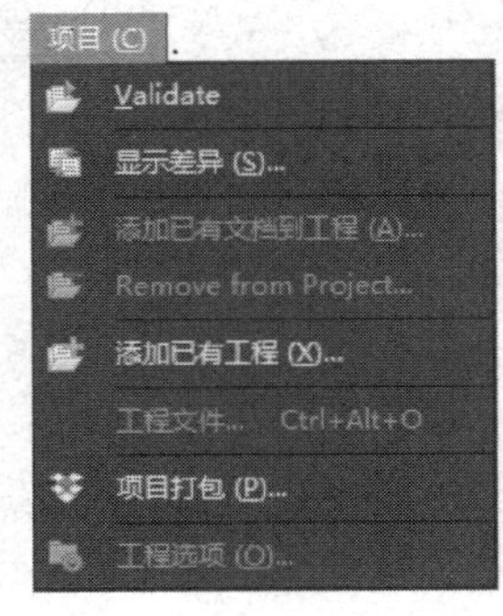

图 1-17 “项目”菜单

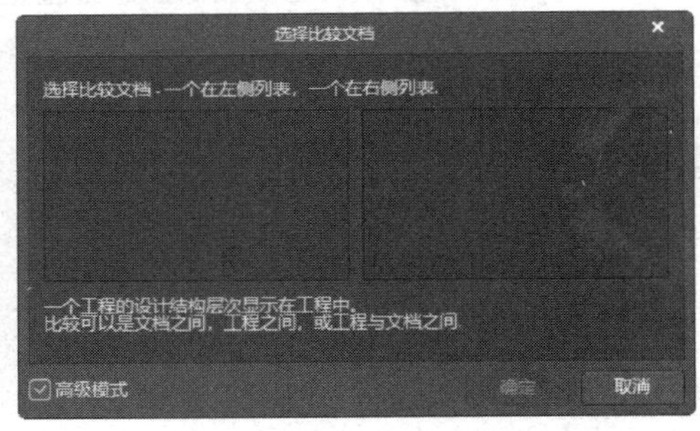

图 1-18 “选择比较文档”对话框

4．“Window（窗口）”菜单

“Window（窗口）”菜单用于对窗口进行水平放置、垂直放置及关闭操作。

5．“帮助”菜单

“帮助”菜单用于打开各种帮助信息。

1.5.3 菜单栏属性的设置

用户只要双击菜单栏空白处就会出现如图 1-19 所示的“菜单栏属性设置”对话框。

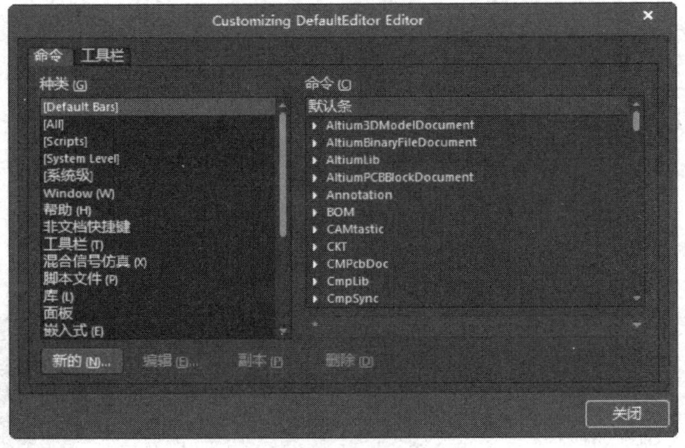

图 1-19 “菜单栏属性设置”对话框

1.5.4 工具栏

工具栏是系统默认的用于工作环境基本设置的一系列按钮的组合，包括不可移动与关闭的固定工具栏和灵活工具栏。

右上角固定工具栏中只有 Not Signed In 4 个按钮，用于配置用户选项。

1）“包含新闻和学习资料的页面”按钮：单击该按钮，可打开新闻和学习资料的页面，如图 1-20 所示，显示更新的信息。

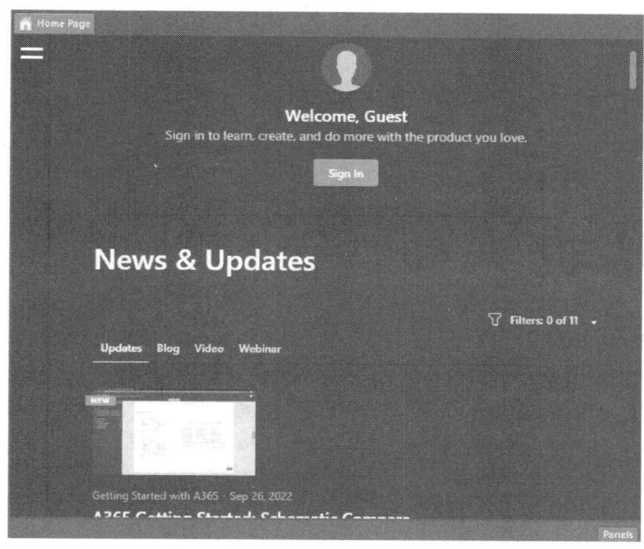

图 1-20　显示更新的信息

2）“设置系统参数”按钮：单击该按钮，弹出“优选项”对话框，如图 1-21 所示，用于设置 Altium Designer 的工作状态。

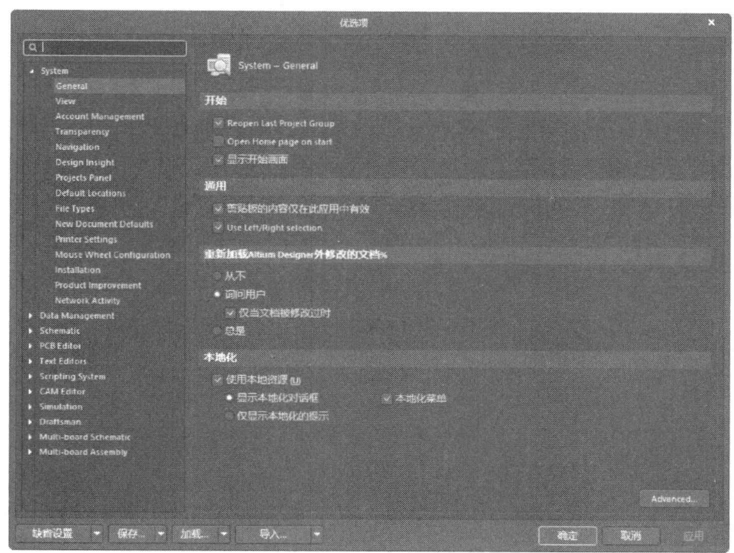

图 1-21　“优选项”对话框

3）“活动服务器”按钮：用于登录 Altium 账号或者注册以使用 workspace。

4）“当前用户信息”按钮：帮助用户自定义界面。

1.5.5 工作区面板

在 Altium Designer 22 中，可以使用系统型面板和编辑器面板两种类型的面板。系统型面板在任何时候都可以使用，而编辑器面板只有在相应的文件被打开时才可以使用。

使用工作区面板是为了便于设计过程中的快捷操作。启动 Altium Designer 22 后，系统将自动激活“Projects（工程）”面板和“Navigator（导航）”面板，可以单击面板底部的标签，在不同的面板之间切换。

工作区面板有自动隐藏显示、浮动显示和锁定显示 3 种显示方式。每个面板的右上角都有 3 个按钮，▼按钮用于在各种面板之间进行切换操作，按钮用于改变面板的显示方式，×按钮用于关闭当前面板。

1.6 思考与练习

1．熟悉 Altium Designer 22 的界面，了解 Altium Designer 22 的安装过程。

2．如何创建新的工程文件？

3．如何打开或保存工程文件？

第 2 章　电路原理图的设计

内容指南

在第 1 章中，已对 Altium Designer 22 系统做了一个总体且较为详细的介绍，目的是让读者对 Altium Designer 22 的应用环境以及各项管理功能有个初步的了解。Altium Designer 22 强大的集成开发环境使得电路设计中绝大多数的工作可以迎刃而解，从构建设计原理图到复杂的 FPGA 设计，从电路仿真到多层 PCB 的设计，Altium Designer 22 都提供了具体的一体化应用环境，使从前需要多个开发环境的电路设计变得简单。

在图纸上放置好所需要的各种元件并且对它们的属性进行了相应的编辑之后，根据电路设计的具体要求，就可以着手将各个元件连接起来，以建立电路的实际连通性。这里所说的连接，指的是具有电气意义的连接，即电气连接。

电器连接有两种实现方式，一种是直接使用导线将各个元件连接起来，称为“物理连接”；另一种是“逻辑连接”，即不需要实际的相连操作，而是通过设置网络标签使得元器件之间具有电气连接关系。

知识重点

- 电路设计的概念
- 原理图环境设置
- 原理图连接工具

2.1　电路设计的概念

电路设计概念就是指实现一个电子产品从设计构思、电学设计到物理结构设计的全过程。在 Altium Designer 22 中，设计电路板最基本的完整过程有以下几个步骤。

（1）电路原理图的设计

电路原理图的设计主要是利用 Altium Designer 22 中的原理图设计系统来绘制一张电路原理图。在这一步，可以充分利用其所提供的各种原理图绘图工具、丰富的在线库、强大的全局编辑能力以及便利的电气规则检查，来达到设计目的。

（2）电路信号的仿真

电路信号仿真是原理图设计的扩展，为用户提供一个完整的、从设计到验证的仿真设计环境。它与 Altium Designer 22 原理图设计协同工作，以提供一个完整的前端设计方案。

（3）产生网络表及其他报表

网络表是电路板自动布线的灵魂，也是原理图设计与印制电路板设计的主要接口。网络表可以从电路原理图中获得，也可以从印制电路板中提取。其他报表则存放了原理图的各种信息。

（4）印制电路板的设计

印制电路板设计是电路设计的最终目标。利用 Altium Designer 22 的强大功能实现电路板的板面设计，完成高难度的布线以及输出报表等工作。

（5）信号的完整性分析

Altium Designer 22 包含一个高级信号完整性仿真器，能分析 PCB 并检查设计参数，测试过冲、下冲、阻抗和信号斜率，以便及时修改设计参数。

概括地说，整个电路板的设计过程先是设计电路原理图，接着进行电路信号仿真以验证调整，然后进行布板，再人工布线或根据网络表进行自动布线。这些内容都是设计中最基本的步骤。除此之外，用户还可以用 Altium Designer 22 的其他功能，如创建、编辑元件库和零件封装库等。

2.2 原理图图纸设置

在原理图绘制过程中，可以根据所要设计的电路图的复杂程度，首先对图纸进行设置。虽然在进入电路原理图编辑环境时，Altium Designer 22 会自动给出默认的图纸相关参数，但是在大多数情况下，这些默认的参数不一定适合用户的要求，尤其是图纸尺寸的大小。用户可以根据设计对象的复杂程度来对图纸的大小及其他相关参数重新定义。

在界面右下角单击 Panels 按钮，弹出快捷菜单，如图 2-1 所示，选择“Properties（属性）”命令，打开“Properties（属性）”面板，该面板会自动固定在右侧边界上，如图 2-2 所示。

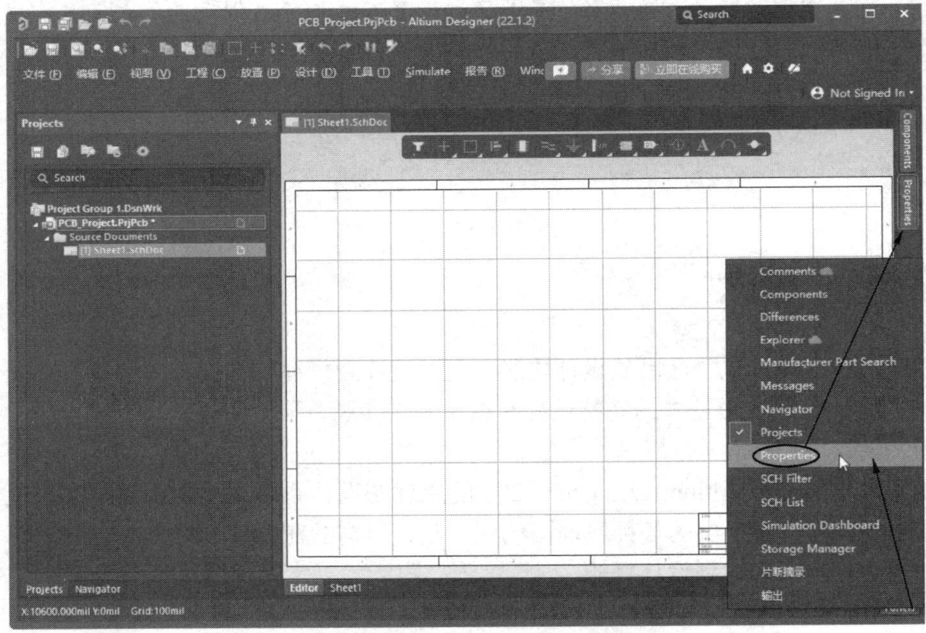

图 2-1 快捷菜单

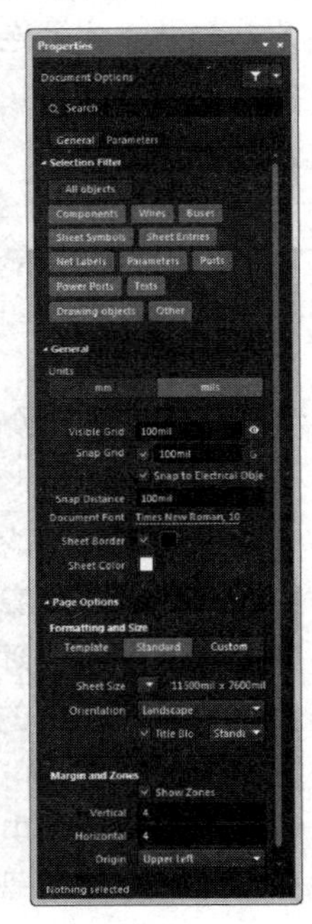

图 2-2 “Properties（属性）”面板

“Properties（属性）”面板包含与当前工作区中所选择的条目相关的信息和控件。如果在当前工作空间中没有选择任何对象，从 PCB 文档访问时，面板显示电路板选项。从原理图访问时，显示文档选项。从库文档访问时，显示库选项。从多板文档访问时，显示多板选项。面板还显示当前活动的 BOM 文档（*.BomDoc）。还可以随时更改通用的文档选项。在工作区中放置对象（弧形、文本字符串、线等）时，面板也会出现。在放置对象之前，也可以使用“Properties（属性）”面板配置对象。通过 Selection Filter，可以在工作空间中控制可选择的和不能选择的内容。

（1）“Search（搜索）”功能

允许在面板中搜索所需的条目。

在该选项板中，有“General（通用）”和“Parameters（参数）”这两个选项卡，如图 2-2 所示。

（2）设置过滤对象

在“Document Options（文档选项）”选项组单击 中的下拉按钮，弹出如图 2-3 所示的对象选择过滤器。

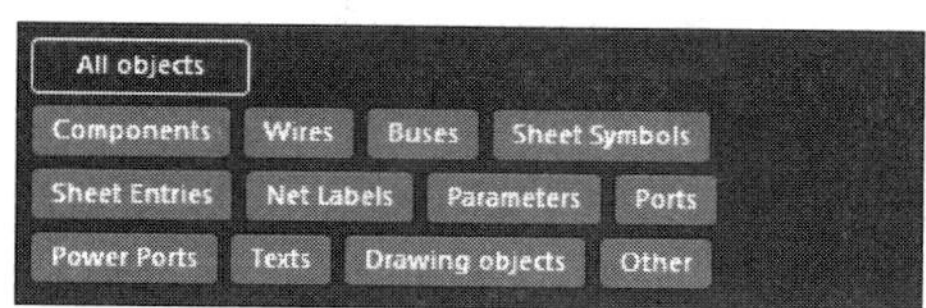

图 2-3　对象选择过滤器

单击“All objects”，表示在原理图中选择对象时，选中所有类别的对象。其中包括 Components、Wires、Buses、Sheet Symbols、Sheet Entries、Net Labels、Parameters、Ports、Power Ports、Texts、Drawing objects、Other，可单独选择其中的选项，也可全部选中。

在“Selection Filter（选择过滤器）”选项组中显示同样的选项。

（3）设置图纸方向单位

图纸单位可在“Units（单位）”选项组下设置，可以设置为公制（mm），也可以设置为英制（mil）。一般在绘制和显示时设为 mil。

选择菜单栏中的“视图”→“切换单位”命令，自动在两种单位间切换。

（4）设置图纸尺寸

单击“Page Options（图页选项）”选项组，“Formatting and Size（格式与尺寸）”选项为图纸尺寸的设置区域。Altium Designer 22 给出了 3 种图纸尺寸的设置方式。

第一种是“Template（模板）”，单击“Template（模板）”下拉按钮，如图 2-4 所示。在下拉列表框中可以选择已定义好的图纸尺寸。单击 按钮，弹出如图 2-5 所示的提示对话框，提示是否更新模板文件。

第二种是“Standard（标准风格）”，单击“Sheet Size（图纸尺寸）”右侧的 按钮，在下拉列表框中可以选择已定义好的图纸标准尺寸，包括公制图纸尺寸（A0～A4）、英制图纸尺寸（A～E）、CAD 标准尺寸（A～E）、OrCAD 标准尺寸（OrCAD A～OrCAD E）及其他格式（Letter、Legal、Tabloid 等）的尺寸，如图 2-6 所示。

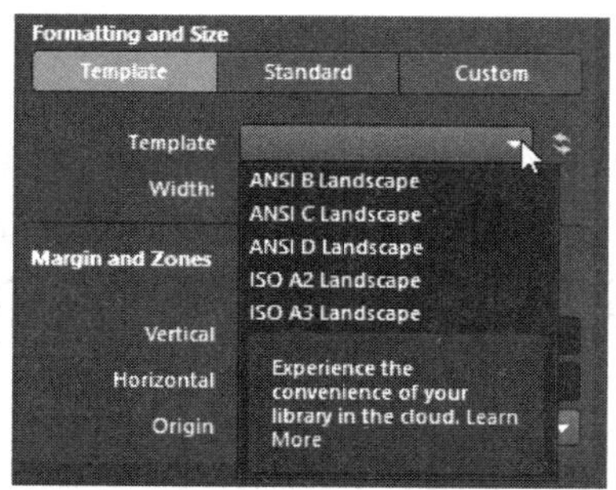

图 2-4　Template 选项

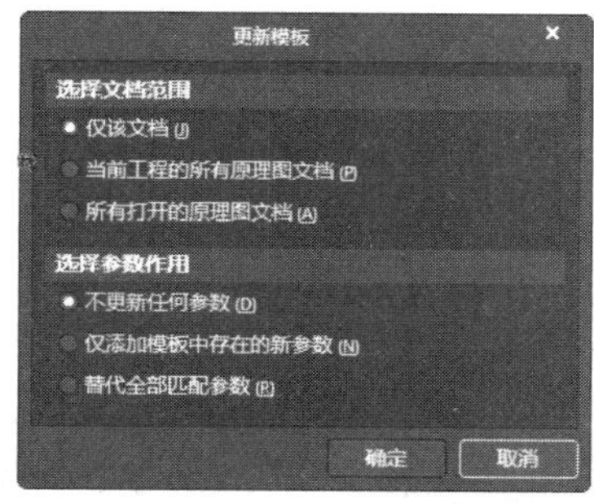

图 2-5　“更新模板”对话框

图 2-6　尺寸列表

第三种是“Custom（自定义风格）”，设置“Width（定制宽度）”“Height（定制高度）”选项即可。

在设计过程中，除了对图纸的尺寸进行设置外，往往还需要对图纸的其他选项进行设置，如图纸的方向、标题栏样式和图纸的颜色等。

（1）设置图纸方向

图纸方向可通过“Orientation（定位）”下拉列表框设置，可以设置为水平方向（Landscape）即横向，也可以设置为垂直方向（Portrait）即纵向。一般在绘制和显示时设为横向，在打印输出时可根据需要设为横向或纵向。

（2）设置图纸标题栏

图纸标题栏（明细表）是对设计图纸的附加说明，可以在该标题栏中对图纸进行简单的描述，描述文字可以作为以后图纸标准化时的信息。在 Altium Designer 22 中提供了两种预先定义好的标题块，即 Standard（标准格式）和 ANSI（美国国家标准格式）。勾选“Title Block（标题块）”复选框，即可进行格式设计，相应的图纸编号功能被激活，可以对图纸进行编号。

（3）设置图纸参考说明区域

在“Margin and Zones（边界和区域）”选项组中，通过“Show Zones（显示区域）”复选框可以设置是否显示参考说明区域。勾选该复选框表示显示参考说明区域，否则不显示参考说明区域。一般情况下应该选择显示参考说明区域。

（4）设置图纸边界区域

在“Margin and Zones（边界和区域）”选项组中，显示图纸边界尺寸，如图 2-7 所示。在“Vertical（垂直）”“Horizontal（水平）”两个方向上设置边框与边界的间距。在“Origin（原点）”下拉列表中选择原点位置是“Upper Left（左上）”还是“Bottom Right（右下）”。在“Margin Width（边界宽度）”文本框中设置输入边界的宽度值。

（5）设置图纸边框

在“Units（单位）”选项组中，通过“Sheet Border（显示边界）”复选框可以设置是否显示边框。勾选该复选框表示显示边框，否则不显示边框。

（6）设置边框颜色

在“Units（单位）”选项组中，单击“Sheet Border（显示边界）”颜色显示框，然后在弹出的“选择颜色”对话框中选择边框的颜色，如图 2-8 所示。

（7）设置图纸颜色

在“Units（单位）”选项组中，单击“Sheet Color（图纸的颜色）”显示框，然后在弹出的“选择颜色”对话框中选择图纸的颜色。

（8）设置图纸网格点

进入原理图编辑环境后，编辑窗口的背景是网格型的，这种网格就是可视网格，是可以改变的。网格为元件的放置和线路的连接带来了极大的方便，使用户可以轻松地排列元件、整齐地走线。Altium Designer 22 提供了“Snap Grid（捕获）”和“Visible Grid（可见的）”两种网格，对网格进行具体设置，如图 2-9 所示。

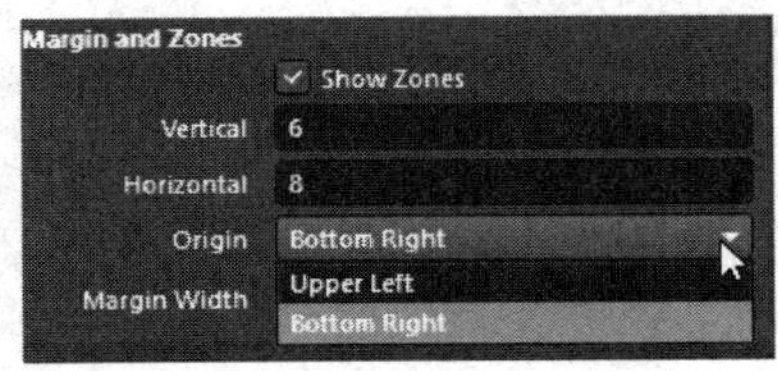

图 2-7　显示边界与区域

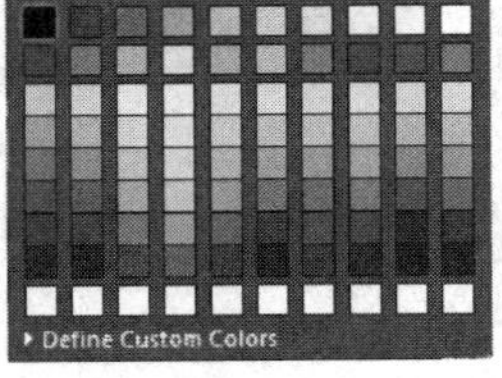

图 2-8　选择颜色

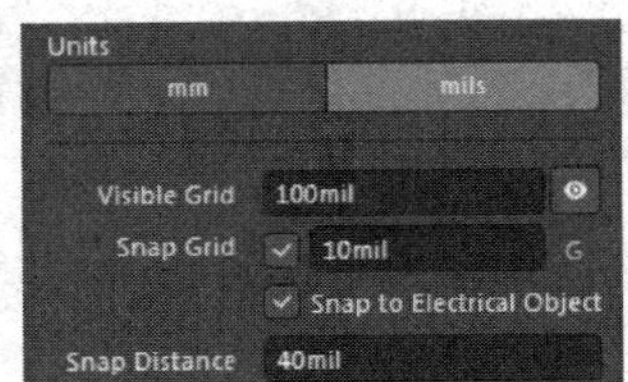

图 2-9　网格设置

- "Snap Grid（捕获）"复选框：用于控制是否启用捕获网格。所谓捕获网格，就是光标每次移动的距离大小。勾选该复选框后，光标移动时，以右侧文本框的设置值为基本单位，系统默认值为 10 个像素点，用户可根据设计的要求输入新的数值来改变光标每次移动的最小间隔距离。
- "Visible Grid（可见的）"文本框：用于控制是否启用可视网格，即在图纸上是否可以看到的网格。勾选该复选框后，可以对图纸上网格间的距离进行设置，系统默认值为 100 个像素点。若不勾选该复选框，则表示在图纸上将不显示网格。
- "Snap to Electrical Object（捕获电气对象）"复选框：如果勾选了该复选框，则在绘制连线时，系统会以光标所在位置为中心，以"Snap Distance（栅格范围）"文本框中的设置值为半径，向四周搜索电气对象。如果在搜索半径内有电气对象，则光标将自动移到该对象上，并在该对象上显示一个圆亮点，搜索半径的数值可以自行设定。如果不勾选该复选框，则取消了系统自动寻找电气对象的功能。

选择菜单栏中的"视图"→"栅格"命令，其子菜单中有用于切换 3 种网格启用状态的命令，如图 2-10 所示。选择菜单中的"设置捕捉栅格"命令，系统将弹出如图 2-11 所示的"Choose a snap grid size（选择捕获网格尺寸）"对话框。在该对话框中可以输入捕获网格的参数值。

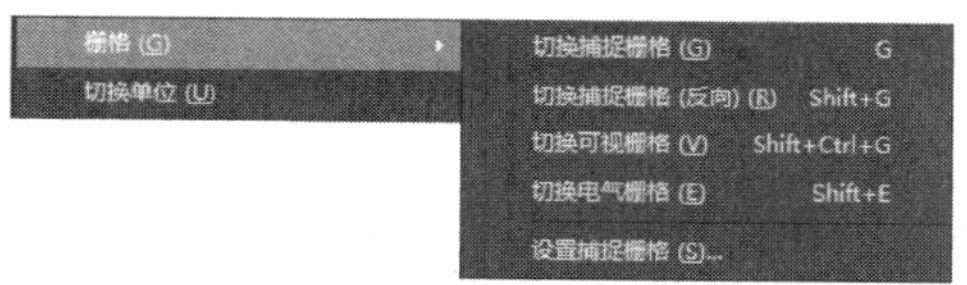

图 2-10 "栅格"命令子菜单

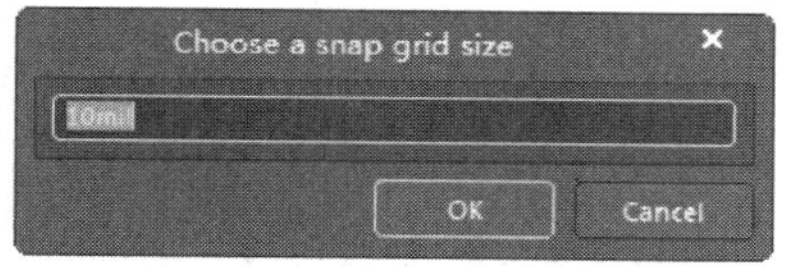

图 2-11 "Choose a snap grid size（选择捕获网格尺寸）"对话框

（9）设置图纸所用字体

在"Units（单位）"选项卡中，单击"Document Font（文档字体）"选项组下的 Times New Roman, 10 按钮，系统将弹出如图 2-12 所示的下拉对话框。在该对话框中对字体进行设置，将会改变整个原理图中的所有字体，包括原理图中的元件引脚文字和原理图的注释文字等。通常字体采用默认设置即可。

（10）设置图纸参数信息

图纸的参数信息记录了电路原理图的参数信息和更新记录。这项功能可以使用户更系统、更有效地对自己设计的图纸进行管理。

建议用户对此项进行设置。当设计项目中包含很多图纸时，图纸参数信息就显得非常有用了。

在"Properties（属性）"面板中，单击"Parameters（参数）"选项卡，即可对图纸参数信息进行设置，如图 2-13 所示。

图 2-12 "字体"对话框

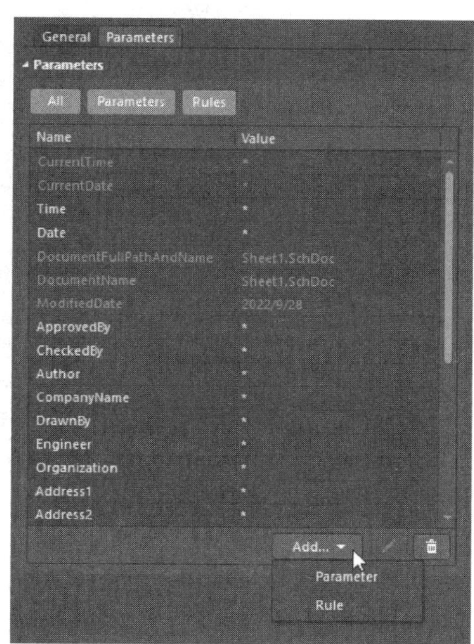

图 2-13 "Parameters（参数）"选项卡

在要填写或修改的参数上双击或选中要修改的参数后，在文本框中修改各个设定值。单击“Add（添加）”按钮，弹出下拉菜单，从中可以选择参数或规则，并进行属性设置。

2.3 设置原理图工作环境

在原理图的绘制过程中，其效率和正确性，往往与环境参数的设置有着密切的关系。参数设置的合理与否，直接影响到设计过程中软件的功能是否能得到充分的发挥。

在 Altium Designer 22 电路设计软件中，原理图编辑器工作环境的设置是通过原理图的“参数选择”对话框来完成的。

选择菜单栏中的“工具”→“原理图优先项”命令或在原理图图纸上右击，在弹出的快捷菜单中选择“原理图优先项”选项，打开“优选项”对话框。

在“优选项”对话框中，“Schematic（原理图）”主要有 8 个标签页，即 General（常规设置）、Graphical Editing（图形编辑）、Compiler（编译器）、AutoFocus（自动获得焦点）、Library AutoZoom（库扩充方式）、Grids（网格）、Break Wire（断开连线）和 Defaults（默认）。

2.3.1 设置原理图的常规环境参数

电路原理图的常规环境参数设置通过“General（常规设置）”标签页来实现，如图 2-14 所示。

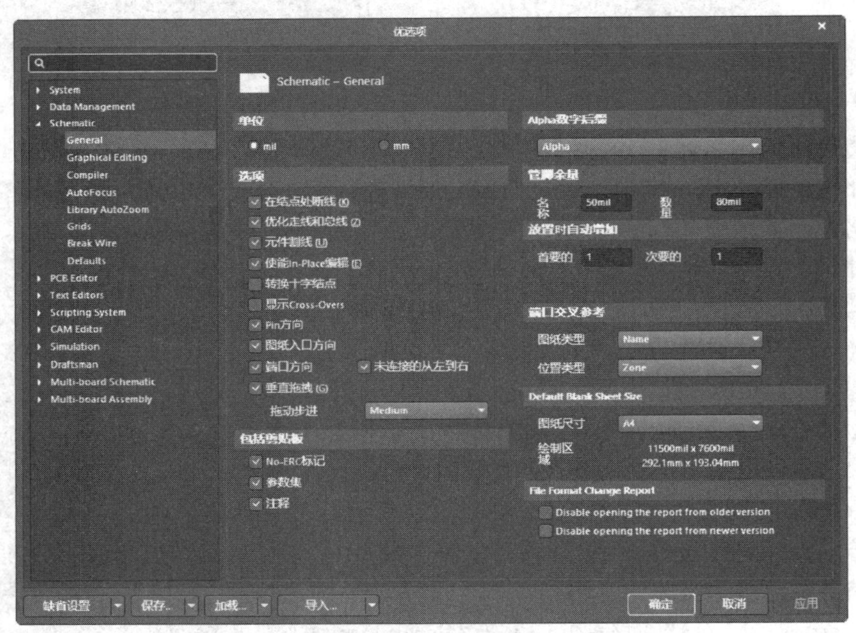

图 2-14 “General（常规设置）”标签页

（1）“单位”选项组

图纸单位可在“单位”选项组下设置，可以设置为公制（mm），也可以设置为英制（mil）。一般在绘制和显示时设为 mil。

（2）“选项”选项组

- “在结点处断线”复选框：勾选该复选框后，在两条交叉线处自动添加结点后，结点两侧的导线将被分割成两段。

- “优化走线和总线”复选框：勾选该复选框后，在进行导线和总线的连接时，系统将自动选择最优路径，并且可以避免各种电气连线和非电气连线的相互重叠。此时，下面的“元件割线”复选框也呈现可选状态。若不勾选该复选框，则用户可以自己选择连线路径。
- “元件割线”复选框：勾选该复选框后，会启动元件分割导线的功能。即当放置一个元件时，若元件的两个引脚同时落在一根导线上，则该导线将被分割成两段，两个端点分别自动与元件的两个引脚相连。
- “使能 In-Place 编辑”复选框：勾选该复选框后，在选中原理图中的文本对象时，如元件的序号、标注等，双击后可以直接进行编辑、修改，而不必打开相应的对话框。
- “转换十字结点”复选框：选中该复选框后，用户在绘制导线时，在相交的导线处自动连接并产生结点，同时终止本次操作。若没有选中该复选框，则用户可以任意覆盖已经存在的连线，并可以继续进行绘制导线的操作。
- “显示 Cross-Overs（显示交叉点）”复选框：勾选该复选框后，非电气连线的交叉点会以半圆弧显示，表示交叉跨越状态。
- “Pin 方向（管脚说明）”复选框：勾选该复选框后，单击元件某一引脚时，会自动显示该引脚的编号及输入输出特性等。
- “图纸入口方向”复选框：勾选该复选框后，在顶层原理图的图纸符号中会根据子图中设置的端口属性显示输出端口、输入端口或其他性质的端口。图纸符号中相互连接的端口部分不随此项设置的改变而改变。
- “端口方向”复选框：勾选该复选框后，端口的样式会根据用户设置的端口属性显示输出端口、输入端口或其他性质的端口。
- “垂直拖拽”复选框：勾选该复选框后，在原理图上拖动元件时，与元件相连接的导线只能保持直角。若不勾选该复选框，则与元件相连接的导线可以呈现任意的角度。

（3）“包括剪贴板”选项组

- “No-ERC 标记”复选框：勾选该复选框后，在复制、剪切到剪贴板或打印时，均包含图纸的忽略 ERC 检查符号。
- “参数集”复选框：勾选该复选框后，使用剪贴板进行复制操作或打印时，包含元件的参数信息。
- “注释”复选框：勾选该复选框后，使用剪贴板进行复制操作或打印时，包含注释说明信息。

（4）“Alpha 数字后缀（字母和数字后缀）”选项组

该选项组用于设置某些元件中包含多个相同子部件的标识后缀，每个子部件都具有独立的物理功能。在放置这种复合元件时，其内部的多个子部件通常采用“元件标识：后缀”的形式来加以区别。

- “Alpha（字母）”选项：选择该选项，子部件的后缀以字母表示，如 U：A，U：B 等。
- “Numeric，separated by a dot "." （数字间用点间隔）”选项：选择该选项，子部件的后缀以数字表示，如 U.1，U.2 等。
- “Numeric，separated by a colon ":" （数字间用冒号间隔）”选项：选择该选项，子部件的后缀以数字表示，如 U：1，U：2 等。

（5）“管脚余量”选项组

- “名称”文本框：用于设置元件的引脚名称与元件符号边缘之间的距离，系统默认值为 50mil。
- “数量”文本框：用于设置元件的引脚编号与元件符号边缘之间的距离，系统默认值为 80mil。

（6）“放置时自动增加”选项组

该选项组用于设置元件标识序号及引脚号的自动增量数。

- “首要的”文本框：用于设定在原理图上连续放置同一种元件时，元件标识序号的自动增量数，系统默认值为 1。
- “次要的”文本框：用于设定创建原理图符号时，引脚号的自动增量数，系统默认值为 1。

（7）“端口交叉参考”选项组

- “图纸类型”文本框：用于设置图纸中端口类型，包括“Name（名称）”“Number（数字）”。
- “位置类型”文本框：用于设置图纸中端口放置位置依据，系统设置包括“Zone（区域）”“Location X,Y（坐标）”。

（8）“Default Blank Sheet Size（默认空白页大小）”选项组

单击“图纸尺寸”下拉列表，选择样板文件，选择后，模板文件名称将出现在“图纸尺寸”文本框中，在文本框下显示具体的尺寸大小。其中的“绘制区域”反映在“图纸尺寸”中选择的图纸尺寸的大小。此处不可编辑。

（9）“File Format Change Report（文件格式更改报告）”选项组

- “Disable opening the report from older version（禁止从旧版本打开报表）”复选框：用于设置图纸中端口类型，启用此选项，在打开旧的 Altium 设计器原理图文件格式时不创建报告。该报告提示该文档是在旧版本的软件中创建的，并提供有关打开文档的一些功能信息，这些功能可能会丢失或已更改。默认情况下，此选项处于禁用状态。
- “Disable opening the report from newer version（禁止从较新版本打开报表）”复选框：启用此选项，以便在 Altium 设计器中加载较新的原理图文件格式时不创建报告。该报告提示该文档是在较新版本的软件中创建的，并提供有关打开的文档中可能丢失或已更改的一些功能信息。默认情况下，此选项处于禁用状态。

2.3.2 设置图形编辑环境参数

图形编辑环境的参数设置通过“Graphical Editing（图形编辑）”标签页来实现，如图 2-15 所示。该标签页主要用来设置与绘图有关的一些参数。

（1）“选项”选项组

- “剪贴板参考”复选框：勾选该复选框后，在复制或剪切选中的对象时，系统将提示确定一个参考点。建议用户勾选该复选框。
- “添加模板到剪切板”复选框：勾选该复选框后，用户在执行复制或剪切操作时，系统会把当前文档所使用的模板一起添加到剪贴板中，所复制的原理图包含整个图纸。建议用户不勾选该复选框。
- “显示没有定义值的特殊字符串的名称”：用于设置将特殊字符串转换成相应的内容。若选定此复选项，则在电路原理图中使用特殊字符串时，显示时会转换成实际字符。否则将保持原样。

图 2-15 “Graphical Editing（图形编辑）”标签页

- “对象中心”复选框：选中该复选框后，在移动元件时，光标将自动跳到元件的参考点上（元件具有参考点时）或对象的中心处（对象不具有参考点时）。若不选中该复选框，则移动对象时光标将自动滑到元件的电气节点上。
- “对象电气热点”复选框：勾选该复选框后，当用户移动或拖动某一对象时，光标自动滑动到离对象最近的电气节点（如元件的引脚末端）处。建议用户勾选该复选框。如果想实现勾选“对象中心”复选框后的功能，则应取消对“对象电气热点”复选框的勾选，否则移动元件时，光标仍然会自动滑到元件的电气节点处。
- “自动缩放”复选框：勾选该复选框后，在插入元件时，电路原理图可以自动地实现缩放，调整出最佳的视图比例。建议用户勾选该复选框。
- “单一'\'符号代表负信号”复选框：一般在电路设计中，习惯在引脚的说明文字顶部加一条横线表示该引脚低电平有效，在网络标签上也采用此种标识方法。Altium Designer 22 允许用户使用“\”为文字顶部加一条横线。例如，RESET 低有效，可以采用“\R\E\S\E\T”的方式为该字符串顶部加一条横线。勾选该复选框后，只要在网络标签名称的第一个字符前加一个“\”，则该网络标签名将全部被加上横线。
- “选中存储块清空时确认”复选框：勾选该复选框后，在清除选定的存储器时，将出现一个确认对话框。通过这项功能的设定可以防止由于疏忽而清除选定的存储器。建议用户勾选该复选框。
- “标计手动参数”复选框[㊀]：用于设置是否显示参数自动定位被取消的标记点。勾选该复

㊀ 因软件汉化原因，“标计手动参数”复选框实际应为“标记手动参数”复选框，同类问题，后文不再阐述。

选框后，如果对象的某个参数已取消了自动定位属性，那么在该参数的旁边会出现一个点状标记，提示用户该参数不能自动定位，需手动定位，即应该与该参数所属的对象一起移动或旋转。

- “始终拖拽”复选框：勾选该复选框后，移动某一选中的图元时，与其相连的导线也随之被拖动，以保持连接关系。若不勾选该复选框，则移动图元时，与其相连的导线不会被拖动。
- “‘Shift’+单击选择”复选框：勾选该复选框后，只有在按下〈Shift〉键时，单击才能选中图元。此时，右侧的“Primitives（原始的）”按钮被激活。单击“元素”按钮，弹出如图 2-16 所示的“Must Hold Shift To Select（必须按住 Shift 选择）”对话框，可以设置哪些图元只有在按下〈Shift〉键时，单击才能选择。使用这项功能会使原理图的编辑很不方便，建议用户不必勾选该复选框，直接单击选择图元即可。
- “单击清除选中状态”复选框：勾选该复选框后，通过单击原理图编辑窗口中的任意位置，就可以解除对某一对象的选中状态，不需要再使用菜单命令或者“原理图标准”工具栏中的 （取消选择所有打开的当前文件）按钮。建议用户勾选该复选框。
- “自动放置页面符入口”复选框：勾选该复选框后，系统会自动放置图纸入口。
- “保护锁定的对象”复选框：勾选该复选框后，系统会对锁定的图元进行保护。若不勾选该复选框，则锁定对象不会被保护。
- “粘贴时重置元件位号”复选框：勾选该复选框后，将复制粘贴后的元件标号进行重置。
- “页面符入口和端口使用线束颜色”复选框：勾选该复选框后，将原理图中的图纸入口与电路按端口颜色设置为线束颜色。
- “网络颜色覆盖”复选框：勾选该复选框后，原理图中的网络显示对应的颜色。
- “双击运行交互式属性”复选框：勾选该复选框，可在使用双击编辑置入对象时，打开“属性”面板。
- “显示管脚位号”复选框：勾选该复选框，显示管脚指示符。

（2）“自动平移选项”选项组

该选项组主要用于设置系统的自动摇镜功能，即当光标在原理图上移动时，系统会自动移动原理图，以保证光标指向的位置进入可视区域。

- “类型”下拉列表框：用于设置系统自动摇镜的模式。有两个选项可以供用户选择，即 Auto Pan Fixed Jump（按照固定步长自动移动原理图）和 Auto Pan Recenter（移动原理图时，以光标最近位置作为显示中心）。系统默认为 Auto Pan Fixed Jump（按照固定步长自动移动原理图）。
- “速度”滑块：通过拖动滑块，可以设定原理图移动的速度。滑块越向右，速度越快。
- “步进步长”文本框：用于设置原理图每次移动时的步长。系统默认值为 300mil，即每次移动 30 个像素点。数值越大，图纸移动越快。
- “移位步进步长”文本框：用于设置在按住〈Shift〉键的情况下，原理图自动移动的步长。该文本框的值一般要大于“Step Size（移动步长）”文本框中的值，这样在按住〈Shift〉键时可以加快图纸的移动速度。系统默认值为 1000mil。

（3）“颜色选项”选项组

该选项组用于设置所选中对象的颜色。单击“选择”颜色显示框，系统将弹出如图 2-17 所示的“选择颜色”对话框，在该对话框中可以设置选中对象的颜色。

图 2-16 “必须按住 Shift 选择”对话框

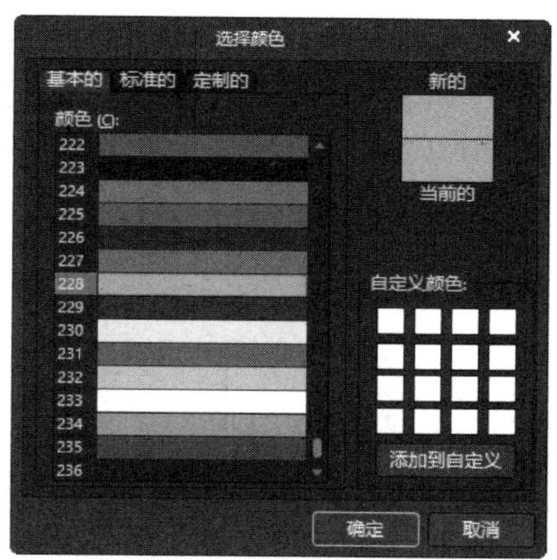

图 2-17 “选择颜色”对话框

（4）“光标”选项组

该选项组主要用于设置光标的类型。在“指针类型”下拉列表框中，包含“Large Cursor 90（长十字形光标）”“Small Cursor 90（短十字形光标）”“Small Cursor 45（短 45°交叉光标）”“Tiny Cursor 45（小 45°交叉光标）”4 种光标类型。系统默认为“Small Cursor 90（短十字形光标）”类型。

其他参数的设置读者可以参照帮助文档，这里不再赘述。

2.4 元件的电气连接

元器件之间电气连接的主要方式是通过导线来连接。导线是电路原理图中最重要也是用得最多的图元，它具有电气连接的意义，不同于一般的绘图工具，绘图工具没有电气连接的意义。

2.4.1 用导线连接元件

导线是电气连接中最基本的组成单位，放置线的详细步骤如下。

1）选择“放置”→“线”菜单命令，或单击“布线”工具栏中的 “放置线”按钮，或单击常用工具栏中的 “放置线”按钮，也可以按下快捷键〈P+W〉操作，如图 2-18 所示。

2）将光标移动到想要完成电气连接的元件的管脚上，单击放置线的起点。由于设置了系统电气捕捉节点（electrical snap），因此，电气连接很容易完成。出现红色的记号表示电气连接成功，如图 2-19 所示。移动光标多次单击可以确定多个固定点，最后放置线的终点，完成两个元件之间的电气连接。此时光标仍处于放置线的状态，重复上面操作可以继续放置其他的导线。

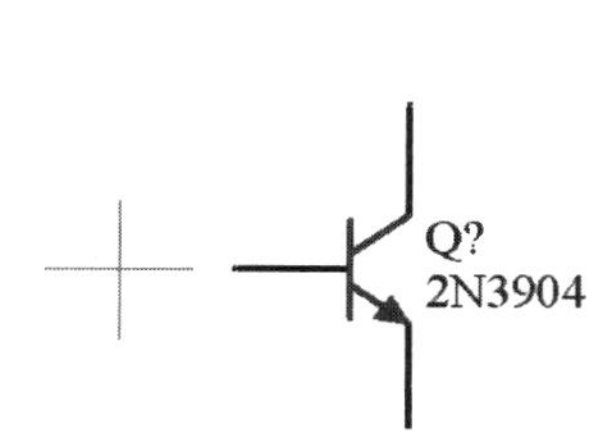

图 2-18 绘制导线时的光标

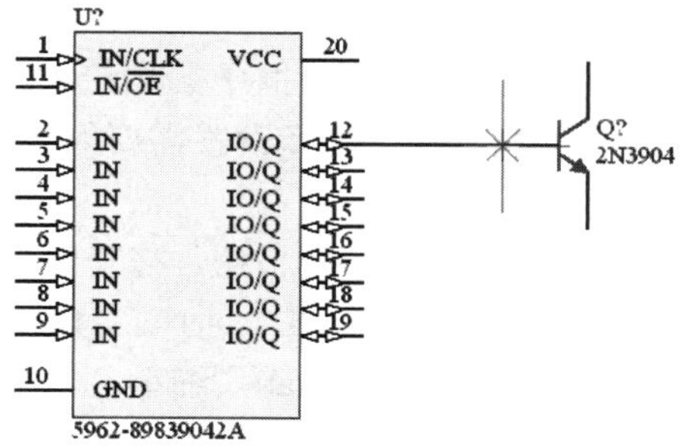

图 2-19 导线的绘制

3）导线的拐弯模式。如果要连接的两个引脚不在同一水平线或同一垂直线上，则绘制导线的过程中需要单击确定导线的拐弯位置，而且可以通过按〈Shift+Space〉键来切换选择导线的拐弯模式，共有 3 种：直角、45°角、任意角，如图 2-20 所示。导线绘制完毕，右击或按〈Esc〉键即可退出绘制导线操作。

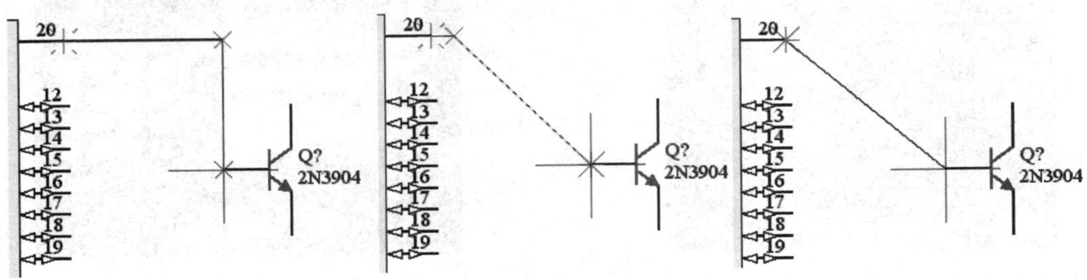

图 2-20　导线的拐弯模式

4）设置导线的属性。任何一个建立起来的电气连接都称为一个网络（Net），每个网络都有自己唯一的名称，系统为每一个网络设置默认的名称，用户也可以自己进行设置。原理图完成并编译结束后，在导航栏中即可看到各种网络的名称。在绘制导线的过程中，用户便可以对导线的属性进行编辑。在光标处于放置导线的状态时按〈Tab〉键，弹出如图 2-21 所示的“Properties（属性）”面板，也可以双击导线，此时弹出“Wire（导线）”对话框，如图 2-22 所示，在该面板或者对话框中可以对导线的颜色、线宽参数进行设置。

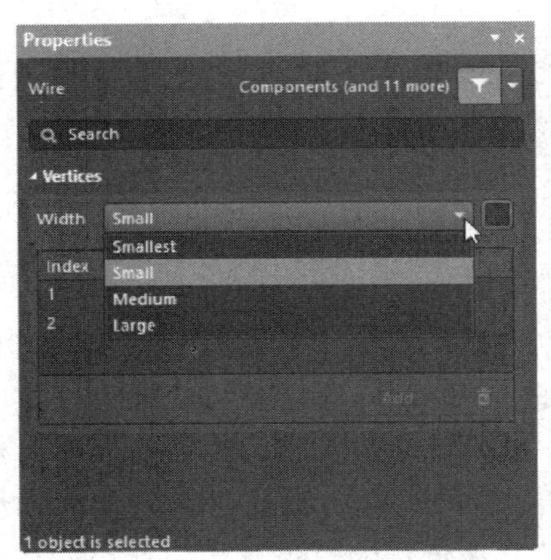

图 2-21　“Properties（属性）”面板

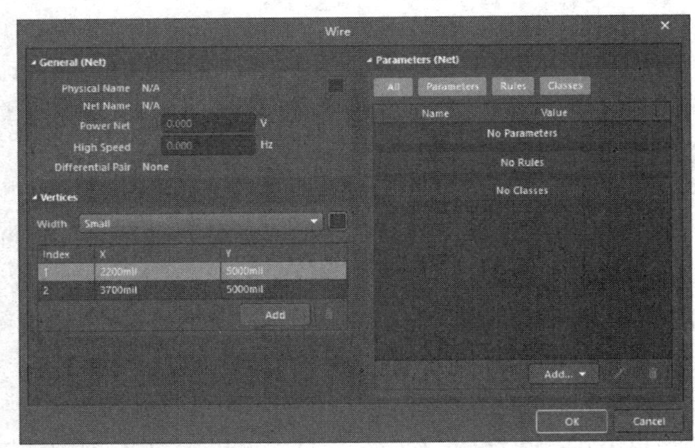

图 2-22　“Wire（导线）”对话框

在该面板中主要是对线的颜色、线宽参数进行设置。

- “颜色”设置：单击对话框中的颜色框■，即可弹出如图 2-23 所示的下拉对话框，选择设置需要的导线颜色。系统默认为深蓝色。
- Width（线宽）：单击下拉按钮，打开下拉列表框，有 4 个选项：“Smallest（最小）”“Small（细小）”“Medium（中等）”和“Large（大）”。系统默认为“Small（细小）”。工作中应该参照与其相连的元件引脚线宽度进行选择。

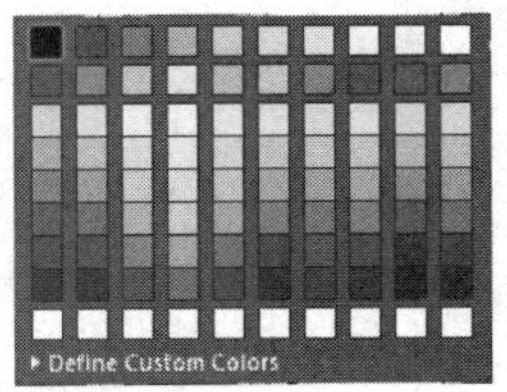

图 2-23　选择颜色

2.4.2 总线的绘制

总线是一组具有相同性质的并行信号线的组合，如数据总线、地址总线、控制总线等。在大规模的原理图设计，尤其是数字电路的设计中，只用导线来完成各元件之间的电气连接的话，则整个原理图的连线就会显得细碎而烦琐，而总线的运用则可大大简化原理图的连线操作，可以使原理图更加整洁、美观。

原理图编辑环境下的总线没有任何实质的电气连接意义，仅仅是为了绘图和读图的方便而采取的一种简化连线的表现形式。

总线的绘制与导线的绘制基本相同，具体操作步骤如下。

1）选择“放置”→“总线”菜单命令，或单击“布线”工具栏中的“放置总线”按钮，也可以按下快捷键〈P+B〉，这时鼠标变成十字形状。

2）将光标移动到想要放置总线的起点位置，单击确定总线的起点。然后拖动光标，单击确定多个固定点和终点，如图 2-24 所示。总线的绘制不必与元件的管脚相连，它只是为了方便接下来对总线分支线的绘制而设定的。

3）设置总线的属性。在绘制总线的过程中，用户便可以对总线的属性进行编辑。双击总线，弹出如图 2-25 所示的“Bus（总线）”对话框，在该对话框中可以对总线的属性进行设置。

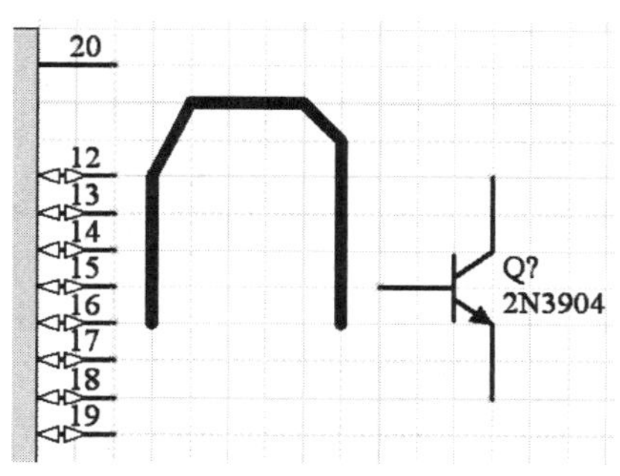

图 2-24　绘制总线

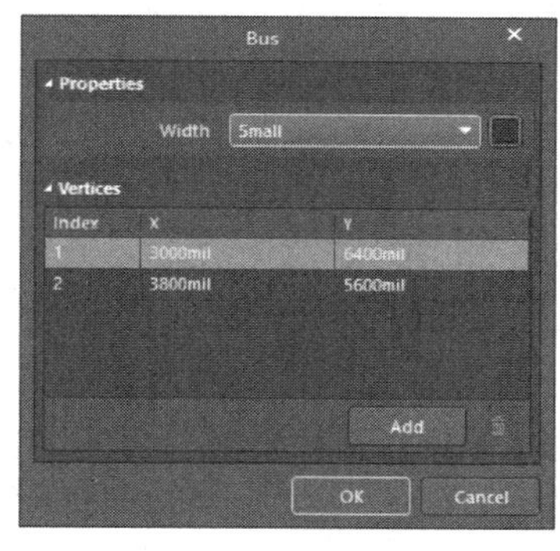

图 2-25　“Bus（总线）”对话框

2.4.3 绘制总线分支线

总线分支线是单一导线与总线的连接线。使用总线分支线把总线和具有电气特性的导线连接起来，可以使电路原理图更为美观、清晰且具有专业水准。与总线一样，总线分支线也不具有任何电气连接的意义，而且它的存在并不是必需的，即便不通过总线分支线，直接把导线与总线连接也是正确的。

放置总线分支线的操作步骤如下。

1）选择“放置”→“总线入口”菜单命令，或单击“布线”工具栏中的“放置总线入口”按钮，也可以按下快捷键〈P+U〉，这时光标变成十字形状。

2）在导线与总线之间单击，即可放置一段总线分支线。同时在该命令状态下，按〈Space〉键可以调整总线分支线的方向，如图 2-26 所示。

3）设置总线分支线的属性。在绘制总线分支线的过程中，用户便可以对总线分支线的属性进行编辑。双击总线入口，弹出如图 2-27 所示的“Bus Entry（总线入口）”对话框，在该对话框中可以对总线分支线的属性进行设置。

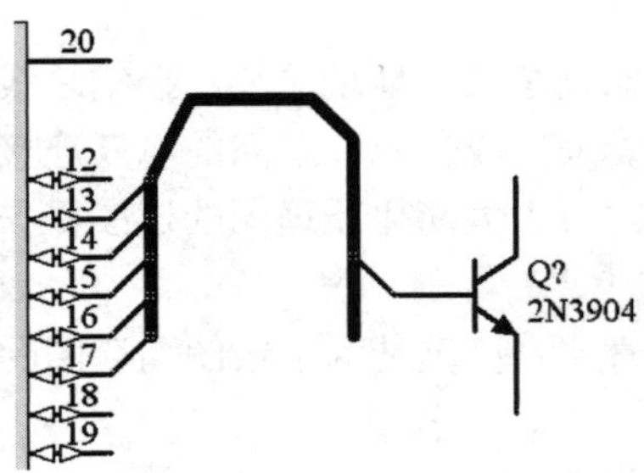

图 2-26　绘制总线分支线

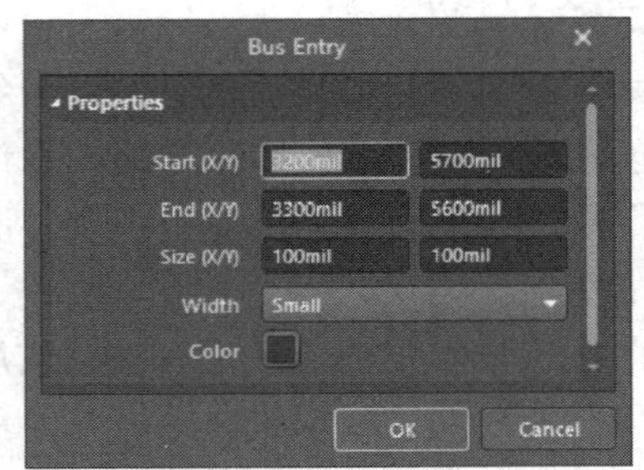

图 2-27　“Bus Entry（总线入口）”对话框

2.4.4 放置电源符号

电源和接地符号是电路原理图中必不可少的组成部分。在 Altium Designer 22 中提供了多种电源和接地符号供用户选择，每种形状都有一个相应的网络标签作为标识。

放置电源和接地符号的步骤如下。

1）选择“放置”→“电源端口”菜单命令，或单击“布线”工具栏中的按钮或按钮，也可以按下快捷键〈P+O〉，这时光标变成十字形状，并带有一个电源或接地符号。

2）移动光标到需要放置电源或接地的地方，单击即可完成放置，如图 2-28 所示。此时光标仍处于放置电源或接地的状态，重复操作即可放置其他的电源或接地符号。

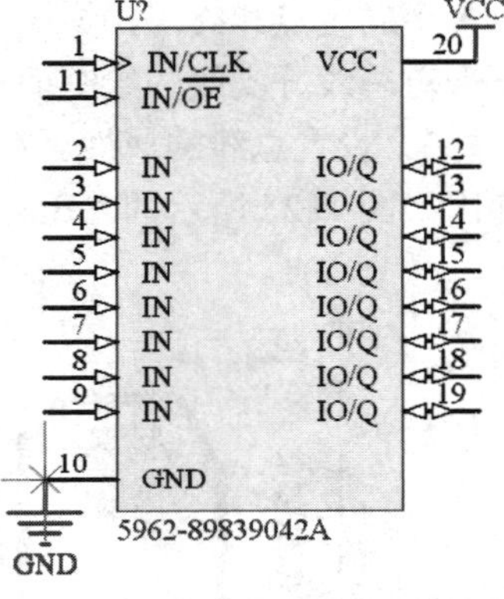

图 2-28　放置电源和接地符号

3）设置电源和接地符号的属性。在放置电源和接地符号的过程中，用户便可以对电源和接地符号的属性进行编辑。双击电源和接地符号，弹出如图 2-29 所示的“Power Port（电源端口）”对话框，在该对话框中可以对电源或接地符号的颜色、风格、位置、旋转角度等属性进行设置。

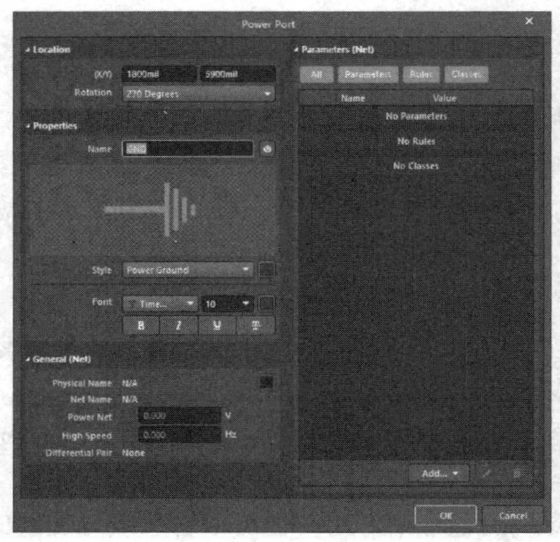

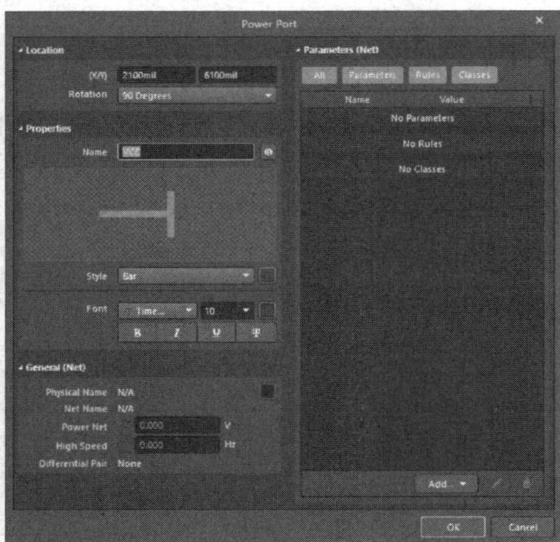

图 2-29　“Power Port（电源端口）”对话框

2.4.5 放置网络标签

在原理图绘制过程中，元器件之间的电气连接除了使用导线外，还可以通过设置网络标签的方法来实现。

网络标签具有实际的电气连接意义，具有相同网络标签的导线或元件引脚无论在图上是否连接在一起，其电气关系都是连接在一起的。特别是在连接的线路比较远，或者线路过于复杂，而使走线比较困难时，使用网络标签代替实际走线可以大大简化原理图。

下面以放置电源网络标签为例介绍网络标签的放置，具体步骤如下。

1）选择“放置”→“网络标签”菜单命令，或单击“布线”工具栏中的 Net “放置网络标签”按钮，也可以按下快捷键操作〈P+N〉，这时光标变成十字形状，并带有一个初始标号“Net Label1”。

2）移动光标到需要放置网络标签的导线上，当出现红色米字标志时，单击即可完成放置，如图 2-30 所示。此时光标仍处于放置网络标签的状态，重复操作即可放置其他的网络标签。右击或者按下〈Esc〉键便可退出操作。

3）设置网络标签的属性。在放置网络标签的过程中，用户便可以对网络标签的属性进行编辑。双击网络标签，弹出如图 2-31 所示的“Net Label（网络标签）”对话框，在该对话框中可以对网络标签的颜色、位置、旋转角度、名称及字体等属性进行设置。

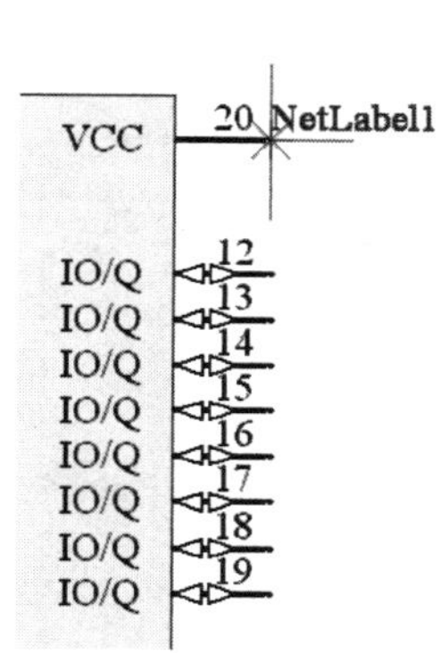

图 2-30　放置网络标签

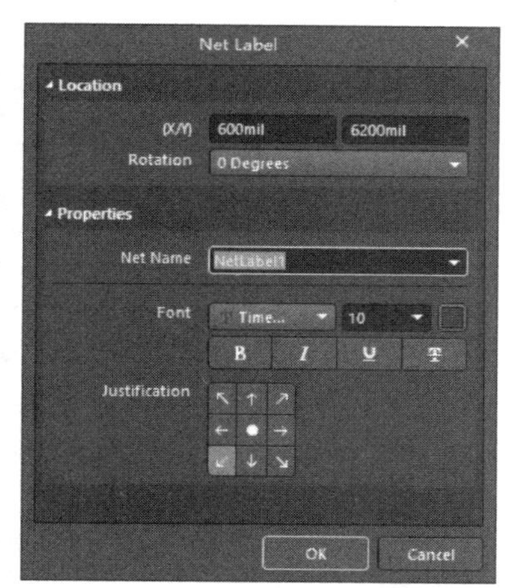

图 2-31　“Net Label（网络标签）”对话框

用户也可在工作窗口中直接改变“Net（网络）”的名称，具体操作步骤如下。

1）选择“工具”→“原理图优先项”菜单命令，打开“优选项”对话框，选择“Schematic（原理图）”→“General（常规设置）”选项，选中“使能 In-Place 编辑”复选框（系统默认即为选中状态）。

2）此时在工作窗口中单击网络标签的名称，过一段时间后再一次单击网络标签的名称即可对该网络标签的名称进行编辑。

2.4.6 放置输入/输出端口

在设计原理图时，两点之间的电气连接，可以直接使用导线连接，也可以通过设置相同的网络标签来完成。还有一种方法，即使用电路的输入/输出端口，能同样实现两点之间（一般是两个电路之间）的电气连接。相同名称的输入/输出端口在电气关系上是连接在一起的，一般情况下在一张图纸中是不使用端口连接的，在层次电路原理图的绘制过程中常用到这种电气连接方式。

放置输入/输出端口的具体步骤如下。

1）选择“放置”→“端口”菜单命令，或单击“布线”工具栏中的“放置端口”按钮，或单击快捷工具栏中的“放置端口”按钮，也可以按下快捷键操作〈P+R〉，这时光标变成十字形状，并带有一个输入/输出端口符号。

2）移动光标到需要放置输入/输出端口的元器件引脚末端或导线上，当出现红色米字标志时，单击确定端口的一端位置。然后拖动光标使端口的大小合适，再次单击确定端口的另一端位置，即可完成输入/输出端口的一次放置，如图 2-32 所示。此时光标仍处于放置输入/输出端口的状态，重复操作即可放置其他的输入/输出端口。

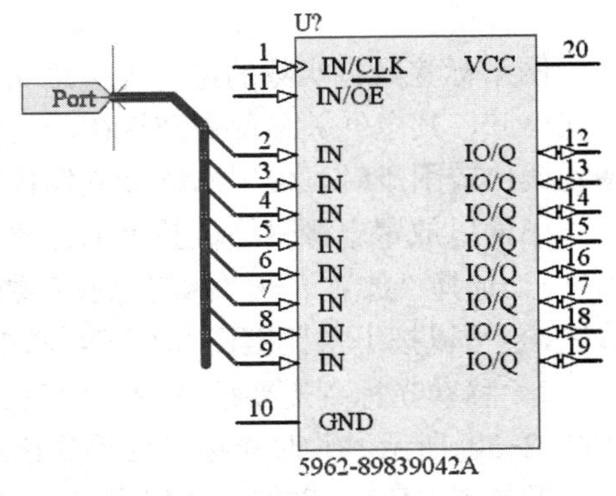

图 2-32　放置输入/输出端口

3）设置输入/输出端口的属性。在放置输入/输出端口的过程中，用户便可以对输入/输出端口的属性进行编辑。双击输入/输出端口，弹出如图 2-33 所示的“Port（端口）”对话框，在该对话框中可以对输入/输出端口的属性进行设置。

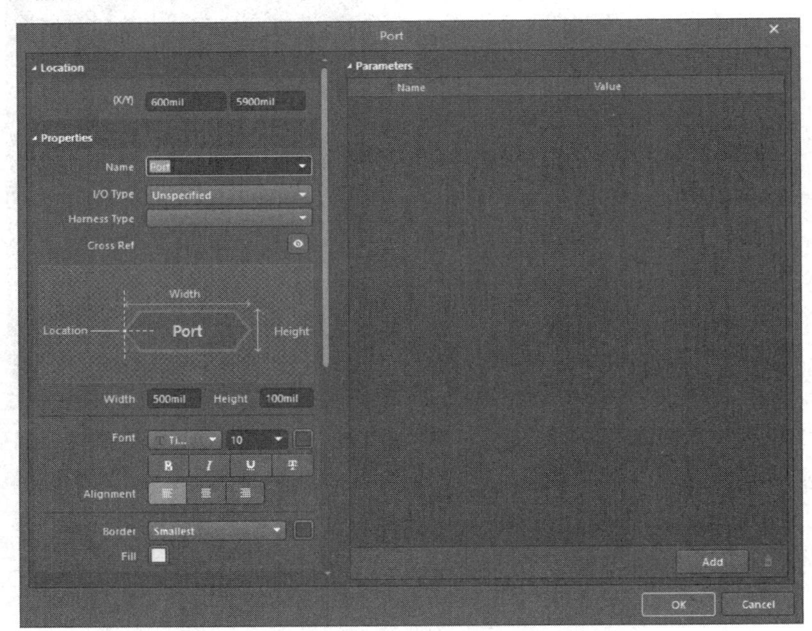

图 2-33　“Port（端口）”对话框

- Name（名称）：用于设置端口名称。这是端口最重要的属性之一，具有相同名称的端口在电气上是连通的。
- I/O Type（输入/输出端口的类型）：用于设置端口的电气特性，对后面的电气规则检查提供一定的依据。有 Unspecified（未指明或不确定）、Output（输出）、Input（输入）和 Bidirectional（双向型）4 种类型。

- Harness Type（线束类型）：设置线束的类型。
- Font（字体）：用于设置端口名称的字体类型、字体大小、字体颜色，同时设置字体添加加粗、斜体、下画线、横线等效果。
- Border（边界）：用于设置端口边界的线宽、颜色。
- Fill（填充颜色）：用于设置端口内填充颜色。

2.4.7 放置通用 No ERC 标号

在电路设计过程中，系统进行电气规则检查（ERC）时，有时会产生一些不希望的错误报告。例如，出于电路设计的需要，一些元器件的个别输入引脚有可能被悬空，但在系统默认情况下，所有输入引脚都必须进行连接，这样在 ERC 检查时，系统会认为悬空的输入引脚使用错误，并在引脚处放置一个错误标记。

为了避免用户为检查这种“错误”而浪费时间，可以使用忽略 ERC 测试符号，让系统忽略对此处的 ERC 测试，不再产生错误报告。

放置忽略 ERC 测试点的具体步骤如下。

1）选择“放置”→“指示”→“通用 No ERC 标号”菜单命令，或单击“布线”工具栏中的“放置通用 No ERC 标号”按钮，也可以按下快捷键操作〈P+I+N〉，这时光标变成十字形状，并带有一个红色的交叉符号。

2）移动光标到需要放置通用 No ERC 标号的位置，单击即可完成放置，如图 2-34 所示。此时光标仍处于放置通用 No ERC 标号的状态，重复操作即可放置其他的通用 No ERC 标号。右击或者按下〈Esc〉键便可退出操作。

3）设置通用 No ERC 标号的属性。在放置通用 No ERC 标号的过程中，用户便可以对通用 No ERC 标号的属性进行编辑。双击通用 No ERC 标号，弹出如图 2-35 所示的“No ERC（通用 No ERC 标号）”对话框。在该对话框中可以对通用 No ERC 标号的颜色及位置属性进行设置。

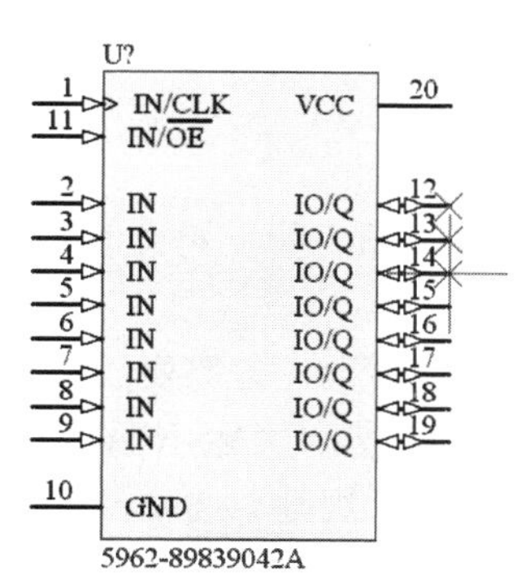

图 2-34　放置忽略 ERC 测试点

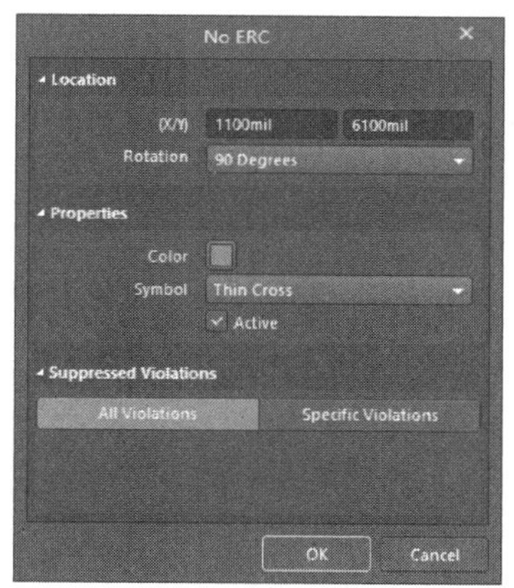

图 2-35　“No ERC（通用 No ERC 标号）”对话框

2.4.8 放置 PCB 布线指示

用户绘制原理图时，可以在电路的某些位置放置 PCB 布线指示，以便预先规划指定该处的 PCB 布线规则，包括铜膜的厚度、布线的策略、布线优先权及布线板层等。这样，在由原理图创建 PCB 印制板的过程中，系统就会自动引入这些特殊的设计规则。

放置 PCB 布线指示的具体步骤如下。

1）选择“放置”→“指示”→“参数设置”菜单命令，也可以按下快捷键操作〈P+I+M〉，这时光标变成十字形状，并带有一个 PCB 布线指示符号。

2）移动光标到需要放置 PCB 布线指示的位置处，单击即可完成放置，如图 2-36 所示。此时光标仍处于放置 PCB 布线指示的状态，重复操作即可放置其他的 PCB 布线指示符号。右击或者按下〈Esc〉键便可退出操作。

3）设置 PCB 布线指示的属性。在放置 PCB 布线指示的过程中，用户便可以对 PCB 布线指示的属性进行编辑。双击 PCB 布线指示符号，弹出如图 2-37 所示的“Parameter Set（参数设置）”对话框。在该对话框中可以对 PCB 布线指示符号的位置、旋转角度及布线规则等属性进行设置。

图 2-36　放置 PCB 布线指示

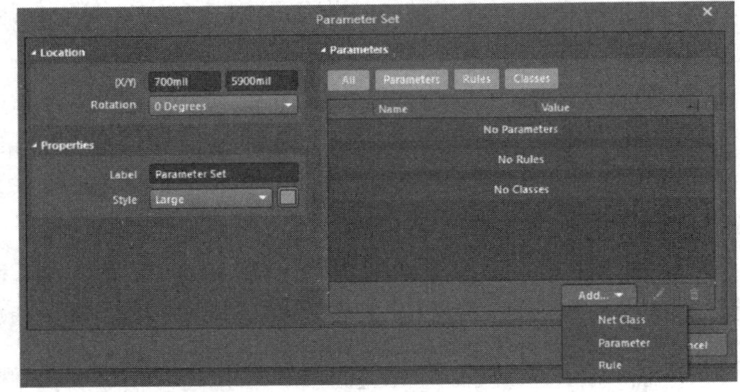

图 2-37　“Parameter Set（参数设置）”对话框

- “(X/Y)（位置 X 轴、Y 轴）”文本框：用于设定 PCB 布线指示符号在原理图上的 X 轴和 Y 轴坐标。
- “Rotation（定位）”下拉列表框：用于设定 PCB 布线指示符号在原理图上的放置方向。有“0 Degrees（0°）”“90 Degrees（90°）”“180 Degrees（180°）”和“270 Degrees（270°）”4 个选项。
- “Label（名称）”文本框：用于输入 PCB 布线指示符号的名称。
- “Style（类型）”下拉列表框：用于设定 PCB 布线指示符号在原理图上的类型，包括“Large（大的）”“Tiny（极小的）”。

Parameters（参数）：该窗口中列出了该 PCB 布线指示的相关参数，若需要添加参数，单击“Add（添加）”按钮，从下拉菜单中选择需要的选项即可。在此处选择“Net Class（网络类）”或“Parameters（参数）”选项，可直接设置参数。如果选择 Rules（规则）选项，系统将弹出如图 2-38 所示的“选择设计规则类型”对话框，在该对话框中列出了 PCB 布线时用到的所有类型的规则供用户选择。

例如，选中“Width Constraint（导线宽度约束规则）”，单击“确定”按钮后，则打开相应的导线宽度设置对话框，如图 2-39 所示。该对话框分为两部分，上面是图形显示部分，下面是列表显示部分，均可用于设置导线的宽度。

属性设置完毕，单击“确定”按钮即可关闭该对话框。

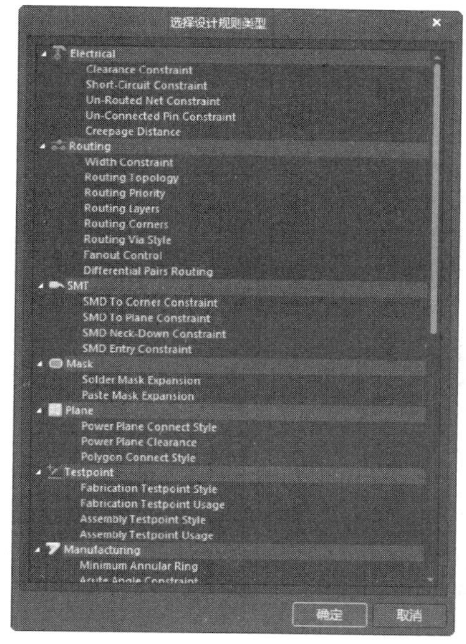

图 2-38 “选择设计规则类型”对话框

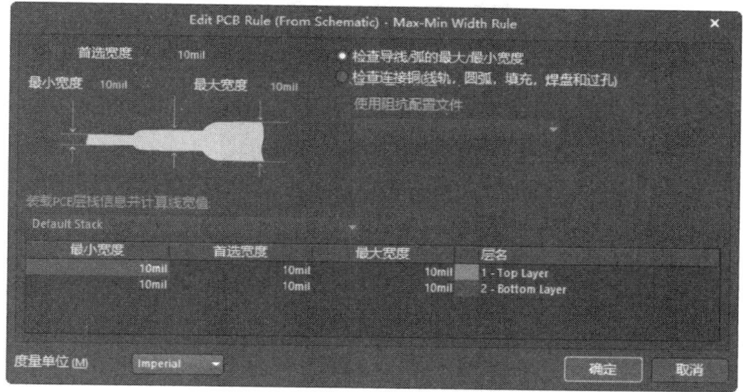

图 2-39 设置导线宽度

2.5 综合实例

通过本章的学习，用户对 Altium Designer 22 原理图编辑环境、原理图编辑器的使用有了初步的了解，而且能够完成简单电路原理图的绘制。这一节从实际操作的角度出发，通过一个具体的实例来说明怎样使用原理图编辑器来完成电路的设计工作。

2.5.1 A/D 模拟电路设计

2.5.1 A/D 模拟电路设计

目前绝大多数的电子应用设计脱离不了使用单片机系统。下面使用 Altium Designer 22 来绘制一个 A/D 模拟电路组成原理图。其主要步骤如下。

1）启动 Altium Designer 22。

2）选择“开始”→“Altium Designer”菜单命令，或者双击桌面上的快捷方式图标，启动 Altium Designer 22 程序。

3）启动 Altium Designer 22，选择菜单栏中的“文件”→“新的”→“项目”命令，则在“Projects（工程）”面板中出现新建的工程文件，系统提供的默认文件名为“PCB_Project.PrjPcb”，如图 2-40 所示。

4）选择菜单栏中的“文件”→“保存工程为”命令，在弹出的保存文件对话框中输入文件名“AD 模拟电路.PrjPcb”，并保存在指定的文件夹中。此时，在“Projects（工程）”面板中，工程文件名变为“AD 模拟电路.PrjPcb”。该工程中没有任何内容，可以根据设计的需要添加各种设计文档。

5）在工程文件“AD 模拟电路.PrjPcb”上右击，在弹出的右键快捷菜单中选择“添加新的...到工程”→“Schematic（原理图）”命令。在该工程文件中新建一个电路原理图文件，系统默认文件名为“Sheet1.SchDoc”。在该文件上右击，在弹出的右键快捷菜单中选择“另存为”命令，在弹出的保存文件对话框中输入文件名“AD 模拟电路.SchDoc”。此时，在“Projects（工程）”面板中，工程文件名变为“AD 模拟电路.SchDoc”，如图 2-41 所示。在创建新原理图文件的同时，也就进入了原理图设计系统环境。

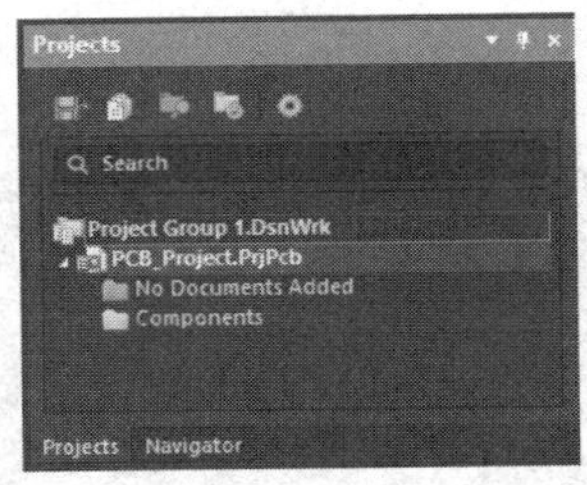

图 2-40　新建工程文件

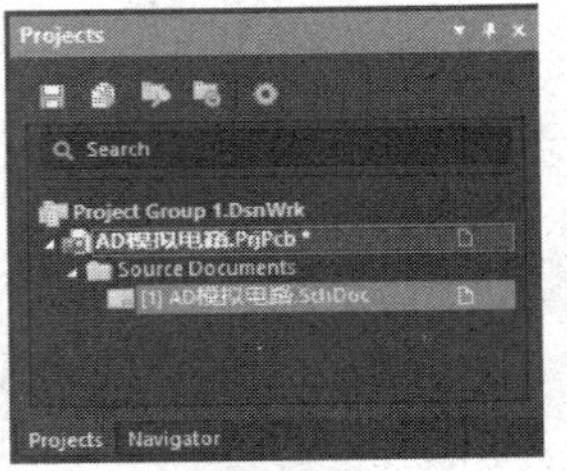

图 2-41　创建新原理图文件

6）打开“Properties（属性）”面板，如图 2-42 所示，对图纸参数进行设置。将“Sheet Size（图纸的尺寸及标准风格）”设置为“A4”；“Orientation（放置方向）”设置为“Landscape（水平）”；“Title Block（标题块）”设置为“Standard（标准）”；设置字体为“Arial”；大小设置为“10”；其他选项均采用系统默认设置。

7）放置 A/D 转换器芯片。在“Components（元件）”面板右上角中单击按钮，然后在弹出的快捷菜单中选择“File-based Libraries Preferences（库文件参数）”命令，则系统弹出“可用的基于文件的库”对话框，然后在其中加载需要的元件库，如图 2-43 所示。

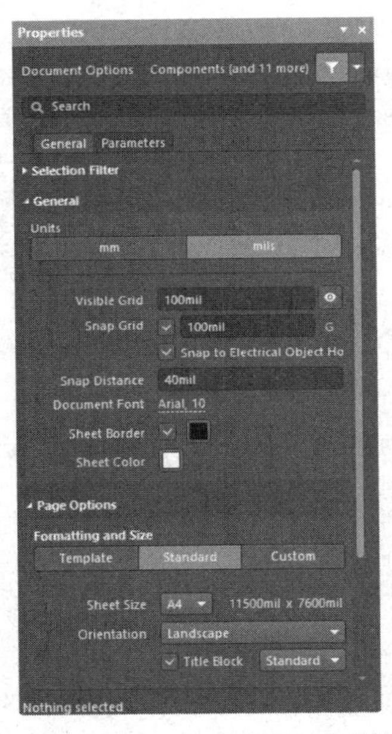

图 2-42　“Properties（属性）”面板

图 2-43　“可用的基于文件的库”对话框

8）打开“Components（元件）”面板，在当前元件库名称栏选择“NSC Converter Analog to Digital.lib”，在过滤框条件文本框中输入“ADC1001CCJ”，如图 2-44 所示。双击该元件，将选择的 A/D 转换器芯片放置在原理图纸上。

9）放置运算放大器。这里使用的运算放大器是“TL074ACD”，该芯片所在的库文件为“Motorola Amplifier Operational Amplifier.IntLib”，如图 2-45 所示。

10）放置可变电位器。这里使用的可变电位器是“RP”，该芯片所在的库文件为自制的“可变电阻.SchLib”，如图 2-46 所示。

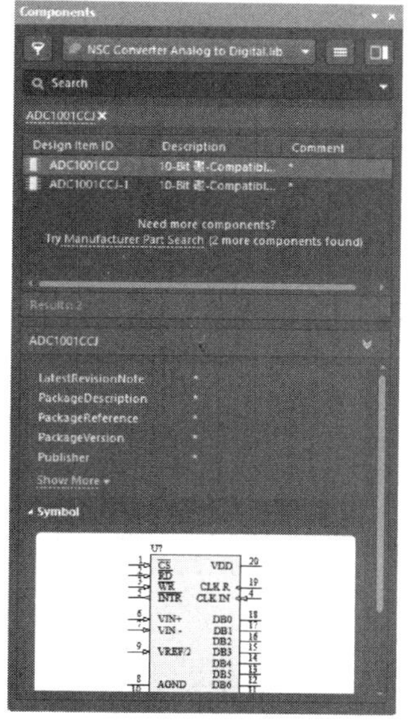

图 2-44　选择 A/D 转换器芯片

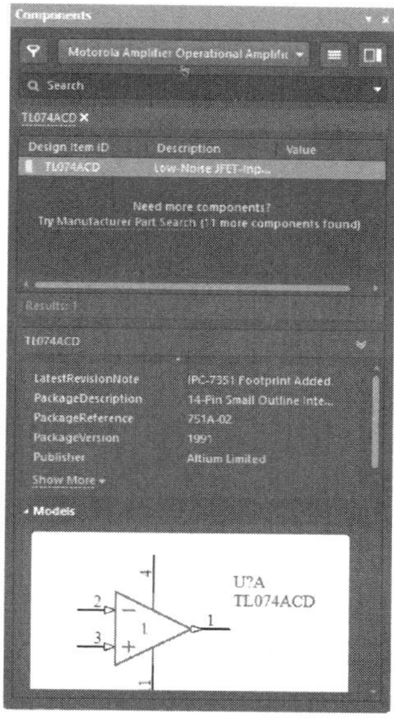

图 2-45　选择运算放大器芯片

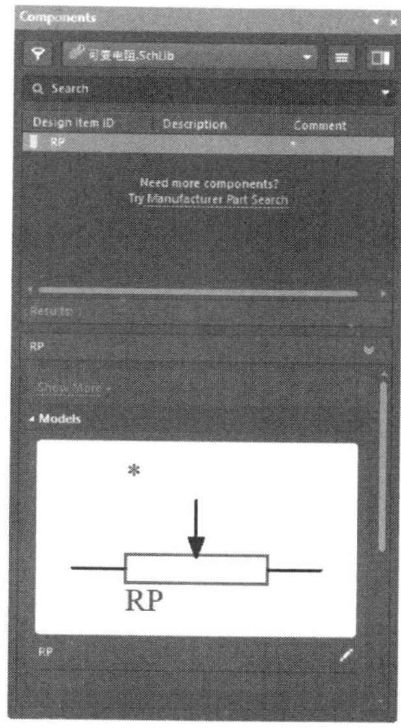

图 2-46　选择可变电位器

11）放置外围元件。本电路中除了上述 3 种芯片外，还需在“Miscellaneous Devices. IntLib”库中选择基本阻容元件，在元件列表中选择电容“Cap”、电阻“Res2”、极性电容“Cap Pol2”、稳压管“XTAL”。

12）在“Miscellaneous Connectors.IntLib”中选择“HEADER 4”“HEADER 16”，一一进行放置，结果如图 2-47 所示。

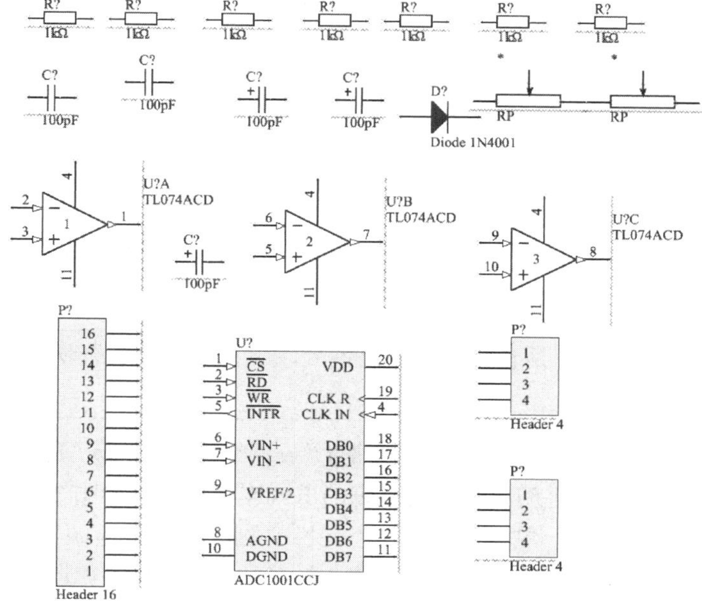

图 2-47　原理图放置

13）在元件库中选择所需的元件修改属性参数，在图纸上大致确定大元件的位置，做好原理图的布局，如图 2-48 所示。

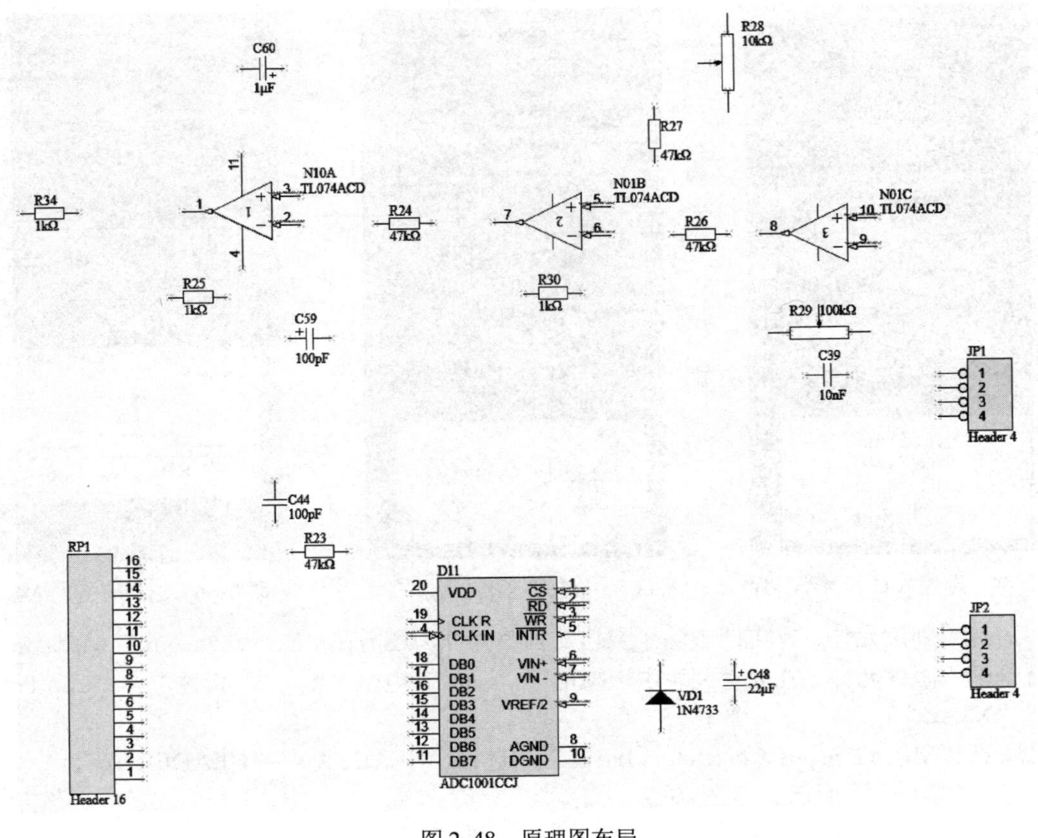

图 2-48　原理图布局

提示：在绘制原理图的过程中，放置元器件的基本依据是根据信号的流向放置，或从左到右，或从上到下。首先应该放置电路中的关键元器件，之后放置电阻、电容等外围元器件。本例中，设定图纸上信号的流向是从左到右，关键元器件有 3 个：A/D 转换器、稳压管、运算放大器。

14）单击“布线”工具栏中的（GND 接地端口）按钮，放置接地符号，本例共需要 10 个接地点。

提示：在放置好各个元件并设置好相应的属性后，下面应根据电路设计的要求把各个元件连接起来。

15）连接原理图。单击“布线”工具栏中的“放置线”按钮、“放置总线”按钮和“放置总线入口”按钮，完成元件之间的端口及引脚的电气连接，结果如图 2-49 所示。

16）放置电源和接地符号。单击“布线”工具栏中的“VCC 电源端口”按钮，放置电源，本例共需要 7 个电源。由于都是数字地，使用统一的符号表示即可，如图 2-50 所示。

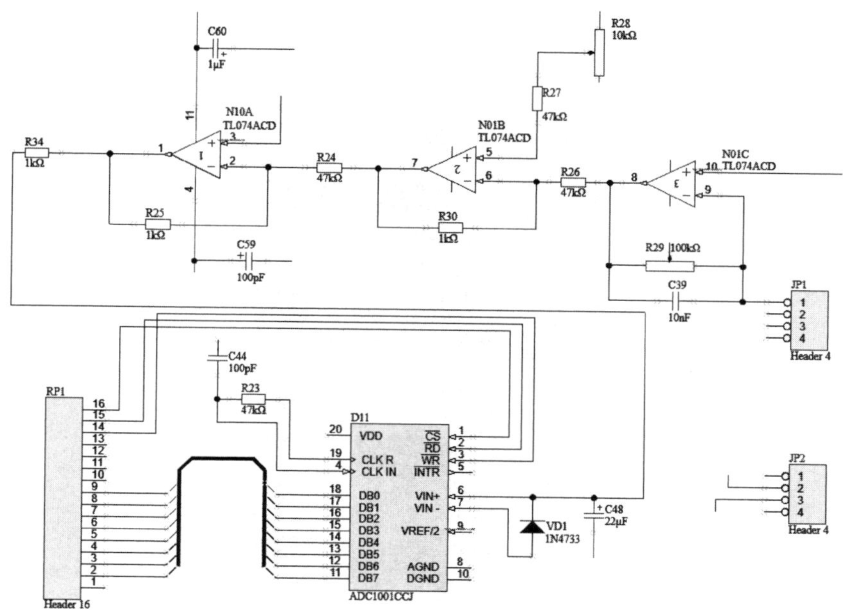

图 2-49　连线结果

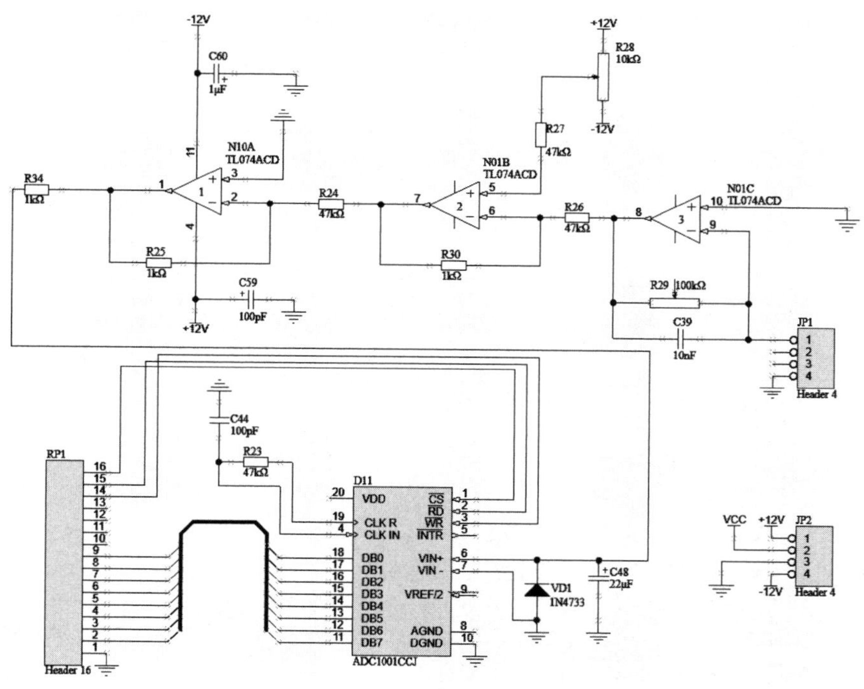

图 2-50　放置电源符号

17）放置网络标签。选择“放置”→“网络标签”菜单命令，或单击“布线”工具栏中的“放置网络标签”按钮，这时光标变成十字形状，并带有一个初始标号“Net Label1”。这时按〈Tab〉键打开如图 2-51 所示“Properties（属性）”面板，然后在“Net Name（网络名称）”文本框中输入“D0”，接着移动鼠标，将网络标签放置到总线分支上，最终可以得到一个如图 2-52 所示的完整电路原理图。

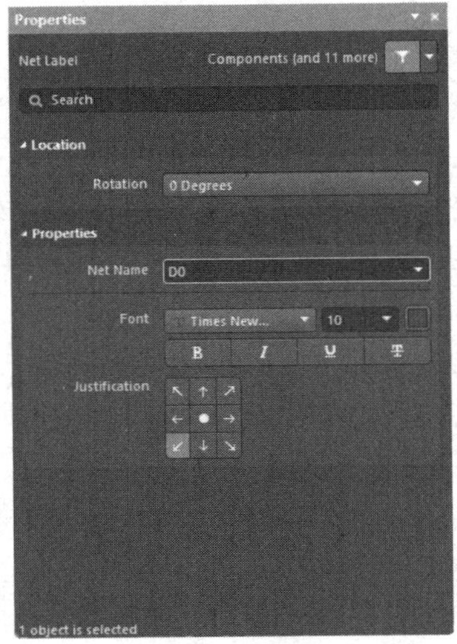

图 2-51 “Properties（属性）”面板

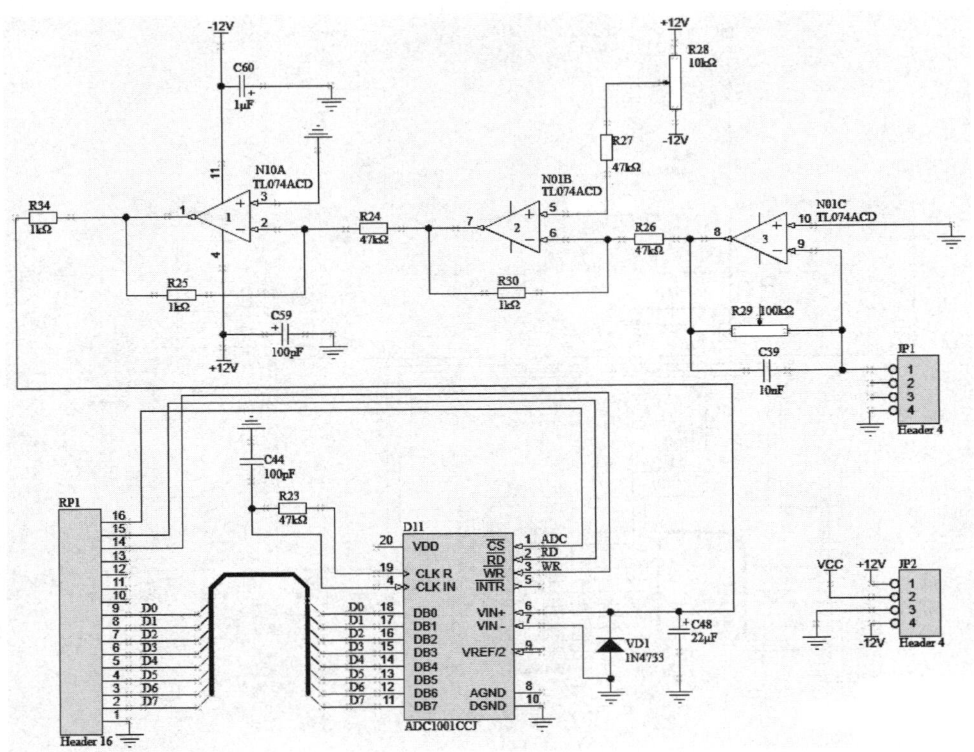

图 2-52 放置网络标签

18）保存原理图。选择“文件”→“保存”菜单命令或者单击菜单栏中的“保存”按钮，将设计的原理图保存在工程文件中。

2.5.2 音乐闪光灯电路设计

2.5.2 音乐闪光灯电路设计

本实例将设计一个音乐闪光灯，它采用干电池供电，可驱动发光管闪烁发光，同时扬声器还可以播放芯片中存储的电子音乐。本例中将介绍创建原理图、设置图纸、放置元件、绘制原理图符号、元件布局布线和放置电源符号等操作。

1. 建立工作环境

1）选择"开始"→"Altium Designer"菜单命令，或者双击桌面上的快捷方式图标，启动 Altium Designer 22 程序。

2）选择"文件"→"新的"→"项目"菜单命令，弹出"Create Project（新建工程）"对话框，输入工程文件名称为"音乐闪光灯.PrjPCB"，设置保存路径，如图 2-53 所示。完成设置后，单击 Create 按钮，关闭该对话框，打开"Project（工程）"面板。

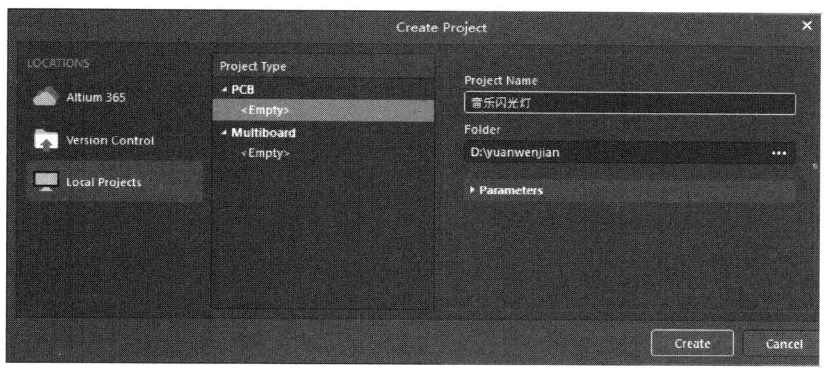

图 2-53 "Create Project（新建工程）"对话框

3）选择"文件"→"新的"→"原理图"菜单命令，然后选择"文件"→"另存为"菜单命令将新建的原理图文件保存为"音乐闪光灯.SchDoc"。

2. 原理图图纸设置

1）打开"Properties（属性）"面板，在该面板中可以对图纸进行设置，如图 2-54 所示。

> 提示：在设置图纸栅格尺寸的时候，一般来说，捕捉栅格尺寸和可视栅格尺寸一样大，也可以设置捕捉栅格的尺寸为可视栅格尺寸的整数倍。电气栅格的尺寸应该略小于捕捉栅格的尺寸，因为只有这样才能准确地捕捉电气节点。

2）单击"Properties（属性）"面板中的"Parameters（参数）"选项卡，可以设置当前时间、当前日期、设置时间、设计日期、文件名、修改日期、工程设计负责人、图纸校对者、图纸设计者、公司名称、图纸绘制者、设计图纸版本号和电路原理图编号等项，如图 2-55 所示。

3. 添加元件

打开"Components（元件）"面板，添加"Miscellaneous Devices.IntLib"和"RPot.SchLib"元件库，接着在该库中找到二极管、晶体管、电阻、电容、传声器等元件，将它们放置到原理图中，如图 2-56 所示。

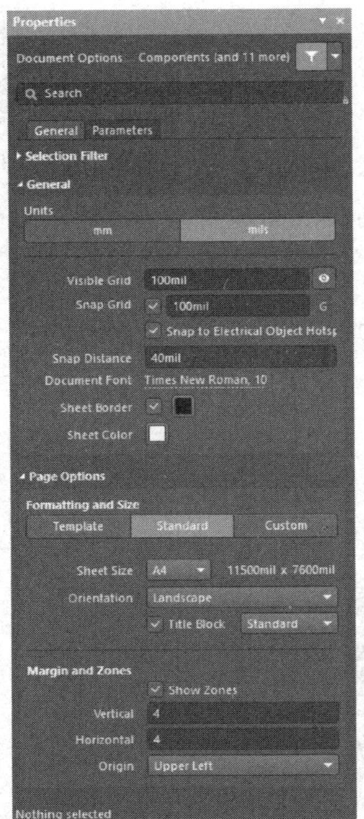

图 2-54 “Properties（属性）”面板

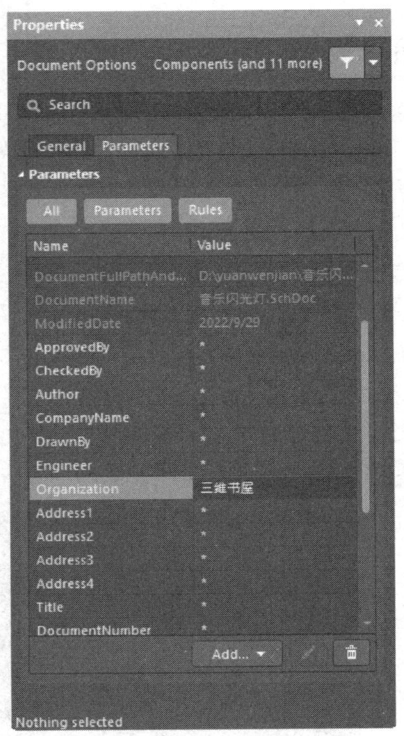

图 2-55 “Parameters（参数）”选项卡

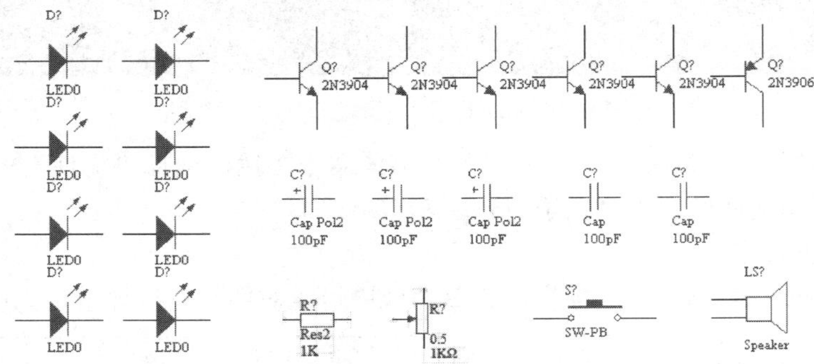

图 2-56 放置元件到原理图

4．绘制 SH868 的原理图符号

SH868 为 CMOS 元件，在 Altium Designer 22 所带的元件库中找不到它的原理图符号，所以需要自己绘制一个 SH868 的原理图符号。

1）新建一个原理图元件库。选择“文件”→“新的”→“库”→“原理图库”菜单命令，然后选择“文件”→“另存为”菜单命令将新建的原理图符号文件保存为“IC.SchLib”。在新建的原理图元件库中选中包含名为 Component_1 的元件，单击“编辑”按钮，弹出“Component（元件）”属性面板，在“Design Item ID（设计项目地址）”栏输入新元件名称为 SH868，在“Designator（标识符）”文本框中输入预置的元件序号前缀（在此为“U？”），在“Comment（注释）”栏输入新元件名称为 SH868，如图 2-57 所示。

2）绘制元件外框。选择“放置”→“矩形”菜单命令，或者单击“应用工具”工具栏中的“实用工具”按钮下拉菜单中的“放置矩形”按钮，这时光标变成十字形状，并带有一个矩形图形，移动鼠标光标到图纸上，在图纸参考点上单击确定矩形的左上角顶点，然后拖动光标画出一个矩形，再次单击确定矩形的右下角顶点，如图2-58所示。

3）双击绘制好的矩形，打开“Rectangle（矩形）”对话框，将矩形的边框颜色设置为黑色，将边框的宽度设置为“Smallest（最小）”，并通过设置右上角和左下角顶点的坐标来确定整个矩形的大小，如图2-59所示。

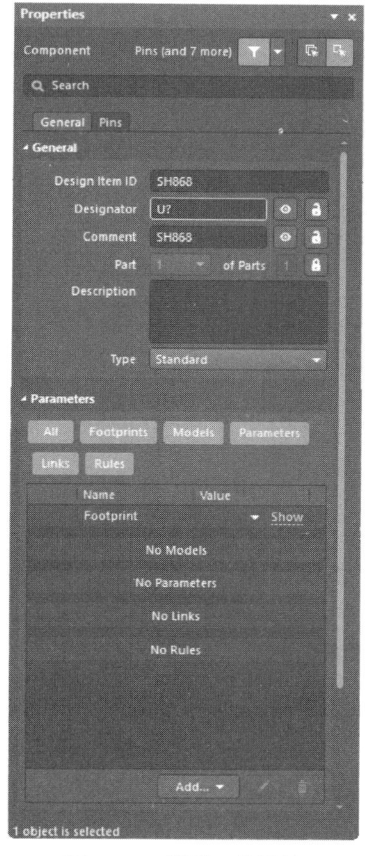

图2-57　设置元件属性

图2-58　绘制元件外框

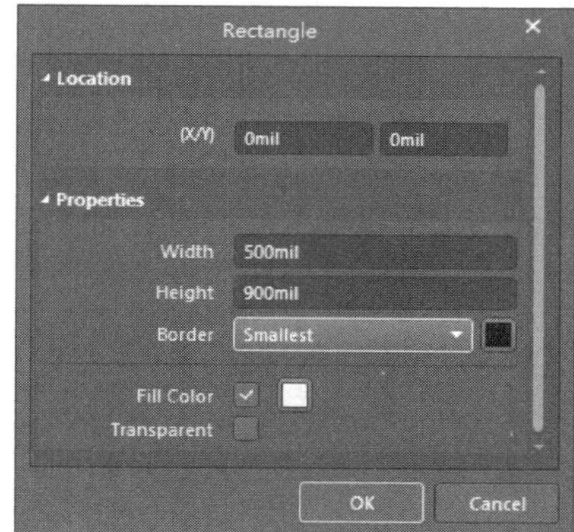

图2-59　“Rectangle（矩形）”对话框

提示：在Altium Designer 22默认的情况下，矩形的填充色是淡黄色，从Altium Designer 22元器件库中取出的芯片外观也都是淡黄色的，因此，不需要更改所放置矩形的填充色，保留默认设置即可。

4）放置管脚。选择“放置”→“管脚”菜单命令，或者单击“应用工具”工具栏中的“实用工具”按钮下拉菜单中的“放置管脚”按钮，此时光标变为十字形，并带有一个管脚的浮动虚影，移动光标到目标位置，单击就可以将该管脚放置到图纸上。

提示：在放置管脚时，有电气捕捉标志的一端应该是朝外的，如果需要，可以按〈Space〉键将管脚翻转。

5）双击放置的元件管脚打开“Pin（管脚）”对话框，在该对话框中可以设置管脚的名称、编号、电气类型和管脚的位置和长短等，如图 2-60 所示。

6）放置所有管脚并设置其属性，最后得到如图 2-61 所示的元件符号图。

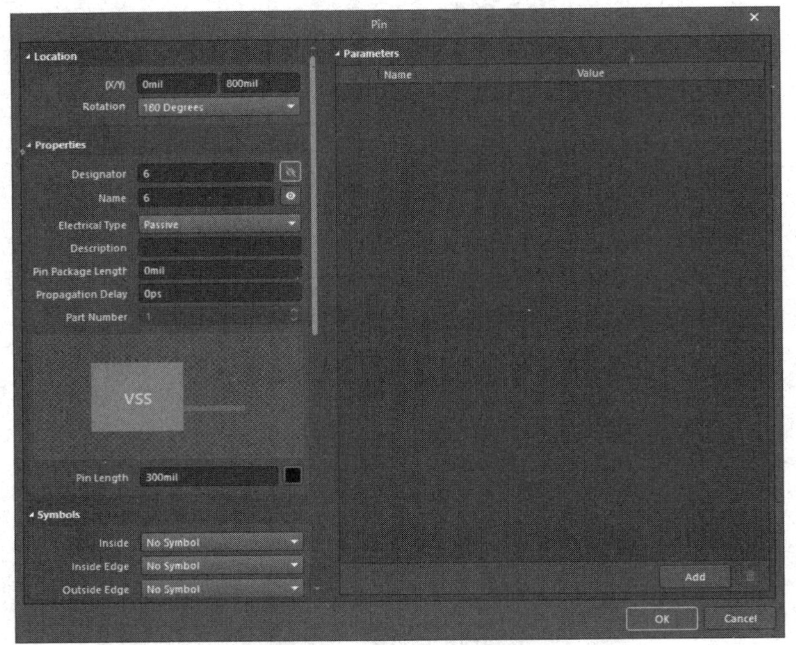

图 2-60　设置管脚属性

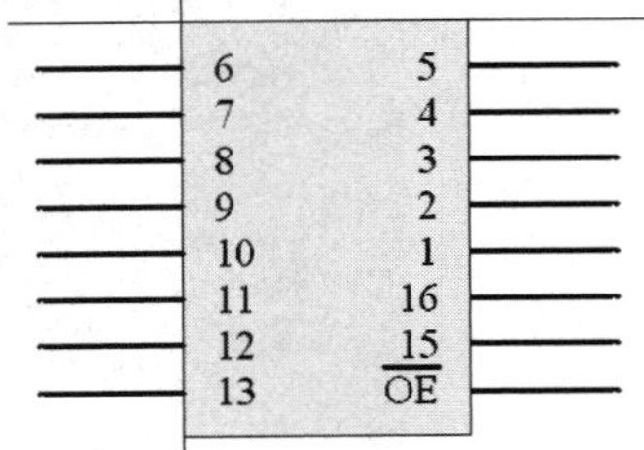

图 2-61　所有管脚放置完成

📖 提示：在 Altium Designer 22 中，管脚名称上的横线表示该管脚负电平有效。在管脚名称上添加横线的方法是在输入管脚名称时，每输入一个字符后，紧跟着输入一个“\”字符，例如要在 OE 上加一个横线，就可以将其管脚名称设置为“O\E\”。

5. 放置 SH868 到原理图

将自己绘制的 SH868 原理图符号放置到原理图纸上，这样，所有的元件就准备齐全了，如图 2-62 所示。

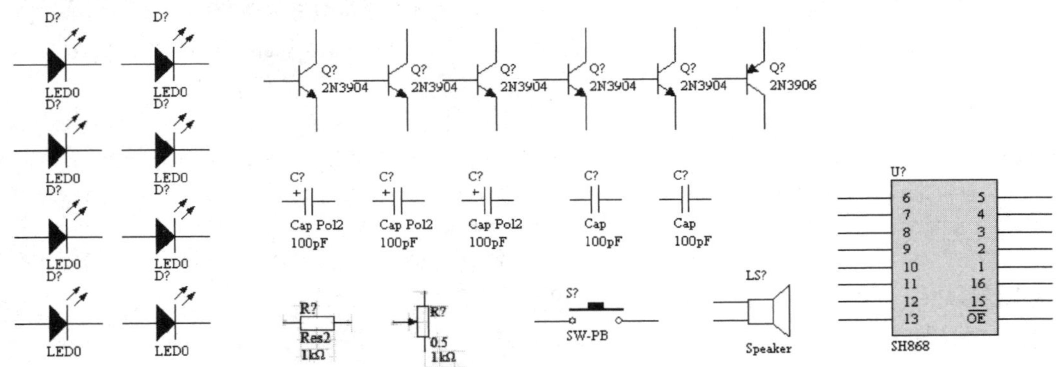

图 2-62　放置完所有元件的原理图

6．元件布局

基于布线方便的考虑，SH868 被放置在电路图中间的位置，完成所有元件的布局，如图 2-63 所示。

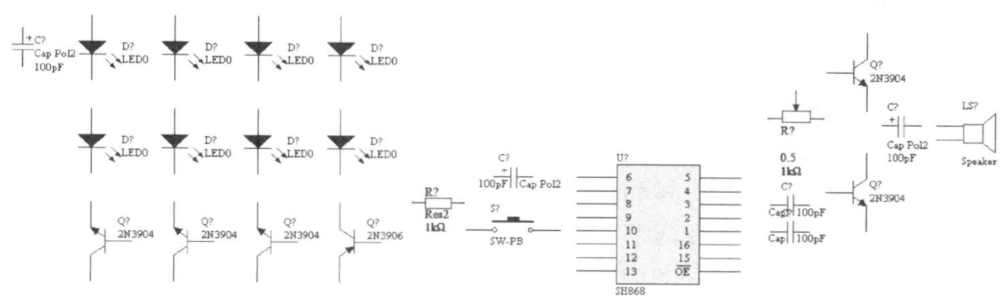

图 2-63　元件布局结果

7．编辑元件属性

1）双击晶体管的原理图符号，打开“Component（元件）”对话框，在“Designator（代号）”文本框内输入 Q1，在“Comment（说明）”文本框内输入 9013，如图 2-64 所示。设置完成后单击“OK”按钮退出对话框。同样的步骤对其余晶体管属性进行设置。

2）双击电容器的容值，直接打开“Parameter（参数）”对话框，在“Value（值）”文本框内输入电容的容值，并激活“可见”按钮，如图 2-65 所示。用同样的方法修改电容元件的序号和注释。

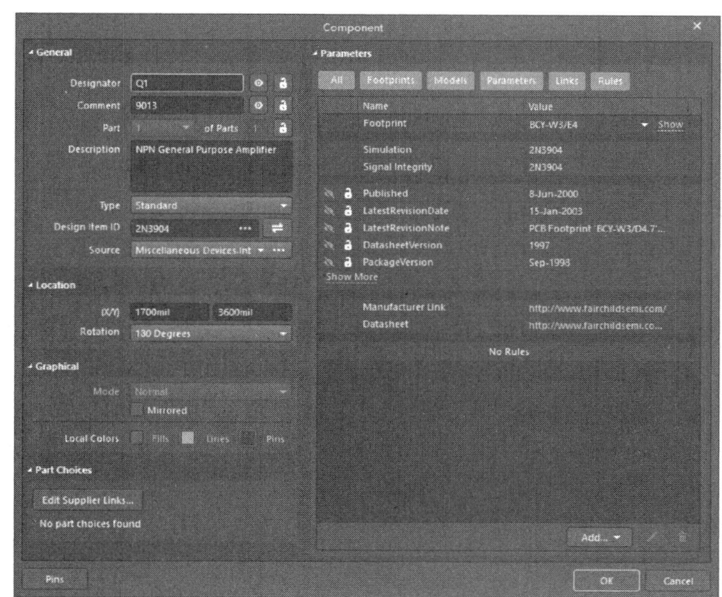

图 2-64　设置晶体管属性

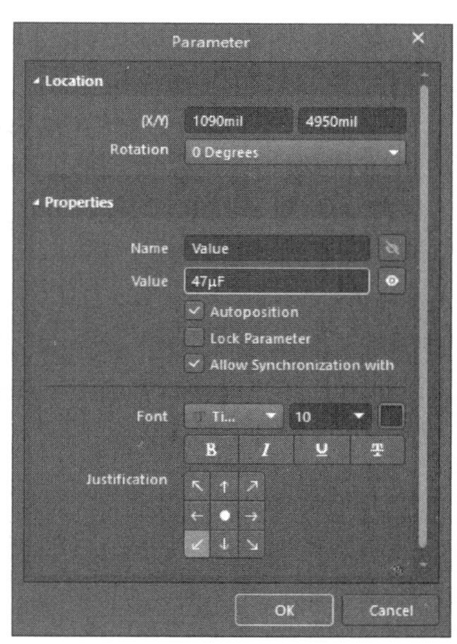

图 2-65　设置电容器容值

3）同样的方法，对所有元件的属性进行设置。

4）元件的序号等参数在原理图上显示的位置可能不合适，需要改变它们的位置。单击发光二极管元件的序号 DS1，这时在序号的四周会出现一个绿色的边框，表示被选中。单击并按住鼠标左键进行拖动，将二极管的编号拖动到目标位置，然后松开鼠标，这样就可以将元件的序号移动到一个新的位置。

📖 提示：除了可以用拖动的方法来确定参数的位置之外，还可以采用在“参数属性”对话框中输入坐标的方式来确定参数的位置，但是这种方法不太直观，因此较少使用，只有在需要精确定位的时候才会采用，一般来说都采用拖动的方法来改变参数所在的位置。

8．元件布线

选择“放置”→“线”菜单命令，或单击“布线”工具栏中的▇（放置线）按钮，这时光标变成十字形状并附加一个叉记号，移动光标到元件的一个管脚上，当出现红色米字形的电气捕捉符号后，单击确定导线起点，然后拖动鼠标画出导线，在需要拐角或者和元件管脚相连接的地方单击即可。完成导线布置后的原理图如图 2-66 所示。

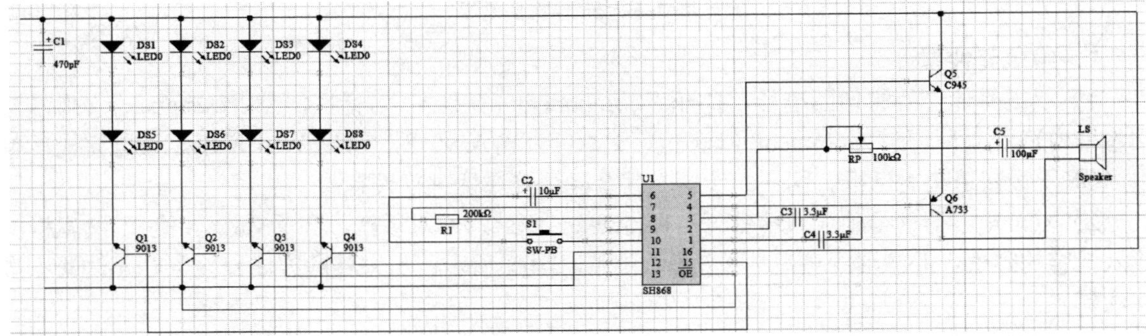

图 2-66　元件布线结果

9．放置电源符号和接地符号

电源符号和接地符号是一个电路中必不可少的部分。选择“放置”→“电源端口”菜单命令，或单击“布线”工具栏中的▇（GND 端口）按钮，就可以向原理图中放置接地符号。单击“布线”工具栏中的▇（VCC 电源端口）按钮，鼠标光标变为十字形，并带有一个电源符号，移动光标到目标位置并单击，就可以将电源符号放置在原理图中。放置完成电源符号和接地符号的原理图如图 2-67 所示。

在放置电源符号的时候，有时需要标明电源的电压，这时只要双击放置的电源符号，打开如图 2-68 所示的“Power Port（电源端口）”对话框，在面板的“Name（网络名称）”文本框中输入电压值。

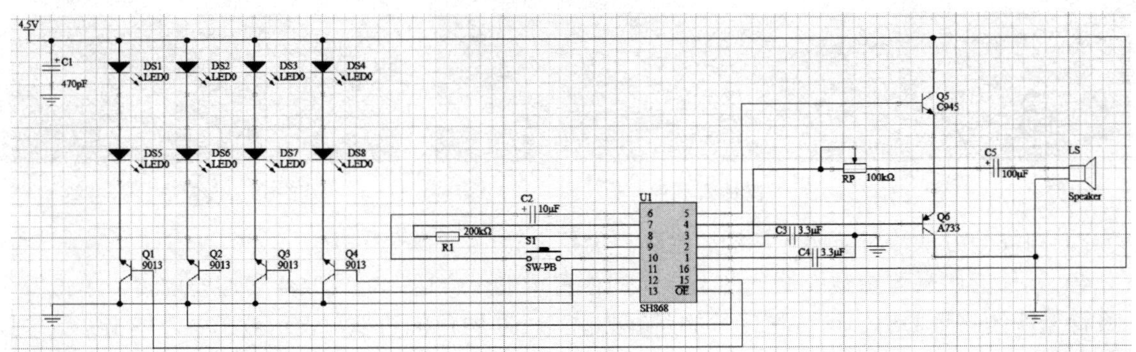

图 2-67　完成电源符号和接地符号放置的原理图

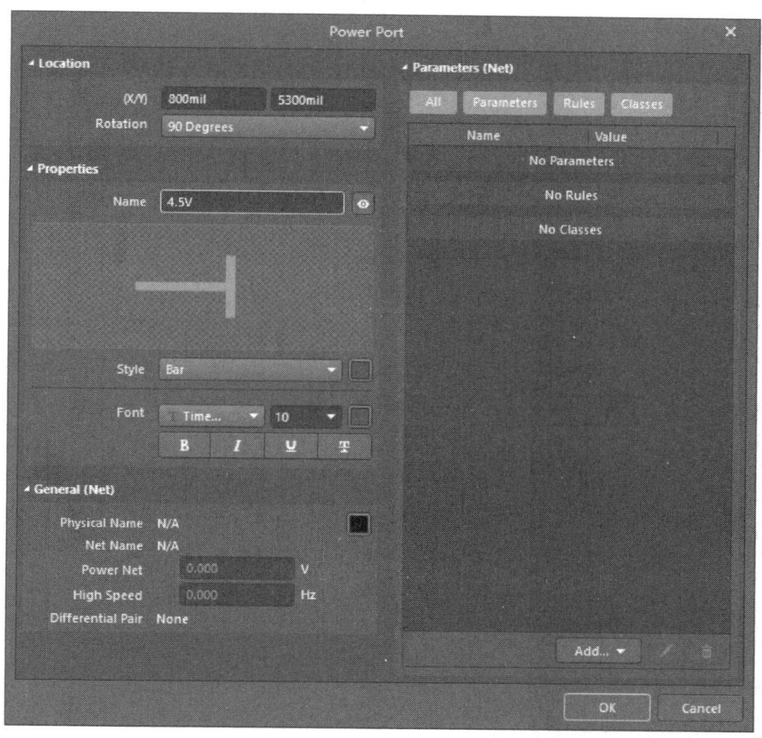

图 2-68　设置电源属性

10．保存原理图

选择“文件”→“保存”菜单命令或者单击菜单栏中的保存按钮，将设计的原理图保存在工程文件中。

2.5.3　变频声控器电路设计

2.5.3　变频声控器电路设计

音频信号通过传声器之后传送给运算放大器，运算放大器再将音频信号放大后控制 NE555P 的振荡频率在一定的范围内变化。通过改变 R3、R4 和 C2 的参数，就可以控制输出频率的变化范围。

在本例中，手动创建一个图纸的标题栏将其作为一个原理图的模板文件，然后用创建好的模板来新建原理图文件。

1．建立工作环境

1）选择“开始”→“Altium Designer”菜单命令，或者双击桌面上的快捷方式图标，启动 Altium Designer 22 程序。

2）选择“文件”→“新的”→“项目”菜单命令，弹出“Create Project（新建工程）”对话框，输入工程文件名称为“变频声控器.PrjPCB”，设置保存路径，完成设置后，单击 Create 按钮，关闭该对话框，打开“Project（工程）”面板。

3）选择“文件”→“新的”→“原理图”菜单命令，然后右击，选择“另存为”菜单命令将新建的原理图文件保存为“变频声控器.SchDoc”。

2．原理图图纸设置

打开“Properties（属性）”面板，在该面板中可以对图纸进行设置，如图 2-69 所示。

3．绘制标题栏

1）将图纸的右下角放大到主窗口工作区中，选择“放置”→“绘图工具”→“线”菜单命令，光标变成十字形，移动光标到原理图图纸的右下角绘制标题栏，如图 2-70 所示。

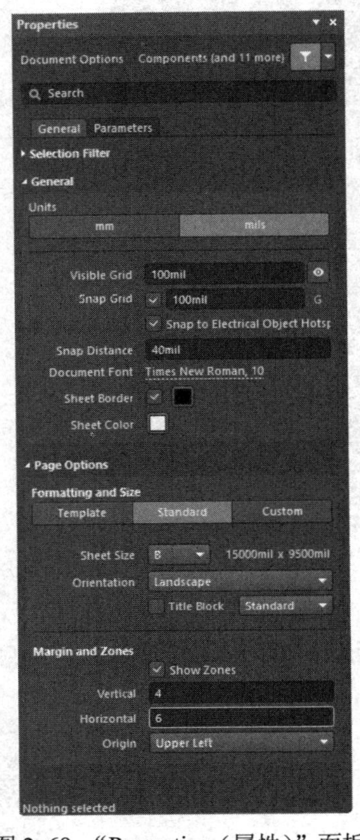

图 2-69 “Properties（属性）”面板

图 2-70 绘制标题栏边框

2）选择“视图”→“栅格”→“切换可视栅格”菜单命令，取消图纸上的栅格，这样在放置文本的时候就可以不受干扰。

3）选择“放置”→“文本字符串”菜单命令，鼠标光标变为十字形，然后按〈Tab〉键，打开“Properties（属性）”面板，在该面板中将字体设置为“Times New Roman”，大小设置为“20”，颜色为红色，如图 2-71 所示。在“Text（文本）”文本框内输入标题栏的内容，将光标移动到前面画好的标题栏边框里并单击即可将文字放置到合适的位置。

4）用同样的方式添加标题栏中其他的内容，添加完成后得到的自定义标题栏如图 2-72 所示。

5）为标题栏中的每一项“赋值”。再次选择“放置”→“文本字符串”菜单命令，然后按〈Tab〉键，打开“Properties（属性）”面板，在“Text（文本）”下拉列表中选择相应的工程，如图 2-73 所示。同样的方法为标题栏中的每一项都“赋值”。

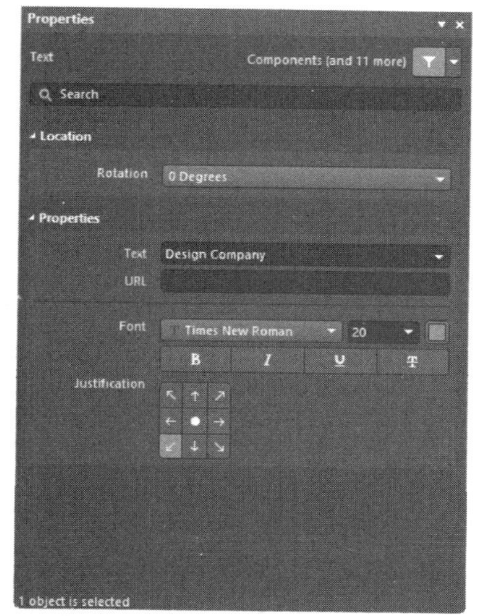

图 2-71　设置字体

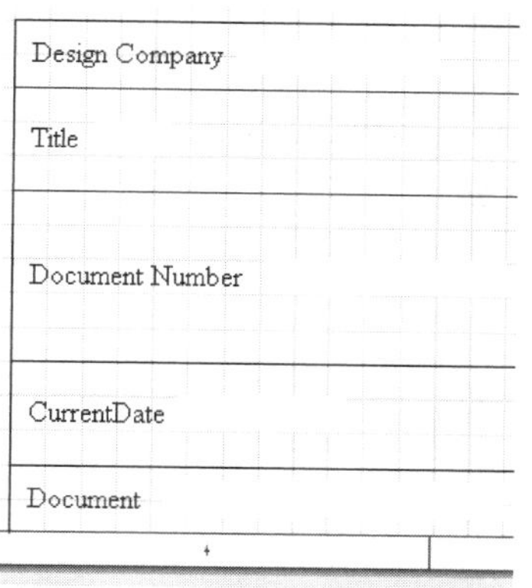

图 2-72　完成标题栏的制作

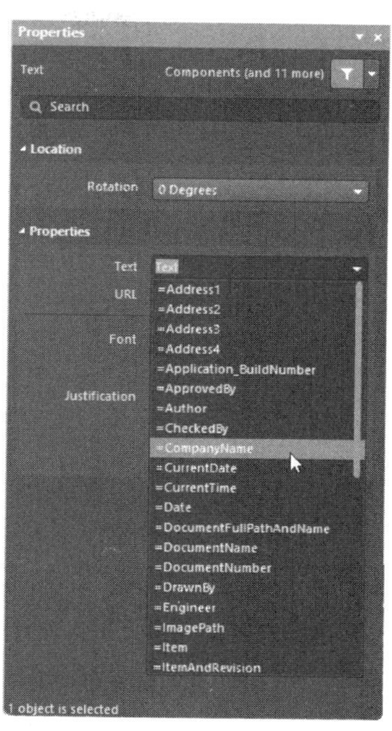

图 2-73　选择相应的工程

> 📖 提示：图 2-72 中 “Text（文本）” 下拉列表中的各项是和原理图 “Properties（属性）” 面板中 “Parameters” 选项卡的各项参数对应的。如果选择了 “= CompanyName（公司名）” 项，那么所添加的这段文字就和原理图的 “Company Name（公司名）” 这项参数关联起来了。

6）创建完这样一个原理图图纸之后，可以将其定义为模板，以方便以后的引用。选择 “文件” → “保存副本为” 菜单命令，打开 “Save a copy of [变频声控器.SchDoc] As” 对话框，在该对话框中的 “保存类型” 下拉列表中选择 “Advanced Schematic template” 项，然后单击 保存(S) 按钮，如图 2-74 所示。

图 2-74　保存模板

7）使用模板。建立了一个模板以后，在设计原理图时可以调用该模板文件。打开一个原理图文件，然后选择 “设计” → “模板” → “Local” → “Local From file” 菜单命令，弹出 “打开”

对话框，从中选择“变频声控器.SchDot”文件，如图 2-75 所示，然后单击 打开(O) 按钮，在弹出的“更新模板”对话框中单击“确定”按钮即可，如图 2-76 所示。

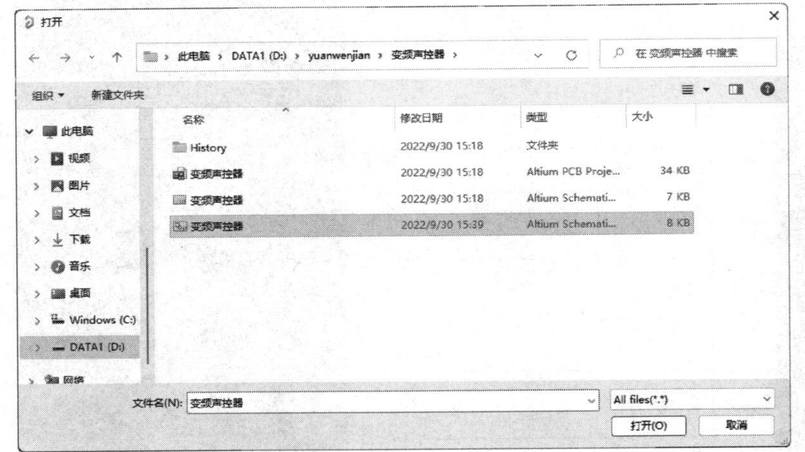

图 2-75 “打开”对话框

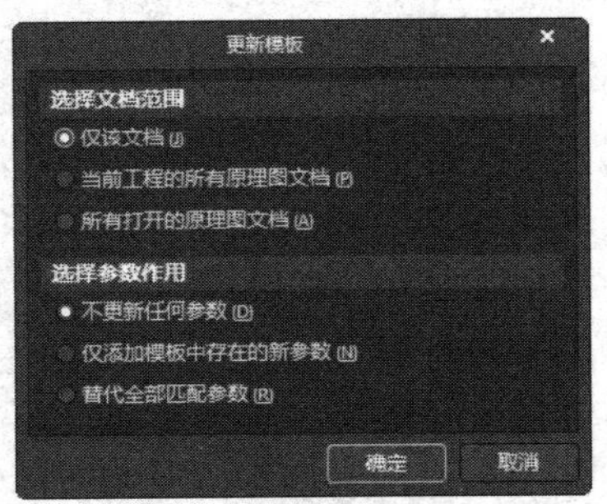

图 2-76 “更新模板”对话框

📖 提示：在 Altium Designer 22 中也附带了一些模板，这些模板都保存在 Altium Designer 22 默认的安装目录下的 Templates 文件夹中。

4. 原理图设计

在原理图上完成变频声控器原理图的设计。最终得到如图 2-77 所示的原理图。

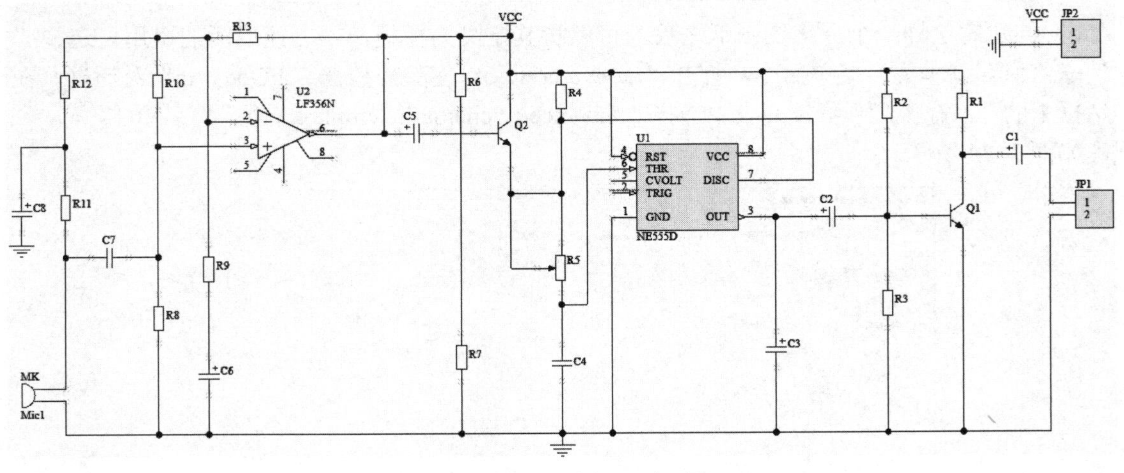

图 2-77 变频声控器原理图

5. 保存原理图

选择“文件”→“保存”菜单命令或者单击菜单栏中的“保存”按钮，将设计的原理图保存在工程文件中。

本例中详细介绍了原理图模板的创建方式。所谓原理图模板就是按照自己的习惯来定义的原理图图纸。将模板保存后，在以后的设计中就可以直接调用。

2.5.4 开关电源电路设计

2.5.4 开关电源电路设计

本实例主要介绍原理图设计中经常遇到的一些知识点。包括查找元件及其对应元件库的载入和卸载、基本元件的编辑和原理图的布局和布线。

1. 建立工作环境

1）选择“开始”→“Altium Designer”菜单命令，或者双击桌面上的快捷方式图标，启动 Altium Designer 22 程序。

2）选择“文件”→“新的”→“项目”菜单命令，弹出“Create Project（新建工程）”对话框，输入工程文件名称为“NE555 开关电源电路.PrjPCB”，设置保存路径，完成设置后，单击 Create 按钮，关闭该对话框，打开“Project（工程）”面板。

3）选择“文件”→“新的”→“原理图”菜单命令，然后右击，在弹出的快捷菜单中选择“另存为”菜单命令将新建的原理图文件保存为“NE555 开关电源电路.SchDoc”。

2. 元件库管理

元件库操作包括装载元件库和卸载元件库。

在知道元件所在元件库的情况下，通过“库”对话框加载该库。SN74LS373N 是 TI Logic Latch.IntLib 元件库中的元件，现以 SN74LS373N 为例来介绍元件库的加载。

1）在“Components（元件）”面板右上角单击 ≡ 按钮，然后在弹出的快捷菜单中选择“File-based Libraries Preferences（库文件参数）”命令，则系统弹出“可用的基于文件的库”对话框，如图 2-78 所示，在该对话框的元件库列表中，选定其中的元件库，单击“上移”按钮，则该元件库可以向上移动一行；单击“下移”按钮，则该元件库可以向下移动一行；单击“删除”按钮，则系统卸载该元件库。

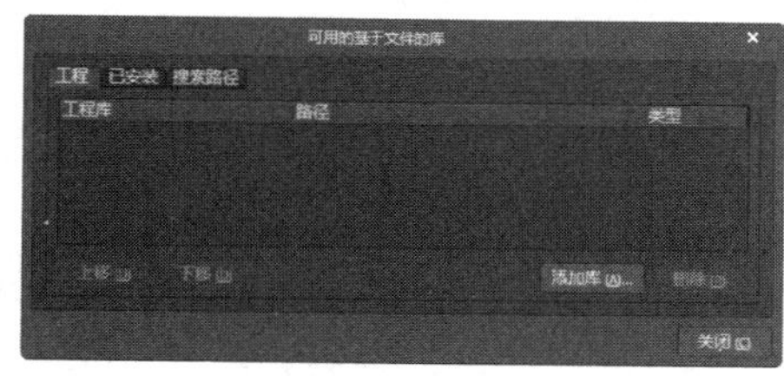

图 2-78 “可用的基于文件的库”对话框

2）在“可用的基于文件的库”对话框中，单击 添加库(A)... 按钮，系统弹出加载元件库的文件列表，如图 2-79 所示。

图 2-79 元件库文件列表

3）在元件库文件列表中双击选择“Texas Instruments”，在 Texas Instruments 公司的所有元件库列表中选择“TI Logic Latch”元件库并单击 打开(O) 按钮，则系统将该元件库加载到当前编辑环境下，同时会显示该库的地址。单击 关闭(C) 按钮，回到原理图绘制工作界面，此时就可以放置所需的元件。

3．查找元件

1）在“Components（元件）”面板右上角单击 ≡ 按钮，在弹出的快捷菜单中选择“File-based Libraries Search（库文件搜索）”命令，则系统将弹出“基于文件的库搜索”对话框，如图 2-80 所示。

2）在文本框输入元件名“NE555N”，单击 查找(S) 按钮，系统将在设置的搜索范围内查找元件。查找结果如图 2-81 所示，双击该元件放置在原理图中。

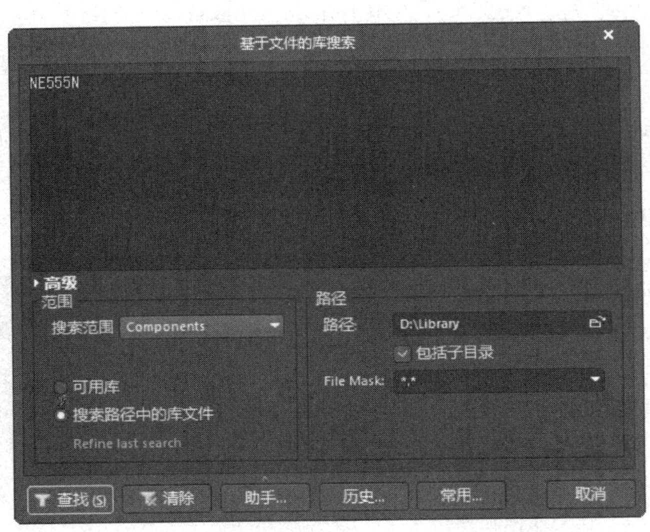

图 2-80 “基于文件的库搜索”对话框

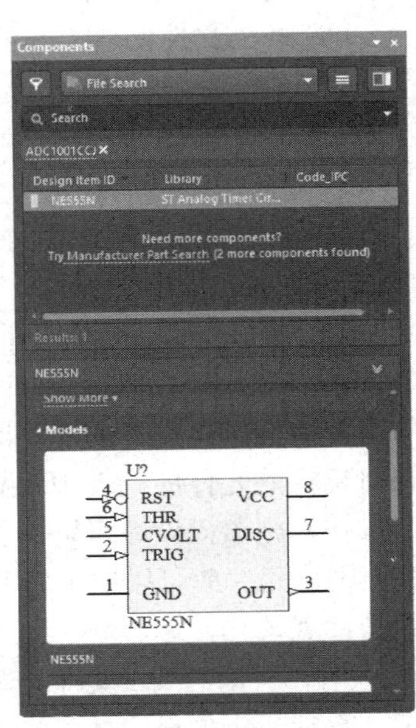

图 2-81 元件查找结果

4．原理图图纸设置

在界面右下角单击 Panels 按钮，弹出快捷菜单，选择“Properties（属性）”命令，打开“Properties（属性）”面板，在面板中将图纸的尺寸及标准风格设置为“A4”，“Orientation（定位）”设置为“Landscape（水平）”，“Title Block（标题块）”设置为“Standard（标准）”，字体设置为“Times New Roman”，字号设置为“10”，如图 2-82 所示。

5．原理图设计

1）放置元件。打开“Components（元件）”面板，在当前元件库下拉列表中选择“Miscellaneous Devices.IntLib”元件库，然后在元件过滤栏的文本框中输入“Inductor”，在元件列表中查找电感，并将查找所得电感放入原理图中，其他元件依次放入。放置元件后的图纸如图 2-83 所示。

2）元件属性设置及元件布局。双击元件“NE555N”，弹出“Component（元件）”对话框，分别对元件的编号、封装形式等进行设置。用同样的方法可以设置电容、电感和电阻值的。设置好的元件属性见表 2-1。

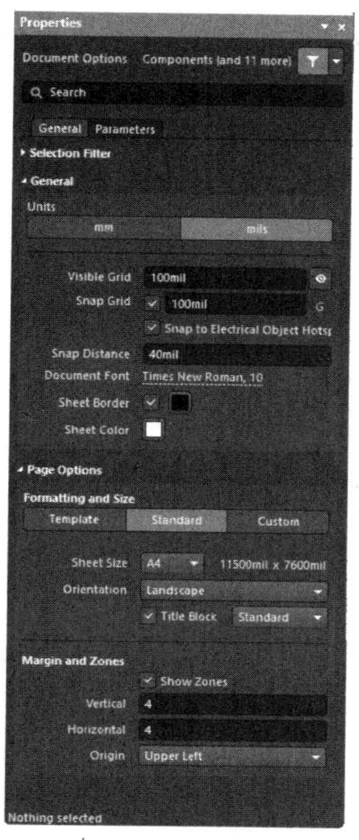

图 2-82 “Properties（属性）” 面板

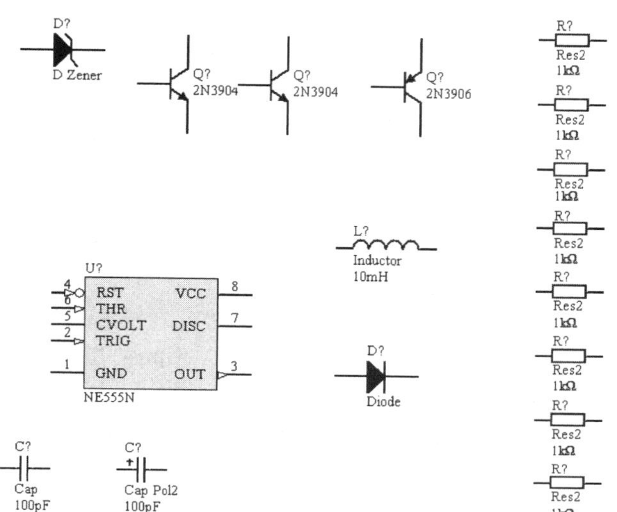

图 2-83 放置元件后的图纸

表 2-1 元件属性

编号	注释/参数值	封装形式
C1	0.01μF	RAD-0.3
C2	47μF	POLAR0.8
D1	D Zener	DIODE-0.7
D2	Diode	SMC
L1	1mH	0402-A
R1	10kΩ	AXIAL-0.4
R2	10kΩ	AXIAL-0.4
R3	4.7kΩ	AXIAL-0.4
R4	1kΩ	AXIAL-0.4
R5	4.7kΩ	AXIAL-0.4
R6	270	AXIAL-0.4
R7	120	AXIAL-0.4
U1	NE555N	DIP8
VT1	2N3904	TO-92A
VT2	2N3904	TO-92A
VT3	2N3906	TO-92A

根据电路图合理地放置元件，以方便绘制电路原理图。设置好元件属性后的电路原理图图纸如图 2-84 所示。

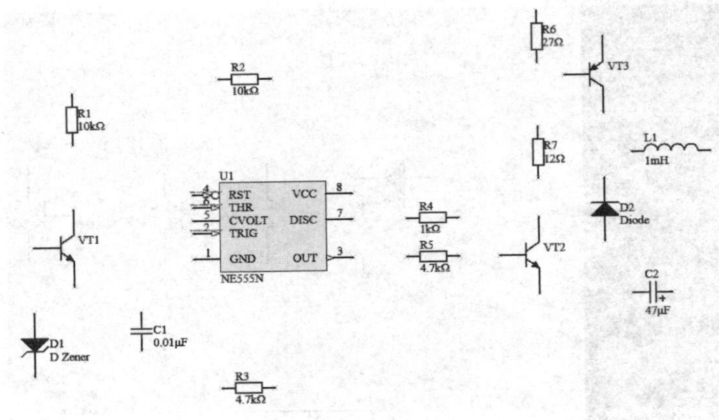

图 2-84　布局元件后的电路原理图

3）连接线路。布局好元件后，下一步的工作就是连接线路。单击“布线”工具栏中的“放置线”按钮，执行连线操作。

4）放置电源符号和接地符号。在原理图上放置电源符号和接地符号，完成整个原理图的设计，如图 2-85 所示。

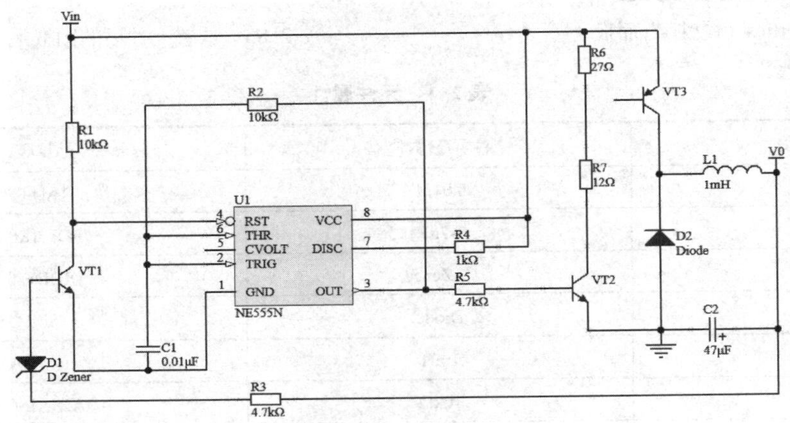

图 2-85　NE555N 构成的开关电源电路原理图

6．保存原理图

选择“文件”→“保存”菜单命令或者单击菜单栏中的“保存”按钮，将设计的原理图保存在工程文件中。

2.5.5　实用门铃电路设计

2.5.5　实用门铃电路设计

本例设计的是一种能发出“叮咚”声的门铃电路，它是由一块 SE555D 时基电路集成块和外围元件组成的。

在本例中，将主要学习原理图设计过程中文件的自动存盘。因为在一个电路的设计过程中，有时候会有一些突发事件，如突然断电、运行程序被终止等情况，这些不可预料的事情会造成设计工作在没有保存的情况下被终止，为了避免损失，可以采取两种方法：一种方法是在设计的过程中不断地存盘；另外一种方法就是使用 Altium Designer 22 中提供的文件自动存盘功能。

1．建立工作环境

1）选择“开始”→“Altium Designer”菜单命令，或者双击桌面上的快捷方式图标，启动 Altium Designer 22 程序。

2）选择“文件”→“新的”→“项目”菜单命令，弹出“Create Project（新建工程）”对话框，输入工程文件名称为“实用门铃电路.PrjPCB”，设置保存路径，完成设置后，单击 Create 按钮，关闭该对话框，打开“Project（工程）”面板。

3）选择“文件”→“新的”→“原理图”菜单命令，然后右击，在弹出的快捷菜单中选择“保存为”菜单命令，将新建的原理图文件保存为“实用门铃电路.SchDoc”。

2．自动存盘设置

Altium Designer 22 支持文件的自动存盘功能。用户可以通过参数设置来控制文件自动存盘的细节。选择“工具”→“原理图优先项”菜单命令，打开“优选项”对话框，在左侧树形目录中选择 System（系统）菜单下的 General（普通）标签，打开 General 页面，如图 2-86 所示，在“开始”选择组中，选中“显示开始画面”复选框，即可启用自动存盘的功能。选中“Reopen Last Project Group（重新打开最后一个项目组）”复选框，则每次启动软件，即打开上次关闭软件时的界面或打开上次未关闭的文件。

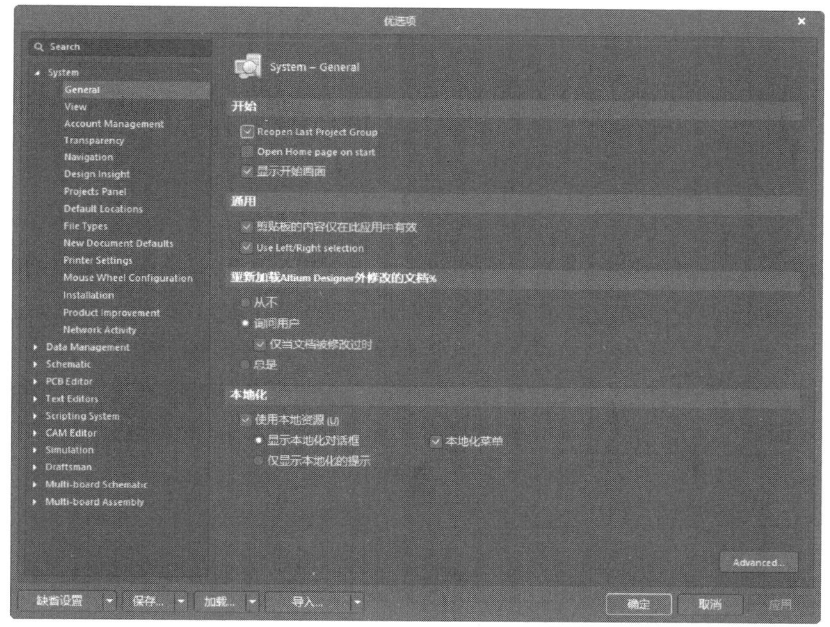

图 2-86　General 页面

3．加载元件库

在“Components（元件）”面板右上角单击按钮，然后在弹出的快捷菜单中选择“File-based Libraries Preferences（库文件参数）”命令，则系统弹出“可用的基于文件的库”对话框，然后在其中加载需要的元件库。本例中需要加载的元件库如图 2-87 所示。

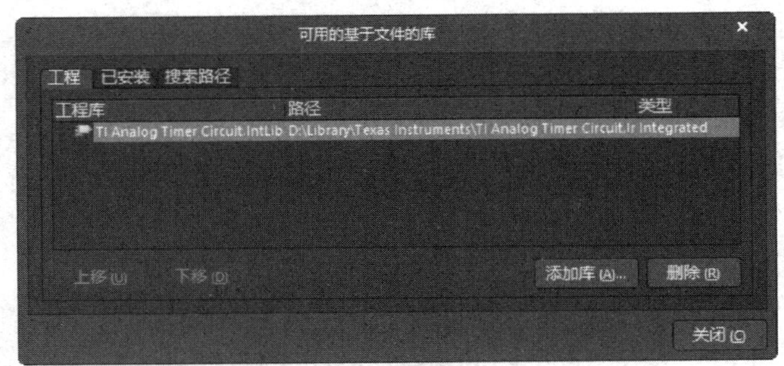

图 2-87 加载需要的元件库

4. 放置元件

在“TI Analog Timer Circuit.IntLib”元件库中找到 SE555D 芯片，在“Miscellaneous Devices.Intlib”元件库中找到电阻、电容、扬声器等元件，放置在原理图中，如图 2-88 所示。

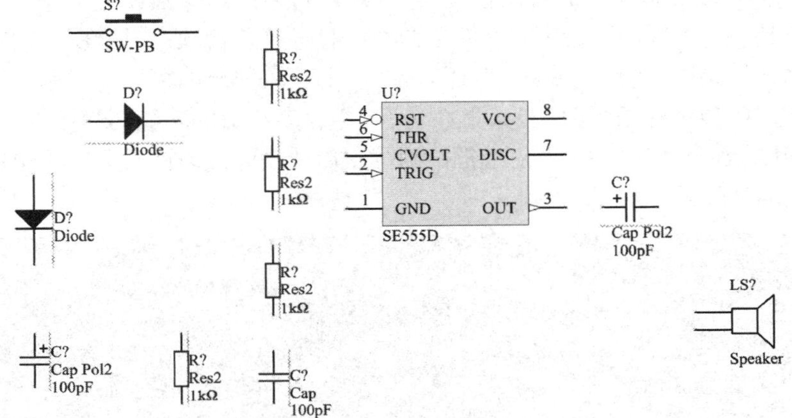

图 2-88 完成放置元件

5. 元件布线

对原理图进行布线，完成布线后对元件进行编号，对电阻、电容等元件赋值，如图 2-89 所示。

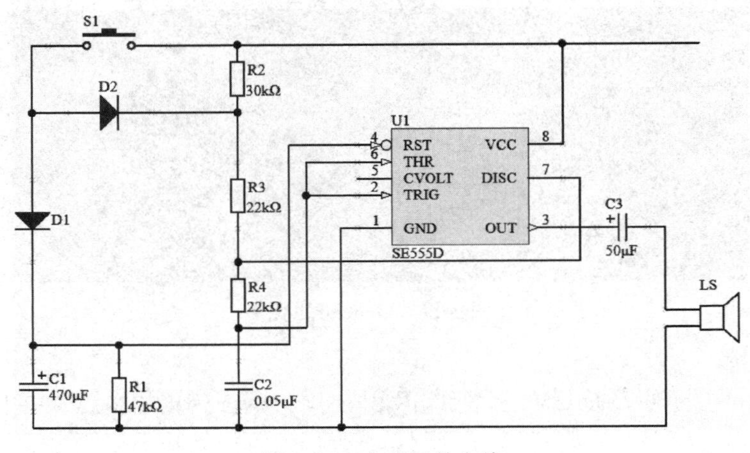

图 2-89 完成元件布线

6. 放置电源符号

在原理图上放置电源符号，完成整个原理图的设计，如图 2-90 所示。

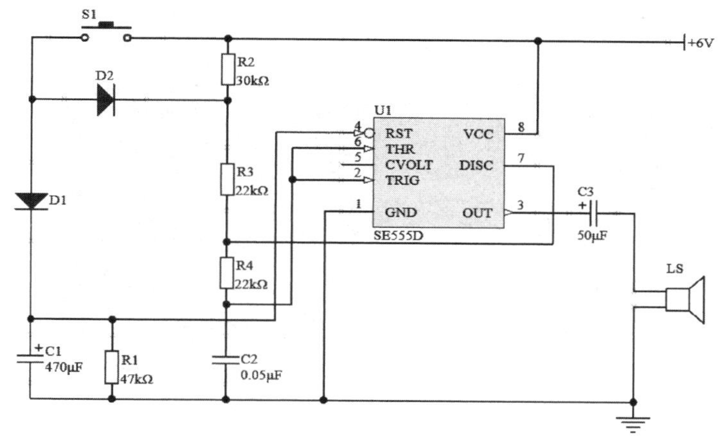

图 2-90 完成原理图设计

7. 保存原理图

选择“文件”→“保存”菜单命令或者单击菜单栏中的“保存”按钮，将设计的原理图保存在工程文件中。

本例设计了一个实用的门铃电路，在设计的过程中主要讲述了文件的自动保存功能，Altium Designer 22 通过提供这种功能，可以保证设计者在文件的设计过程中文档的安全性，为设计者带来了便利。

2.5.6 过零调功电路设计

2.5.6 过零调功电路设计

本例要设计的是一种过零调功电路，该电路适用于各种电热器具的调功。它由电源电路、交流电过零检测电路、十进制计数器/脉冲分配器及双向晶闸管等组成。其中 U1A 采用通用运算放大器集成电路，U2 采用 CD4017。

在本例中，将主要学习原理图中元件参数的详细设置与编辑。每一个元件都有一些不同的属性需要进行设置。在进行基于 PCB 的原理图设计时，需要引入每个元件的封装，一些如电阻、电容之类的元件还有相应的阻值或者容值，对这些属性进行编辑和设置，也是原理图设置中的一项重要工作。

1. 建立工作环境

1）选择“开始”→“Altium Designer”菜单命令，或者双击桌面上的快捷方式图标，启动 Altium Designer 22 程序。

2）选择“文件”→“新的”→“项目”菜单命令，弹出“Create Project（新建工程）”对话框，输入工程文件名称为“过零调功电路.PrjPCB”，设置保存路径，完成设置后，单击 Create 按钮，关闭该对话框，打开“Project（工程）”面板。

3）选择“文件”→“新的”→“原理图”菜单命令，然后右击，在弹出的快捷菜单中选择“保存为”菜单命令，将新建的原理图文件保存为“过零调功电路.SchDoc”。

2．加载元件库

在“Components（元件）”面板右上角单击按钮，在弹出的快捷菜单中选择“File-based Libraries Preferences（库文件参数）”命令，则系统弹出“可用的基于文件的库”对话框，在其中加载需要的元件库。本例中需要加载的元件库如图 2-91 所示。

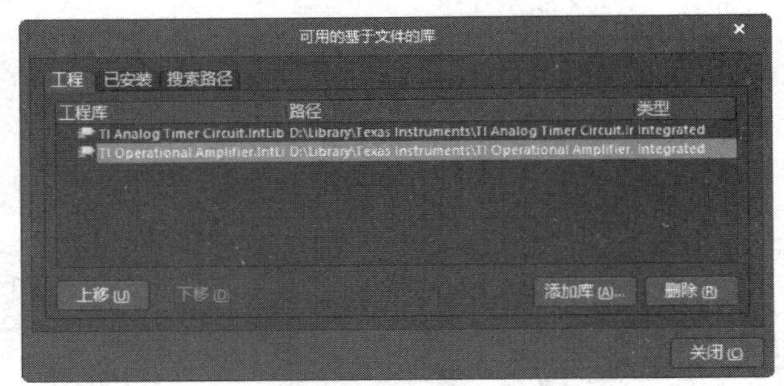

图 2-91　加载需要的元件库

3．放置元件

在“TI Operational Amplifier.IntLib”库中找到 LM324N，在“NSC Logic Counter.Intlib”元件库中找到元件 CD4017BMJ，从另外两个库中找到其他常用的一些元件。将它们一一放置在原理图中，并进行简单布局，如图 2-92 所示。

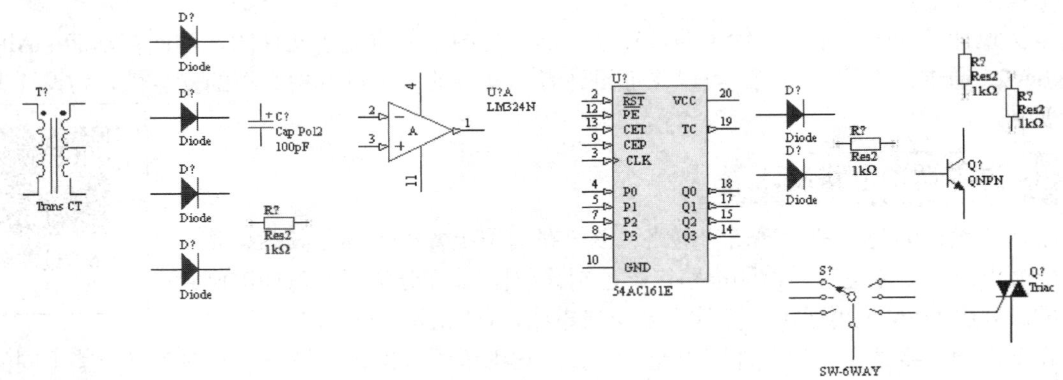

图 2-92　原理图中所需的元件

4．编辑 CD4017BMJ 芯片属性

1）双击该芯片打开“Component（元件）”对话框，然后在该对话框中设置元件的序号、注释、元件库等参数，在“Parameters（参数）”选项组中列出了该元件的一些相关参数，如图 2-93 所示。

其中 Published 表示元件模型的发行日期，DatasheetVersion 表示该元件的数据手册。并不是每个元件都具有以上列出的每一种参数，但对这些参数，可以自行进行编辑，也可以将它们添加或者删除。具体的方法就是选中一种参数，如选中元件的 Published 参数，然后单击下方的“Times New Roman,10,Bottom-Left”和“Other”选项，从中可以对该参数进行编辑，如图 2-94 所示。单击 Add... 按钮，可以自行编辑一个参数。单击按钮，可以将一个参数移除。

2）进入“Pins”选项卡，在下方单击按钮，打开“元件管脚编辑器”对话框，如图 2-95 所示。

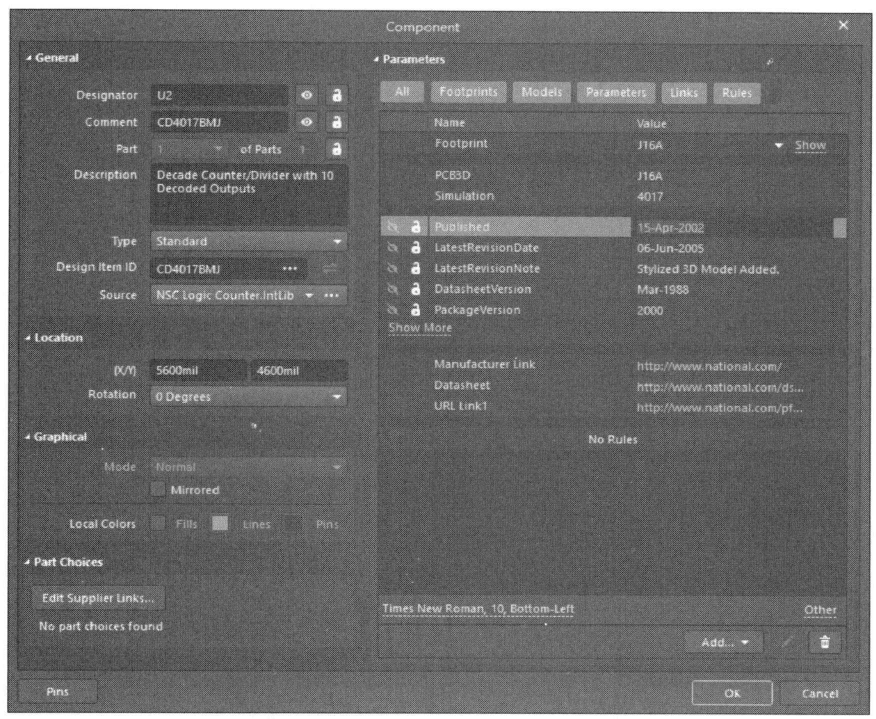

图 2-93　编辑元件参数

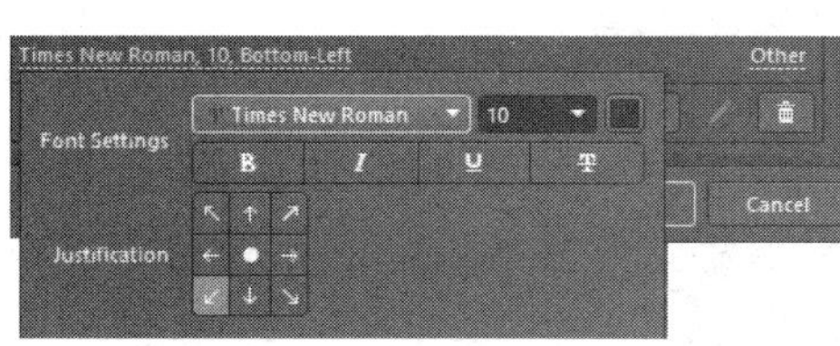

图 2-94　编辑参数

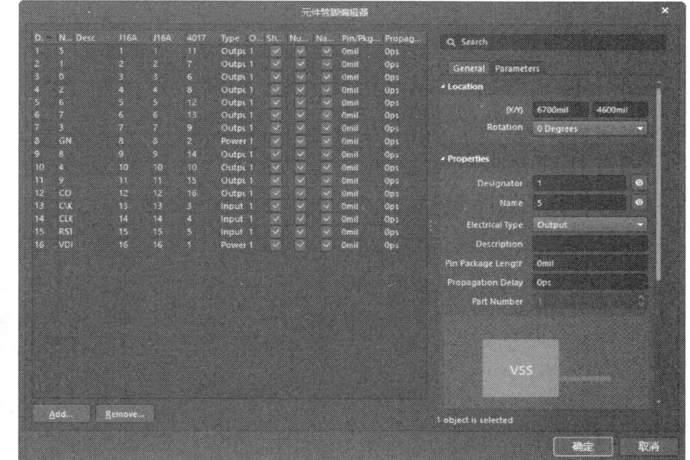

图 2-95　“元件管脚编辑器”对话框

3）在该对话框中列出了当前元件中所有的引脚信息，包括引脚名、引脚的编号、引脚的种类等，可以对引脚进行编辑。除了可以编辑已有的引脚，还可以通过单击 Add... 按钮和 Remove... 按钮，为当前的元件添加引脚或者删除元件上已有的引脚。

5．设置其他元件的属性

1）在 Altium Designer 22 中，可以用元件自动编号的功能来为元件进行编号，选择“工具”→“标注”→“原理图标注”菜单命令，打开如图 2-96 所示的“标注”对话框。

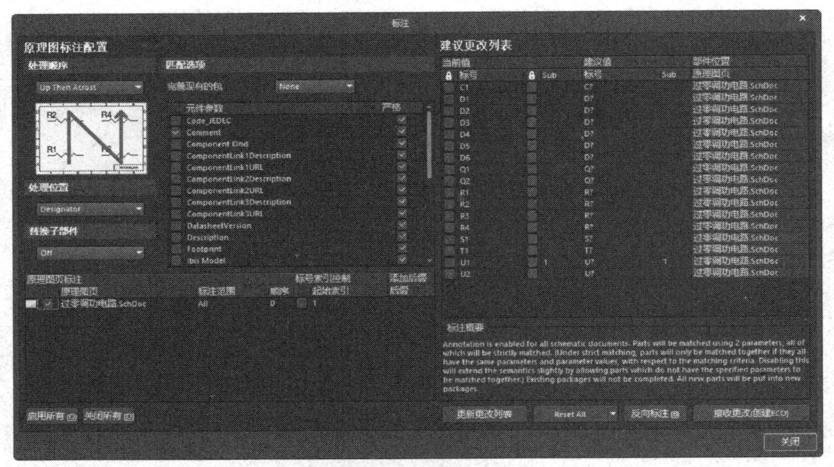

图 2-96 “标注”对话框

2）在“标注”对话框的“处理顺序”选择区域中，可以设置元件编号的方式和分类的方式，一共有 4 种编号的方式可供选择，单击下拉列表选择一种编号方式，会在右边显示该编号方式的效果，如图 2-97 所示。

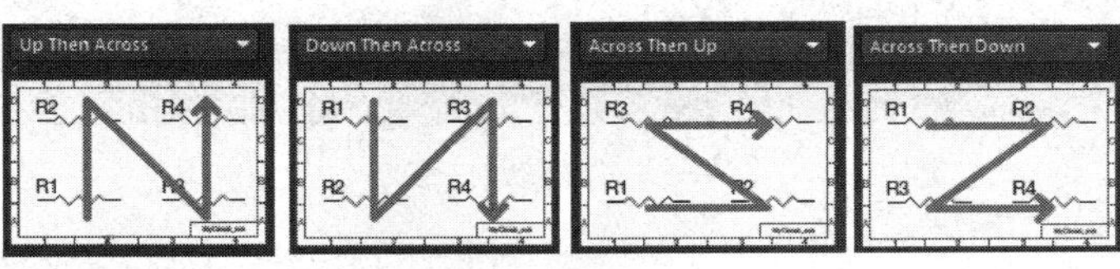

图 2-97　元件的编号方式

3）在“匹配选项”选择区域中可以设置元件组合的依据，依据可以不止一个，选择列表框中的复选框，就可以选择元件的组合依据。

4）在“原理图页标注”列表框中需要选择要进行自动编号的原理图，在本例中，由于只有一幅原理图，就不用选择了。但是如果一个设置工程中有多个原理图或者有层次原理图，那么在列表框中将列出所有的原理图，需要从中挑选要进行自动编号的原理图文件。在对话框的右侧，列出了原理图中所有需要编号的元件。完成设置后，单击 更新更改列表 按钮，弹出如图 2-98 所示的信息对话框，然后单击 OK 按钮，这时在“标注”对话框中可以看到所有的元件已经被编号，如图 2-99 所示。

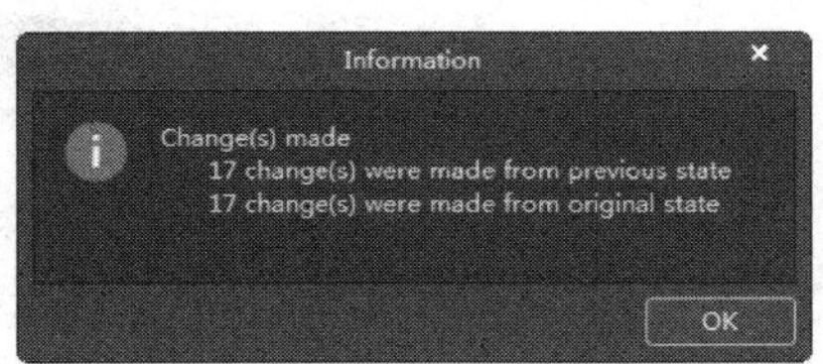

图 2-98 “Information（信息）”对话框

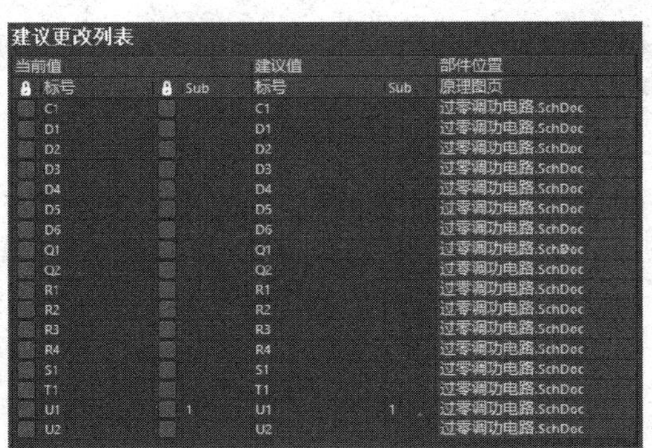

图 2-99　元件编号

5）如果对编号不满意，可以取消编号，单击 Reset All 按钮即可将此次编号操作取消，然后经过重新设置再进行编号。如果对编号结果满意，则单击 接收更改(创建ECO) 按钮打开“工程变更指令”对话框，在该对话框中单击 执行变更 按钮进行编号合法性检查，在“状态”栏中“检测”目录下显示的对钩表示编号是合法的，如图 2-100 所示。

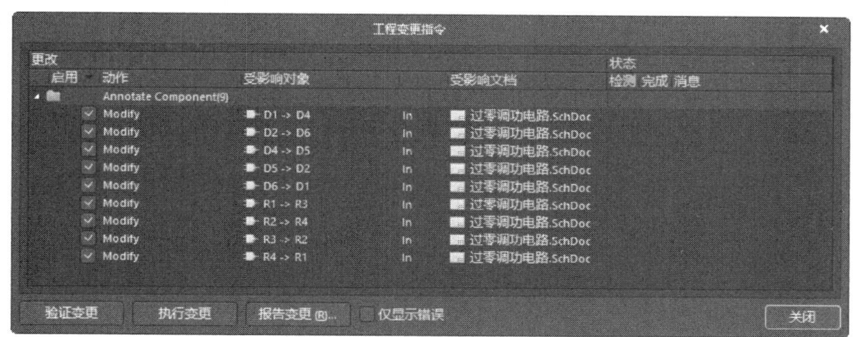

图 2-100 “工程变更指令”对话框

6）单击 验证变更 按钮将编号添加到原理图中，结果如图 2-101 所示。

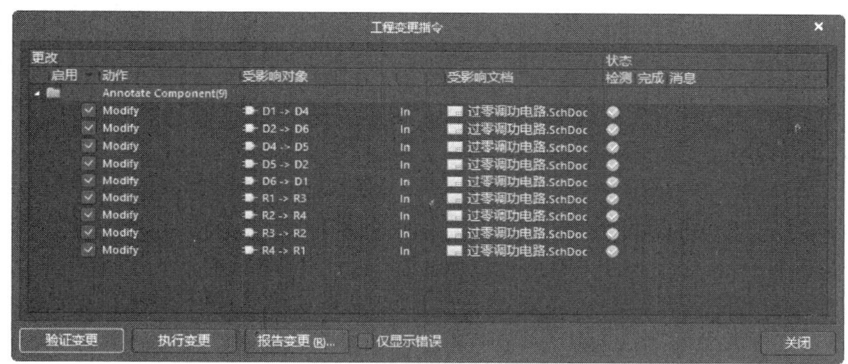

图 2-101 将编号添加到原理图

6. 元件布线

在原理图上布线，添加需要的原理图符号，完成原理图的设计，如图 2-102 所示。

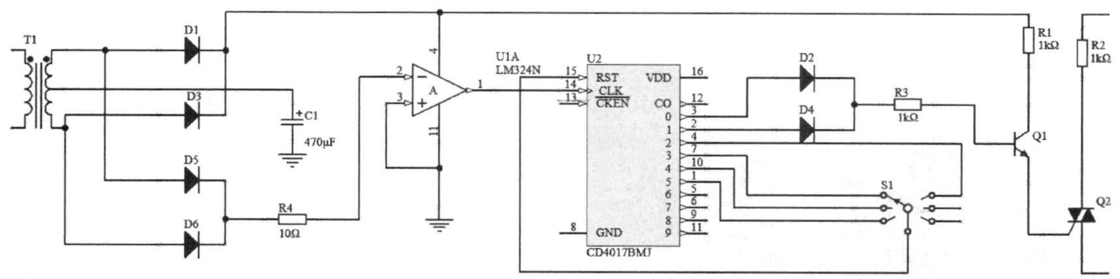

图 2-102 完成原理图设计

7. 保存原理图

选择“文件”→“保存”菜单命令或者单击菜单栏中的“保存”按钮，将设计的原理图保存在工程文件中。

在本例中，着重介绍了原理图中元件参数的设置，特别讲到了一种快速的元件编号方法。利用这种方法可以快速为原理图中的元件进行编号。当电路图的规模较大时，使用这种方法对元件进行编号，可以有效避免纰漏或者重编的情况。

2.5.7 定时开关电路设计

2.5.7 定时开关电路设计

本例要设计的是一个实用定时开关电路，定时时间的长短可通过电位器 RP 进行调节，定时时间可以实现 1 小时内连续可调。

在本例中，将主要学习数字电路的设计，数字电路中包含了一些数字元件，最常用的有与门、非门、或门等。

1. 建立工作环境

1）选择“开始”→“Altium Designer”菜单命令，或者双击桌面上的快捷方式图标，启动 Altium Designer 22 程序。

2）选择“文件”→“新的”→“项目”菜单命令，弹出“Create Project（新建工程）”对话框，输入工程文件名称为“定时开关电路.PrjPCB”，设置保存路径，完成设置后，单击 Create 按钮，关闭该对话框，打开“Project（工程）”面板。

3）选择“文件”→“新的”→“原理图”菜单命令，然后右击，在弹出的快捷菜单中选择“保存为”菜单命令，将新建的原理图文件保存为“定时开关电路.SchDoc”。

2. 加载元件库

在本例中，除了要用到在前些例子中接触到的模拟元件之外，还要用到一个与非门，这是一个数字元件。目前，最常用的数字电路元件为 74 系列元件，在 Altium Designer 22 中，门元件可以在“TI Logic Gate1.IntLib”和“TI Logic Gate2.IntLib”元件库中找到。

在“Components（元件）”面板右上角单击按钮，然后在弹出的快捷菜单中选择“File-based Libraries Preferences（库文件参数）”命令，则系统弹出“可用的基于文件的库”对话框，然后在其中加载需要的元件库。本例中需要加载的元件库如图 2-103 所示。

3. 放置元件

在“TI Logic Gate1.IntLib”和“TI Logic Gate2.IntLib”元件库中找到与非门元件，从另外两个库中找到其他常用的一些元件。将它们一一放置在原理图中，并进行简单布局，如图 2-104 所示。

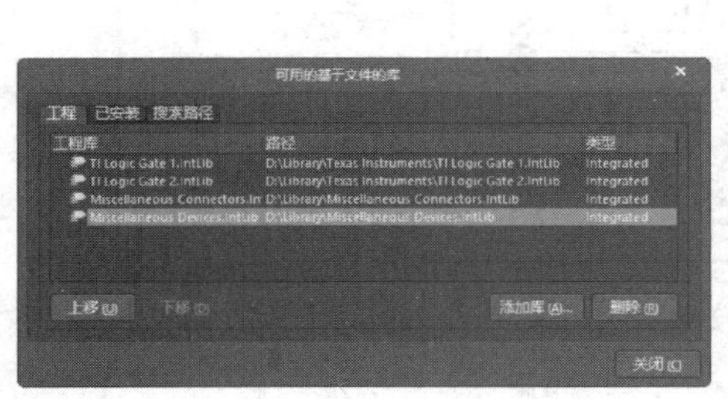

图 2-103 本例中需要加载的元件库

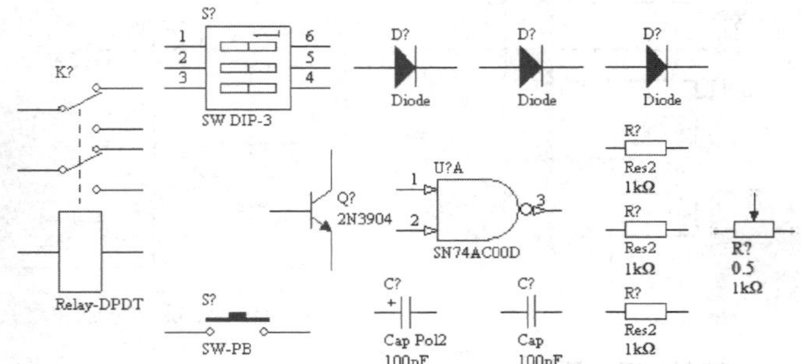

图 2-104 原理图中所需的元件

📖 提示：在 Altium Designer 22 中，提供了常用元件的添加工具栏，需要添加与非门时，直接单击按钮，就可以向原理图中添加一个与非门。

4．元件布线

在原理图上布线，编辑元件属性，再向原理图中放置电源符号，完成原理图的设计，如图 2-105 所示。

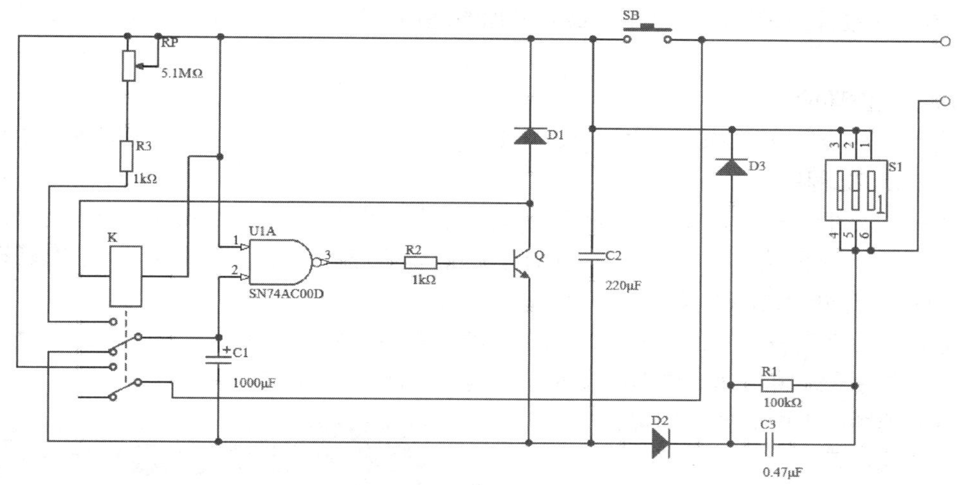

图 2-105　完成原理图设计

5．放置文字说明

选择“放置”→“文本字符串”菜单命令，或者单击“应用工具”工具栏中的“实用工具”按钮下拉菜单中的“放置文本字符串”按钮，光标变成十字形，并有一个 Text 文本跟随光标，这时按〈Tab〉键，打开“Properties（属性）”面板，在其中的 Text 文本框中输入文本的内容，然后设置文本的字体和颜色，如图 2-106 所示。这时有一个红色的“220V”文本跟随光标，移动光标到目标位置单击即可将文本放置在原理图上。

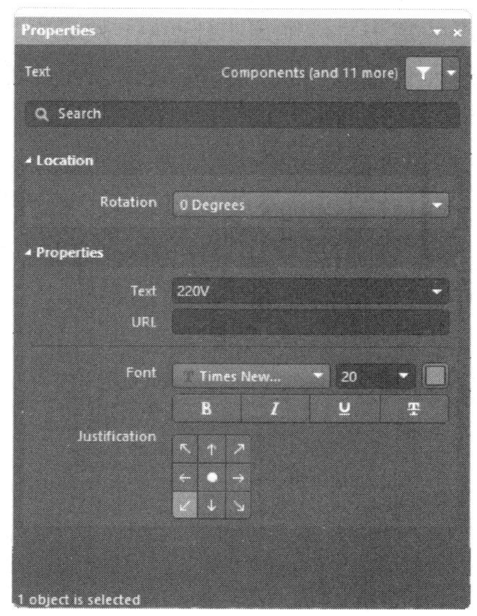

图 2-106　设置字体

6．保存原理图

选择“文件”→“保存”菜单命令或者单击菜单栏中的“保存”按钮，将设计的原理图保存在工程文件中。

📖 提示：除了放置文本之外，利用原理图编辑器所带的绘图工具，还可以在原理图上创建并放置各种各样的图形、图片。

本例中主要介绍了数字元件的寻找。在数字电路的设计中，常常需要用大量的数字元件。学会寻找并正确使用这些数字元件，在数字电路的设计中至关重要。

2.5.8 时钟电路设计

2.5.8 时钟电路设计

本例要设计的是一个简单的时钟电路，电路中的芯片是一片 CMOS 计数器，它能够对收到的脉冲自动计数，在计数值到达一定大小的时候关闭对应的开关。

在本例中，将主要学习原理图符号的放置，原理图符号是原理图必不可少的组成元素。在设计原理图时，总是在最后添加原理图符号，包括电源符号、接地符号、网络符号等。

1. 建立工作环境

1）选择“开始”→“Altium Designer”菜单命令，或者双击桌面上的快捷方式图标，启动 Altium Designer 22 程序。

2）选择“文件”→“新的”→“项目”菜单命令，弹出“Create Project（新建工程）”对话框，输入工程文件名称为“时钟电路.PrjPCB”，设置保存路径，完成设置后，单击 Create 按钮，关闭该对话框，打开“Project（工程）”面板。

3）选择“文件”→“新的”→“原理图”菜单命令，然后右击，在弹出的快捷菜单中选择“保存为”菜单命令，将新建的原理图文件保存为“时钟电路.SchDoc”。

4）对原理图图纸做必要的设置。

2. 加载元件库

在“Components（元件）”面板右上角单击 ≡ 按钮，在弹出的快捷菜单中选择“File-based Libraries Preferences（库文件参数）”命令，弹出“可用的基于文件的库”对话框，然后在其中加载需要的元件库。本例中需要加载的元件库如图 2-107 所示。

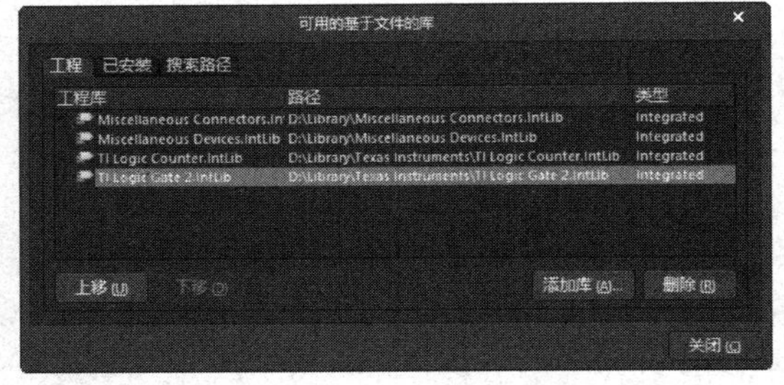

图 2-107 本例中需要加载的元件库

3. 放置元件

在“TI Logic Gate2.IntLib”元件库中找到 SN74LS04N，在“TI Logic Counter.IntLib”元件库中找到计数器芯片 SN74HC4040D，从另外两个库中找到其他常用的一些元件。将它们一一放置在原理图中，如图 2-108 所示。

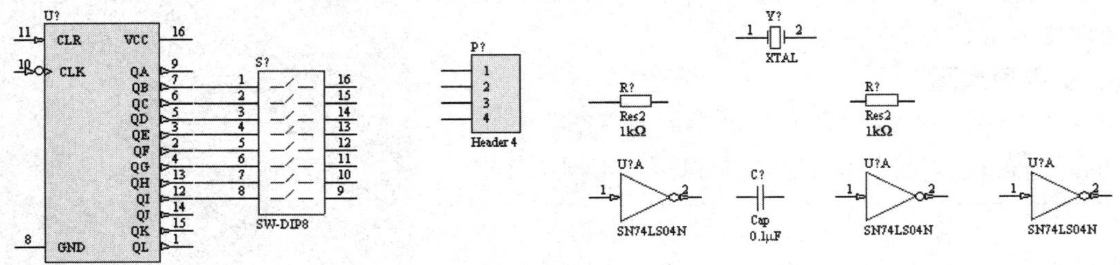

图 2-108 原理图中所需的元件

4. 元件布线

在原理图上布线，编辑元件属性，如图 2-109 所示。

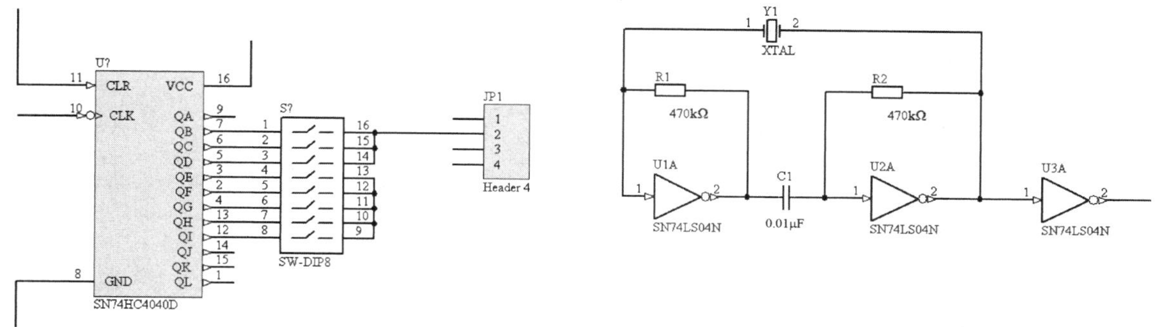

图 2-109　完成原理图布线

5. 放置原理图符号

1）在布线的时候，已经为原理图符号的放置留出了位置，接下来就应该放置原理图符号了。首先放置网络标签。

2）选择“放置”→“网络标签”菜单命令，或单击“布线”工具栏中的Net按钮，这时光标变成十字形状，并带有一个初始标签“Net Label1”。这时按〈Tab〉键，打开“Properties（属性）”面板，在该面板中的“Net Name”文本框中输入网络标签的内容。单击面板中的颜色块，将网络标签的颜色设置为红色，如图 2-110 所示。移动光标到目标位置并单击，将网络标签放置到原理图中。

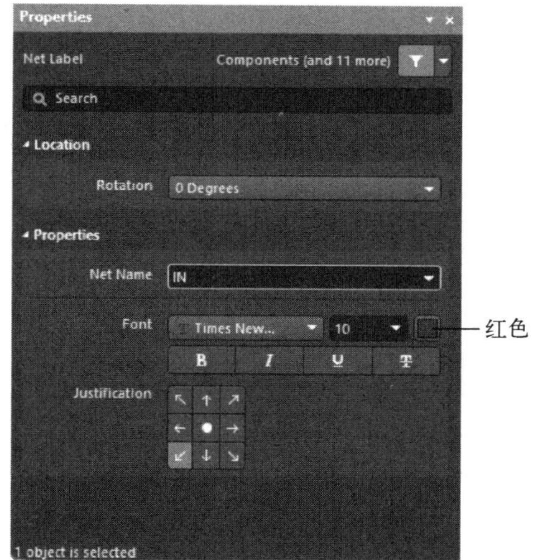

图 2-110　“Properties（属性）”面板

提示：在电路原理图中，网络标签是成对出现的。因为具有相同网络标签的引脚或者导线是具有电气连接关系的，所以如果原理图中有单独的网络标签，则在编译原理图的时候，系统会报错。

3）放置电源和接地符号。设计完成的电路原理图如图 2-111 所示。

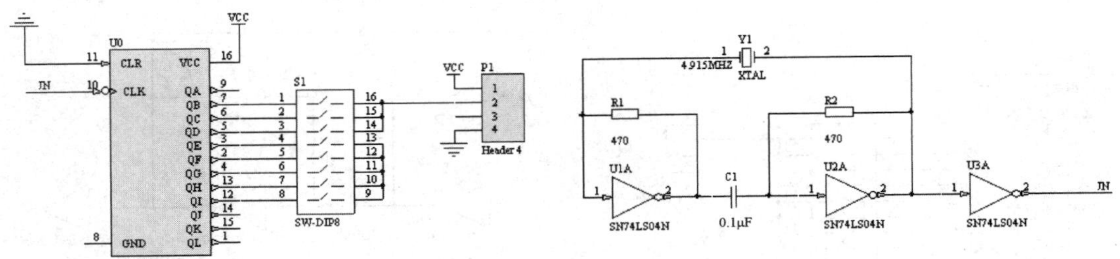

图 2-111　原理图设计完成

6．保存原理图

选择“文件”→“保存”菜单命令或者单击菜单栏中的保存按钮，将设计的原理图保存在工程文件中。

在本例的设计中，主要介绍了原理图符号的放置。原理图符号有电源符号、电路节点、网络标签等，这些原理图符号给原理图设计带来了更大的灵活性，应用它们，可以给设计工作带来极大的便利。

2.6　思考与练习

1．简述设置图纸参数的方法。

2．绘制如图 2-112 所示的无线电监控器电路。

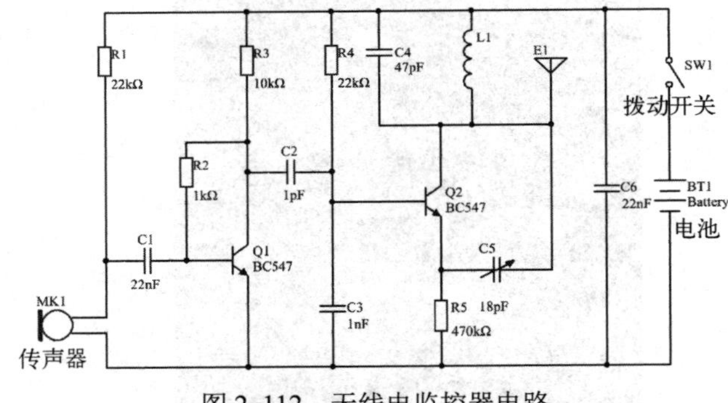

图 2-112　无线电监控器电路

第3章　层次化原理图的设计

内容指南

在前面已经学习了一般电路原理图的基本设计方法，将整个系统的电路绘制在一张原理图纸上。这种方法适用于规模较小、逻辑结构比较简单的系统电路设计。而对于大规模的电路系统来说，由于所包含的对象数量繁多，结构关系复杂，很难在一张原理图纸上完整地绘出，即使勉强绘制出来，其错综复杂的结构也非常不利于电路的阅读分析与检测。

因此，对于大规模的复杂系统，应该采用另外一种设计方法，即电路的模块化设计。将整体系统按照功能分解成若干个电路模块，每个电路模块能够完成一定的独立功能，具有相对的独立性，可以由不同的设计者分别绘制在不同的原理图纸上。这样，电路结构清晰，同时也便于多人共同参与设计，加快工作进程。

知识重点

- 层次原理图的概念
- 层次原理图的设计方法
- 层次原理图之间的切换

3.1　层次电路原理图的基本概念

对于电路原理图的模块化设计，Altium Designer 22 提供了层次化原理图的设计方法，这种方法可以将一个庞大的系统电路作为一个整体项目来设计，而根据系统功能所划分出的若干个电路模块，则分别作为设计文件添加到该项目中。这样就把一个复杂的大型电路原理图设计变成了多个简单的小型电路原理图设计，层次清晰，设计简便。

层次电路原理图的设计理念是将实际的总体电路进行模块划分，划分的原则是每一个电路模块都应该有明确的功能特征和相对独立的结构，而且，还要有简单、统一的接口，便于模块的连接。

针对每一个具体的电路模块，可以分别绘制相应的电路原理图，该原理图一般称为“子原理图”。而各个电路模块之间的连接关系则是采用一个顶层原理图来表示，顶层原理图主要由若干个方块电路即图纸符号组成，用来展示各个电路模块之间的系统连接关系，描述了整体电路的功能结构。这样，把整个系统电路分解成了顶层原理图和若干个子原理图来分别进行设计。

在层次原理图的设计过程中还需要注意一个问题：在一个层次原理图的工程项目中只能有一个总母图，一张原理图中的方块电路不能参考本张图纸上的其他方块电路或其上一级的原理图。

3.2　层次原理图的基本结构和组成

Altium Designer 22 系统提供的层次原理图设计功能非常强大，能够实现多层的层次化设计功能。用户可以将整个电路系统划分为若干个子系统，每一个子系统可以划分为若干个功能模块，而每一个功能模块还可以再细分为若干个基本的小模块，这样依次细分下去，就把整个系统划分成为多个层次，电路设计由繁变简。

如图 3-1 所示是一个二级层次原理图的基本结构图，由顶层原理图和子原理图共同组成，是一种模块化结构。

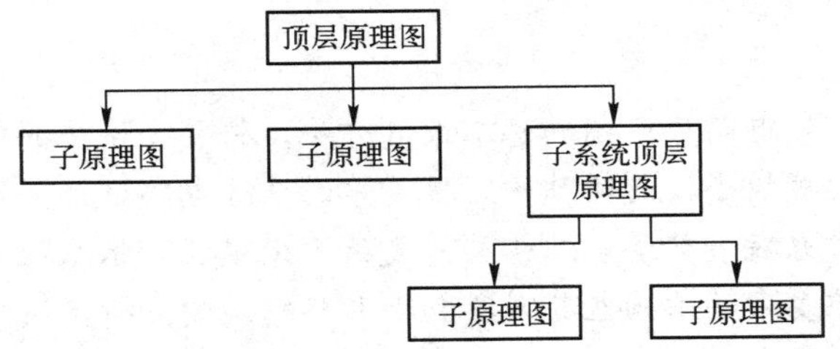

图 3-1　二级层次原理图的基本结构图

其中，子原理图就是用来描述某一电路模块具体功能的普通电路原理图，只不过增加了一些输入/输出端口，作为与上层进行电气连接的通道口。普通电路原理图的绘制方法在前面已经学习过，主要由各种具体的元器件、导线等构成。

顶层原理图（即母图）的主要构成元素却不再是具体的元器件，而是代表子原理图的图纸符号，如图 3-2 所示，是一个电路设计实例采用层次结构设计时的顶层原理图。

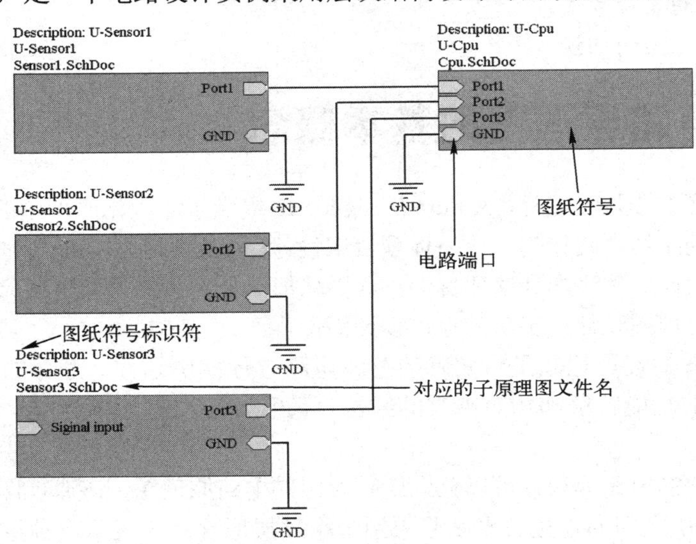

图 3-2　顶层原理图的基本组成

该顶层原理图主要由 4 个图纸符号组成，每一个图纸符号都代表一个相应的子原理图文件，共有 4 个子原理图。在图纸符号的内部给出了一个或多个表示连接关系的电路端口，对于这些端口，在子原理图中都有相同名称的输入/输出端口与之相对应，以便建立起不同层次间的信号通道。

图纸符号之间也是借助于电路端口，可以使用导线或总线完成连接。而且，同一个项目的所有电路原理图（包括顶层原理图和子原理图）中，相同名称的输入/输出端口和电路端口之间，在电气意义上都是相互连接的。

3.3 层次结构原理图的设计方法

基于上述设计理念，层次电路原理图设计的具体实现方法有两种，一种是自上而下的设计方式，另一种是自下而上的设计方式。

自上而下的设计方法是在绘制电路原理图之前，要求设计者对这个设计有一个整体的把握。把整个电路设计分成多个模块，确定每个模块的设计内容，然后对每一模块进行详细的设计。这种设计方法称为自顶向下，逐步细化。该设计方法要求设计者在绘制原理图之前就对系统有比较深入的了解，对电路的模块划分比较清楚。

自下而上的设计方法是设计者先绘制子原理图，根据子原理图生成原理图符号，进而生成上层原理图，最后完成整个设计。这种方法比较适用于对整个设计不是非常熟悉的用户，也是一种适合初学者选择的设计方法。

3.3.1 自上而下的层次原理图设计

本节以“基于通用串行数据总线 USB 的数据采集系统”的电路设计为例，详细介绍自上而下层次电路的具体设计过程。

采用层次电路的设计方法，将实际的总体电路按照电路模块的划分原则划分为4个电路模块，即 CPU 模块和三路传感器模块 Sensor1、Sensor2、Sensor3。首先绘制出层次原理图中的顶层原理图，然后再分别绘制出每一电路模块的具体原理图。

自上而下绘制层次原理图的操作步骤如下。

1）启动 Altium Designer 22，选择菜单栏中的“文件”→“新的”→“项目”命令，则在“Projects（工程）”面板中出现了新建的项目文件，另存为“USB 采集系统.PrjPCB”。

2）在项目文件“USB 采集系统.PrjPCB”上右击，在弹出的快捷菜单中选择“添加新的到工程”→“Schematic（原理图）”命令，在该项目文件中新建一个电路原理图文件，另存为“Mother.SchDoc”，并完成图纸相关参数的设置。

3）选择菜单栏中的“放置”→“页面符”命令，或者单击“布线”工具栏中的“放置页面符”按钮，光标将变为十字形状，并带有一个页面符标志。

4）移动光标到需要放置页面符的地方，单击确定页面符的一个顶点，移动光标到合适的位置再一次单击确定其对角顶点，即可完成页面符的放置。

5）光标仍处于放置页面符的状态，重复上一步操作即可放置其他页面符。右击或者按〈Esc〉键即可退出操作。

6）设置页面符的属性。双击需要设置属性的页面符，弹出“Sheet Symbol（页面符）”对话框，如图 3-3 所示。页面符属性的主要参数含义如下。

①“Properties（属性）”选项组。

- Designator（标志）文本框：用于设置页面符的名称。这里可输入 Modulator（调制器）。
- File Name（文件名）文本框：用于显示该页面符所代表的下层原理图的文件名。
- Bus Text Style（总线文本类型）下拉列表：用于设置线束连接器中的文本显示类型。单击后面的下三角按钮，有两个选项供选择：Full（全程）、Prefix（前缀）。
- Width（宽度）/ Height（高度）：用于设置该页面符的宽度或高度。

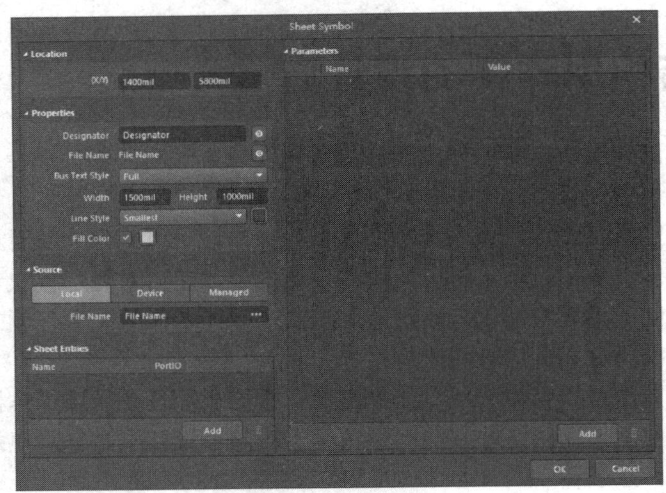

图 3-3 “Sheet Symbol（页面符）”对话框

- Line Style（线宽）下拉列表：用于设置页面符边框的宽度，有 4 个选项供选择：Smallest、Small、Medium（中等的）和 Large。
- Fill Color（填充颜色）复选框：若选中该复选框，则页面符内部被填充。否则，页面符是透明的。

②“Source（资源）”选项组。

File Name（文件名）文本框：用于设置该页面符所代表的下层原理图的文件名，输入 Modulator.SchDoc（调制器电路）。

③“Sheet Entries（图纸入口）”选项组。

在该选项组中可以为页面符添加、删除和编辑与其余元件连接的图纸入口，在该选项组下添加图纸入口，使用工具栏中的“添加图纸入口”按钮可以达到相同效果。

单击“Add（添加）”按钮，在该面板中自动添加图纸入口，如图 3-4 所示。

- Times New Roman, 10：用于设置页面符文字的字体类型、大小和颜色，同时设置字体添加加粗、斜体、下画线、横线等效果，如图 3-5 所示。

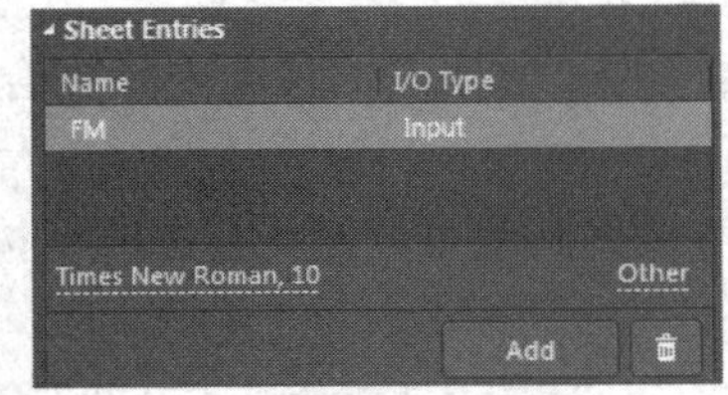

图 3-4 “Sheet Entries（图纸入口）”选项组

图 3-5 文字设置

- Other（其余）：用于设置页面符中图纸入口的电气类型、边框的颜色和填充颜色。单击后面的颜色块，可以在弹出的对话框中设置颜色，如图 3-6 所示。

④“Parameters（参数）”选项组。

可以为页面符的图纸符号添加、删除和编辑标注文字，单击“Add（添加）”按钮，添加参数显示，如图 3-7 所示。

图 3-6　图纸入口参数

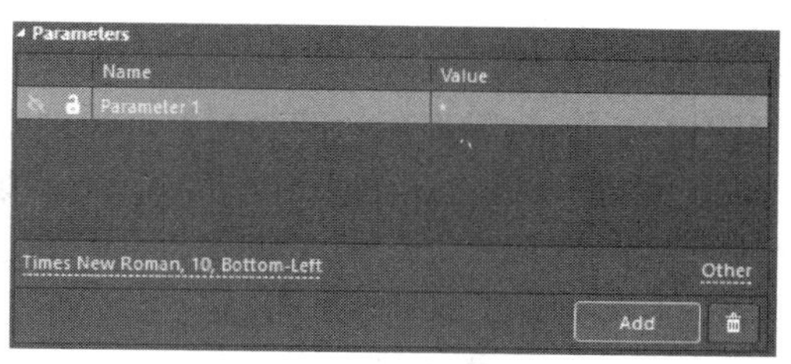

图 3-7　设置参数属性

按照上述方法放置另外 3 个原理图符号 U-Sensor2、U-Sensor3 和 U-Cpu，并设置好相应的属性，如图 3-8 所示。

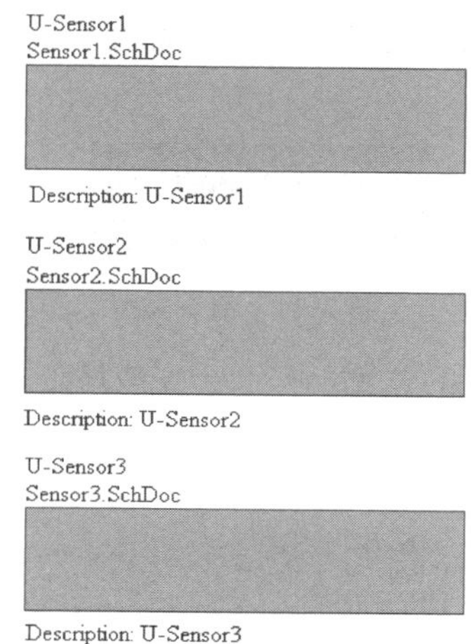

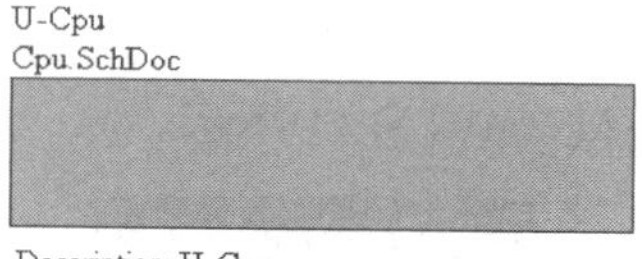

图 3-8　设置好的 4 个原理图符号

7）选择菜单栏中的“放置”→“添加图纸入口”命令，或者单击“布线”工具栏中的“放置图纸入口”按钮，光标将变为十字形状。

8）移动光标到页面符内部，选择放置图纸入口的位置，单击，会出现一个随光标移动的图纸入口，但其只能在原理图符号内部的边框上移动，在适当的位置再次单击即可完成图纸入口的放置。此时，光标仍处于放置图纸入口的状态，继续放置其他的图纸入口。右击或者按〈Esc〉键即可退出操作。

9）设置图纸入口的属性。根据层次电路图的设计要求，在顶层原理图中，每一个页面符的所有图纸入口都应该与其所代表的子原理图上的一个电路输入、输出端口相对应，包括端口名称及接口形式等。因此，需要对图纸入口的属性加以设置。双击需要设置属性的图纸入口，系统将弹出“Sheet Entry（图纸入口）”对话框，如图 3-9 所示。

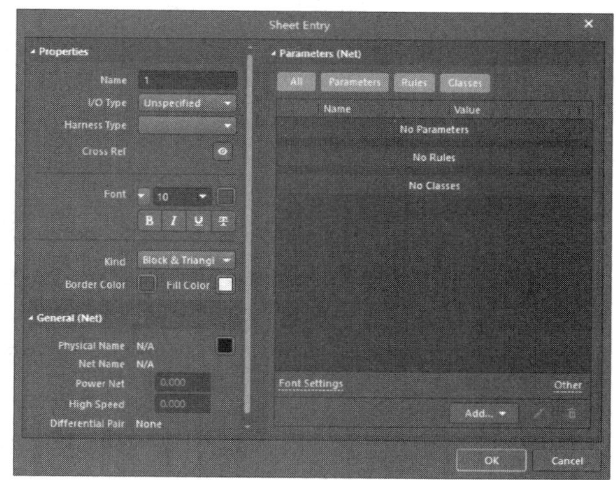

图 3-9　“Sheet Entry（图纸入口）”对话框

图纸入口属性的主要参数含义如下。

● Name（名称）文本框：用于设置图纸

入口名称。这是图纸入口最重要的属性之一，具有相同名称的图纸入口在电气上是连通的。

- I/O Type（输入/输出端口的类型）下拉列表：用于设置图纸入口的电气特性，为后面的电气规则检查提供一定的依据。有 Unspecified（未指明或不确定）、Output（输出）、Input（输入）和 Bidirectional（双向型）4 种类型，如图 3-10 所示。
- Harness Type（线束类型）下拉列表：设置线束的类型。
- Font（字体）下拉列表：用于设置端口名称的字体类型、大小和颜色，同时设置字体的加粗、斜体、下画线、横线等效果。
- Border Color（边界）颜色框：用于设置端口边界的颜色。
- Fill Color（填充颜色）颜色框：用于设置端口内填充颜色。
- Kind（类型）下拉列表：用于设置图纸入口的箭头类型。单击后面的下三角按钮，4 个选项供选择，如图 3-11 所示。

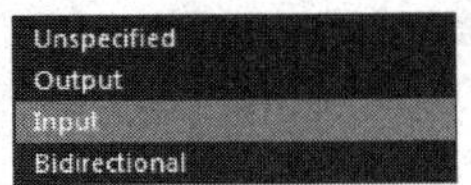

图 3-10　输入/输出端口的类型

图 3-11　箭头类型

10）按照同样的方法，把所有的图纸入口放在合适的位置，并一一完成属性设置。

11）使用导线或总线把每一个原理图符号上的相应图纸入口连接起来，并放置好接地符号，完成顶层原理图的绘制，如图 3-12 所示。

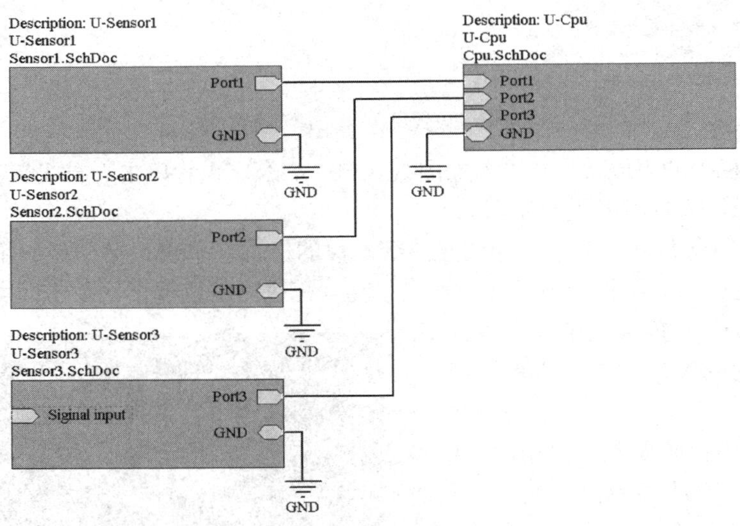

图 3-12　顶层原理图

根据顶层原理图中的原理图符号，把与之相对应的子原理图分别绘制出来，这一过程就是使用原理图符号来建立子原理图的过程。

12）选择菜单栏中的“设计”→“从页面符创建图纸”命令，此时光标将变为十字形状。移动光标到原理图符号“U-Cpu”内部，单击，系统自动生成一个新的原理图文件，名称为“Cpu.SchDoc”，与相应的原理图符号所代表的子原理图文件名一致，如图 3-13 所示。此时可以看到，在该原理图中已经自动放置好了与 4 个电路端口方向一致的输入、输出端口。

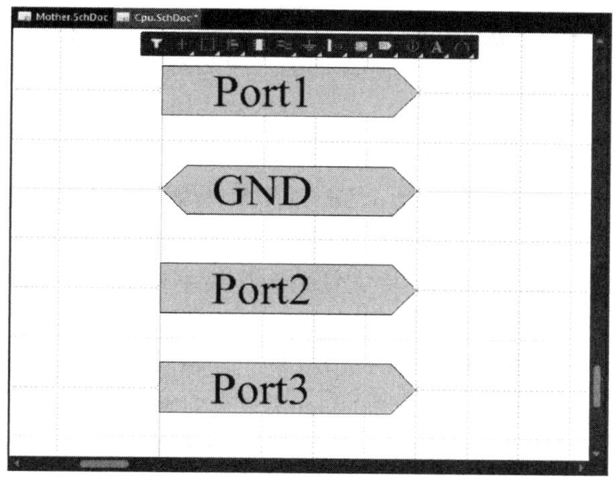

图 3-13　由原理图符号“U-Cpu”建立的子原理图

13）使用普通电路原理图的绘制方法，放置各种所需的元件并进行电气连接，完成“Cpu”子原理图的绘制，如图 3-14 所示。

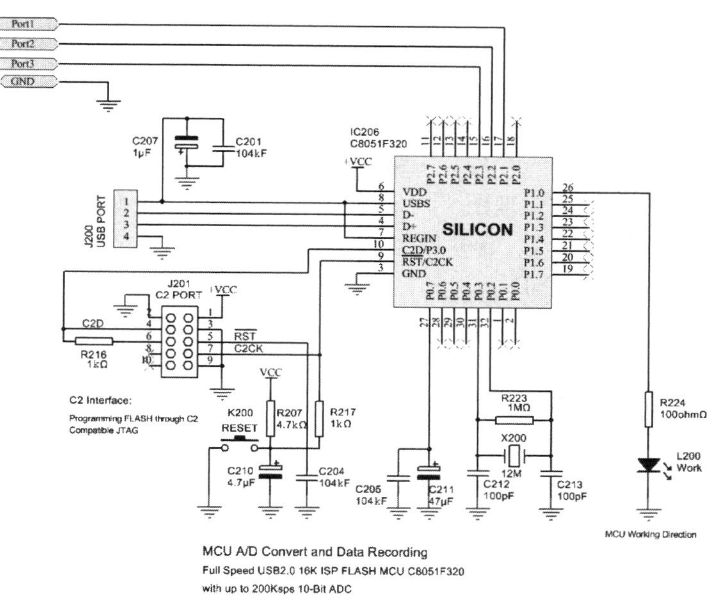

图 3-14　子原理图“Cpu.SchDoc”

14）使用同样的方法，用顶层原理图中的另外 3 个原理图符号“U-Sensor1”“U-Sensor2”“U-Sensor3”建立与其相对应的 3 个子原理图“Sensor1.SchDoc”“Sensor2.SchDoc”“Sensor3.SchDoc”，并且分别绘制出来。

这样就采用自上而下的层次电路图设计方法，完成了整个 USB 数据采集系统的电路原理图绘制。

3.3.2 自下而上的层次原理图设计

对于一个功能明确、结构清晰的电路系统来说，采用层次电路设计方法，使用自上而下的设计流程，能够清晰地表达出设计者的设计理念。但在有些情况下，特别是在电路的模块化设计过程中，不同电路模块的不同组合，会形成功能完全不同的电路系统。用户可以根据自己的具体设计需要，选择若干个已有的电路模块，组合产生一个符合设计要求的完整电路系统。此时，该电路系统可以使用自下而上的层次电路设计流程来完成。

下面还是以“基于通用串行数据总线 USB 的数据采集系统”电路设计为例，介绍自下而上层次电路的具体设计过程。自下而上绘制层次原理图的操作步骤如下。

1）启动 Altium Designer 22，新建项目文件。选择菜单栏中的“文件”→“新的”→“项目”命令，则在“Projects（工程）”面板中出现了新建的项目文件，另存为“USB 采集系统.PrjPCB”。

2）新建原理图文件作为子原理图。在项目文件“USB 采集系统.PrjPCB”上右击，在弹出的快捷菜单中选择“添加新的到工程”→“Schematic（原理图）”命令，在该项目文件中新建原理图文件，另存为“Cpu.SchDoc”，并完成图纸相关参数的设置。采用同样的方法建立原理图文件“Sensor1.SchDoc”“Sensor2.SchDoc”和“Sensor3.SchDoc”。

3）绘制各个子原理图。根据每一模块的具体功能要求，绘制电路原理图。例如，CPU 模块主要完成主机与采集到的传感器信号之间的 USB 接口通信，这里使用带有 USB 接口的单片机“C8051F320”来完成。而三路传感器模块 Sensor1、Sensor2、Sensor3 则主要完成对三路传感器信号的放大和调制，具体绘制过程不再赘述。

4）放置各子原理图中的输入、输出端口。子原理图中的输入、输出端口是子原理图与顶层原理图之间进行电气连接的重要通道，应该根据具体设计要求进行放置。

例如，在原理图“Cpu.SchDoc”中，三路传感器信号分别通过单片机 P2 口的 3 个引脚 P2.1、P2.2、P2.3 输入到单片机中，是原理图“Cpu.SchDoc”与其他 3 个原理图之间的信号传递通道，所以在这 3 个引脚处放置了 3 个输入端口，名称分别为“Port1”“Port2”“Port3”。除此之外，还放置了一个共同的接地端口“GND”。

同样，在子原理图“Sensor1.SchDoc”信号输出端放置一个输出端口“Port1”，在子原理图“Sensor2.SchDoc”的信号输出端放置一个输出端口“Port2”，在子原理图“Sensor3.SchDoc”的信号输出端放置一个输出端口“Port3”，分别与子原理图“Cpu.SchDoc”中的 3 个输入端口相对应，并且都放置共同的接地端口。移动光标到需要放置原理图符号的地方，单击确定原理图符号的一个顶点，移动光标到合适的位置再一次单击确定其对角顶点，即可完成原理图符号的放置。放置了输入、输出电路端口的 3 个子原理图“Sensor1.SchDoc”“Sensor2.SchDoc”和“Sensor3.SchDoc”分别如图 3-15～图 3-17 所示。

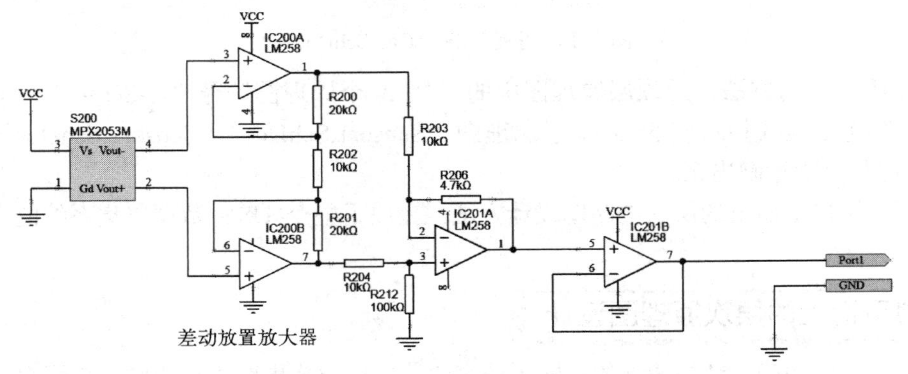

图 3-15　子原理图“Sensor1.SchDoc”

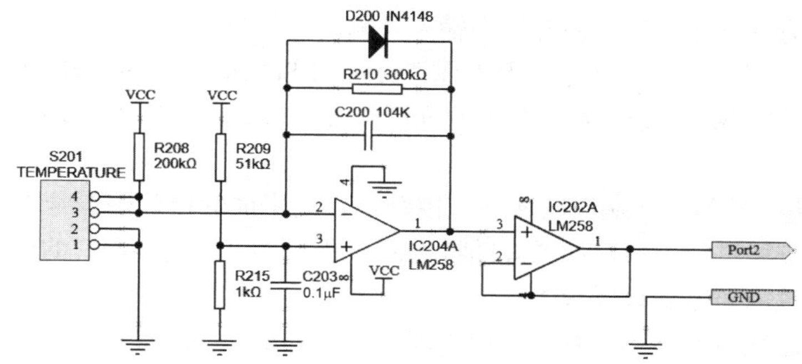

图 3-16　子原理图“Sensor2.SchDoc”

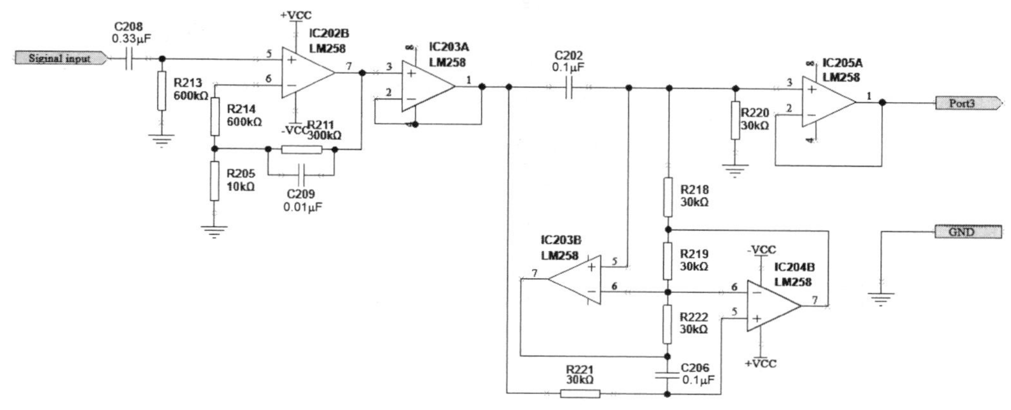

图 3-17　子原理图“Sensor3.SchDoc”

5）在项目“USB 采集系统.PrjPCB”中新建一个原理图文件“Mother1.PrjPCB”，以便进行顶层原理图的绘制。

6）打开原理图文件“Mother1.PrjPCB”，选择菜单栏中的“设计”→“Create Sheet Symbol From Sheet（原理图生成图纸符）”命令，系统将弹出如图 3-18 所示的“Choose Document to Place（选择文件放置）”对话框。

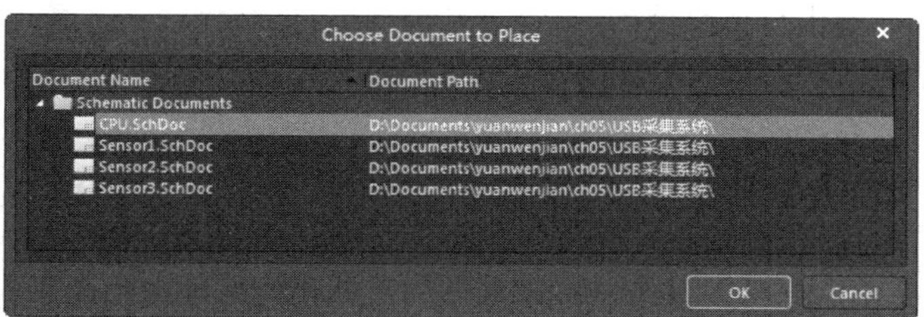

图 3-18　“Choose Document to Place（选择文件放置）”对话框

在该对话框中，系统列出了同一项目中除当前原理图外的所有原理图文件，用户可以选择其中的任何一个原理图来建立原理图符号。例如，选中“CPU.SchDoc”，单击“OK（确定）”按钮，关闭该对话框。

7）此时光标变成十字形状，并带有一个原理图符号的虚影。选择适当的位置，将该原理图符号放置在顶层原理图中，如图 3-19 所示。该原理图符号的标识符为“U-Cpu”，边缘已经放置了 4 个电路端口，方向与相应的子原理图中输入、输出端口一致。

8）按照同样的操作方法，由 3 个子原理图“Sensor1.SchDoc”“Sensor2.SchDoc”和“Sensor3.SchDoc”可以在顶层原理图中分别建立 3 个原理图符号“U-Sensor1”“U-Sensor2”和“U-Sensor3”，如图 3-20 所示。

9）设置原理图符号和电路端口的属性。由系统自动生成的原理图符号不一定完全符合设计要求，很多时候还需要进行编辑，如原理图符号的形状、大小、电路端口的位置要有利于布线连接，电路端口的属性需要重新设置等。

10）用导线或总线将原理图符号通过电路端口连接起来，并放置接地符号，完成顶层原理图的绘制，结果和图 3-12 完全一致。

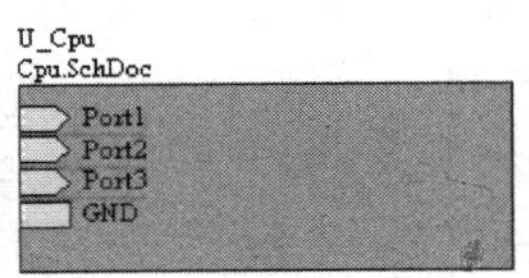

图 3-19　放置“U_Cpu”原理图符号

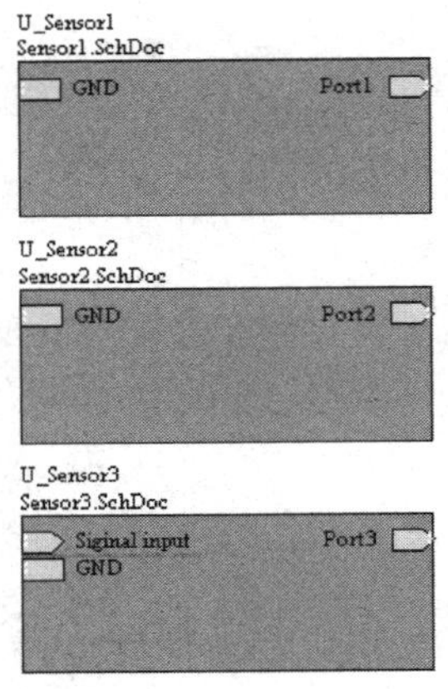

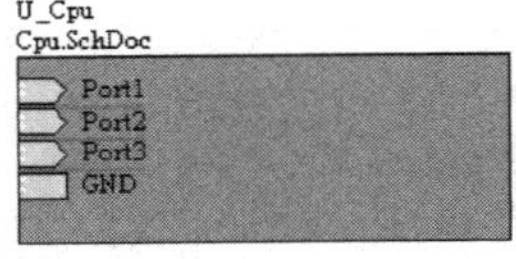

图 3-20　顶层原理图符号

3.4　层次原理图之间的切换

绘制完成的层次电路原理图中一般都包含顶层原理图和多张子原理图。用户在编辑时，常常需要在这些图中来回切换查看，以便了解完整的电路结构。Altium Designer 22 提供了层次原理图切换的专用命令，以帮助用户在复杂的层次原理图之间方便地进行切换，实现多张原理图的同步查看和编辑。

层次原理图切换的方法如下。

1）执行“工具”→“上/下层次”命令，如图 3-21 所示。

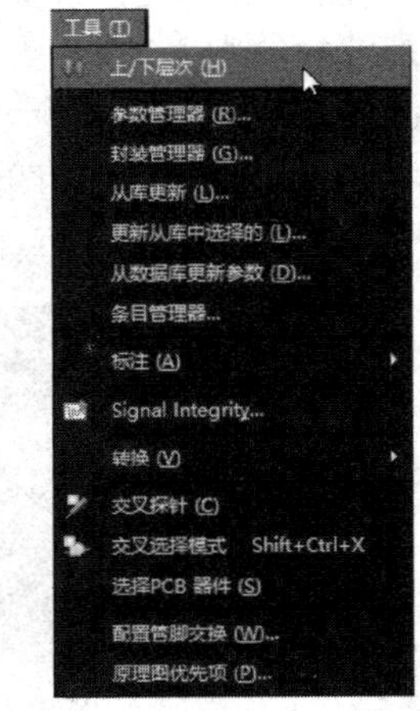

图 3-21　“上/下层次”菜单命令

2）执行该命令后，光标变成了十字形状。如果是上层切换到下层，只需移动光标到下层的方块电路上，单击即可进入下一层。如果是下层切换到上层，只需移动光标到下层的方块电路的某个端口上，单击即可进入上一层。

用户还可以在项目管理器中，单击项目窗口的层次结构中所要编辑的文件名。

3.5　层次设计表

一般的层次原理图，层次较少，结构也比较简单。但是对于多层次的层次电路原理图，其结构关系却是相当复杂的，用户不容易看懂。因此，系统提供了一种层次设计表作为用户查看复杂层次原理图的辅助工具。借助于层次设计表，用户可以清晰地了解层次原理图的层次结构关系，进一步明确层次电路图的设计内容。

1）编译整个项目。在前两节已经对项目“USB 采集系统”进行了编译。

2）执行菜单“报告”→“Report Project Hierarchy”命令，则会生成有关该项目的层次设计表。

在生成的设计表中，使用缩进格式明确地列出了本项目中的各个原理图之间的层次关系，原理图文件名越靠左，说明该文件在层次电路图中的层次越高。

3.6 综合实例

3.6.1 声控变频器电路层次原理图设计

通过本章的学习，用户对 Altium Designer 22 层次原理图设计方法应该有一个整体的认识。下面用实例来详细介绍一下两种层次原理图的设计步骤。

3.6.1 声控变频器电路层次原理图设计

在层次化原理图中，表达子图之间关系的原理图被称为母图，首先按照不同的功能将原理图划分成一些子模块在母图中，采取一些特殊的符号和概念来表示各张原理图之间的关系。本例主要讲述自顶向下的层次原理图设计，完成层次原理图设计方法中母图和子图设计。

1. 建立工作环境

1）在 Altium Designer 22 主界面中，选择“文件”→“新的”→“项目”菜单命令，弹出“Create Project（新建工程）”对话框，新建工程文件“声控变频器.PrjPcb”。

2）选择“文件”→“新的”→“原理图”菜单命令，然后右击新建的原理图文件，在弹出的快捷菜单中选择“另存为”命令，将新建的原理图文件保存为“声控变频器.SchDoc”，如图 3-22 所示。

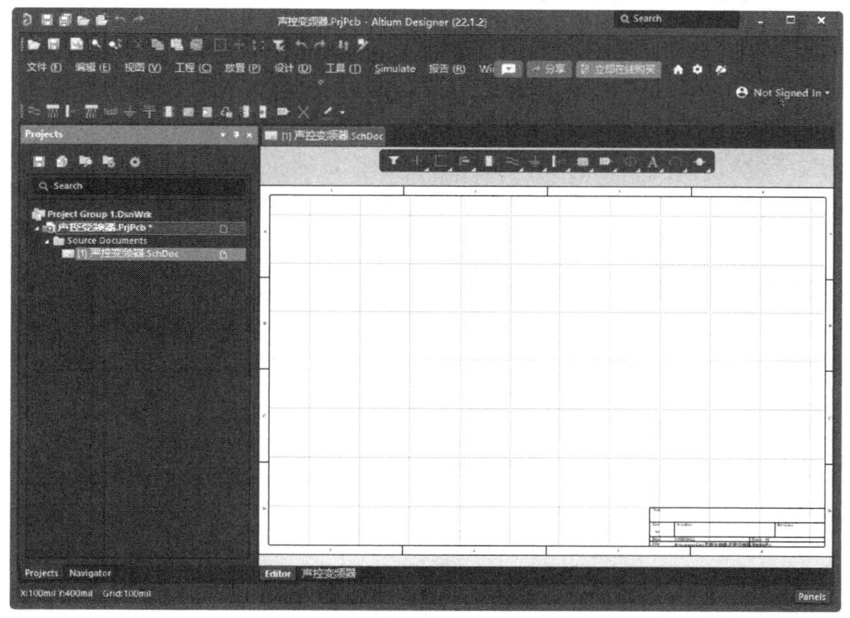

图 3-22　新建原理图文件

2. 放置页面符

1）在本例层次原理图的母图中，有两个页面符，分别代表两个下层子图。因此在进行母图设计时首先应该在原理图图纸上放置两个页面符。选择“放置”→“页面符”菜单命令，或者单击“布线”工具栏中的“放置页面符”按钮，鼠标将变为十字形状，并带有一个页面符图标志。在图纸上单击确定页面符的左上角顶点，然后拖动鼠标绘制出一个适当大小的方块，再次单击确定页面符的右下角顶点，这样就确定了一个页面符。

2）放置完一个页面符后，系统仍然处于放置页面符的命令状态，同样的方法在原理图中放置另外一个页面符。右击退出绘制页面符的命令状态。

3）双击绘制好的页面符，打开“Sheet Symbol（页面符）”对话框，在该对话框中可以设置页面符的参数，如图 3-23 所示。

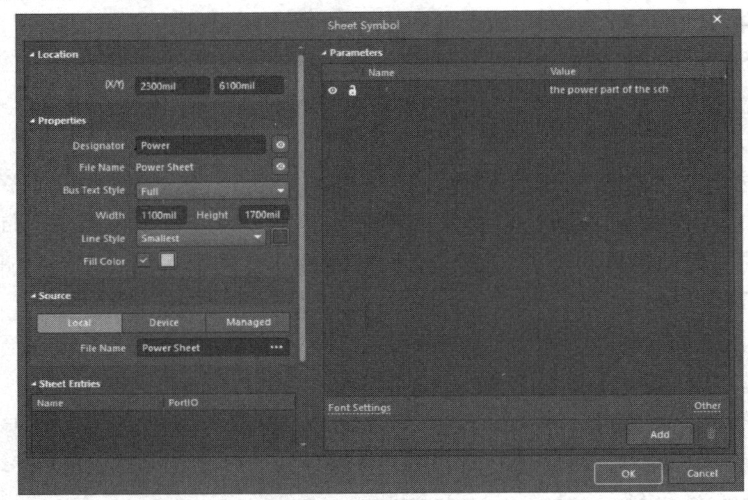

图 3-23 “Sheet Symbol（页面符）”对话框

3. 放置电路端口

1）执行“放置”→“添加图纸入口”菜单命令，或者单击“布线”工具栏中的按钮，光标将变为十字形状。移动光标到页面符图内部，选择要放置的位置单击，会出现一个图纸入口随光标移动而移动，但只能在页面符图内部的边框上移动，在适当的位置再一次单击即可完成图纸入口的放置。

2）双击一个放置好的图纸入口，打开“Sheet Entry（图纸入口）”对话框，在该对话框中对电路端口属性进行设置。

3）完成属性修改的电路端口如图 3-24a 所示。

提示：在设置电路端口的 I/O 类型时，注意一定要使其符合电路的实际情况，例如本例中电源方块图中的 VCC 端口是向外供电的，所以它的 I/O 类型一定是 Output。另外，要使电路端口的箭头方向和它的 I/O 类型相匹配。

---

4. 连线

将具有电气连接的页面符的各个电路端口用导线或者总线连接起来。完成连接后，整个层次原理图的母图便设计完成了，如图 3-24b 所示。

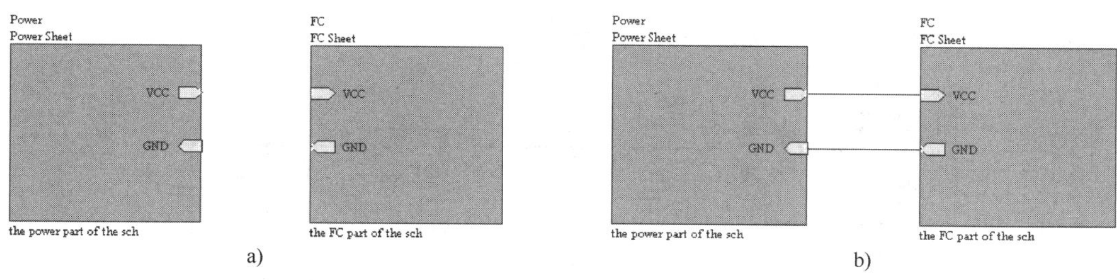

图 3-24　设置电路端口属性

5. 设计子原理图

执行“设计”→“从页面符创建图纸”菜单命令，这时鼠标将变为十字形状。移动鼠标到方块图“Power”上单击，系统自动生成一个新的原理图文件，名称为“Power Sheet.SchDoc”，与相应的方块图所代表的子原理图文件名一致。

6. 加载元件库

在“Components（元件）”面板右上角单击按钮，然后在弹出的快捷菜单中选择“File-based Libraries Preferences（库文件参数）”命令，则系统弹出“可用的基于文件的库”对话框，然后在其中加载需要的元件库。本例中需要加载的元件库如图 3-25 所示。

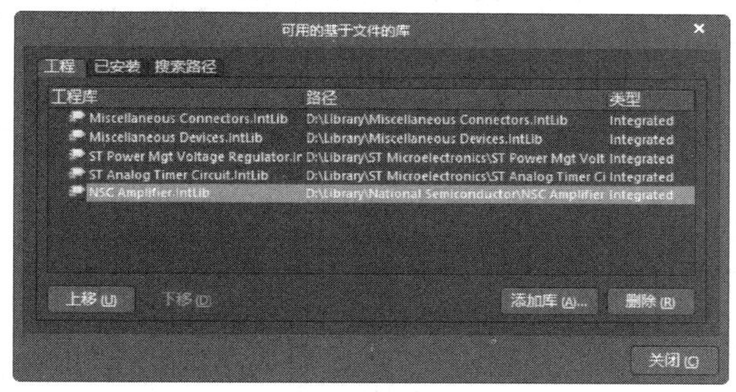

图 3-25　需要加载的元件库

7. 放置元件

1）打开“Components（元件）”面板，在其中浏览刚刚加载的元件库 ST Power Mgt Voltage Regulator. IntLib，找到所需的 L7809CP 芯片，然后将其放置在图纸上。

2）在其他的元件库中找出需要的另外一些元件，然后将它们都放置到原理图中，再对这些元件进行布局，布局的结果如图 3-26 所示。

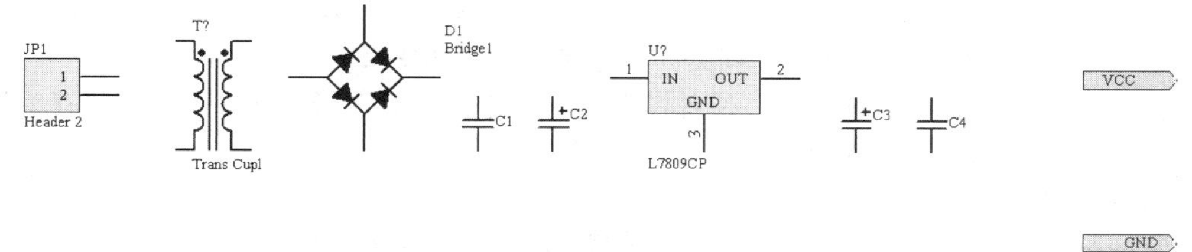

图 3-26　元件放置完成

8. 元件布线

1）将输出的电源端接到输入/输出端口 VCC 上，将接地端连接到输出端口 GND 上，至此，

Power Sheet 子图便设计完成了，如图 3-27 所示。

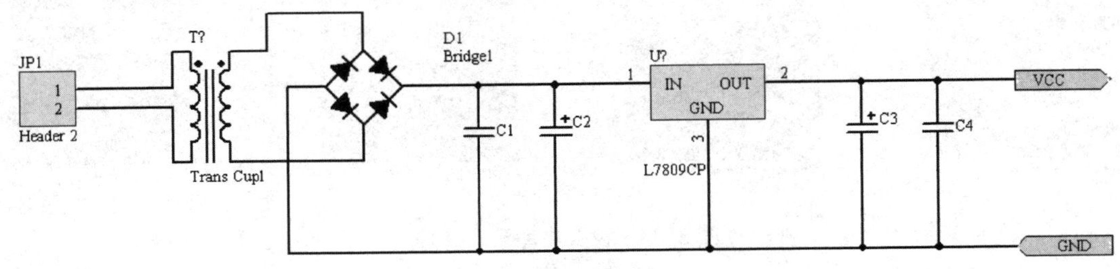

图 3-27　Power Sheet 子图设计完成

2）按照上面的步骤完成另一个原理图子图的绘制。设计完成的 FC Sheet 子图如图 3-28 所示。

两个子图都设计完成后，整个层次原理图的设计便结束了。在本例中，讲述了层次原理图自上而下的设计方法。层次原理图的分层可以有若干层，这样可以使复杂的原理图更有条理，更加方便阅读。

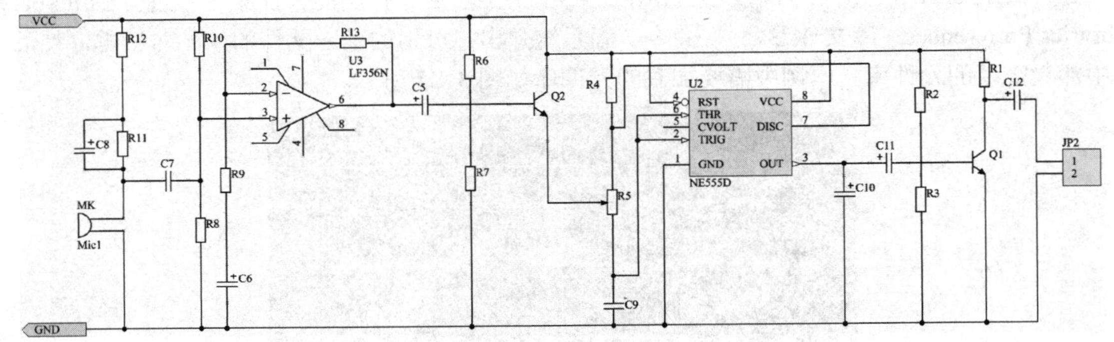

图 3-28　FC Sheet 子图设计完成

3.6.2 存储器接口电路层次原理图设计

3.6.2　存储器接口电路层次原理图设计

本例主要讲述自下而上的层次原理图设计。在电路的设计过程中，有时候会出现一种情况，即事先不能确定端口的情况，这时候就不能将整个工程的母图绘制出来，因此自上而下的方法就不能胜任了。此时可以采取自下而上的方法，就是先设计好原理图的子图，然后由子图生成母图。

1. 建立工作环境

1）在 Altium Designer 22 主界面中，选择“文件”→“新的”→“项目”菜单命令，弹出“Create Project（新建工程）”对话框，新建工程文件“存储器接口.PrjPCB”。

2）选择“文件”→“新的”→“原理图”菜单命令，然后选择“文件”→“另存为”菜单命令，将新建的原理图文件另存为“寻址.SchDoc”。

2. 加载元件库

在“Components（元件）”面板右上角单击 ≡ 按钮，然后在弹出的快捷菜单中选择“File-based Libraries Preferences（库文件参数）”命令，则系统弹出“可用的基于文件的库”对话框，然后在其中加载需要的元件库。本例中需要加载的元件库如图 3-29 所示。

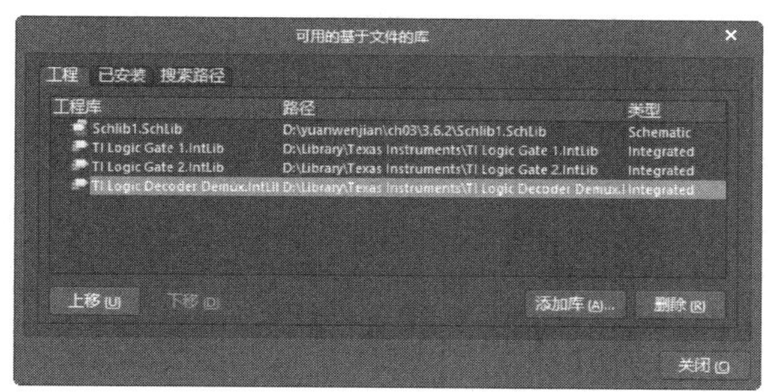

图 3-29　需要加载的元件库

3．放置元件

选择“Components（元件）”面板，在其中浏览刚刚加载的元件库 TI Logic Decoder Demux. IntLib，找到所需的译码器 SN74LS138D，然后将其放置在图纸上。在其他的元件库中找出需要的另外一些元件，然后将它们都放置到原理图中，再对这些元件进行布局，布局的结果如图 3-30 所示。

4．元件布线

1）绘制导线，连接各元器件，如图 3-31 所示。

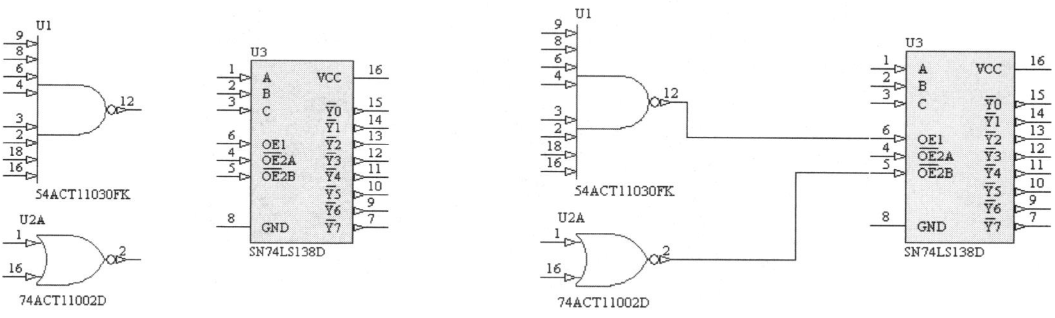

图 3-30　元件放置完成　　图 3-31　放置导线

2）在图中放置网络标签。选择“放置”→“网络标签”菜单命令，或单击“布线”工具栏中的Net按钮，在需要放置网络标签的引脚上添加正确的网络标签，并添加接地和电源符号，将输出的电源端接到输入/输出端口 VCC 上，将接地端连接到输出端口 GND 上，至此，寻址子图便设计完成了，如图 3-32 所示。

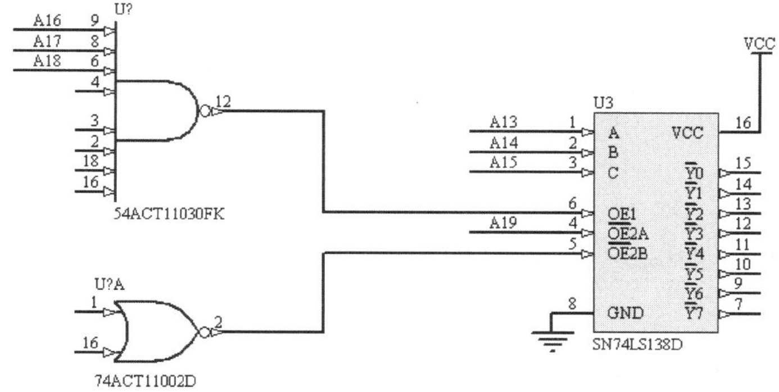

图 3-32　放置网络标签

📖 提示：由于本电路为接口电路，有一部分引脚会连接到系统的地址和数据总线。因此，在本图中的网络标签并不是成对出现的。

5．放置输入/输出端口

1）输入/输出端口是子原理图和其他子原理图的接口。选择“放置”→“端口”菜单命令，或者单击“布线”工具栏中的按钮，系统进入放置输入/输出端口的命令状态。移动鼠标到目标位置，单击确定输入/输出端口的一个顶点，然后拖动鼠标到合适位置再次单击确定输入/输出端口的另一个顶点，这样就放置了一个输入/输出端口。

2）双击放置完的输入/输出端口，打开“Port（端口）”对话框，如图 3-33 所示。在该对话框中设置输入/输出端口的名称、I/O 类型等参数。

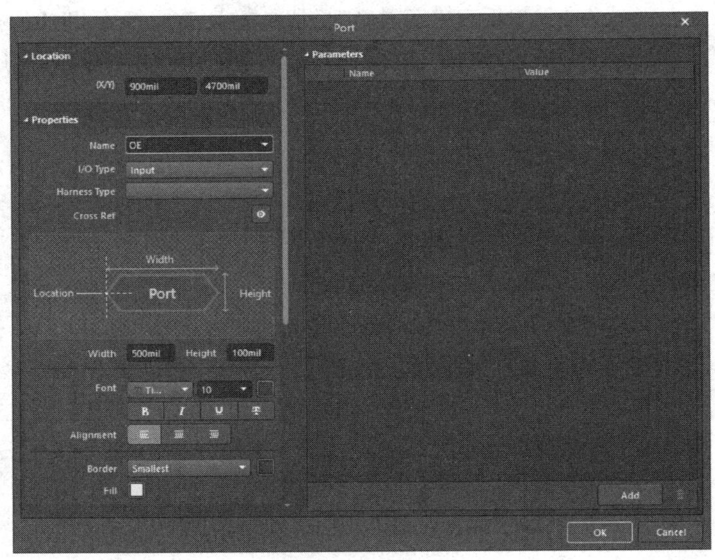

图 3-33 设置输入/输出端口参数

3）使用同样的方法，放置电路中所有的输入/输出端口，如图 3-34 所示。这样就完成了“寻址”原理图子图的设计。

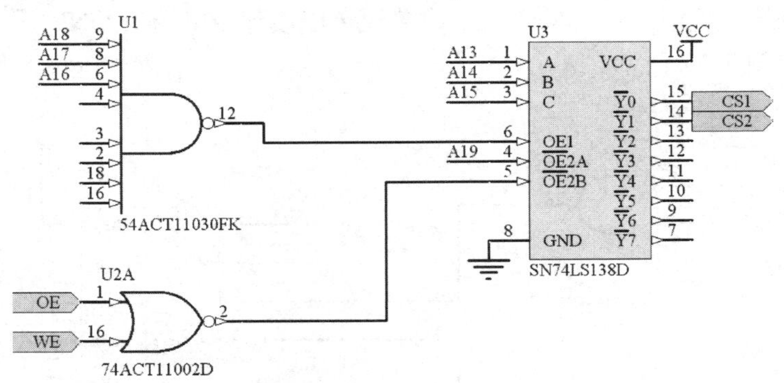

图 3-34 “寻址”原理图子图

6．绘制“存储”原理图子图

与绘制“寻址”原理图子图的方法相同，绘制“存储”原理图子图，如图 3-35 所示。

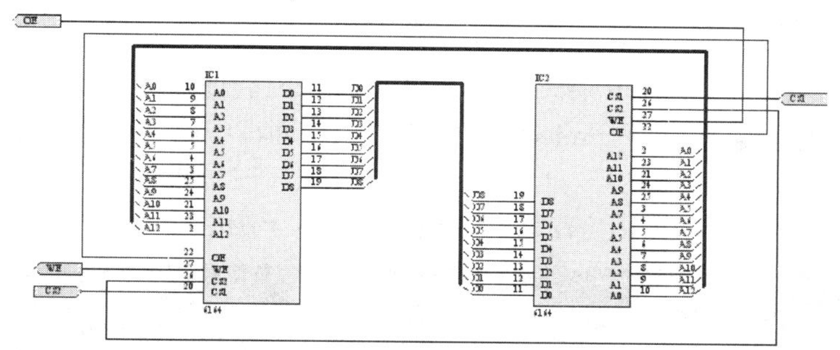

图 3-35 “存储”原理图子图

7. 设计存储器接口电路母图

1）选择“文件”→“新的”→“原理图”菜单命令，然后选择“文件”→“另存为”菜单命令将新建的原理图文件另存为“存储器接口.SchDoc”。

2）选择“设计”→“Create Sheet Symbol From Sheet（原理图生成图纸符）”菜单命令，打开“Choose Document to Place（选择文件放置）”对话框，如图 3-36 所示。

3）在“Choose Document to Place（选择文件放置）”对话框中列出了所有的原理图子图。选择“存储.SchDoc”原理图子图，单击 OK 按钮，鼠标光标上就会出现一个页面符，移动光标到原理图中适当的位置，单击就可以将该页面符放置在图纸上，如图 3-37 所示。

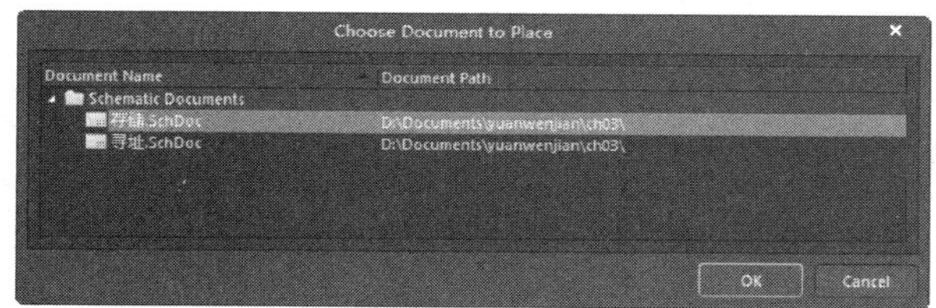

图 3-36 “Choose Document to Place（选择文件放置）”对话框

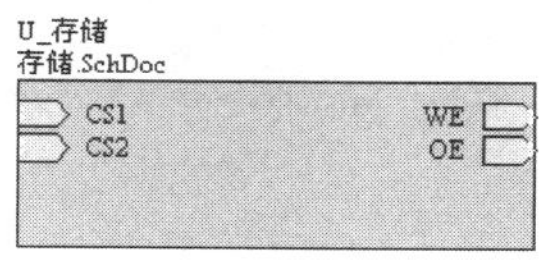

图 3-37 放置好的方块图

提示：在自上而下的层次原理图设计方法中，将母图向子图转换时，不需要新建一个空白文件，系统会自动生成一个空白的原理图文件。但是在自下而上的层次原理图设计方法中，一定要先新建一个原理图空白文件，才能进行子图向母图的转换。

4）同样的方法将“寻址.SchDoc”原理图生成的母图页面符放置到图纸中，如图 3-38 所示。

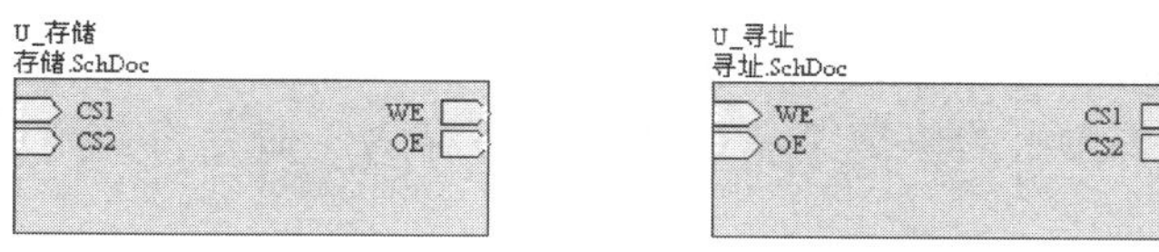

图 3-38 生成的母图页面符

5）用导线将具有电气关系的端口连接起来，就完成了整个原理图母图的设计，如图 3-39 所示。

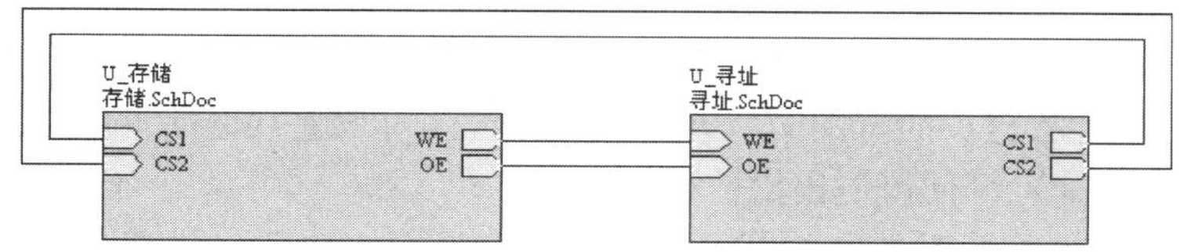

图 3-39 存储器接口电路母图

8．编译原理图

选择“工程”→“Validate PCB Project 存储器接口.PrjPcb（验证存储器接口电路板项目.PrjPcb）”菜单命令将原理图进行编译，在“Projects（工程）”工作面板中就可以看到层次原理图中母图和子图的关系，如图 3-40 所示。

本例主要介绍了采用自下而上方法设计原理图时，从子图生成母图的方法。

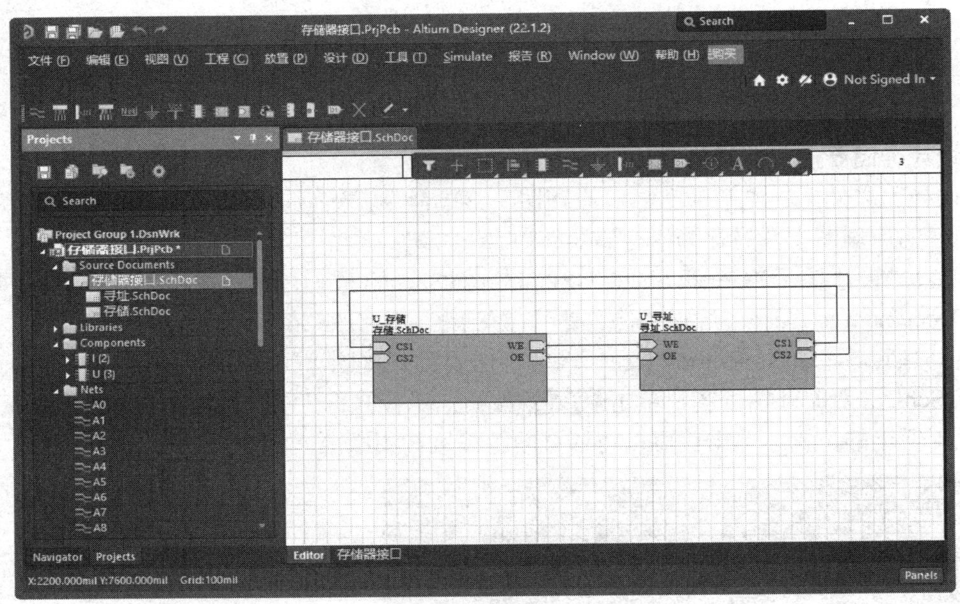

图 3-40　显示层次关系

3.6.3　4 Port UART 电路层次原理图设计

3.6.3　4 Port UART 电路层次原理图设计

1．自上而下层次化原理图设计

1）建立工作环境。

① 在 Altium Designer 22 主界面中，选择“文件”→“新的”→“项目”菜单命令，弹出“Create Project（新建工程）”对话框，新建工程文件“My job.PrjPCB.PrjPCB”。

② 在 Altium Designer 22 主界面中，选择“文件”→“新的”→“原理图”菜单命令，右击新建的原理图文件，在弹出的快捷菜单中选择“另存为”命令将新建的原理图文件保存为“Top.SchDoc”。

2）执行“放置”→“页面符”菜单命令，或者单击“布线”工具栏中的“放置页面符”按钮，鼠标将变为十字形状，并带有一个页面符标志。

3）移动鼠标到需要放置页面符图的地方，单击确定页面符的一个顶点，移动鼠标到合适的位置再一次单击确定其对角顶点，即可完成页面符的放置。

此时，鼠标仍处于放置页面符图的状态，重复操作即可放置其他的页面符。

右击或者按下〈Esc〉键便可退出操作。

4）设置页面符属性。此时放置的图纸符号并没有具体的意义，需要进一步进行设置，包括其标识符、所表示的子原理图文件，以及一些相关的参数等。

① 执行“放置”→“放置图纸入口”菜单命令，或者单击“布线”工具栏中的按钮，鼠标将变为十字形状。

② 移动鼠标到页面符内部，选择要放置的位置单击，会出现一个电路端口随鼠标移动而移动，但只能在页面符内部的边框上移动，在适当的位置再一次单击即可完成电路端口的放置。

③ 此时，鼠标仍处于放置电路端口的状态，重复上述的操作即可放置其他的电路端口。

右击或者按下〈Esc〉键便可退出操作。

5）设置电路端口的属性。

① 双击需要设置属性的电路端口（或在绘制状态下按〈Tab〉键），系统将弹出相应的电路端口属性编辑对话框，对电路端口的属性加以设置。

② 使用导线或总线把每一个页面符上的相应电路端口连接起来，并放置好接地符号，完成顶层原理图的绘制，如图 3-41 所示。

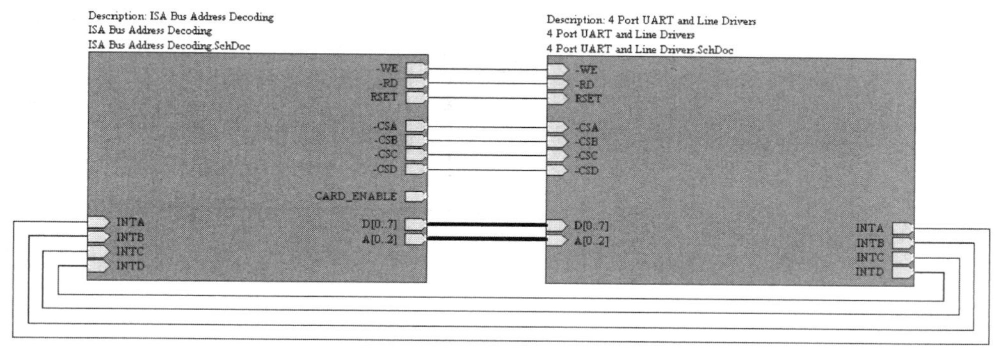

图 3-41　设计完成的顶层原理图

③ 根据顶层原理图中的页面符图，把与之相对应的子原理图分别绘制出来，这一过程就是使用方块电路图来建立子原理图的过程。

6）执行“设计”→“从页面符创建图纸”菜单命令，这时鼠标将变为十字形状。移动鼠标到上图左侧页面符图内部单击，系统自动生成一个新的原理图文件，名称为“ISA Bus Address Decoding.SchDoc”，与相应的页面符图所代表的子原理图文件名一致，如图 3-42 所示。用户可以看到，在该原理图中，已经自动放置好了与 14 个电路端口方向一致的输入/输出端口。

图 3-42　由页面符图产生的子原理图

7）使用普通电路原理图的绘制方法，放置各种所需的元器件并进行电气连接，完成“ISA Bus Address Decoding.SchDoc”子原理图的绘制，如图 3-43 所示。

8）使用同样的方法，由顶层原理图中的另外一个页面符图“4 Port UART and Line Drivers”建立对应的子原理图“4 Port UART and Line Drivers.SchDoc”，并且绘制出来。

这样就采用自上而下的层次电路图设计方法完成了整个系统的电路原理图绘制。

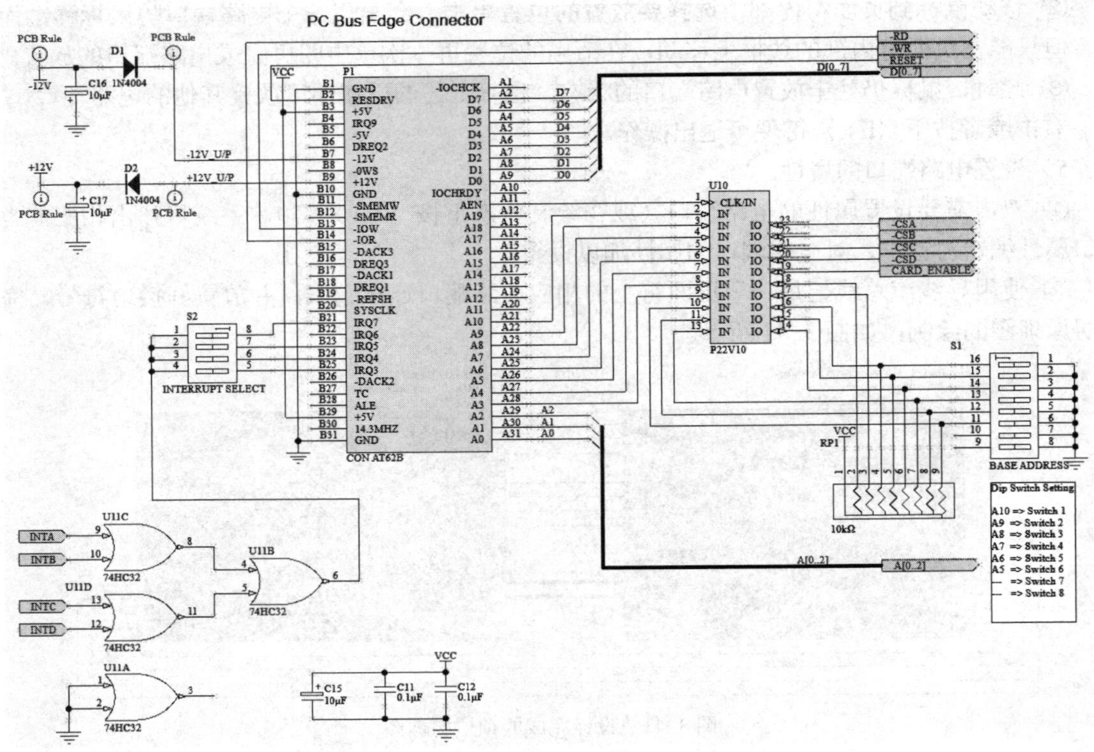

图 3-43　子原理图“ISA Bus Address Decoding.SchDoc”

2．自下而上层次化原理图设计

1）新建项目文件。

① 在 Altium Designer 22 主界面中，选择“文件”→“新的”→“项目”菜单命令，新建工程文件，保存为“My job1.PrjPCB”。

② 选择“文件”→“新的”→“原理图”菜单命令，然后右击新建的原理图，在弹出的快捷菜单中选择“另存为”菜单命令，将新建的原理图文件保存为“ISA Bus Address Decoding.SchDoc”。

同样的方法建立原理图文件“4 Port UART and Line Drivers.SchDoc”。

2）绘制各个子原理图。根据每一模块的具体功能要求，绘制电路原理图。

3）放置各子原理图中的输入/输出端口。

① 子原理图中的输入/输出端口是子原理图与顶层原理图之间进行电气连接的重要通道，应该根据具体设计要求加以放置。

② 放置了输入/输出电路端口的两个子原理图“ISA Bus Address Decoding.SchDoc”和“4 Port UART and Line Drivers.SchDoc”，分别如图 3-43 和图 3-44 所示。

4）在项目“My job1.PrjPCB”中新建一个原理图文件“Top1. SchDoc”，以便进行顶层原理图的绘制。

5）生成页面符。

① 打开原理图文件“Top1. SchDoc”，执行“设计”→“Create Sheet Symbol From Sheet（原理图生成图纸符）”菜单命令，打开“Choose Document to Place（选择文件放置）”对话框，如图 3-45 所示。

② 在该对话框中，系统列出了同一项目中除掉当前原理图外的所有原理图文件，用户可以选择其中的任何一个原理图来建立页面符图。例如，这里选中“ISA Bus Address Decoding.SchDoc”。

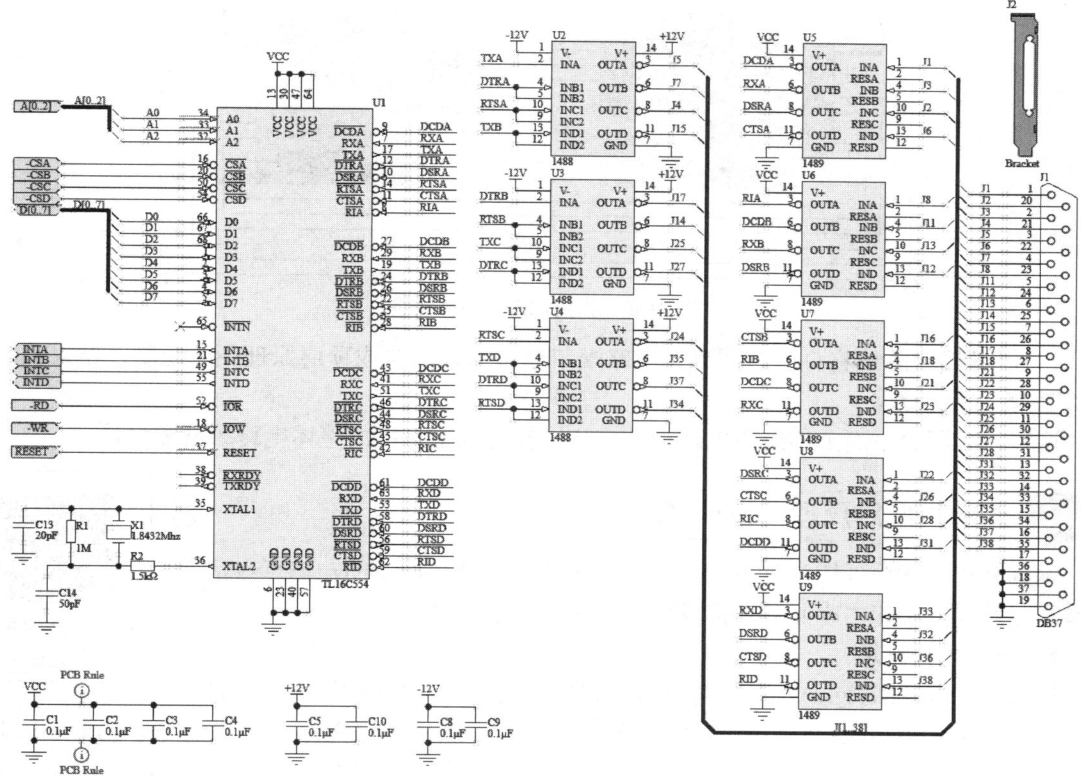

图 3-44　子原理图“4 Port UART and Line Drivers.SchDoc”

图 3-45　“Choose Document to Place（选择文件放置）”对话框

③ 鼠标变成十字形状，并带有一个页面符图的虚影。选择适当的位置，单击即可将该页面符图放置在顶层原理图中。

④ 该页面符图的标识符为“U_ISA Bus and Address Decoding”，边缘已经放置了 14 个电路

端口，方向与相应的子原理图中输入/输出端口一致。

⑤ 按照同样的操作方法，由子原理图“4 Port UART and Line Drivers.SchDoc”可以在顶层原理图中建立页面符图“U_4 Port UART and Line Drivers.SchDoc”，如图 3-46 所示。

6）设置页面符图和电路端口的属性。由系统自动生成的页面符图不一定完全符合设计要求，很多时候还需要进一步编辑，包括页面符图的形状、大小，电路端口的位置要利于布线连接，电路端口的属性需要重新设置等。

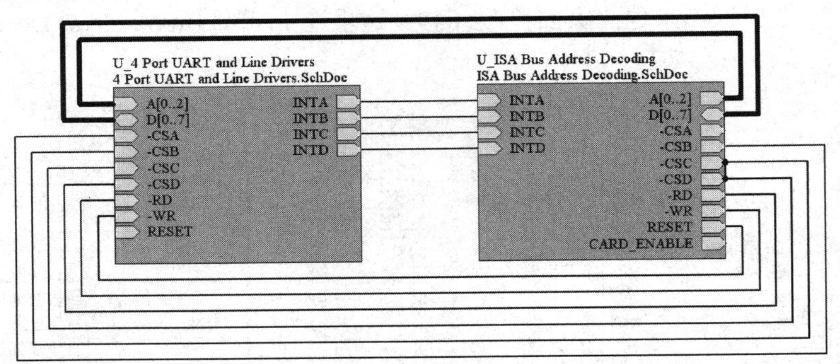

图 3-46　顶层原理图页面符图

7）用导线或总线将页面符图通过电路端口连接起来，完成顶层原理图的绘制，结果和前面的图 3-46 完全一致。

这样，采用自下而上的层次电路设计方法同样完成了系统的整体电路原理图设计。

3.6.4 游戏机电路原理图设计

3.6.4　游戏机电路原理图设计

本例利用层次原理图设计方法设计电子游戏机电路，涉及的知识点包括层次原理图设计方法和生成元器件报表以及文件组织结构等。

1. 建立工作环境

1）在 Altium Designer 22 主界面中，选择“文件”→“新的”→“项目”菜单命令，弹出“Create Project（新建工程）”对话框，新建工程文件“电子游戏机电路.PrjPCB”。

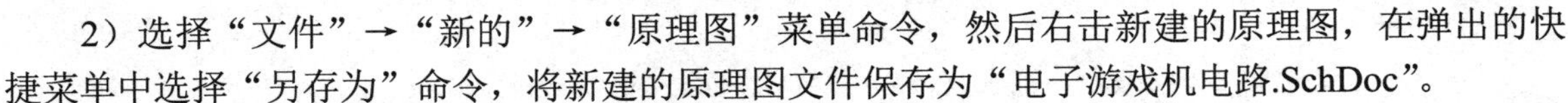

2）选择“文件”→“新的”→“原理图”菜单命令，然后右击新建的原理图，在弹出的快捷菜单中选择“另存为”命令，将新建的原理图文件保存为“电子游戏机电路.SchDoc”。

2. 放置页面符

1）选择“放置”→“页面符”菜单命令，或者单击“布线”工具栏中的“放置页面符”按钮，光标将变为十字形状，并带有一个页面符图标志。在图纸上单击确定页面符的左上角顶点，然后拖动光标绘制出一个适当大小的方块，再次单击确定页面符的右下角顶点，这样就确定了一个页面符。

2）放置完一个页面符后，系统仍然处于放置页面符的命令状态，同样的方法在原理图中放置另外一个页面符。右击退出绘制页面符的命令状态。

3）双击绘制好的页面符，打开“Sheet Symbol（页面符）”对话框，在该对话框中可以设置页面符的参数，如图 3-47 所示。

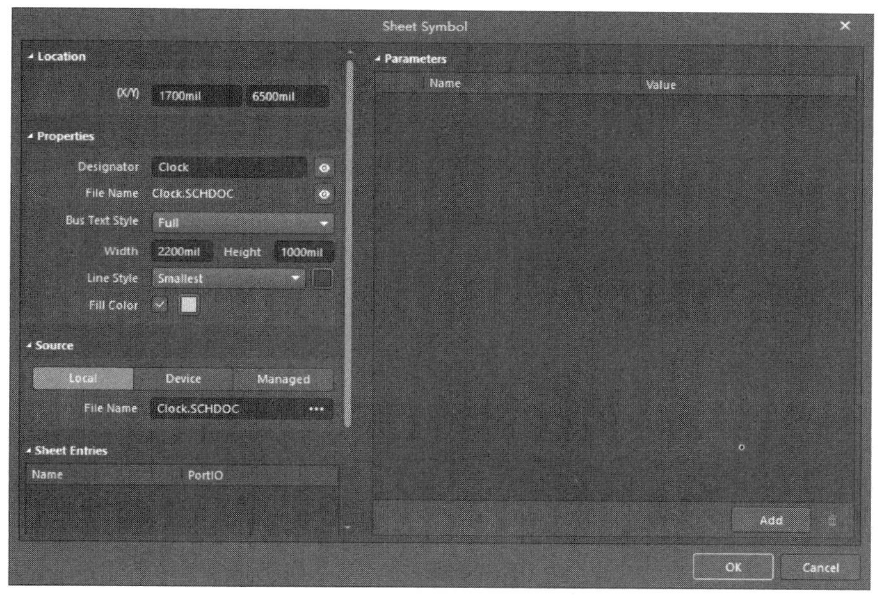

图 3-47　设置页面符参数

3. 放置图纸入口

1）选择“放置”→“添加图纸入口”菜单命令，或者单击“布线”工具栏中的按钮，光标将变为十字形状。移动光标到页面符图内部，选择要放置的位置单击，会出现一个图纸入口随光标移动而移动，但只能在页面符图内部的边框上移动，在适当的位置再一次单击即可完成图纸入口的放置。

2）双击一个放置好的图纸入口，打开“Sheet Entry（图纸入口）”对话框，在该对话框中对图纸入口进行设置。

3）完成属性修改的图纸入口如图 3-48 所示。

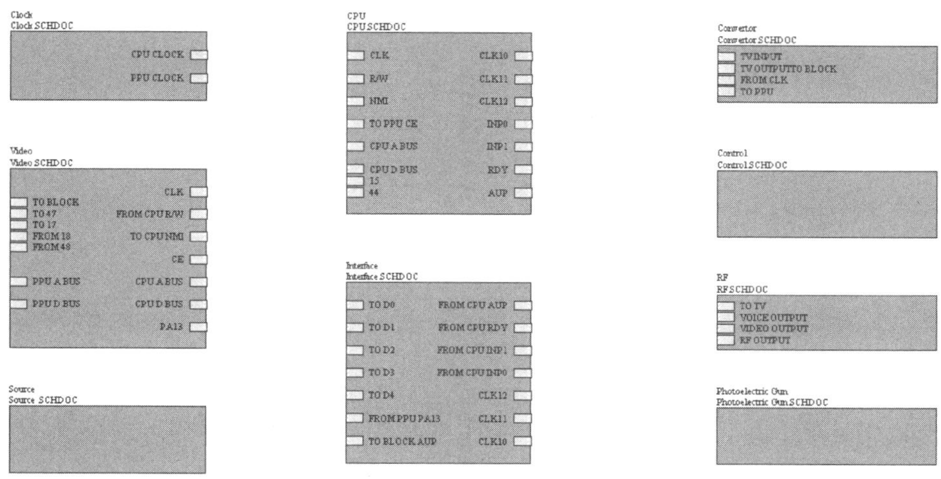

图 3-48　完成属性修改的图纸入口

4. 连接导线

将具有电气连接的页面符的各个图纸入口用导线或者总线连接起来。完成连接后，整个层次原理图的母图便设计完成了，如图 3-49 所示。

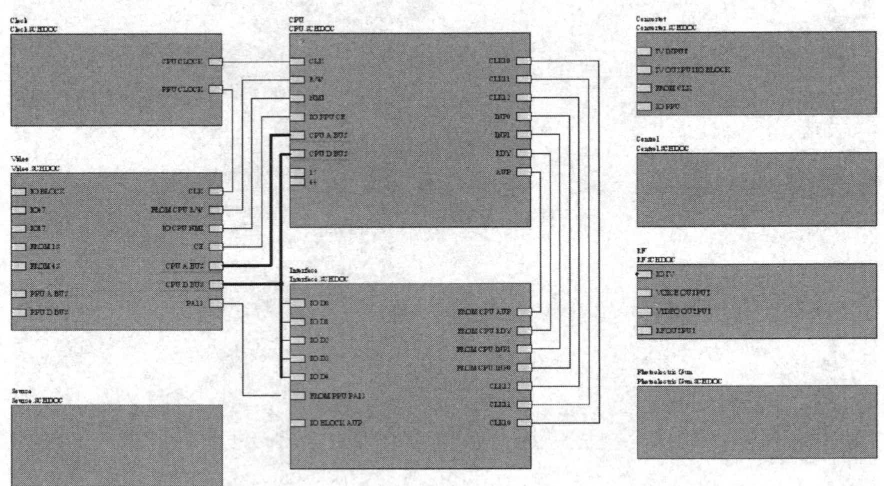

图 3-49　完成连接后的原理图母图

5．中央处理器电路模块设计

1）选择“设计”→“从页面符创建图纸”菜单命令，这时光标将变为十字形状。移动光标到页面符图“CPU”上单击，系统自动生成一个新的原理图文件，名称为“CPU.SchDoc”，与相应的页面符图所代表的子原理图文件名一致。

2）在生成的 CPU.SchDoc 原理图中进行子图设计。该电路模块中用到的元件有 6257P、6116、SN74LS139A 和一些阻容元件（库文件在资源包中提供）。

3）放置元件到原理图中，对元件的各项属性进行设置，并对元件进行布局。然后进行布线操作，结果如图 3-50 所示。

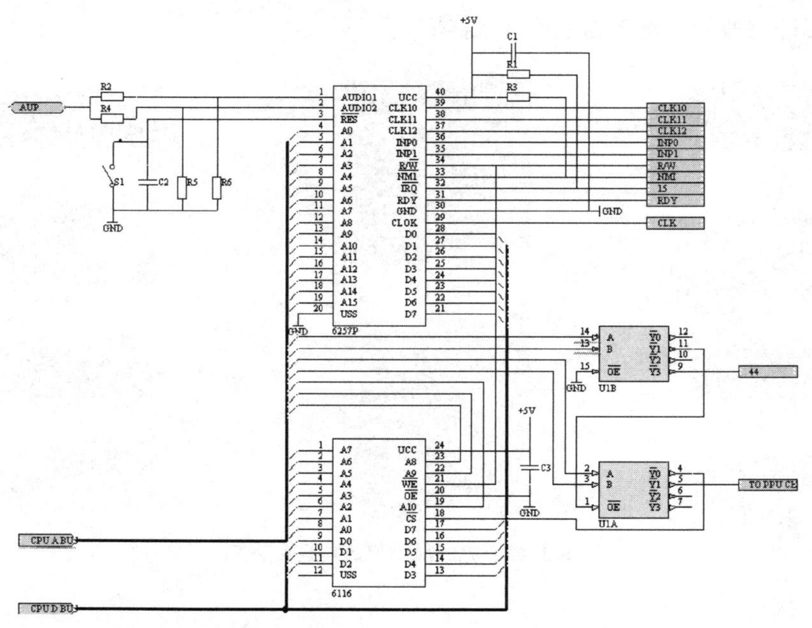

图 3-50　布线后的 CPU 模块

6. 其他电路模块设计

同样的方法绘制图像处理电路、接口电路、射频调制电路、电源电路、制式转换电路、时钟电路、控制盒电路和光电枪电路，如图 3-51～图 3-58 所示。

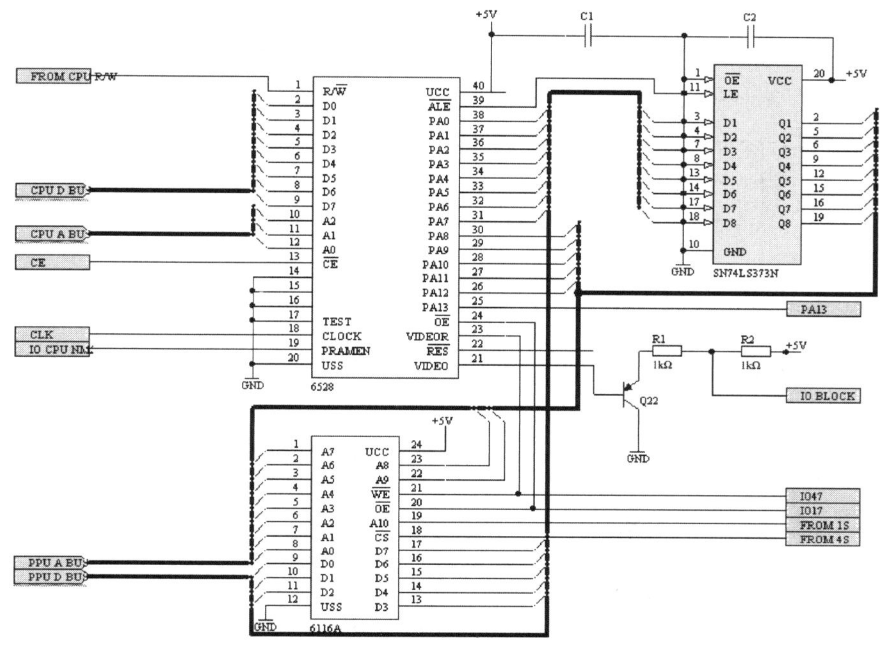

图 3-51 图像处理电路

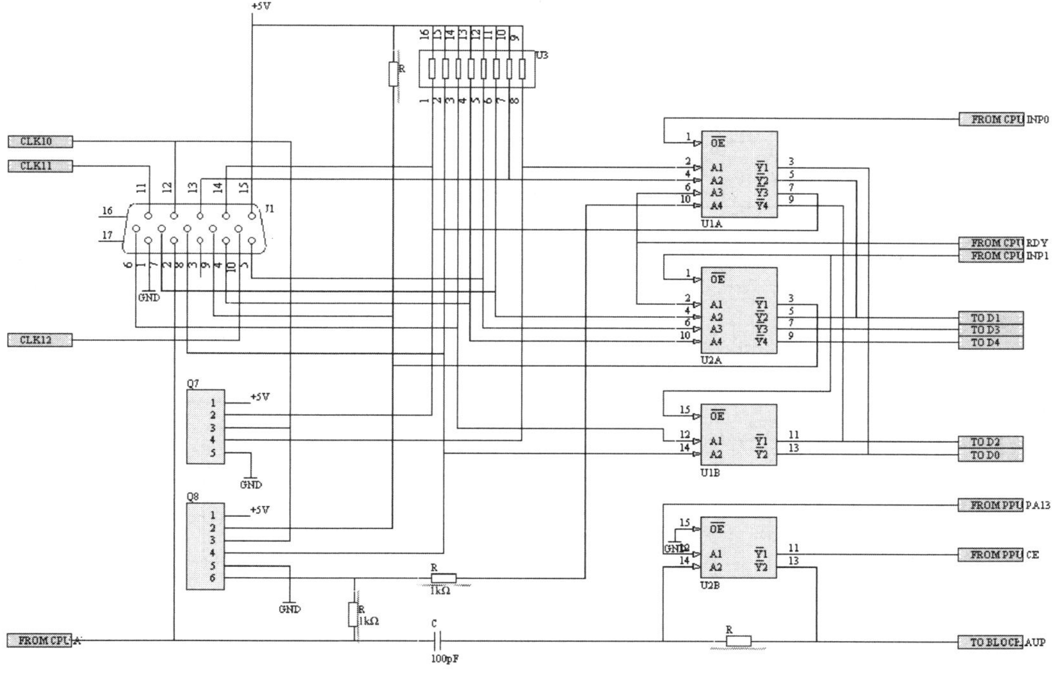

图 3-52 接口电路

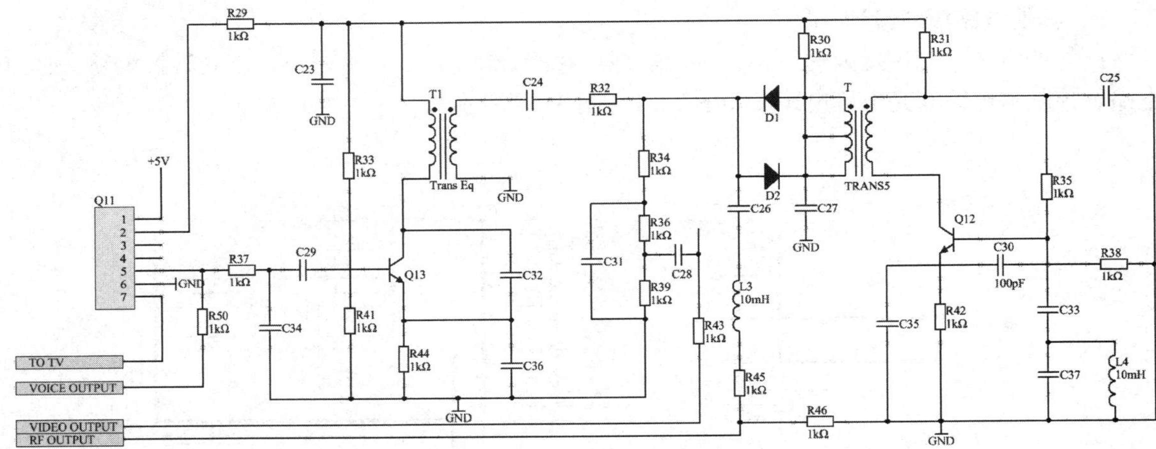

图 3-53　射频调制电路

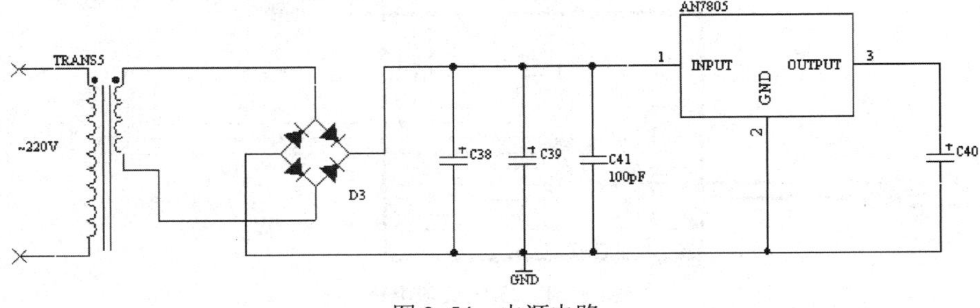

图 3-54　电源电路

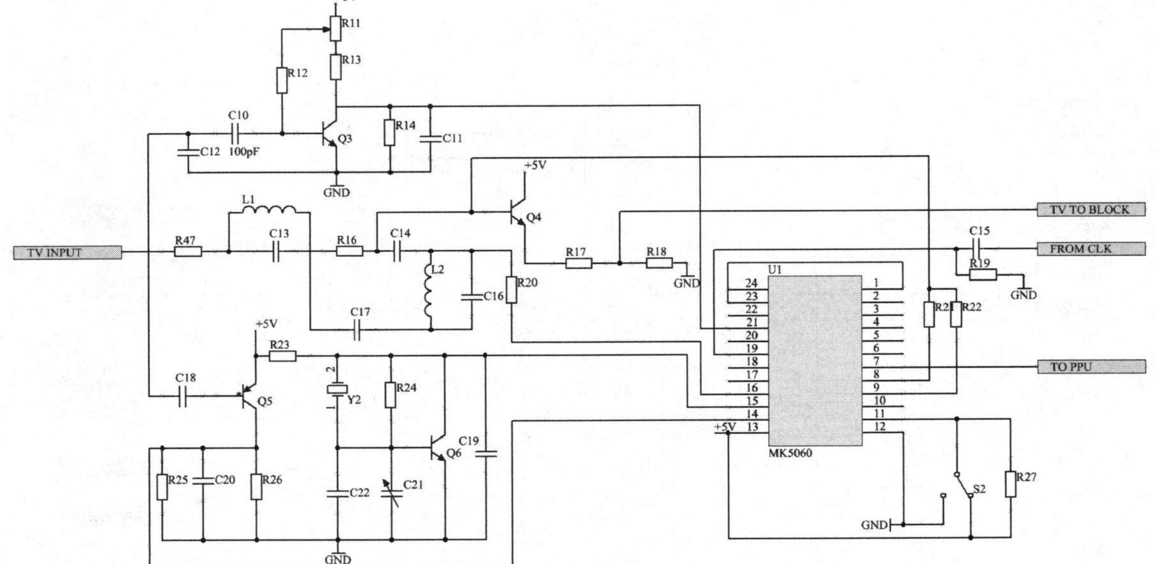

图 3-55　制式转换电路

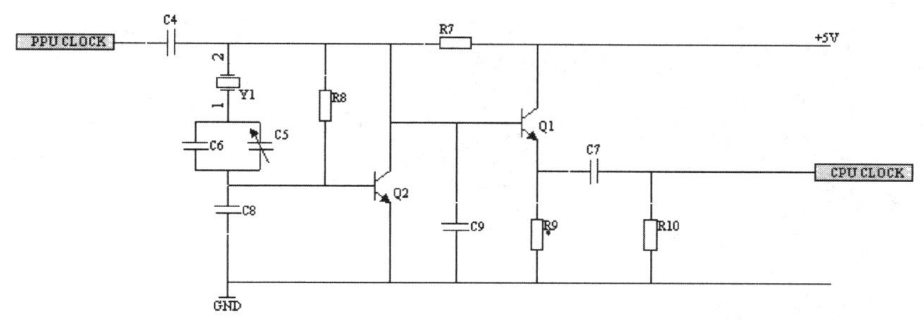

图 3-56　时钟电路

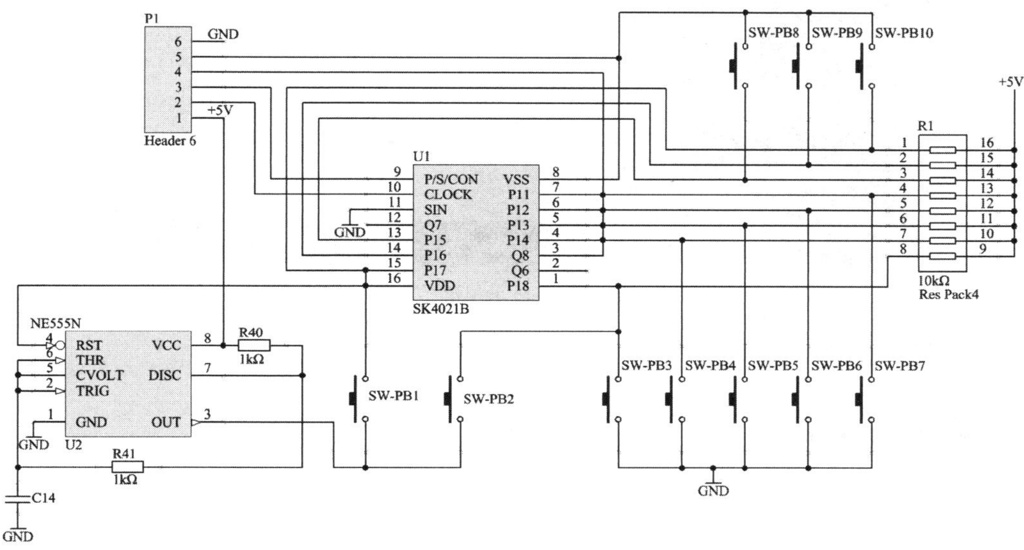

图 3-57　控制盒电路

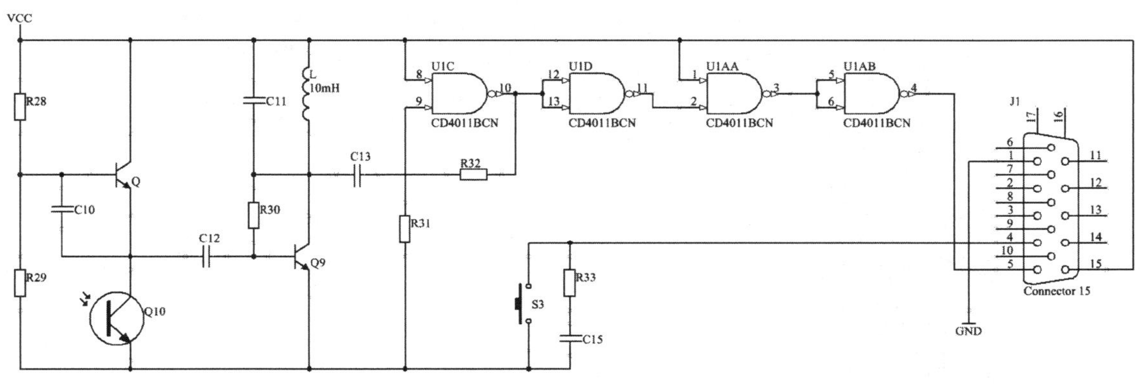

图 3-58　光电枪电路

7．编译原理图

执行“工程”→“Validate PCB Project 电子游戏机电路.PrjPcb（验证电子游戏机电路项目.PrjPcb）”菜单命令，将原理图进行编译，在“Projects（工程）”工作面板中就可以看到层次原理图中母图和子图的关系，如图 3-59 所示。

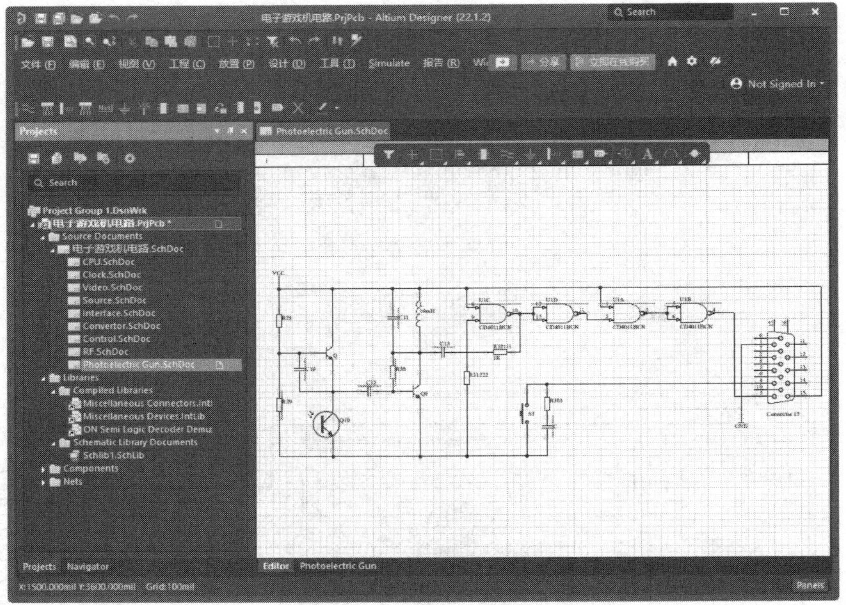

图 3-59　显示层次关系

至此，游戏机电路层次原理图就设计完成了。

3.7　思考与练习

1. 简述层次原理图的基本结构。
2. 绘制如图 3-60 所示的音频均衡器电路。

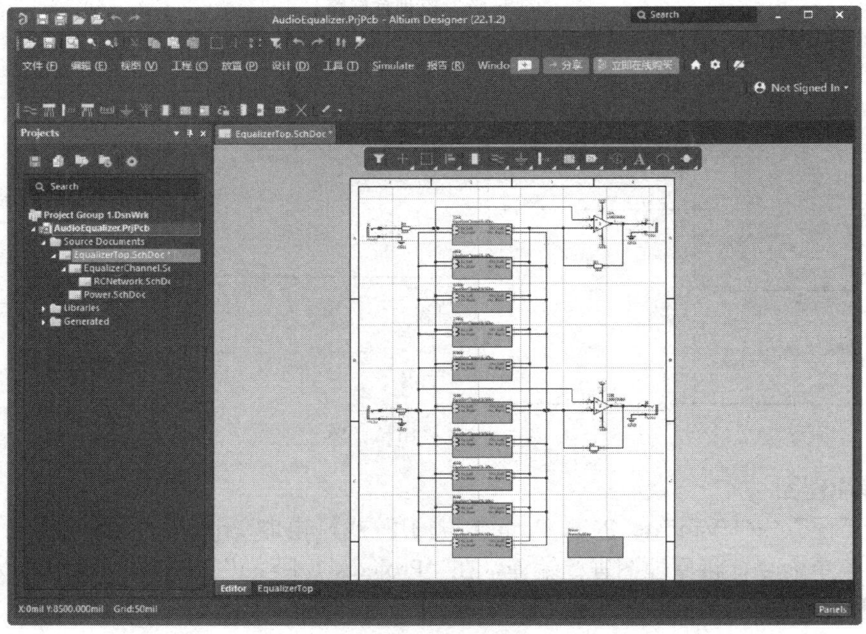

图 3-60　音频均衡器电路

3. 绘制如图 3-61 所示的正弦波逆变器电路。

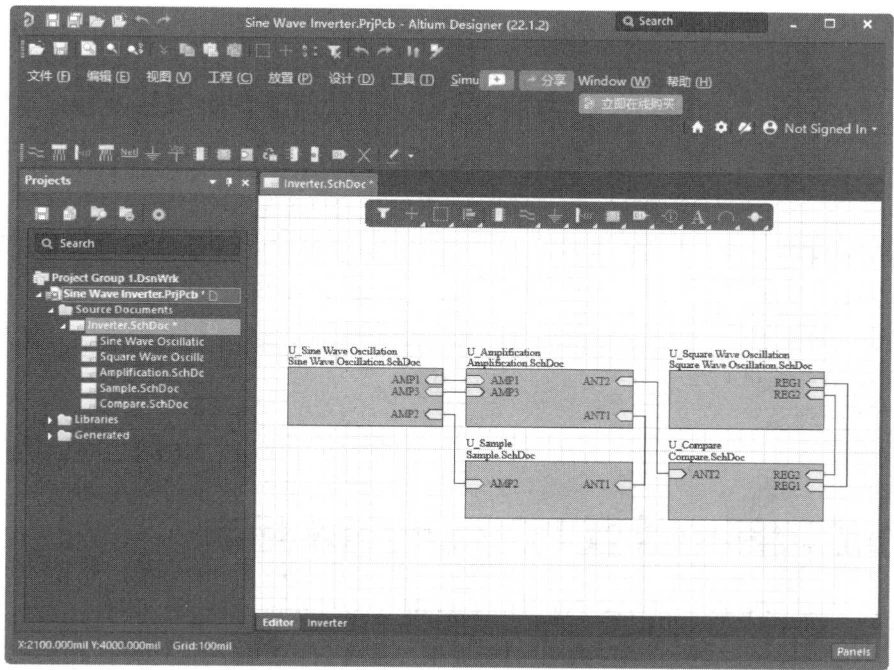

图 3-61 正弦波逆变器电路

第 4 章　原理图的后续处理

内容指南

学习了原理图绘制的方法和技巧后，接下来学习原理图的后续处理。本章主要内容包括：原理图的电气规则检查、原理图的查错和编译以及打印报表输出。

知识重点

- 原理图的电气规则检查
- 原理图的编译
- 打印报表输出

4.1　在原理图中放置 PCB Layout 标志

Altium Designer 22 允许用户在原理图中添加 PCB 设计规则。当然，PCB 设计规则也可以在 PCB 编辑器中定义。不同的是，在 PCB 编辑器中，设计规则的作用范围是在规则中定义的，而在原理图编辑器中，设计规则的作用范围就是添加设计规则的地方。这样，用户在进行原理图设计时，可以提前将一些 PCB 设计规则定义好，以便进行下一步的 PCB 设计。

对于元件、引脚等对象，可以用前面讲的方法添加设计规则。而对于网络、属性对话框，则需要在网络上放置 PCB Layout 标志来设置 PCB 设计规则。

例如，对如图 4-1 所示的电路的 VCC 网络和 GND 网络添加一条设计规则，设置 VCC 和 GND 网络的走线宽度为 30mil，具体步骤如下。

1）选择菜单栏中的“放置”→“指示”→“参数设置”命令，即可放置 PCB Layout 标志，此时按〈Tab〉键，弹出如图 4-2 所示的“Properties（属性）”面板。

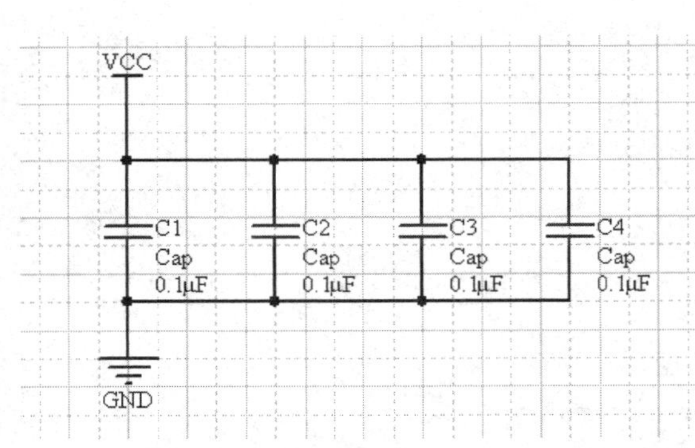

图 4-1　示例电路

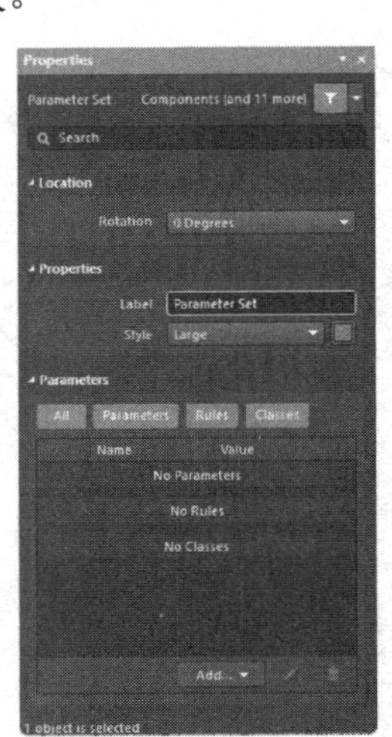

图 4-2　“Properties（属性）”面板

2）在“Parameters（参数）”选项组下单击“Add（添加）”按钮，弹出快捷菜单，选择“Rule（规则）”命令，打开如图 4-3 所示的“选择设计规则类型”对话框，在其中可以选择要添加的设计规则。双击“Width Constraint”选项，系统将弹出如图 4-4 所示的“Edit PCB Rule(From Schematic)-Max-Min Width Rule（编辑 PCB 规则）”对话框。

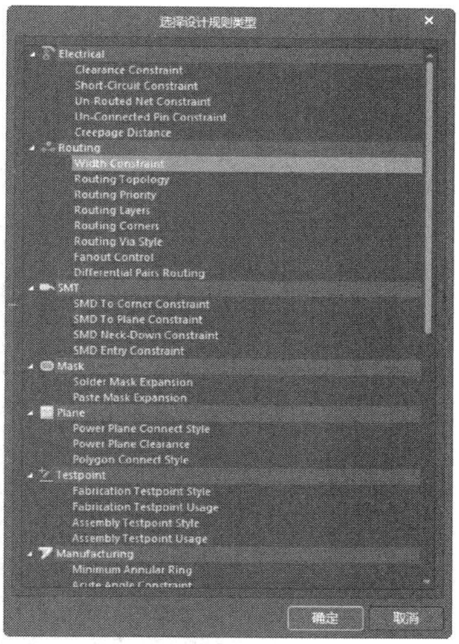

图 4-3 “选择设计规则类型”对话框

其中各选项意义如下。

- Min Width（最小宽度）：走线的最小宽度。
- Preferred Width（首选宽度）：走线首选宽度。
- Max Width（最大宽度）：走线的最大宽度。

3）将 3 项都设为 30mil，单击“确定”按钮。

4）将修改完的 PCB 布局标志放置到相应的网络中，完成对 VCC 和 GND 网络走线宽度的设置，效果如图 4-5 所示。

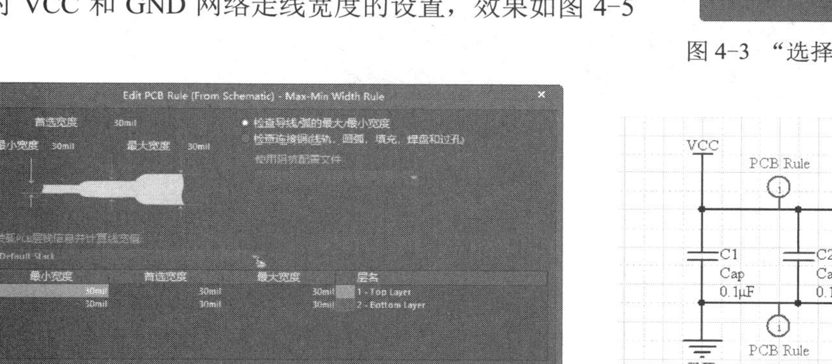

图 4-4 “Edit PCB Rule（From Schematic）-Max-Min Width Rule”对话框

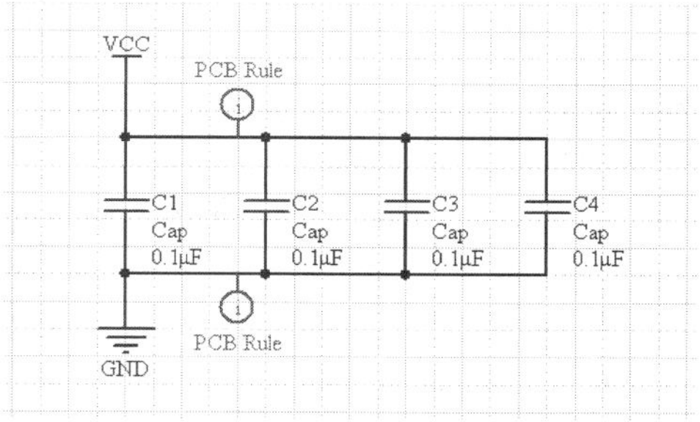

图 4-5 添加 PCB Layout 标志的效果

4.2 打印与报表输出

原理图设计完成后，经常需要输出一些数据或图纸。本节将介绍 Altium Designer 22 原理图的打印与报表输出。

Altium Designer 22 具有丰富的报表功能，可以方便地生成各种类型的报表。当电路原理图设计完成并且经过编译检测之后，应该充分利用系统所提供的这种功能来创建各种原理图的报表文件。借助于这些报表，用户能够从不同的角度，更好地掌握整个项目的有关设计信息，以便为下一步的设计工作做好充足的准备。

4.2.1 打印输出

为方便原理图的浏览、交流，经常需要将原理图打印到图纸上。Altium Designer 22 提供了直接将原理图打印输出的功能。

在打印之前首先进行页面设置。选择菜单栏中的“文件”→“打印”命令，弹出如图 4-6 所示的对话框。在该对话框中可以对“Page Size（页面大小）”“Orientation（取向）” 和“Scale Mode（缩放模式）”等进行设置，设置完成后，单击“Print（打印）”按钮，打印原理图。

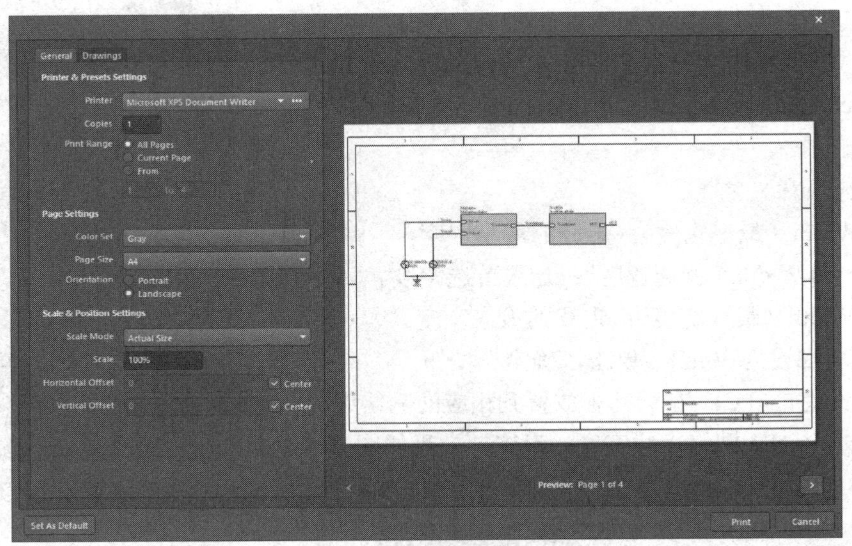

图 4-6 “原理图打印属性”对话框

4.2.2 网络表

网络表用于记录和描述电路中的各个元件的数据以及各个元件之间的连接关系。网络表有多种格式，通常为一个纯文本文件。在以往低版本的设计软件中，往往需要生成网络表以便进行下一步的 PCB 设计或进行仿真。Altium Designer 22 提供了集成的开发环境，用户不用生成网络表就可以直接生成 PCB 或进行仿真。但有时为方便交流，还是要生成网络表。

在由原理图生成的各种报表中，应该说，网络表最为重要。所谓网络，指的是彼此连接在一起的一组元件引脚，一个电路实际上就是由若干网络组成的。而网络表就是对电路或者电路原理图的一个完整描述，描述的内容包括两个方面：一是电路原理图中所有元件的信息（包括元件标识、元件引脚和 PCB 封装形式等）；二是网络的连接信息（包括网络名称、网络节点等），是进行 PCB 布线，设计 PCB 印制电路板不可缺少的工具。

网络表的生成有多种方法，可以在原理图编辑器中由电路原理图文件直接生成，也可以利用文本编辑器手动编辑生成，当然，还可以在 PCB 编辑器中，从已经布线的 PCB 文件中导出相应的网络表。

Altium Designer 22 为用户提供了方便快捷的实用工具，可以帮助用户针对不同的项目设计需求，创建多种格式的网络表文件。在这里，需要创建的是用于 PCB 设计的网络表，即 Protel 网络表。

具体来说，网络表包括两种，一种是基于单个原理图文件的网络表，另一种则是基于整个项目的网络表。

4.2.3 基于整个工程的网络表

下面以“4 Port Serial Interface.PRJPCB”为例，介绍工程网络表的创建及特点。在创建网络表之前，首先应该进行简单的选项设置。

1. 网络表选项设置

1）打开随书电子文件中的工程文件“4 Port Serial Interface.PRJPCB”，并打开其中的电路原理图文件。

2）执行“工程”→“工程选项”菜单命令，打开项目管理选项对话框。单击“Options（选项）”选项卡，如图 4-7 所示。

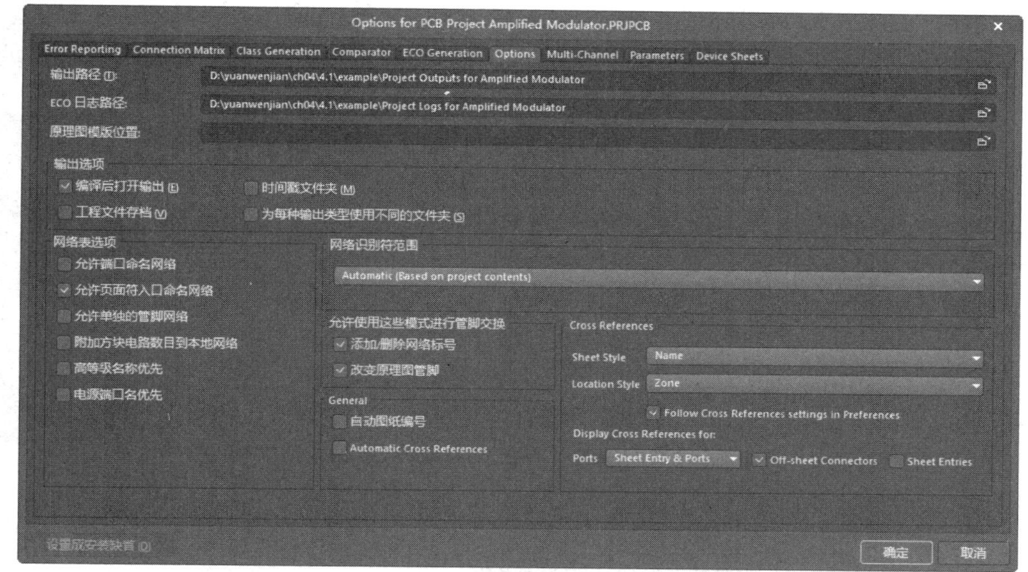

图 4-7 “Options（选项）”选项卡

在该标签页内可以进行网络表的有关选项设置。

- “输出路径”文本框：用于设置各种报表（包括网络表）的输出路径，系统会根据当前工程所在的文件夹自动创建默认路径。系统默认路径为“C:\Users\Public\Documents\yuanwenjian\ch4\4 Port Serial Interface\Out”。单击右边的图标，可以对默认路径进行更改。
- “输出选项”选项组：用来设置网络表的输出选项。这里保持默认设置即可。
- “网络表选项”选项组：用于设置创建网络表的条件。

①“允许端口命名网络”复选框：用于设置是否允许用系统产生的网络名代替与电路输入/输出端口相关联的网络名。如果所设计的项目只是普通的原理图文件，不包含层次关系，可勾选该复选框。

②“允许页面符入口命名网络”复选框：用于设置是否允许用系统生成的网络名代替与图纸入口相关联的网络名，系统默认勾选。

③“允许单独的管脚网络”复选框：用于设置生成网络表时，是否允许系统自动将图纸号添加到各个网络名称中。当一个项目中包含多个原理图文档时，勾选该复选框，便于查找错误。

④“附加方块电路数目到本地网络”复选框：用于设置生成网络表时，是否允许系统自动将图纸号添加到各个网络名称中。当一个项目中包含多个原理图文档时，勾选该复选框，便于查找错误。

⑤“高等级名称优先”复选框：用于设置生成网络表时的排序优先权。勾选该复选框，系统将以名称对应结构层次的高低决定优先权。

⑥“电源端口名优先”复选框：用于设置生成网络表时的排序优先权。勾选该复选框，系统将对电源端口的命名给予更高的优先权。

本例中，使用系统默认的设置即可。

2. 创建工程网络表

执行“设计”→“工程的网络表”→“Protel（生成项目网络表）”菜单命令，如图 4-8 所示。

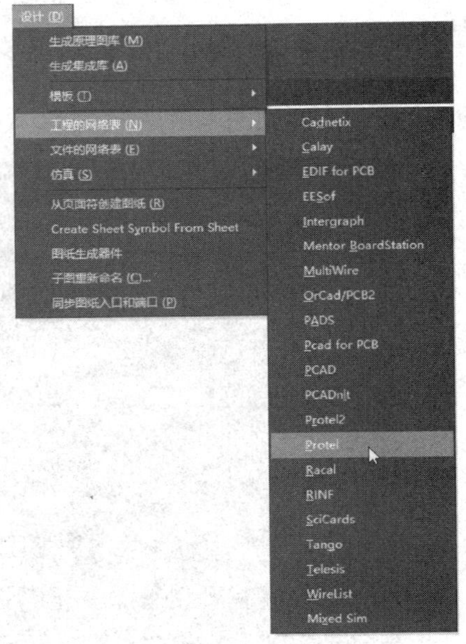

图 4-8 创建工程网络表菜单命令

系统自动生成了当前工程的网络表文件“4 Port Serial Interface.NET”，并存放在当前工程下的“Generated \Netlist Files”文件夹中。双击打开该文件，结果如图 4-9 所示。

该网络表是一个简单的 ASCII 码文本文件，由一行一行的文本组成。内容分成了两大部分，一部分是元件的信息，另一部分则是网络的信息。

元件的信息由若干小段组成，每一元件的信息为一小段，用方括号分隔，由元件的标识、封装形式、型号、数值等组成，空行则是由系统自动生成的。

网络的信息同样由若干小段组成，每一网络的信息为一小段，用圆括号分隔，由网络名称和网络中所有具有电气连接关系的元件引脚所组成。

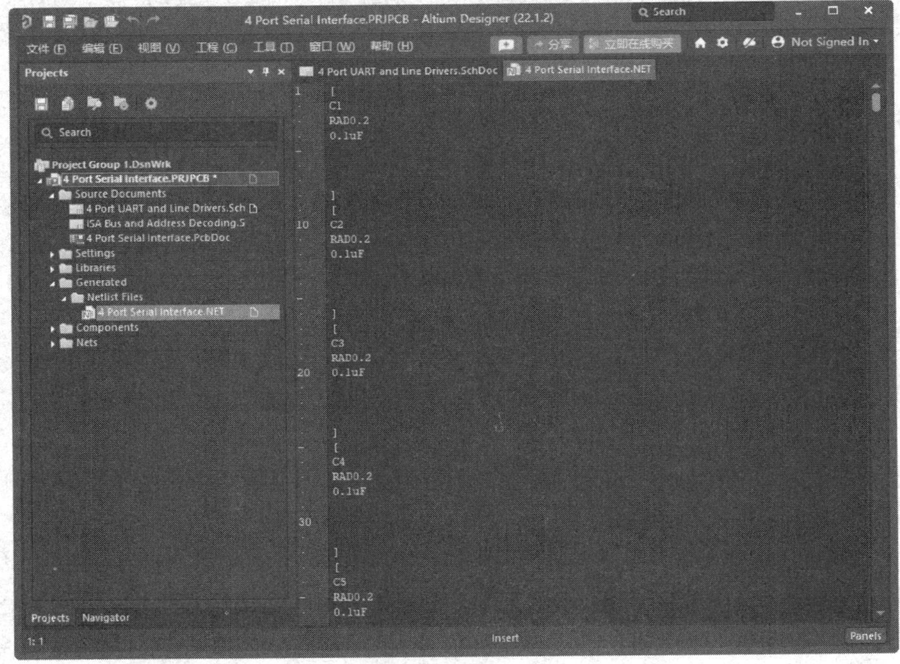

图 4-9 创建工程的网络表文件

4.2.4 基于单个原理图文件的网络表

下面以某实例工程“4 Port Serial Interface.PRJPCB”中一个原理图文件“4 Port UART and Line

Drivers.SchDoc”为例，介绍如何基于单个原理图文件创建网络表。

1）打开随书电子文件中的工程“4 Port Serial Interface.PRJPCB”中的原理图文件“4 Port UART and Line Drivers.SchDoc”。

2）执行“设计”→“文件的网络表”→“Protel（生成原理图网络表）”菜单命令。

3）系统自动生成了当前原理图的网络表文件“4 Port UART and Line Drivers.NET”，并存放在当前工程下的“Generated\Netlist Files”文件夹中。双击打开该原理图的网络表文件“4 Port UART and Line Drivers.NET”，如图 4-10 所示。

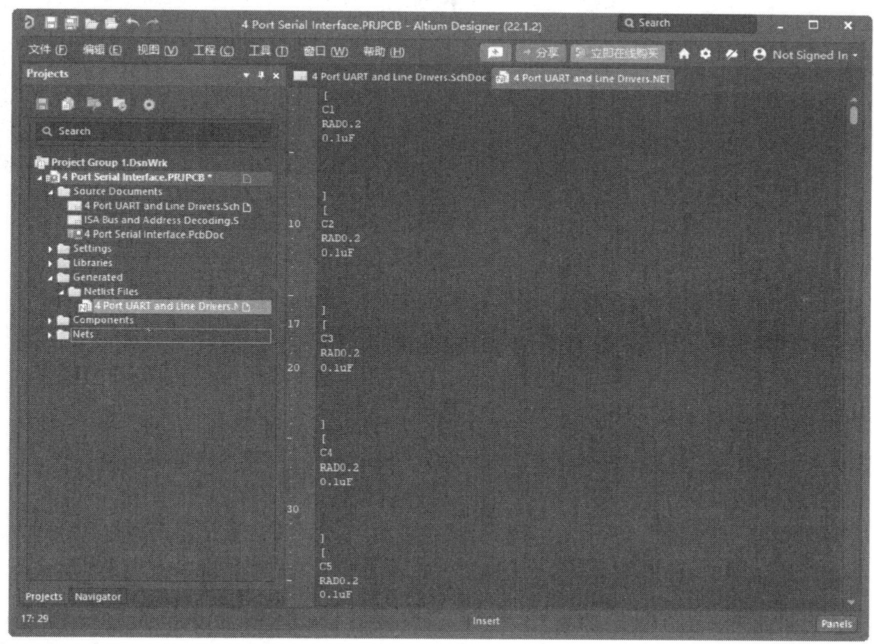

图 4-10　创建文件的网络表文件

该网络表的组成形式与上述基于整个工程的网络表是一样的。

由于该工程只有两个原理图文件，因此，基于原理图文件的网络表“4 Port UART and Line Drivers.NET”与基于整个工程的网络表所包含的内容不完全相同。

4.2.5 生成元件报表

元件报表主要用来列出当前工程中用到的所有元件的标识、封装形式、库参考等，相当于一份元器件清单。依据这份报表，用户可以详细查看工程中元件的各类信息，同时，在制作印制电路板时，也可以作为元件采购的参考。

下面仍然以工程“4 Port Serial Interface.PRJPCB”为例，介绍元件报表的创建过程及功能特点。

1．元件报表的选项设置

1）打开随书电子文件中的工程“4 Port Serial Interface.PRJPCB”中的原理图文件“4 Port UART and Line Drivers.SchDoc”。

2）执行“报告”→“Bill of Materials（元件清单）”菜单命令，系统弹出相应的元件报表对话框，如图 4-11 所示。

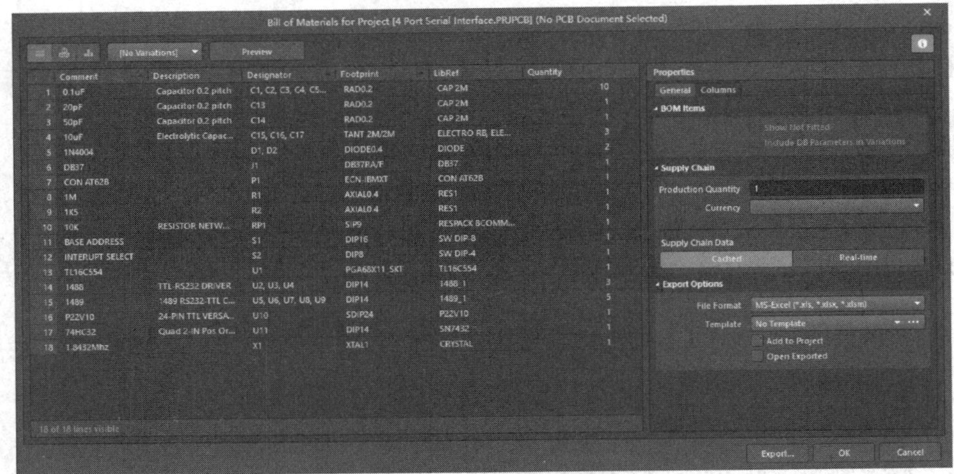

图 4-11　设置元件报表

3）在该对话框中，可以对要创建的元件报表进行选项设置。右侧有两个选项卡，它们的含义不同。

①“General（通用）”选项卡：一般用于设置常用参数。部分选项功能如下。

- “File Format（文件格式）”下拉列表框：用于为元件报表设置文件输出格式。单击右侧的下拉按钮▼，可以选择不同的文件输出格式。
- “Template（模板）”下拉列表框：用于为元件报表设置显示模板。单击右侧的下拉按钮▼，可以使用曾经用过的模板文件，也可以单击···按钮重新选择。选择时，如果模板文件与元件报表在同一目录下，则可以勾选下面的“Relative Path to Template File（模板文件的相对路径）”复选框，使用相对路径搜索，否则应该使用绝对路径搜索。
- “Add to Project（添加到项目）”复选框：若勾选该复选框，则系统在创建了元件报表之后会将报表直接添加到项目里面。
- “Open Exported（打开输出报表）”复选框：若勾选该复选框，则系统在创建了元件报表以后，会自动以相应的格式打开。

②“Columns（信息栏）”选项卡：用于列出系统提供的所有元件属性信息，如 Description（元件描述信息）、Component Kind（元件种类）等。部分选项功能如下。

- “Drag a column to group（将信息栏拖到组中）”列表框：用于设置元件的归类标准。如果将“Columns（信息栏）”列表框中的某一属性信息拖到该列表框中，则系统将以该属性信息为标准，对元件进行归类，显示在元件报表中。
- “Columns（信息栏）”列表框：单击👁按钮，将其进行显示，即在元件报表中显示需要查看的有用信息，如图 4-12 所示。

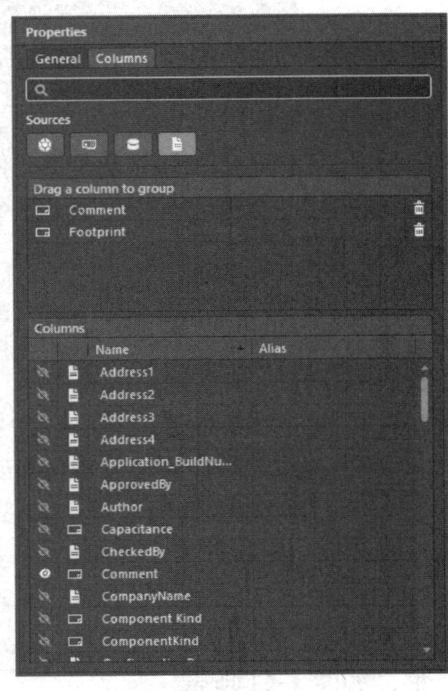

图 4-12　元件的归类显示

2．元件报表的创建

1）在元件报表对话框中，单击“Template（模板）”文本框右侧的…按钮，选择元件报表模板文件“BOM Default Template.XLT”，如图 4-13 所示。

2）单击“打开”按钮后，返回元件报表对话框，并勾选“Add to Project”和“Open Exported”选项。

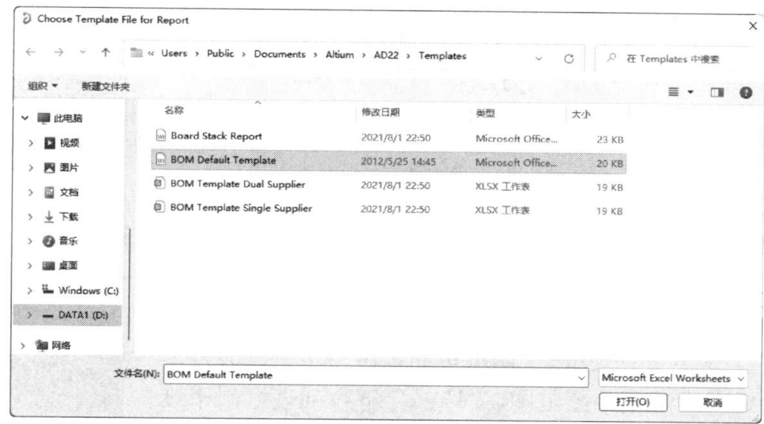

图 4-13 元件报表预览对话框

3）单击“Export（输出）”按钮，可以保存该报表，默认文件名为“4 Port Serial Interface.xls”，是一个 Excel 文件，单击“保存”按钮，进行保存，并打开该报表，如图 4-14 所示。

此外，Altium Designer 22 还为用户提供了简易的元件信息，不需要进行设置即可产生。系统在“Project（工程）”面板中自动添加“Components（元件）”“Net（网络）”选项组，显示工程文件中所有的元件与网络，如图 4-15 所示。

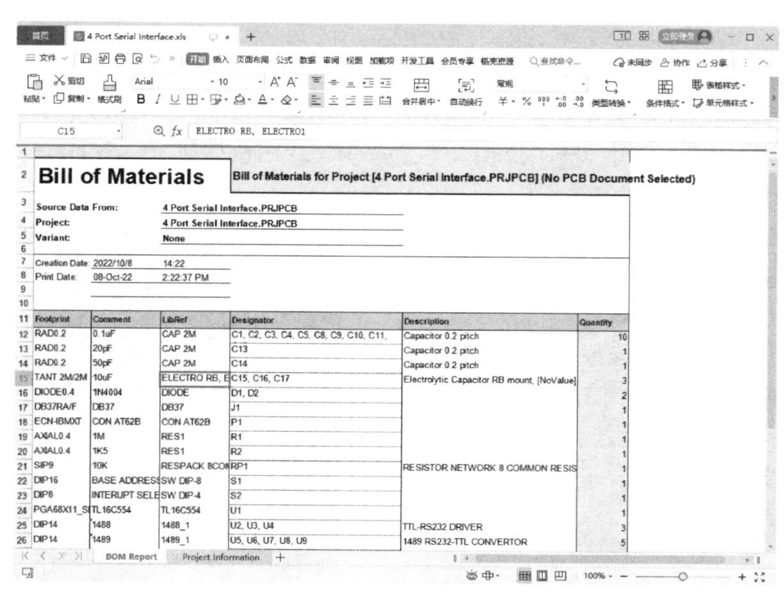

Bill of Materials

Bill of Materials for Project [4 Port Serial Interface.PRJPCB] (No PCB Document Selected)

Source Data From: 4 Port Serial Interface.PRJPCB

Project: 4 Port Serial Interface.PRJPCB

Variant: None

Creation Date: 2022/10/8 14:22

Print Date: 08-Oct-22 2:22:37 PM

Footprint	Comment	LibRef	Designator	Description	Quantity
RAD0.2	0.1uF	CAP 2M	C1, C2, C3, C4, C5, C8, C9, C10, C11,	Capacitor 0.2 pitch	10
RAD0.2	20pF	CAP 2M	C13	Capacitor 0.2 pitch	1
RAD0.2	50pF	CAP 2M	C14	Capacitor 0.2 pitch	1
TANT 2M/2M	10uF	ELECTRO RB, E	C15, C16, C17	Electrolytic Capacitor RB mount, [NoValue]	3
DIODE0.4	1N4004	DIODE	D1, D2		2
DB37RA/F	DB37	DB37	J1		1
ECN-IBMXT	CON AT62B	CON AT62B	P1		1
AXIAL0.4	1M	RES1	R1		1
AXIAL0.4	1K5	RES1	R2		1
SIP9	10K	RESPACK 8COM	RP1	RESISTOR NETWORK 8 COMMON RESIS	1
DIP16	BASE ADDRESS	SW DIP-8	S1		1
DIP8	INTERUPT SELE	SW DIP-4	S2		1
PGA68X11_S	TL16C554	TL16C554	U1		1
DIP14	1488	1488_1	U2, U3, U4	TTL-RS232 DRIVER	3
DIP14	1489	1489_1	U5, U6, U7, U8, U9	1489 RS232-TTL CONVERTOR	5

BOM Report　Project Information

图 4-14 “4 Port Serial Interface.xls”报表

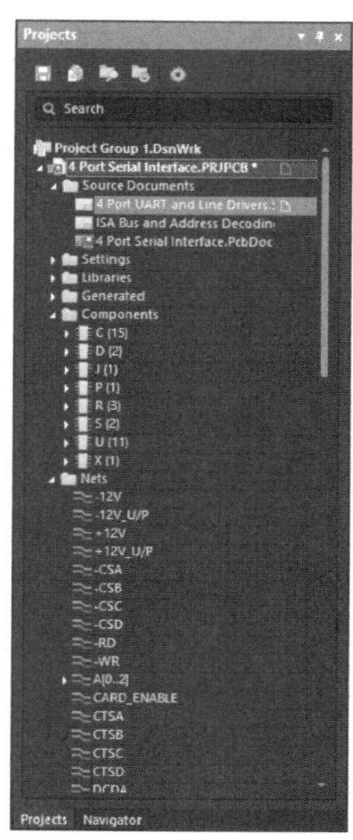

图 4-15 简易的元件信息

4.3 查找与替换操作

本节简要讲述 Altium Designer 22 中“查找”和“替换”功能的基本操作方法。

4.3.1 “查找文本”命令

“查找文本”命令用于在电路图中查找指定的文本，通过此命令可以迅速找到包含某一文字标识的图元。下面介绍该命令的使用方法。

选择菜单栏中的“编辑”→“查找文本”命令，或者用快捷键〈Ctrl+F〉，系统将弹出如图 4-16 所示的“查找文本”对话框。

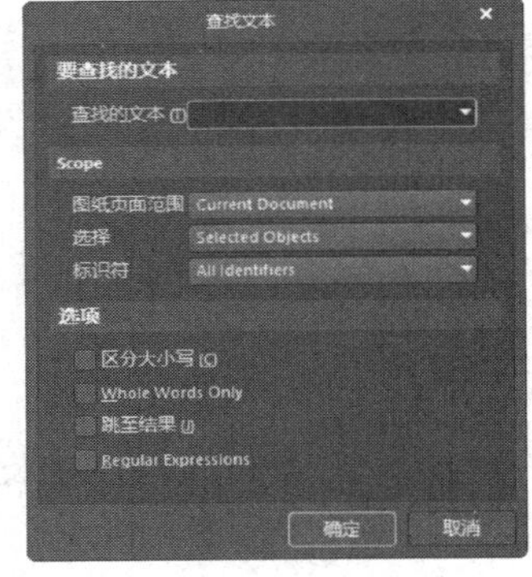

图 4-16 “查找文本”对话框

“查找文本”对话框中各选项的功能如下。

- “要查找的文本”选项组：其中“查找的文本”文本框用于输入需要查找的文本。
- “Scope（范围）”选项组：包含“图纸页面范围”“选择”和“标识符”3 个下拉列表框。“图纸页面范围”下拉列表框用于设置所要查找的电路图范围。“选择”下拉列表框用于设置需要查找的文本对象的范围。“标识符”下拉列表框用于设置查找的电路图标识符范围。
- “选项”选项组：用于匹配查找对象所具有的特殊属性。选中“区分大小写”复选框表示查找时要注意大小写的区别；选中“Whole Words Only（整词匹配）”复选框表示只查找具有整个单词匹配的文本，要查找的网络标识包含的内容有网络标签、电源端口、I/O 端口、方块电路 I/O 口；选中“跳至结果”复选框表示查找后跳到结果处；选中“Regular Expressions（正则表达式）”复选框表示使用正则表达式进行搜索。

用户按照自己的实际情况设置完对话框的内容后，单击“确定”按钮开始查找。

4.3.2 “文本替换”命令

该命令用于将电路图中指定文本用新的文本替换，该操作在需要将多处相同文本修改成另一文本时非常有用。首先选择菜单栏中的“编辑”→“替换文本”命令，或用快捷键〈Ctrl+H〉，系统将弹出如图 4-17 所示的“查找并替换文本”对话框。

可以看出如图 4-16 和图 4-17 所示的两个对话框非常相似，对于相同的部分，这里不再赘述，读者可以参看“查找文本”命令。下面只对上面未提到的一些选项进行解释。

- “用...替换”下拉列表框：用于选择替换原文本的新文本。
- “替换提示”复选框：用于设置是否显示确认替换提示对话框。选中该复选框表示在进行替换之前，显示确认替换提示对话框，反之不显示。

图 4-17 “查找并替换文本”对话框

4.3.3 “发现下一个”命令

“发现下一个”命令用于查找“查找文本”对话框中指定的

文本，也可以用快捷键〈F3〉来执行该命令。

4.4 综合实例

通过本章的学习，用户对 Altium Designer 22 后续处理相关操作方法应该有一个整体的认识。下面用实例来详细介绍一下后续处理相关操作方法的具体步骤。

4.4.1 ISA 总线与地址解码电路报表输出

4.4.1 ISA 总线与地址解码电路报表输出

该原理图文件为 3.6 节实例项目“4 Port Serial Interface.PRJPCB”中一个原理图文件“ISA Bus and Address Decoding.SchDoc”，如图 4-18 所示。

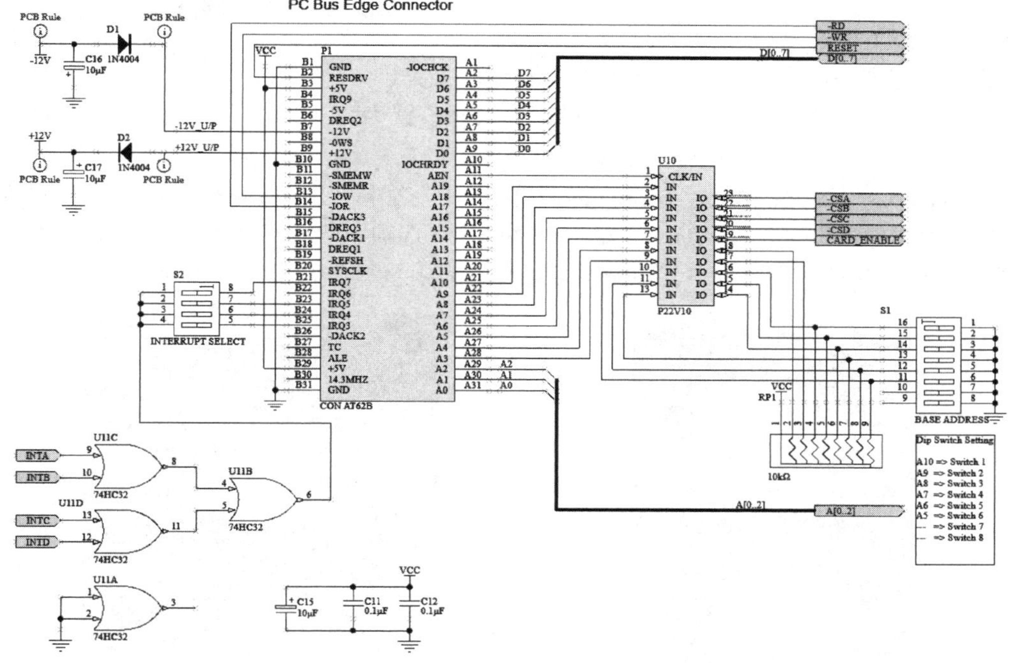

图 4-18　实例电路原理图

设计电路原理图并输出相关报表的基本过程如下。

1）创建一个项目文件。

2）在项目文件中创建一个原理图文件，再使用“文档选项”命令设置图纸的属性。

3）放置各个元件并设置其属性。

4）元件布局。

5）使用布线工具连接各个元件。

6）设置并放置电源和接地。

7）进行 ERC 检查。

8）报表输出。

9）保存设计文档和项目文件。

1．新建项目

1）启动 Altium Designer 22，选择菜单栏中的“文件”→“新的”→“项目”命令，创建一个 PCB 项目文件，如图 4-19 所示。

图 4-19　新建 PCB 项目文件

2）选择菜单栏中的“文件”→“保存工程为”命令，将项目另存为“ISA Bus and Address Decoding.PrjPcb”。

2．创建和设置原理图图纸

1）在“Projects（工程）”面板的“ISA Bus and Address Decoding.PrjPcb”项目文件上右击，在弹出的快捷菜单中选择“添加已有文档到工程”命令，加载原理图文件“ISA Bus and Address Decoding.SchDoc”，并自动切换到原理图编辑环境。

2）设置电路原理图图纸的属性。打开“Properties（属性）”面板，按照图 4-20 进行设置，这里图纸的尺寸设置为“A4”，放置方向设置为“Landscape”，图纸标题栏设为“Standard”，其他采用默认设置。

3）设置图纸的标题栏。单击“Parameters（参数）”选项卡，出现标题栏设置选项。在“Address（地址）”选项中输入地址，在“Organization（机构）”选项中输入设计机构名称，在“Title（名称）”选项中输入原理图的名称。其他选项可以根据需要填写，如图 4-21 所示。

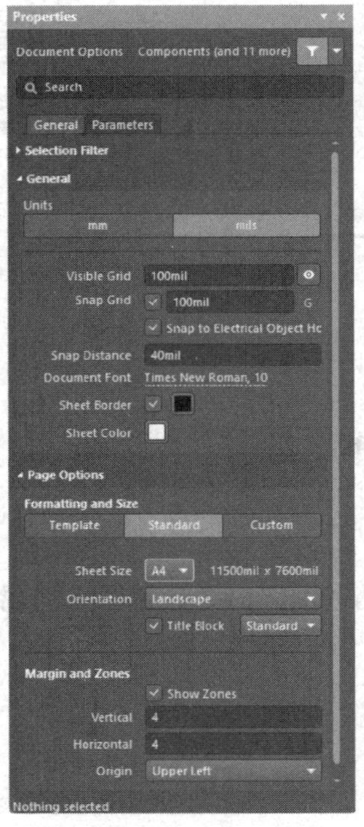

图 4-20　“Properties（属性）”面板

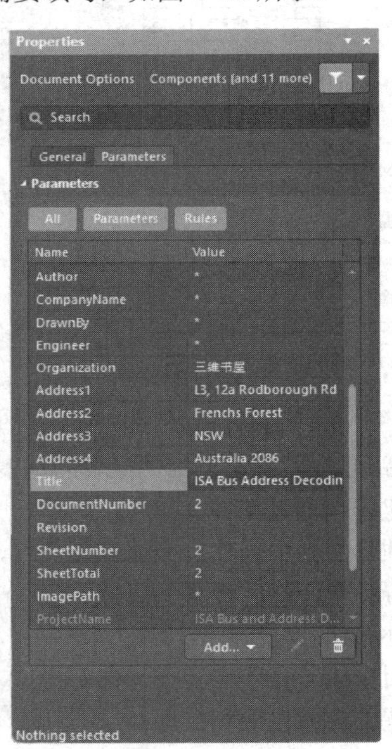

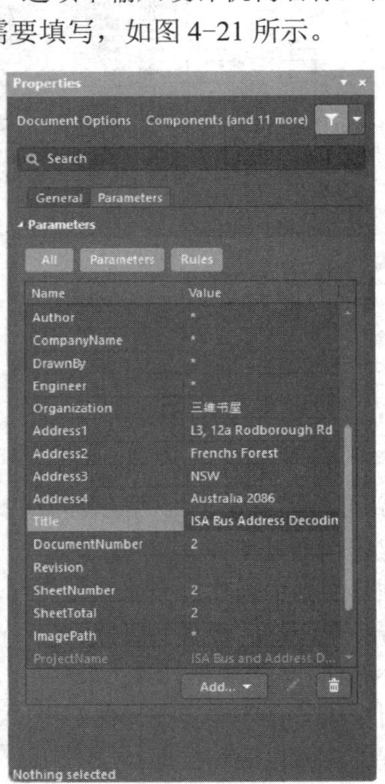

图 4-21　“Parameters（参数）”选项卡

3. 报表输出

1）选择菜单栏中的“设计”→“工程的网络表”→“Protel（生成项目网络表）”命令，系统自动生成了当前项目的网络表文件“ISA Bus and Address Decoding.NET”，并存放在当前项目的“Generated\Netlist Files”文件夹中。双击打开该原理图的网络表文件“ISA Bus and Address Decoding.NET”，结果如图 4-22 所示。该网络表是一个简单的 ASCII 码文本文件，由多行文本组成。内容分成了两大部分，一部分是元件信息，另一部分是网络信息。系统会自动生成当前的原理图的网络表文件。

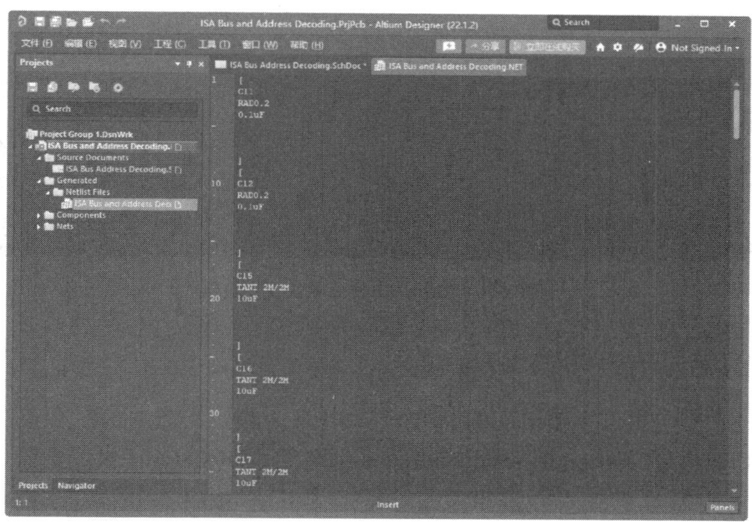

图 4-22　打开原理图的网络表文件

2）在只有一个原理图的情况下，该网络表的组成形式与上述基于整个原理图的网络表是同一个，在此不再重复。

3）选择菜单栏中的“报告”→“Bill of Materials（元件清单）”命令，系统将弹出相应的元件报表对话框，如图 4-23 所示。

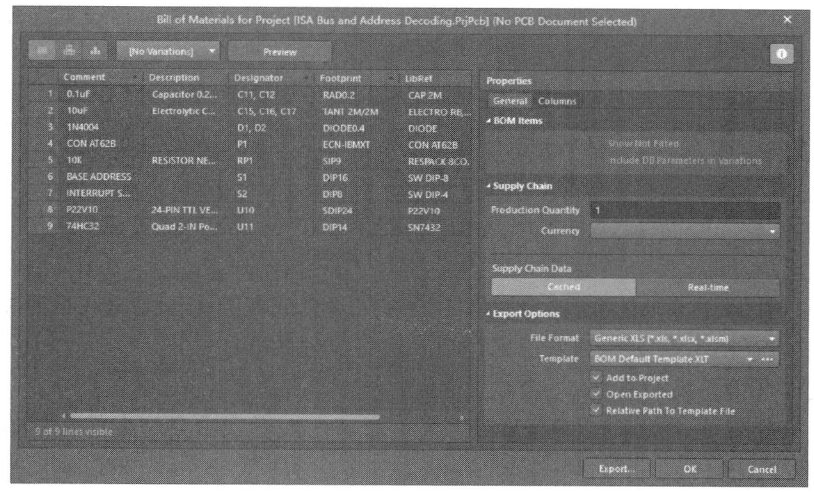

图 4-23　设置元件报表

4）单击“Template（模板）”文本框右侧的…按钮，选择元件报表模板文件“BOM Default Template.XLT”。

5）单击“Export（输出）”按钮，可以将该报表进行保存，默认文件名为“ISA Bus and Address Decoding.xls”，是一个 Excel 文件。

4．编译并保存项目

选择菜单栏中的“工程”→“Validate PCB Projects（验证 PCB 项目）”命令，系统将自动生成信息报告，并在“Messages（信息）”面板中显示出来。如图 4-24 所示。本例没有出现任何错误信息，表明电气检查通过。

图 4-24 “Messages（信息）”面板

4.4.2 A/D 转换电路的打印输出

4.4.2 A/D 转换电路的打印输出

本例设计的是一个与 PC 并口相连的 A/D 转换电路，如图 4-25 所示。在该电路中采用的 A/D 芯片是 National Semiconductor 制造的 ADC0804LCN，接口器件是 25 针脚的并口插座。然后介绍原理图的打印输出。

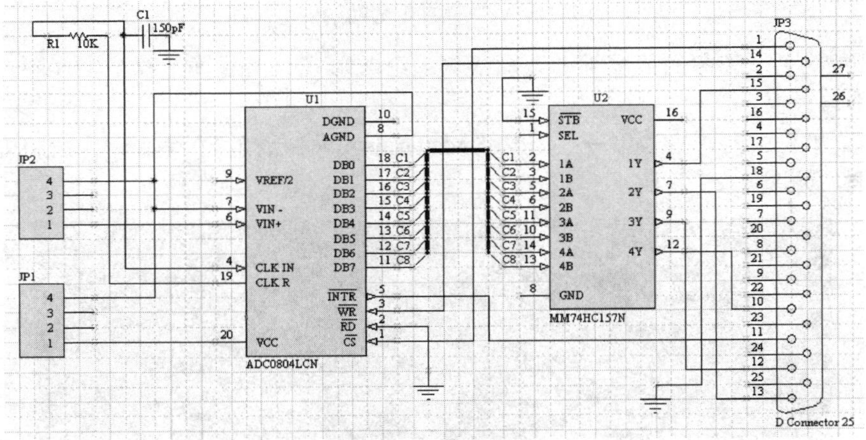

图 4-25 A/D 转换电路

在绘制完原理图后，有时候需要将原理图通过打印机或者绘图仪输出成纸质文档，以便设计人员进行校对或者存档。在本实例中，将介绍如何将原理图打印输出。

1．建立工作环境

1）选择“开始”→“Altium Designer”菜单命令，或者双击桌面上的快捷方式图标，启动 Altium Designer 22。

2）选择菜单栏中的“文件”→“新的”→“项目”命令，创建一个 PCB 项目文件，选择菜单栏中的“文件”→“保存工程为”命令，将项目另存为“AD 转换电路.PrjPcb”。

3）在“Projects（工程）”面板的“AD 转换电路.PrjPcb”项目文件上右击，在弹出的快捷菜单中选择“添加新的…到工程”→“Schematic（原理图）”命令，新建一个原理图文件，选择菜单栏中的“文件”→“另存为”命令，将项目另存为“AD 转换电路.SCHDOC”，并自动切换到原理图编辑环境。

2. 加载元件库

在“Components（元件）”面板右上角中单击≡按钮，在弹出的快捷菜单中选择“File-based Libraries Preferences（库文件参数）”命令，则系统将弹出 “可用的基于文件的库”对话框，单击“添加库”按钮，用来加载原理图设计时包含所需的库文件。

本例中需要加载的元件库如图 4-26 所示。

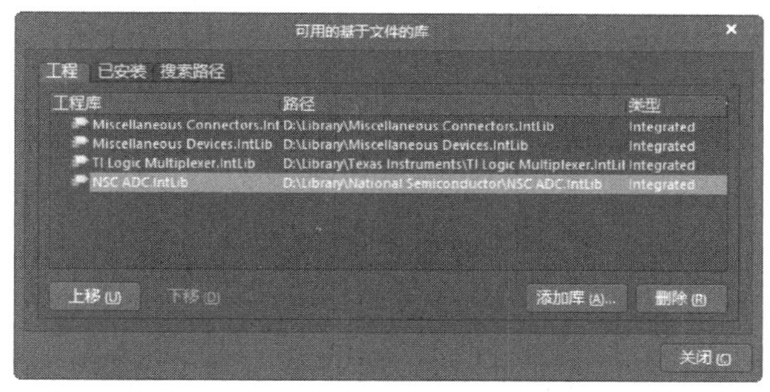

图 4-26　加载需要的元件库

3. 放置元件

1）选择“Components（元件）”面板，在其中浏览刚刚加载的元件库 NSC ADC.IntLib，找到所需的 A/D 芯片 ADC0804LCN，然后将其放置在图纸上。

2）在其他的元件库中找出需要的另外一些元件，将它们都放置到原理图中，再对这些元件进行布局，布局的结果如图 4-27 所示。

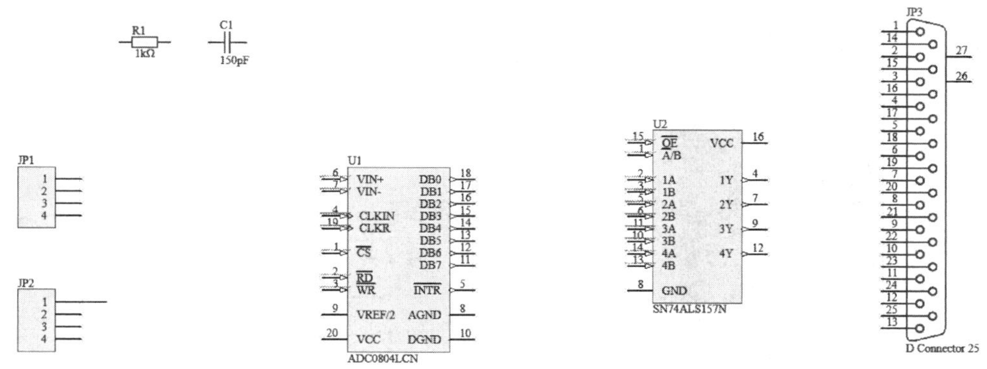

图 4-27　元件放置完成

4. 绘制总线

1）将 ADC0804LCN 芯片上的 DB0～DB7 和 MM74HC157N 芯片上的 1A～4B 管脚连接起来。选择“放置”→“总线”菜单命令，或单击工具栏中的按钮，这时光标变成十字形状。单击确定总线的起点，按住鼠标左键不放，拖动光标绘制总线，在总线拐角处单击，绘制好的总线如图 4-28 所示。

📖 提示：在绘制总线的时候，要使总线与芯片针脚有一段距离，这是因为还要放置总线分支，如果总线过于靠近芯片针脚，则在放置总线分支的时候就会有困难。

2）放置总线分支。选择“放置”→“总线入口”菜单命令，或单击工具栏中的按钮，用总线分支将芯片的针脚和总线连接起来，如图 4-29 所示。

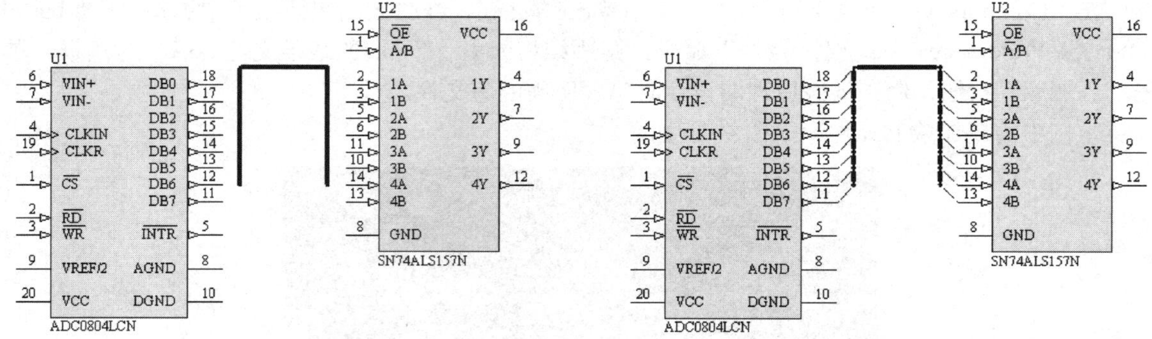

图 4-28　绘制好的总线　　　　图 4-29　放置总线分支

5. 放置网络标签

选择“放置”→“网络标签”菜单命令，或单击工具栏中的按钮，这时光标变成十字形状，并带有一个初始标号“Net Label1”。这时按〈Tab〉键打开如图 4-30 所示“Properties（属性）”面板，然后在该面板的“Net Name（网络名称）”文本框中输入网络标签的名称，再单击“关闭”按钮退出该对话框。接着移动光标，将网络标签放置到总线分支上，如图 4-31 所示。注意要确保电气上相连接的引脚具有相同的网络标签，引脚 DB7 和引脚 4B 相连并具有相同的网络标签 C1，表示这两个引脚在电气上是相连的。

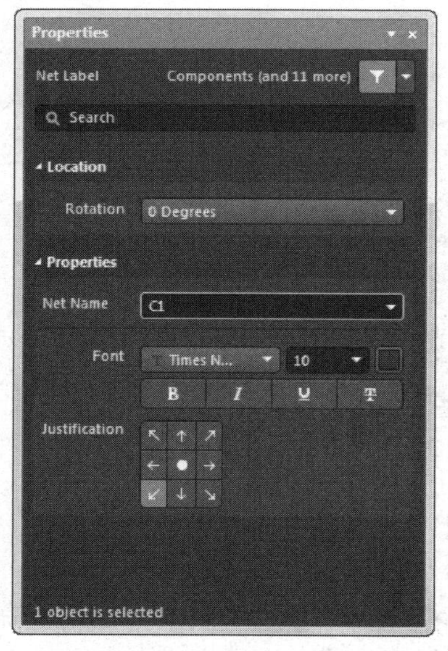

图 4-30　编辑网络标签

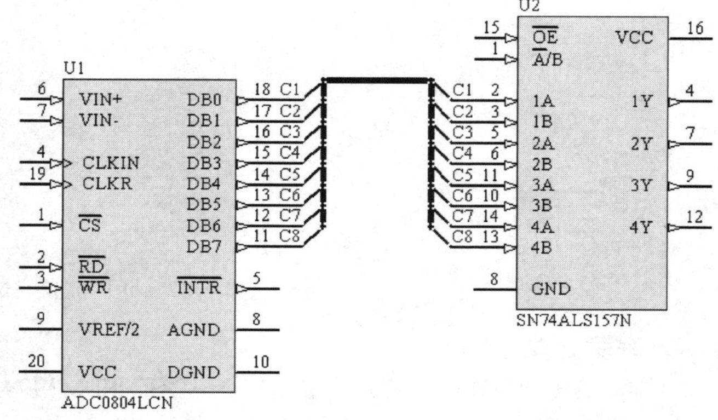

图 4-31　完成放置网络标签

6. 绘制其他导线

绘制总线之外的其他导线，如图 4-32 所示。

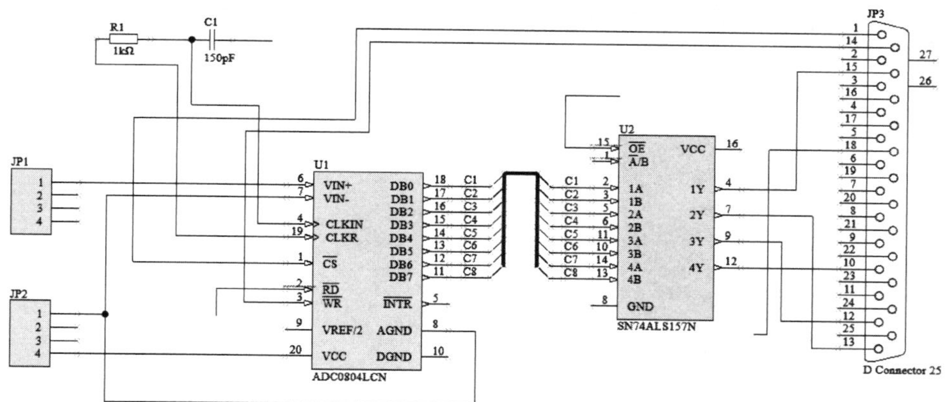

图 4-32　完成布线

7. 设置元件序号和参数并添加接地符号

双击元件弹出属性对话框，对各类元件分别进行编号，对需要赋值的元件进行赋值。然后向电路中添加接地符号，如图 4-33 所示。

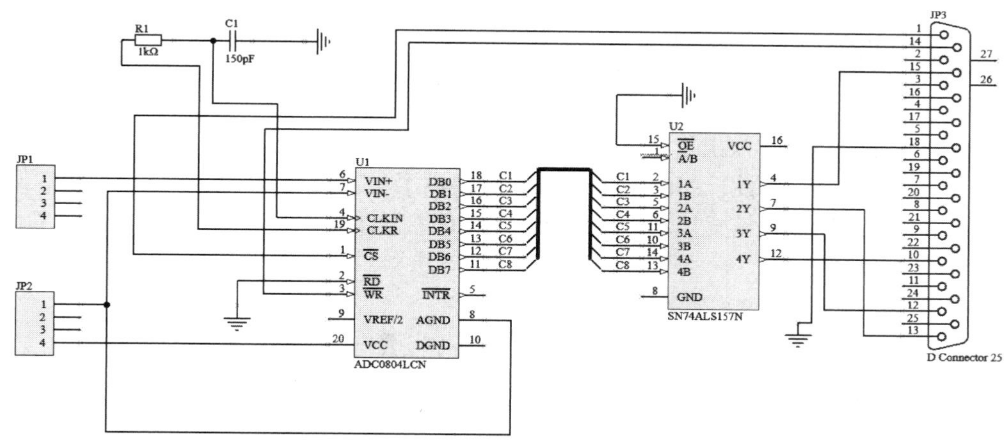

图 4-33　完成的原理图

8. 页面设置

1）选择菜单栏中的“文件”→“打印”命令，即可弹出图 4-34 所示的对话框。

2）在“Page Size（页面大小）”下拉菜单中选择打印的纸型 A4，然后选择打印的方式为“Landscape（横向）”。

3）在“Scale Mode（缩放模式）”下拉列表中选择“Fit Document On Page（适合页面）”项，则表示采用充满整页的缩放比例，系统会自动根据当前打印纸的尺寸计算合适的缩放比例。

9. 打印输出

如果打印设置完成，就可以直接单击“Print（打印）”按钮将图纸打印输出。

在本例中，介绍了原理图的打印输出。要正确打印原理图，不仅要保证打印机硬件的正确连接，而且要合理地进行打印设置。

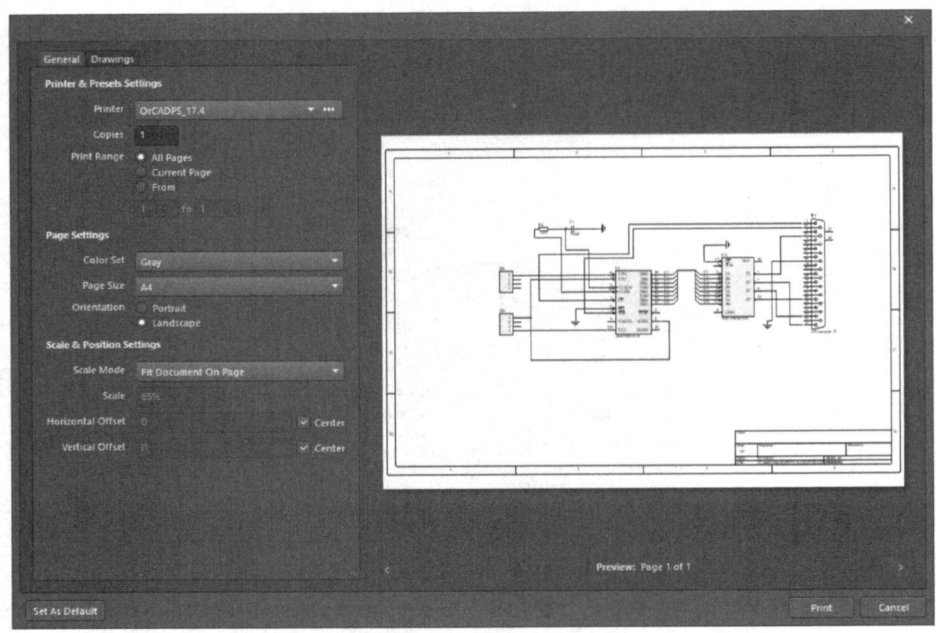

图 4-34 “原理图打印属性”对话框

4.4.3 报警电路原理图元件清单输出

4.4.3 报警电路原理图元件清单输出

在本例中，将以报警电路为例，介绍原理图元件清单的输出。

在原理图设计中，有时候出于管理、交流、存档等目的，需要能够随时输出整个设计的相关信息。对此，Altium Designer 22 提供了相应的功能，可以将整个设计的相关信息以多种格式输出。在本节中，将介绍元件清单的生成方法。

1. 建立工作环境

1）在 Altium Designer 22 主界面中，选择“文件”→“新的”→“项目”菜单命令，弹出“Create Project（新建工程）”对话框，新建工程文件“报警电路.PrjPCB”。

2）选择“文件”→“新的”→“原理图”菜单命令，然后右击新建的原理图文件，在弹出的快捷菜单中选择“另存为”命令，将新建的原理图文件保存为“报警电路.SchDoc”。

2. 加载元件库

在“Components（元件）”面板右上角单击 按钮，在弹出的快捷菜单中选择“File-based Libraries Preferences（库文件参数）”命令，则系统将弹出“可用的基于文件的库”对话框，然后在其中加载需要的元件库。本例中需要加载的元件库如图 4-35 所示。

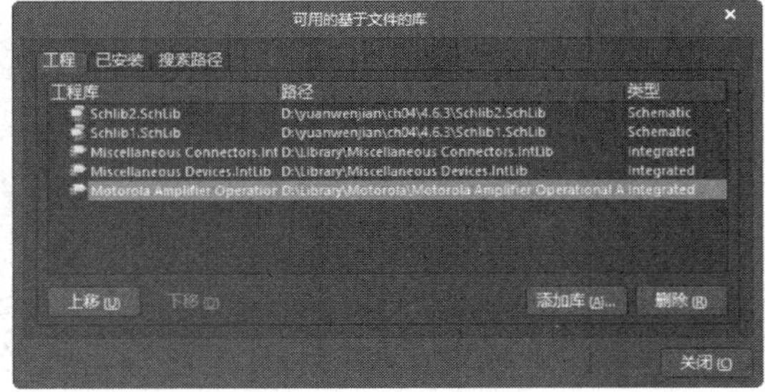

图 4-35 本例中需要加载的元件库

3. 放置元件

由于 AT89C51、SS173K222AL 和变压器元件在原理图元件库中查找不到，因此需要进行编辑，这里不做赘述。在“Motorola Amplifier Operational Amplifier.IntLib”元件库中找到 LM158H 元件，从另外两个库中找到其他常用的一些元件。将所需元件一一放置在原理图中，并进行简单布局，如图 4-36 所示。

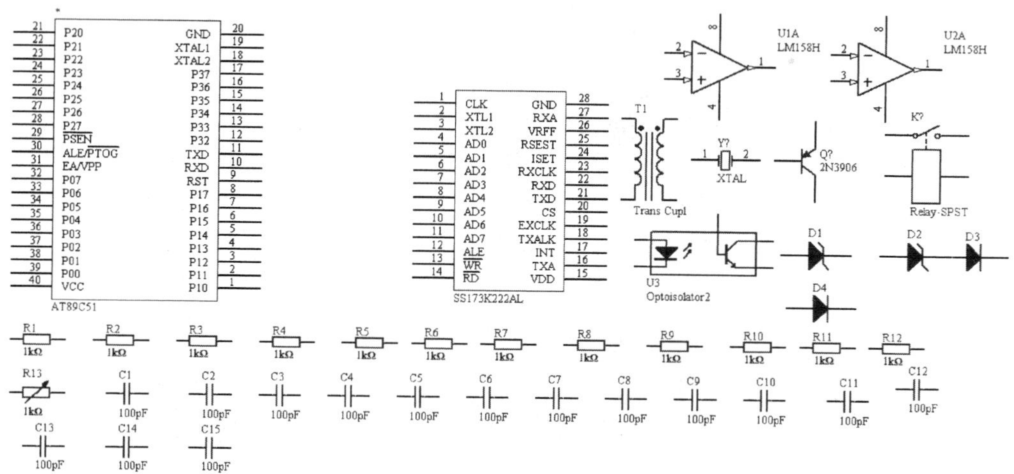

图 4-36　原理图中所需的元件

4. 元件布线

在原理图上布线，编辑元件属性，再向原理图中放置电源符号，完成原理图的设计，如图 4-37 所示。

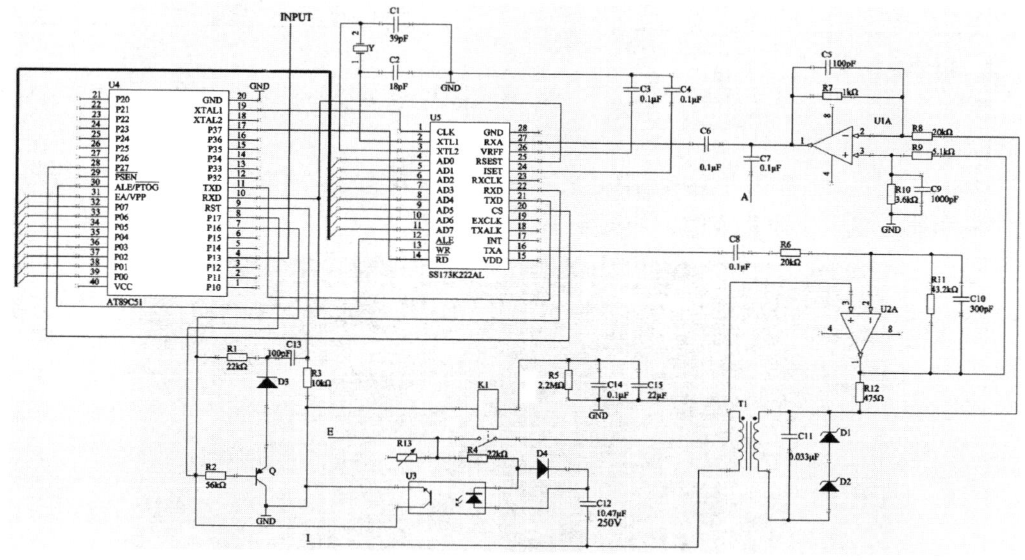

图 4-37　完成原理图设计

5. 元件清单

1）元件清单就是一张原理图中所涉及的所有元件的列表。在进行一个具体的项目开发时，设计完成后紧接着就要采购元件，当项目中涉及大量的元件时，对元件各种信息的管理和准确统计就是一项有难度的工作，这时，元件清单就能派上用场了。Altium Designer 22 可以轻松生成一张原理图的元件清单。选择“报告”→“Bill of Materials(元件清单)”菜单命令，打开“Bill of Materials For Project [报警电路.PrjPcb]（[报警电路.PrjPcb]项目材料清单）”对话框，如图 4-38 所示。

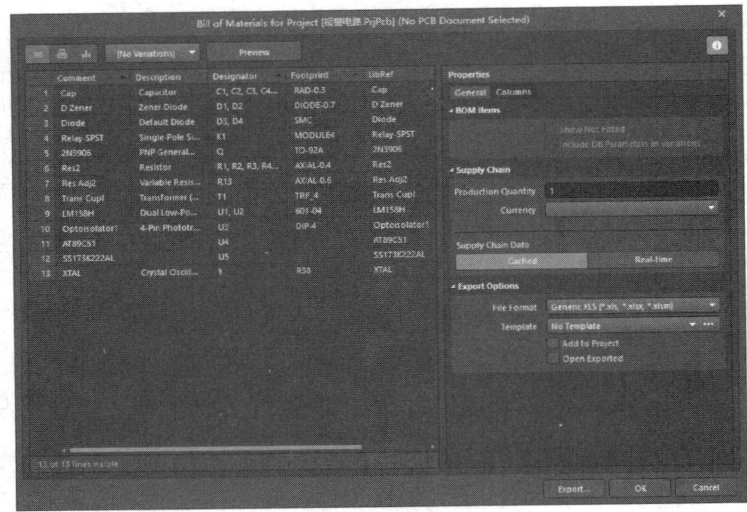

图 4-38　元件清单

2）单击“Export（输出）”按钮，可以将该报表进行保存，默认文件名为“报警电路.xls”，是一个 Excel 文件。

📖 提示：在导出的文件类型中，*.xml 是可扩展样式语言类型，*.xls 是 Excel 文件类型，*.html 是网页文件类型，*.csv 是用逗号分隔的数据文件，*.txt 是文本文档类型。

6．生成网络表文件

1）选择“设计”→“文件的网络表” →“Protel”菜单命令，系统会自动生成一个“报警电路.NET”文件。

2）双击该元件，将其在主窗口工作区打开，该文件是一个文本文件，用圆括号分开，在同一方括号的引脚在电气上是相连的，如图 4-39 所示。

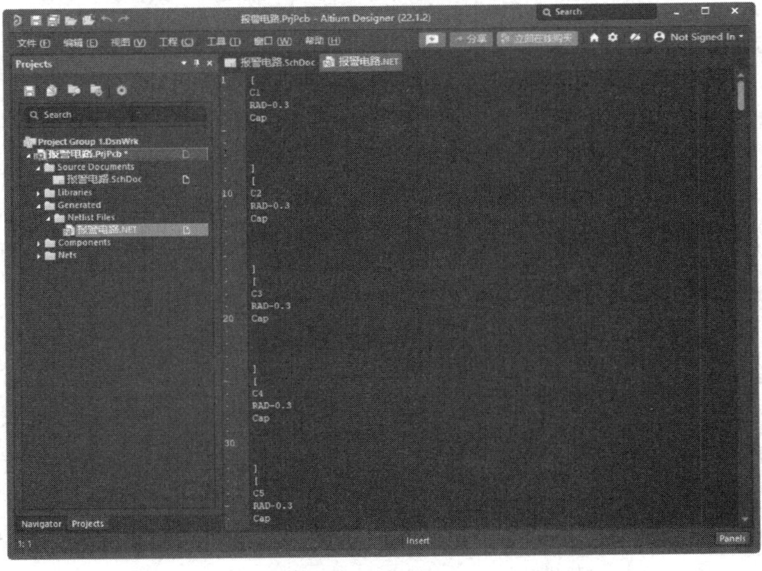

图 4-39　网络表中的元件信息

📖 提示：设计者可以根据网络表中的格式自行在文本编辑器中设计网络表文件，也可以在生成的网络表文件中直接进行修改，以使其更符合设计要求。但是要注意一定要保证元件定义的所有连接正确无误，否则就会在 PCB 的自动布线中出现错误。

本例中讲述了原理图元件清单的导出方法和网络表的生成，用户可以根据需要导出各种不同分类的元件，也可以根据需要将输出的文件保存为不同的文件类型。网络表是原理图向 PCB 转换的桥梁，因此它的地位十分重要，网络表可以支持电路的模拟和 PCB 的自动布线，也可以用来查错。

4.5 思考与练习

1．输出集成频率合成器电路的元件清单，如图 4-40 所示。

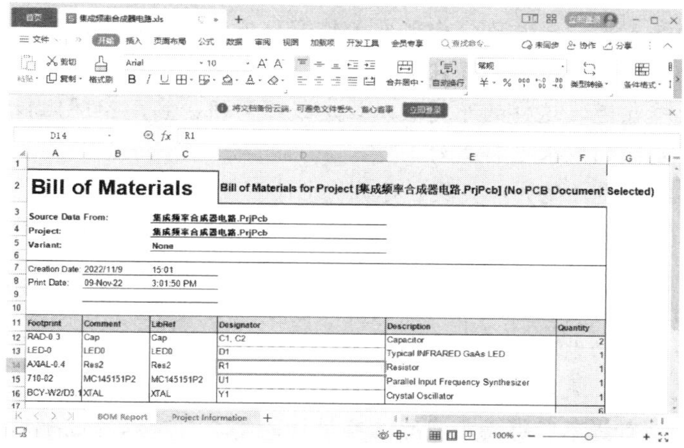

Bill of Materials

Bill of Materials for Project [集成频率合成器电路.PrjPcb] (No PCB Document Selected)

Source Data From: 集成频率合成器电路.PrjPcb
Project: 集成频率合成器电路.PrjPcb
Variant: None

Creation Date: 2022/11/9 15:01
Print Date: 09-Nov-22 3:01:50 PM

Footprint	Comment	LibRef	Designator	Description	Quantity
RAD-0.3	Cap	Cap	C1, C2	Capacitor	2
LED-0	LED0	LED0	D1	Typical INFRARED GaAs LED	1
AXIAL-0.4	Res2	Res2	R1	Resistor	1
710-02	MC145151P2	MC145151P2	U1	Parallel Input Frequency Synthesizer	1
BCY-W2/D3.1	XTAL	XTAL	Y1	Crystal Oscillator	1
					6

BOM Report　Project Information

图 4-40　集成频率合成器电路的元件清单

2．绘制如图 4-41 所示的汽车多功能报警器电路。

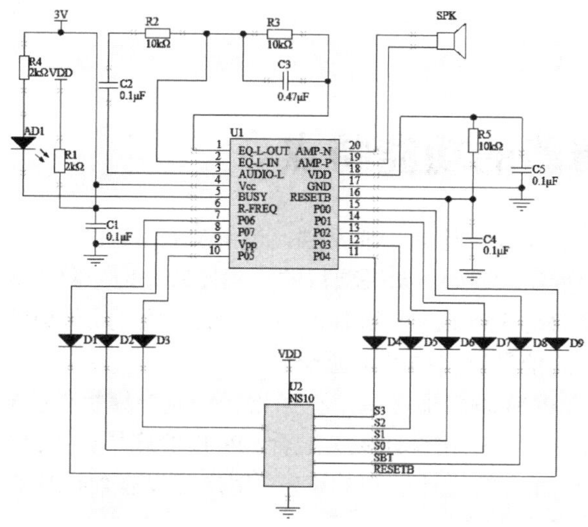

图 4-41　汽车多功能报警器电路

第 5 章　印制电路板设计

内容指南

设计印制电路板是整个工程设计的目的。原理图设计得再完美，如果电路板设计得不合理则性能将大打折扣，严重时甚至不能正常工作。制板商要参照 PCB 图来进行电路板的生产。由于要满足功能上的需要，电路板设计往往有很多的规则要求，如要考虑散热和干扰等问题，因此相对于原理图的设计来说，对 PCB 图的设计则需要设计者更细心和耐心。

在完成网络表的导入后，元件已经出现在工作窗口中了，此时可以开始元件的布局。元件的布局是指将网络表中的所有元件放置在 PCB 上，是 PCB 设计的关键一步。通常应该使有电气连接的元件管脚比较靠近，这样的布局可以让走线距离短，占用空间比较少，从而整个电路板的导线能够走通，走线的效果也将更好。

电路布局的整体要求是“整齐、美观、对称、元件密度平均”，这样才能让电路板达到最高的利用率，并降低电路板的制作成本。同时设计者在布局时还要考虑电路的机械结构、散热、电磁干扰以及将来布线的方便性等问题。元件的布局有自动布局和交互式布局两种方式，只靠自动布局往往达不到实际的要求，通常需要两者结合才能达到很好的效果。

自动布线是一个优秀的电路设计辅助软件所必需的功能之一。一些大型电路设计对散热、防电磁干扰等的要求较低，采用自动布线操作可以大大降低布线的工作量，同时，还能减少布线时的漏洞。如果自动布线不能够满足实际工程设计的要求，可以通过手动布线进行调整。

知识重点

- PCB 设计界面
- PCB 环境参数
- PCB 的布局
- PCB 的布线

5.1　PCB 编辑器的功能特点

Altium Designer 22 的 PCB 设计能力非常强，能够支持复杂的 32 层 PCB 设计，但并非每一个设计中都要使用所有的层次。例如，如果项目的规模比较小时，双面走线的 PCB 就能提供足够的走线空间，此时只需要启动 Top Layer 和 Bottom Layer 的信号层以及对应的机械层、丝印层等层次即可，无须任何其他的信号层和内部电源层。

Altium Designer 22 的 PCB 编辑器提供了一条设计印制电路板的捷径，PCB 编辑器通过它的交互性编辑环境将手动设计和自动化设计完美融合。PCB 的底层数据结构最大限度地考虑了用户对速度的要求，通过对功能强大的设计法则的设置，用户可以有效地控制印制电路板的设计过程。对于特别复杂的、有特殊布线要求的、计算机难以自动完成的布线工作，可以选择手动布线。总之，Altium Designer 22 的 PCB 设计系统功能强大而方便，它具有以下的功能特点。

- 采用了新的 DirectX 3D 渲染引擎，带来更好的 3D PCB 显示效果和性能。
- 重构了网络连接性分析引擎，避免了因 PCB 较大，影响对象移动电路板显示速度。
- 文件的载入性能大幅度提升。
- ECO 及移动器件性能优化。
- 交互式布线速度提升。
- 利用多核多线程技术，工程项目编译、铺铜、DRC、导出 Gerber 等性能得到了大幅度提升。
- 更快的 2D-3D 上下文界面切换。
- 更强的 Gerber 导出性能。
- 支持多板系统设计。
- 增强的 BoM 清单功能，进一步增强了 ActiveBOM 功能，能够更好地进行前期元器件选择，有效避免生产返工。

5.2 PCB 设计界面简介

PCB 设计界面主要包括 3 个部分：菜单栏、主工具栏和工作面板，如图 5-1 所示。

与原理图设计界面一样，PCB 设计界面也是在软件主界面的基础上添加了一系列菜单项和工具栏，这些菜单项及工具栏主要用于 PCB 设计中的板设置、布局、布线及工程操作等。菜单项与工具栏基本上是对应的，能用菜单项来完成的操作几乎都能通过工具栏中的相应工具按钮完成。同时右击工作窗口将弹出一个快捷菜单，其中包括 PCB 设计中常用的菜单项。

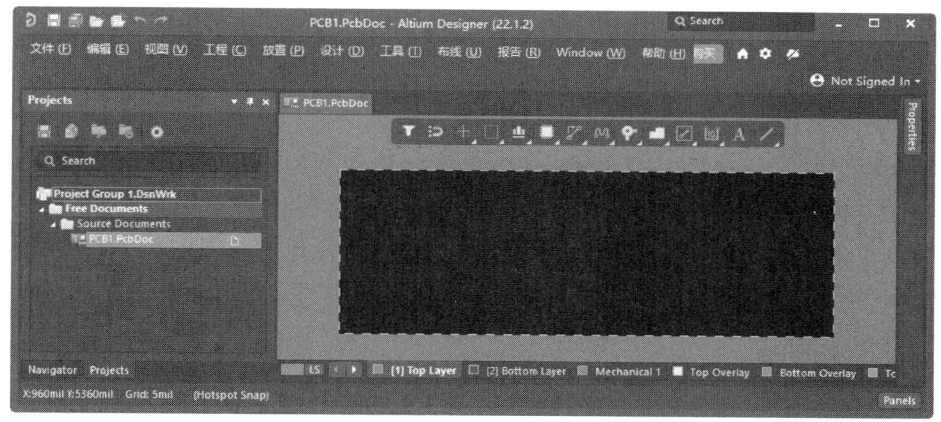

图 5-1 PCB 设计界面

5.2.1 菜单栏

在 PCB 设计过程中，各项操作都可以使用菜单栏中相应的菜单命令来完成，各项菜单中的具体命令如下。

- “文件”菜单：主要用于文件的打开、关闭、保存与打印等操作。
- “编辑”菜单：用于对象的选取、复制、粘贴与查找等编辑操作。
- “视图”菜单：用于视图的各种管理，如工作窗口的放大与缩小，各种工具、面板、状态栏及节点的显示与隐藏等。

- “工程”菜单：用于与项目有关的各种操作，如项目文件的打开与关闭、工程项目的编译及比较等。
- “放置”菜单：包含了在 PCB 中放置对象的各种菜单项。
- “设计”菜单：用于添加或删除元件库、网络表导入、原理图与 PCB 间的同步更新及印制电路板的定义等操作。
- “工具”菜单：可为 PCB 设计提供各种工具，如 DRC、元件的手动/自动布局、PCB 图的密度分析以及信号完整性分析等操作。
- “布线”菜单：可进行与 PCB 布线相关的操作。
- “报告”菜单：可进行生成 PCB 设计报表及 PCB 的测量操作。
- “Window（窗口）”菜单：可对窗口进行各种操作。
- “帮助”菜单：帮助菜单。

5.2.2 主工具栏

工具栏中以图标按钮的形式列出了常用菜单命令的快捷方式，用户可根据需要对工具栏中包含的命令进行选择，对摆放位置进行调整。

右击菜单栏或工具栏的空白区域即可弹出工具栏的命令菜单，如图 5-2 所示。它包含 6 个菜单项，有☑标志的命令将被选中而出现在工作窗口上方的工具栏中。每一个命令代表一系列工具选项。

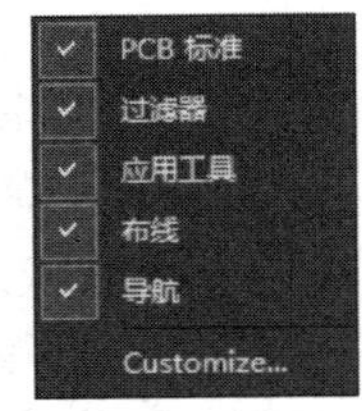

图 5-2　工具栏的命令菜单

1）“PCB 标准”命令：用于控制 PCB 标准工具栏的打开或关闭，如图 5-3 所示。

图 5-3　标准工具栏

2）“过滤器”命令：控制工具栏的打开与关闭，用于快速定位各种对象。

3）“应用工具”命令：控制工具栏的打开与关闭。

4）“布线”命令：控制布线工具栏的打开与关闭。

5）“导航”命令：控制导航工具栏的打开与关闭，通过这些按钮，可以实现在不同界面之间的快速跳转。

6）“Customize（用户定义）”命令：用户自定义设置。

5.3 电路板物理结构及环境参数设置

对于手动生成的 PCB，在进行 PCB 设计前，首先要对板的各种属性进行详细的设置。主要包括板形的设置、PCB 图纸的设置、电路板层的设置、层的显示、颜色的设置、布线框的设置、PCB 系统参数的设置以及 PCB 设计工具栏的设置等。

1．边框线的设置

电路板的物理边界即为 PCB 的实际大小和形状，板形的设置是在“Mechanical 1”上进行的，根据所设计的 PCB 在产品中的安装位置、所占空间的大小、形状以及与其他部件的配合来确定 PCB 的外形与尺寸。具体的步骤如下。

1）新建一个 PCB 文件，使之处于当前的工作窗口中。默认的 PCB 图为带有栅格的黑色区域，包括以下 13 个工作层面。

- 两个信号层 Top Layer（顶层）和 Bottom Layer（底层）：用于建立电气连接的铜箔层。
- Mechanical 1（机械层）：用于设置 PCB 与机械加工相关的参数，以及用于 PCB 3D 模型放置与显示。
- Top Overlay（顶层丝印层）、Bottom Overlay（底层丝印层）：用于添加电路板的说明文字。
- Top Paste（顶层锡膏防护层）、Bottom Paste（底层锡膏防护层）：用于添加露在电路板外的铜箔。
- Top Solder（顶层阻焊层）和 Bottom Solder（底层阻焊层）：用于添加电路板的绿油覆盖。
- Drillguide（过孔引导层）：用于显示设置的钻孔信息。
- Keep-Out Layer（禁止布线层）：用于设立布线范围，支持系统的自动布局和自动布线功能。
- Drilldrawing（过孔钻孔层）：用于查看钻孔孔径。
- Multi-Layer（多层同时显示）：可实现多层叠加显示，用于显示与多个电路板层相关的 PCB 细节。

2）单击工作窗口下方的“Mechanical 1（机械层）”标签，使该层面处于当前的工作窗口中。

3）选择“放置”→“线条”命令，光标将变成十字形状。将光标移到工作窗口的合适位置，单击即可进行线的放置操作，每单击一次就确定一个固定点。通常将板的形状定义为矩形。但有时为了满足电路的某种特殊要求，也可以将板形定义为圆形、椭圆形或者不规则的多边形。这些都可以通过“放置”菜单来完成。

图 5-4　设置边框后的 PCB 图

4）当绘制的线组成了一个封闭的边框时，即可结束边框的绘制。右击或者按下〈Esc〉键即可退出该操作，绘制结束后的 PCB 边框如图 5-4 所示。

5）设置边框线属性。双击任一边框线即可打开该线的“Properties（属性）”面板，如图 5-5 所示。

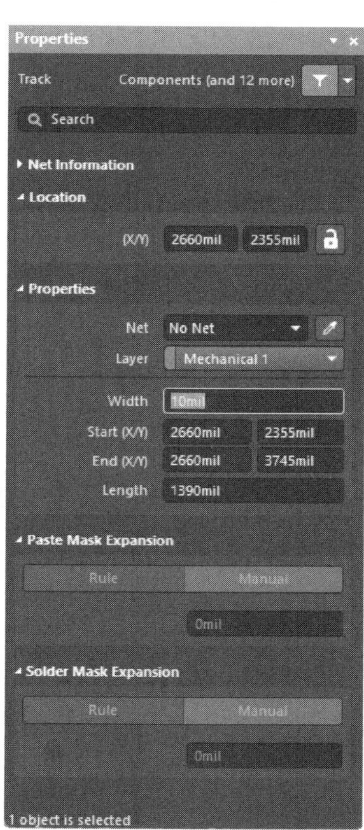

图 5-5　设置边框线属性

为了确保 PCB 图中边框线为封闭状态，可以在此对话框中对线的起始和结束点进行设置，使一根线的终点为下一根线的起点。下面介绍其余一些选项的含义。

- “Layer（层）”下拉列表框：用于设置该线所在的电路板层。用户在开始画线时可以不选择“Mechanical 1（机械层）”，在此处进行工作层的修改也可以实现上述操作所达到的效果，只是这样需要对所有边框线段进行设置，操作起来比较麻烦。
- “Net（网络）”下拉列表框：用于设置边框线所在的网络。通常边框线不属于任何网络，即不存在任何电气特性。
- “Locked（锁定）”按钮🔒：单击“Location（位置）”选项组下的按钮，边框线将被锁定，无法对该线进行移动等操作。

按〈Enter〉键，完成边框线的属性设置。

2．板形的修改

对边框线进行设置主要是给制板商提供制作板形的依据。用户也可以在设计时直接修改板形，即在工作窗口中直接看到自己所设计的板子的外观形状，然后对板形进行修改。板形的设置与修改主要通过“设计”→“板子形状”子菜单来完成，如图 5-6 所示。

（1）按照选择对象定义

在机械层或其他层利用线条或圆弧定义一个内嵌的边界，以新建对象为参考重新定义板形。具体的操作步骤如下。

1）选择“放置”→“圆弧”菜单项，在电路板上绘制一个圆，如图 5-7 所示。

2）选中刚才绘制的圆，然后选择“设计”→“板子形状”→“按照选择对象定义” 命令，电路板将变成圆形，如图 5-8 所示。

图 5-6 板形设计与修改菜单项

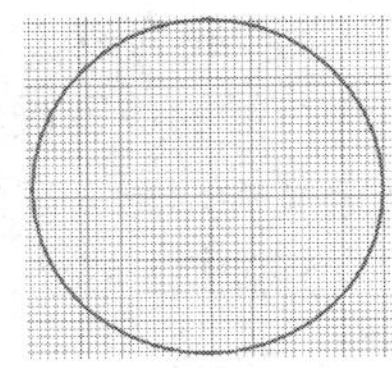

图 5-7 绘制一个圆

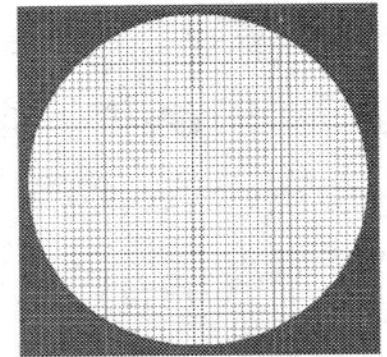

图 5-8 改变后的板形

（2）根据板子外形生成线条

在机械层或其他层将板子边界转换为线条。具体的操作步骤如下。

选择“设计”→“板子形状”→“根据板子外形生成线条”菜单项，弹出“从板外形而来的线/弧原始数据”对话框，如图 5-9 所示。按照需要设置参数，单击 确定 按钮，退出对话框，板边界自动转化为线条，如图 5-10 所示。

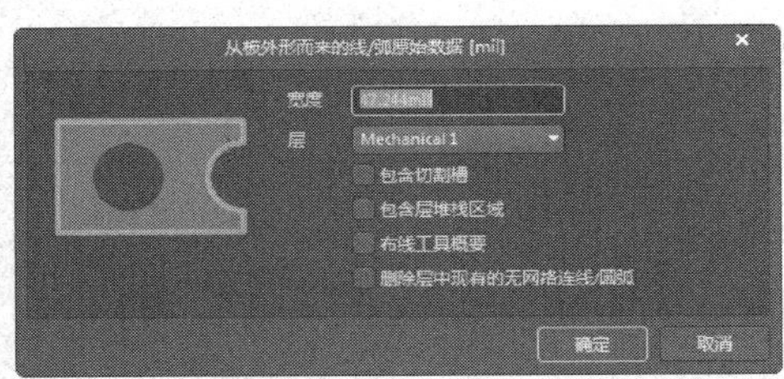

图 5-9 “从板外形而来的线/弧原始数据”对话框

图 5-10 转化边界

5.4 PCB 的设计流程

笼统地讲，在进行印制电路板的设计时，首先要确定设计方案，并进行局部电路的仿真或实验，完善电路性能。之后根据确定的方案绘制电路原理图，并进行 ERC 检查。最后完成 PCB 的设计，输出设计文件，送交加工制作。设计者在这个过程中尽量按照设计流程进行设计，这样可以避免一些重复的操作，同时也可以防止不必要的错误出现。

PCB 设计的操作步骤如下。

（1）绘制电路原理图

确定选用的元件及其封装形式，完善电路。

（2）规划电路板

全面考虑电路板的功能、部件、元件封装形式、连接器及安装方式等。

（3）设置各项环境参数

（4）载入网络表和元件封装

搜集所有的元件封装，确保选用的每个元件封装都能在 PCB 库文件中找到，将封装和网络表载入到 PCB 文件中。

（5）元件自动布局

设定自动布局规则，使用自动布局功能，将元件进行初步布置。

（6）手动调整布局

手动调整元件布局使其符合 PCB 的功能需要和元器件电气要求，还要考虑到安装方式，放置安装孔等。

（7）电路板自动布线

合理设定布线规则，使用自动布线功能为 PCB 自动布线。

（8）手动调整布线

自动布线结果往往不能满足设计要求，还需要做大量的手动调整。

（9）DRC 校验

PCB 布线完毕，需要经过 DRC 校验无误，否则，根据错误提示进行修改。

（10）文件保存，输出打印

保存、打印各种报表文件及 PCB 制作文件。

（11）加工制作

将 PCB 制作文件送交加工单位。

5.5 设置电路板工作层面

在使用 PCB 设计系统进行印制电路板设计前，首先要了解一下工作层面，而遇到的第一个概念就是印制电路板的结构。

5.5.1 电路板的结构

一般来说，印制电路板的结构有单面板、双面板和多层板种。

（1）“Single-Sided Boards”：单面板

在最基本的 PCB 上，元件集中在其中的一面，走线则集中在另一面上。因为走线只出现在其中的一面，所以就称这种 PCB 叫作单面板（Single-Sided Boards）。在单面板上通常只有底面也就是“Bottom Layer”覆上铜箔，元件的引脚焊在这一面上，主要完成电气特性的连接。顶层也就是“Top Layer”是空的，元件安装在这一面，所以又称为“元件面”。因为单面板在设计线路上有许多严格的限制（因为只有一面，所以布线间不能交叉而必须绕走独自的路径），布通率往往很低，所以只有早期的电路及一些比较简单的电路才使用这类的板子。

（2）“Double-Sided Boards”：双面板

这种电路板的两面都有布线，不过要用上两面的布线则必须在两面之间有适当的电路连接才行。这种电路间的“桥梁”叫作过孔（via）。过孔是在 PCB 上充满或涂上金属的小洞，它可以与两面的导线相连接。双面板通常无所谓元件面和焊接面，因为两个面都可以焊接或安装元件，但习惯地可以称“Bottom Layer”为焊接面，“Top Layer”为元件面。因为双面板的面积比单面板大了一倍，而且因为布线可以互相交错（可以绕到另一面），因此它适合用在比单面板复杂的电路上。相对于多层板而言，双面板的制作成本不高，在给定一定面积的时候通常都能 100%布通，因此一般的印制板都采用双面板。

（3）“Multi-Layer Boards”：多层板

常用的多层板有 4 层板、6 层板、8 层板等。简单的 4 层板是在“Top Layer”和“Bottom Layer”的基础上增加了电源层和地线层，这一方面极大程度地解决了电磁干扰问题，提高了系统的可靠性，另一方面可以提高布通率，缩小 PCB 的面积。6 层板通常是在 4 层板的基础上增加了两个信号层：“Mid-Layer 1”和“Mid-Layer 2”。8 层板则通常包括 1 个电源层、2 个地线层、5 个信号层（“Top Layer”“Bottom Layer”“Mid-Layer 1”“Mid-Layer 2”和“Mid-Layer 3”）。

多层板层数的设置是很灵活的，设计者可以根据实际情况进行合理的设置。各种层的设置应尽量满足以下的要求。

1）元件层的下面为地线层，它提供器件屏蔽层以及为顶层布线提供参考平面。

2）所有的信号层应尽可能与地平面相邻。

3）尽量避免两信号层直接相邻。

4）主电源应尽可能地与其对应地相邻。

5）兼顾层压结构对称。

多层电路板结构如图 5-11 所示。

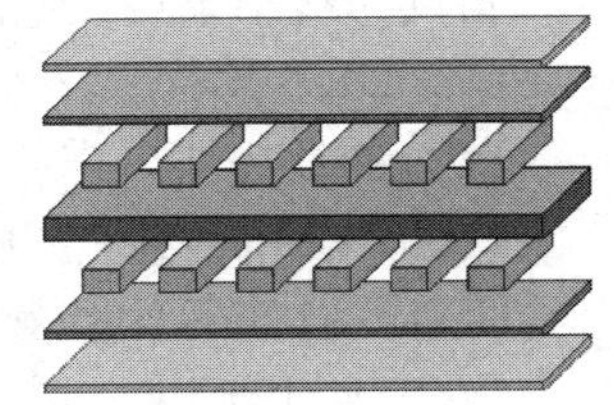

图 5-11　多层电路板结构

5.5.2 工作层面的类型

在设计印制电路板时，往往会遇到工作层面选择的问题。Altium Designer 22 提供了多个工作层面供用户选择，用户可以在不同的工作层面上进行不同的操作。

PCB 一般包括很多层，不同的层包含不同的设计信息。制板商通常是将各层分开做，之后经过压制、处理，生成各种功能的电路板。

Altium Designer 22 提供了以下 6 种类型的工作层面。

1）Signal Layer（信号层）：即铜箔层。主要完成电气连接特性。Altium Designer 22 提供有 32 层信号层，分别为“Top Layer”“Mid Layer 1”“Mid Layer 2”……“Mid Layer 30”和“Bottom Layer”，各层以不同的颜色显示。

2）Internal Plane（中间层，也称内部电源与地线层）：也属于铜箔层，用于建立电源和地网络。Altium Designer 22 提供有 16 层“Internal Planes”，分别为“Internal Layer 1”“InternalLayer 2”……“Internal Layer 16”，各层以不同的颜色显示。

3）Mechanical Layer（机械层）：用于描述电路板机械结构、标注及加工等说明所使用的层面，不能完成电气连接特性。Altium Designer 22 提供有 16 层机械层，分别为“Mechanical Layer

1”“Mechanical Layer 2”…… “Mechanical Layer 16”，各层以不同的颜色显示。

4）Mask Layer（阻焊层）：用于保护铜线，也可以防止元件被焊到不正确的地方。Altium Designer 22 提供有 4 层掩模层，分别为“Top Paster”“Bottom Paster”“Top Solder”和“Bottom Solder”，分别用不同的颜色显示出来。

5）Silkscreen Layer（丝印层）：也称图例层（Legend Layer），通常该层用于放置元件标号、文字与符号，以标示出各零件在电路板上的位置。系统提供有两层丝印层，即 Top Overlay（顶层丝印层）和 Bottom Overlay（底层丝印层）。

6）Other Layers（其他层）。

- Drill Guide（钻孔）和 Drill Drawing（钻孔图）：用于描述钻孔图和钻孔位置。
- Keep-Out Layer（禁止布线层）：用于定义布线区域，基本规则是元件不能放置于该层上或进行布线。只有在这里设置了闭合的布线范围，才能启动元件自动布局和自动布线功能。
- Multi-Layer（多层）：该层用于放置穿越多层的 PCB 元件，也用于显示穿越多层的机械加工指示信息。

在界面右下角单击 Panels 按钮，在弹出的快捷菜单中选择“View Configuration（视图配置）”命令，打开“View Configuration（视图配置）”面板，在“Layer Sets（层设置）”下拉列表中选择“All Layers（所有层）”选项，即可看到系统提供的所有层，如图 5-12 所示。

同时还可以选择“Signal Layers（信号层）”“Plane Layers（平面层）”“NonSignal Layers（非信号层）”和“Mechanical Layers（机械层）”选项，分别在电路板中单独显示对应的层。

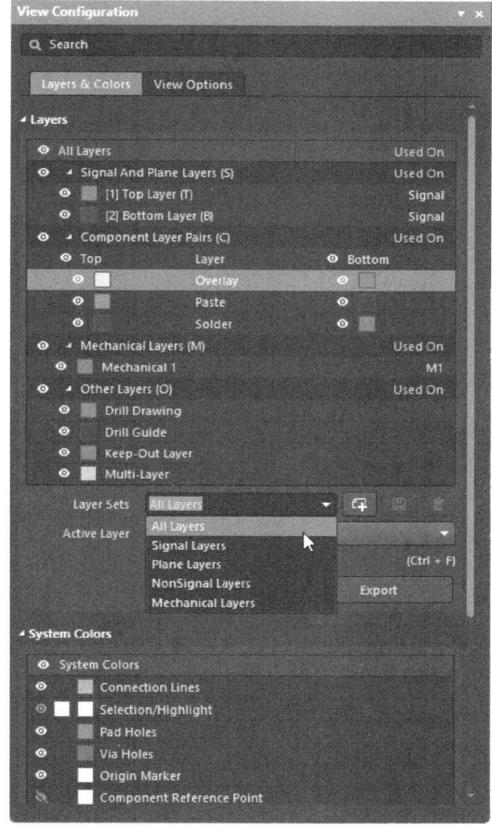

图 5-12 系统所有层的显示

5.5.3 工作层面与颜色设置

PCB 编辑器内显示的各个板层具有不同的颜色，便于区分。用户可以根据个人习惯进行设置，并且可以决定该层是否在编辑器内显示出来。

（1）“View Configuration（视图配置）”面板

如图 5-12 所示的“View Configuration（视图配置）”面板中，包括电路板层颜色设置和系统默认设置颜色的显示两部分。

（2）设置对应层面的显示与颜色

“Layers（层）”选项组用于设置对应层面和系统的显示颜色。

1）“显示”按钮用于决定此层是否在 PCB 编辑器内显示。

不同位置的“显示”按钮启用/禁用层不同。

每个层组中启用或禁用一个层、多个层或所有层，如图 5-13 所示。启用/禁用了全部的

Component Layers。

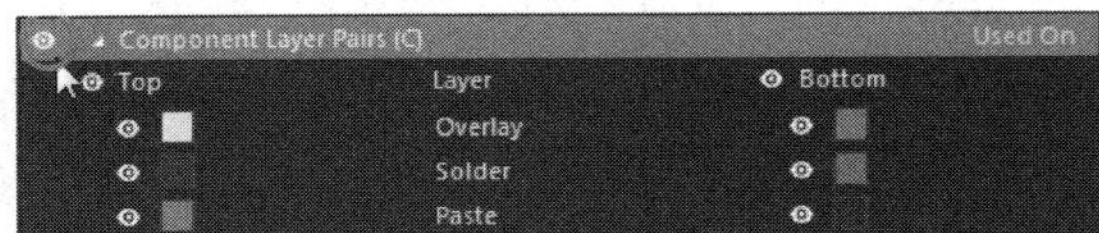
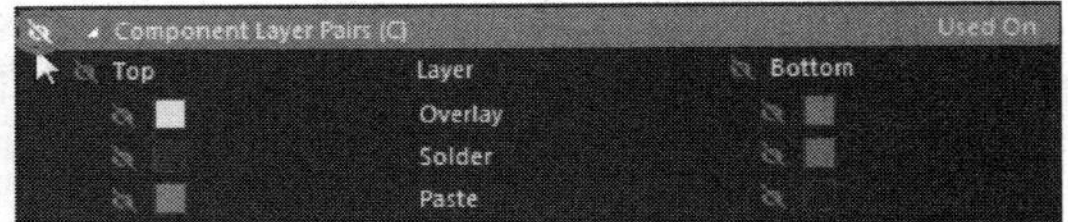

图 5-13　启用/禁用全部的 Component Layers

启用/禁用整个层组，如图 5-14 所示，所有的 Top Layers 启用/禁用。

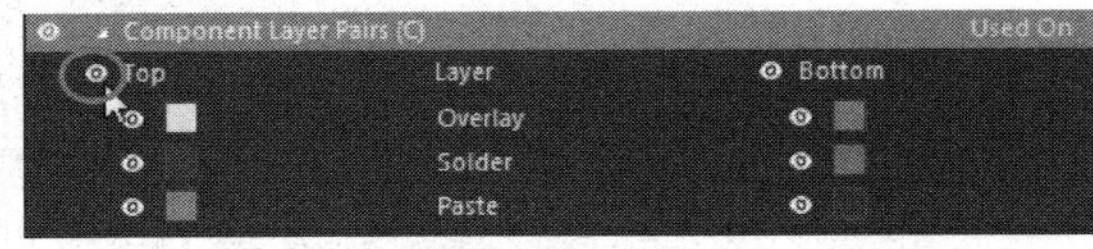
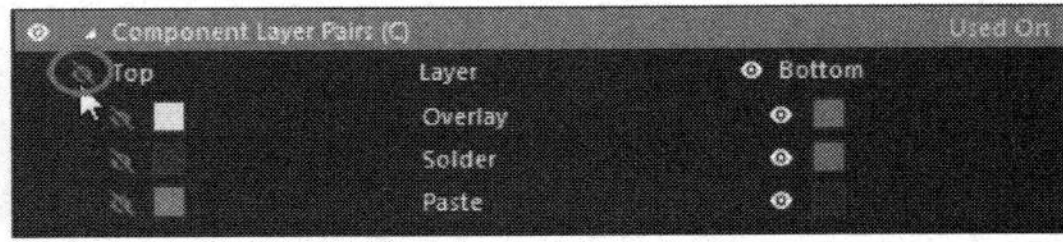

图 5-14　启用/禁用 Top Layers

启用/禁用每个组中的单个条目，如图 5-15 所示，突出显示的个别条目已禁用。

2）如果要修改某层的颜色或系统的颜色，单击其对应的“颜色”栏内的色条，即可在弹出的选择颜色列表中进行修改，如图 5-16 所示。

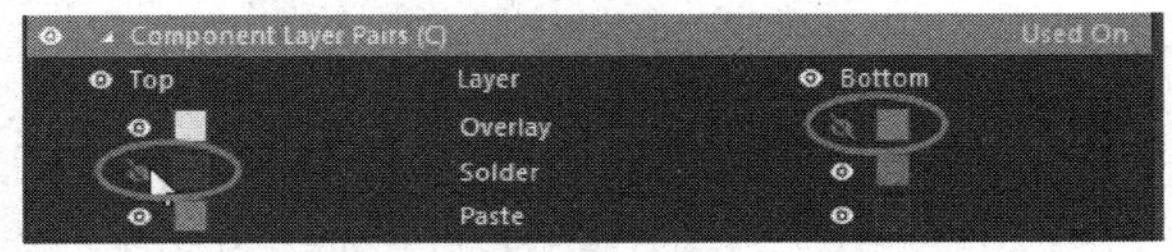

图 5-15　启用/禁用单个条目

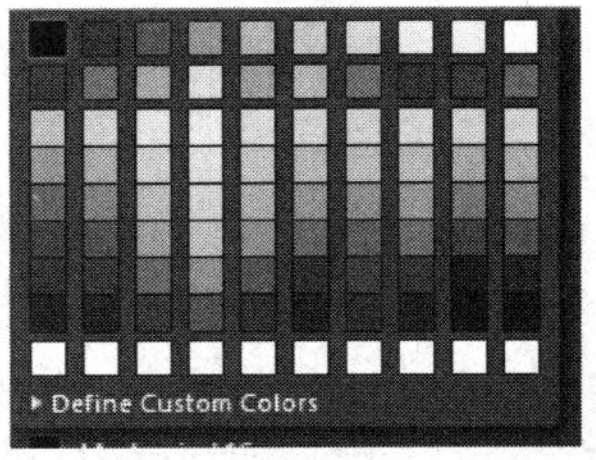

图 5-16　选择颜色列表

3）在“Layer Sets（层设置）”设置栏中，有“All Layers（所有层）”“Signal Layers（信号层）”“Plane Layers（平面层）”“NonSignal Layers（非信号层）”和“Mechanical Layers（机械层）”选项，它们分别对应其上方的信号层、电源层和底层、机械层。选择“All Layers（所有层）”决定了在板层和颜色面板中显示全部的层面，还是只显示图层堆栈中设置的有效层面。一般为使面板简洁明了，默认选择“All Layers（所有层）”，只显示有效层面，对未用层面可以忽略其颜色设置。

单击“Used On（使用的层打开）”按钮，即可选中该层的“显示”按钮，清除其余所有层的选中状态。

（3）显示系统的颜色

在“System Color（系统颜色）”栏中可以对系统的两种类型可视格点的显示或隐藏进行设置，还可以对不同的系统对象进行设置。

5.6 “Preferences（参数选择）”的设置

在“Preferences（参数选择）”对话框中可以对一些与 PCB 编辑窗口相关的系统参数进行设置。设置后的系统参数将用于这个工程的设计环境，并不随 PCB 文件的改变而改变。

1）执行“工具”→“优先选项”菜单命令。

2）执行该命令后，会弹出如图 5-17 所示的“优选项”对话框。其中，PCB Editor（PCB 编辑器）选项组下需要设置的有“General（常规）”“Display（显示）”“Defaults（默认）”和“Layer Colors（层颜色）”选项卡。下面就具体讲述各个选项卡的设置。

图 5-17 “优选项”对话框

1. “General（常规）”选项卡

（1）“编辑选项”选项组

1）“在线 DRC”复选框：选中该复选框时，所有违反 PCB 设计规则的地方都将被标记出来。取消对该复选框的选中状态时，用户只能通过选择“工具”→“设计规则检查”命令，在“设计规则检查”对话框中进行查看。PCB 设计规则在“PCB 规则及约束编辑器”对话框中定义（选择“设计”→“规则”菜单项）。

2）“捕捉到中心点”复选框：选中该复选框时，鼠标捕获点将自动移到对象的中心。对焊盘或过孔来说，鼠标捕获点将移向焊盘或过孔的中心。对元件来说，光标将移向元件的第一个管脚；对导线来说，鼠标将移向导线的一个顶点。

3）“智能元件捕捉”复选框：选中该复选框，当选中元件时光标将自动移到离单击处最近的焊盘上。取消对该复选框的选中状态，当选中元件时光标将自动移到元件的第一个管脚的焊盘处。

4）“Room 热点捕捉”复选框：选中该复选框，当选中元件时光标将自动移到离单击处最近的 Room 热点上。

5）“移除复制品”复选框：选中该复选框，当数据进行输出时将同时产生一个通道，这个通道将检测通过的数据并将重复的数据删除。

6）“确认全局编译”复选框：选中该复选框，用户在进行全局编译时系统将弹出一个对话框，提示当前的操作将影响到对象的数量。建议保持对该复选框的选中状态，除非用户对 Altium Designer 22 的全局编译非常熟悉。

7）“保护锁定的对象”复选框：选中该复选框后，当对锁定的对象进行操作时系统将弹出一个对话框询问是否继续此操作。

8）“确定被选存储清除”复选框：选中该复选框，当用户删除某一个存储时系统将弹出一个警告对话框。默认状态下取消对该复选框的选中状态。

9）“单击清除选项”复选框：通常情况下该复选框保持选中状态。用户单击选中一个对象，然后选择另一个对象时，上一次选中的对象将恢复未被选中的状态。取消对该复选框的选中状态时，系统将不清除上一次的选中记录。

10）“点击 Shift 选中”复选框：选中该复选框时，用户需要按〈Shift〉键的同时单击所要选择的对象才能选中该对象。通常取消对该复选框的选中状态。

（2）“其他”选项组

1）“旋转步进”文本框：在进行元件的放置时，按〈Space〉键可改变元件的放置角度，通常保持默认的 90°角设置。

2）“光标类型”下拉列表：可选择工作窗口鼠标的类型，有 3 种选择：Large 90、Small 90 和 Small 45。

3）“器件拖拽”下拉列表：该项决定了在进行元件的拖动时是否同时拖动与元件相连的布线。选中“Connected Tracks（相连的布线）”项则在拖动元件的同时拖动与之相连的布线，选中“None（无）”项则只拖动元件。

（3）“自动平移选项”选项组

1）“使能 Auto Pan”复选框：勾选该复选框，执行任何编辑操作时以及十字准线光标处于活动状态时，将光标移动超出任何文档视图窗口的边缘，将导致文档在相关方向上进行平移。

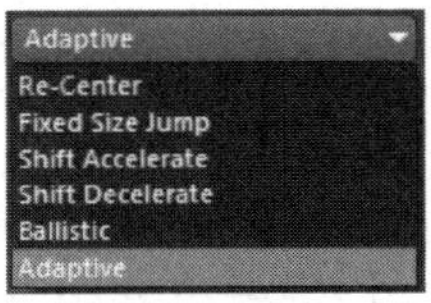

2）“类型”下拉列表：在此项中可以选择视图自动缩放的类型，有如图 5-18 所示的几种选择项。

Adaptive
Re-Center
Fixed Size Jump
Shift Accelerate
Shift Decelerate
Ballistic
Adaptive

图 5-18 视图的自动缩放类型

3）“速度”文本框：当在“类型”项中选择了“Adaptive（自适应）”时将出现该项。从中可以进行缩放步长的设置，单位有两种：“Pixels/sec（像素/秒）”和“Mils/sec（密耳/秒）”。

（4）“空间向导选项”选项组

“禁用滚动”复选框：选中此复选框，导航文件过程中，不能滚动图纸。

（5）“铺铜重建”选项组

1）“铺铜修改后自动重铺”复选框：选中此复选框，在铺铜上走线后重新进行铺铜操作时，铺铜将位于走线的上方。

2）“在编辑过后重新铺铜”复选框：选中此复选框，在铺铜上走线后重新进行铺铜操作时，铺铜将位于走线的原位置。

（6）“从其他程序粘贴”选项组

“优先格式”下拉列表框：设置粘贴的格式，包括“Metafile（图元文件）”“Text（文本文件）”两种。

（7）“合作”选项组

“分享文件”单选按钮：单击该按钮，选择与当前 PCB 文件协作的文件。

（8）“Room 移动选项”选项组

“当移动带有锁定对象的 Room 时询问”复选框：选中此复选框，在铺铜上走线后重新进行铺铜操作时，铺铜将位于走线的上方。

2．“Display（显示）”选项卡

“Display（显示）”选项卡如图 5-19 所示。

图 5-19 “Display（显示）”选项卡

（1）“显示选项”选项组

“抗混叠”复选框：开启或禁用 3D 抗锯齿。

“Use Animation（使用动画）”复选框：用于在缩放、翻转电路板和切换图层时打开/关闭动画。

（2）“高亮选项”选项组

1）“完全高亮”复选框：选中该复选框后，选中的对象将以当前的颜色突出显示出来。取消对该复选框的选中状态时，对象将以当前的颜色被勾勒出来。

2）“当 Masking 时候使用透明模式”复选框：选中该复选框，进行 Mask（掩模）操作时会将其余的对象透明化显示。

3）“在高亮的网络上显示全部元素”复选框：选中该复选框，在单层模式下系统将显示所有层中的对象（包括隐藏层中的对象），而且当前层被高亮显示出来。取消选中状态后，单层模式下系统只显示当前层中的对象，多层模式下所有层的对象都会通过高亮的网格颜色显示出来。

4）“交互编辑时应用 Mask”复选框：选中该复选框，用户在交互式编辑模式下可以使用 Mask（掩模功能）。

5）“交互编辑时应用高亮”复选框：选中该复选框，用户在交互式编辑模式下可以使用高亮显示功能，对象的高亮颜色在“视图设置”对话框中设置。

（3）“层绘制顺序”选项组

“层绘制顺序”选项组用来指定层的顺序。

3．“Defaults（默认值）”选项卡

“Defaults（默认值）”选项卡用于设置 PCB 设计中用到的各个对象的默认值，如图 5-20 所示。

通常用户不需要改变此选项卡中的内容。

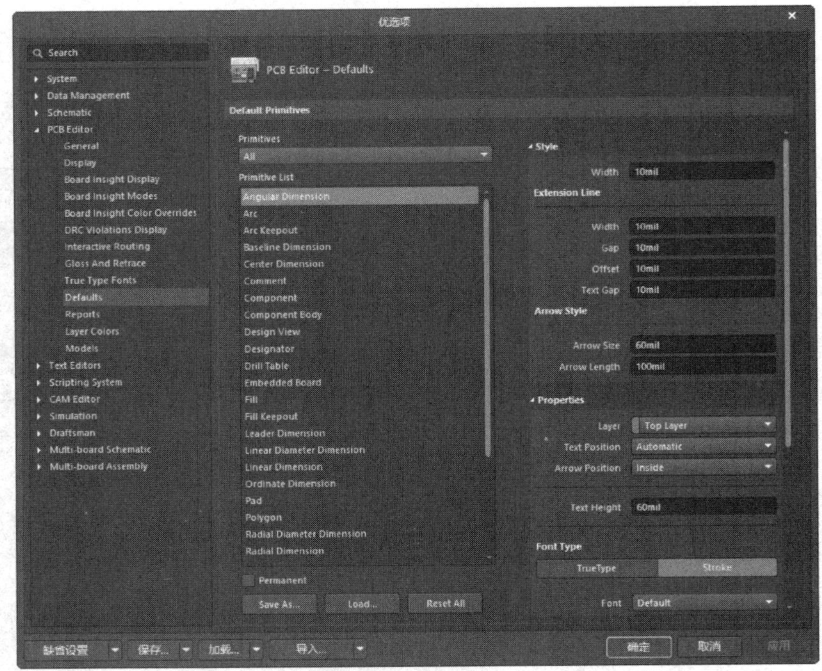

图 5-20 “Defaults（默认值）”选项卡

- “Primitives（图元）”列表框：该列表框列出了所有可以编辑的图元总分类。
- “Primitives List（图元列表）”列表框：该列表框列出了所有可以编辑的图元对象选项。选择其中一项，在右侧“Properties（属性）”选项组中显示相应的属性设置，进行图元属性的修改。例如，双击图元“Arc（弧）”选项，进入坐标属性设置选项组，可以对各项参数的数值进行修改。
- “Permanent（永久的）”复选框：在对象放置前按〈Tab〉键进行对象的属性编辑时，如果选中该复选框，则系统将保持对象的默认属性。例如，放置元件“cap”时，如果系统默认的标号为“Designator1”，则第一次放置时两个电容的标号分别为“Designator1”和“Designator2”。退出放置操作进行第二次放置时，放置的电容的标号则为“Designator1”和“Designator2”。但是如果取消对该复选框的选中状态，第二次放置的电容标号为“Designator1”和“Designator2”，那么进行第二次放置时放置的电容标号就为“Designator3”和“Designator4”。
- 单击 Load... 按钮，可以将其他的参数配置文件导入，使之成为当前的系统参数值。
- 单击 Save As... 按钮，可以将当前各个图元的参数配置以参数配置文件*.DFT 的格式保存起来，供以后调用。
- 单击 Reset All 按钮，可以将当前选择图元的参数值重置为系统默认值。

4．“Layer Colors（层颜色）”选项卡

“Layer Colors（层颜色）”选项卡用于设置 PCB 设计中可看到系统提供的所有层及层的颜色设置，如图 5-21 所示。

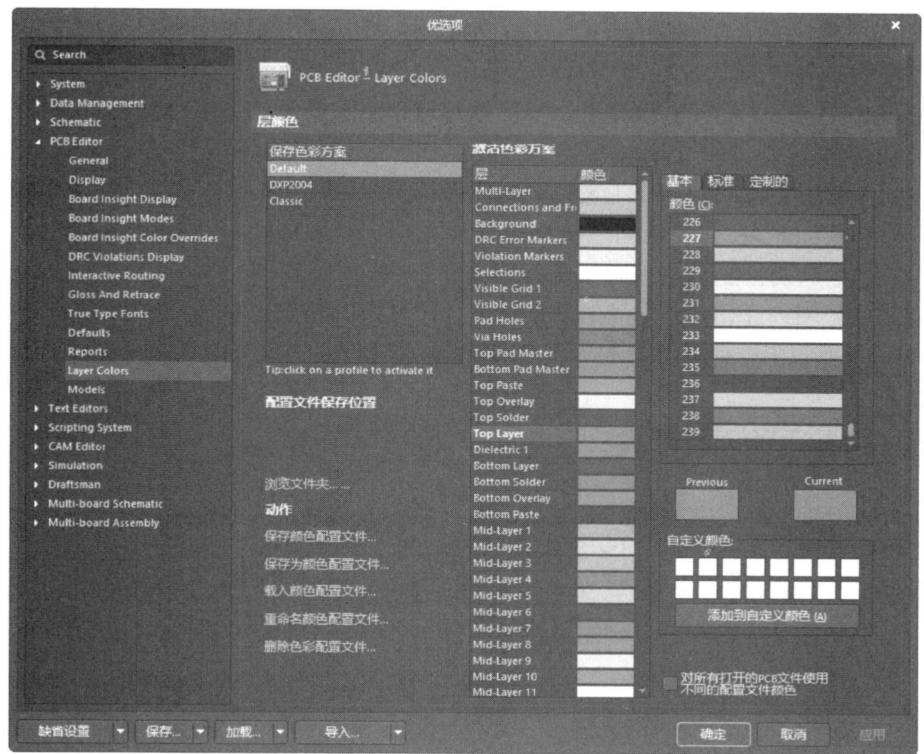

图 5-21 “Layer Colors（层颜色）”选项卡

用户可以自行尝试修改各项参数后观察系统的变化，而不必担心参数修改错误后会导致设计上的障碍。如果想取消自己曾经修改的参数设置，只要单击“优选项”设置对话框左下角的“缺省设置”按钮，在下拉菜单中进行选择，就可以将当前页或者所有参数设置恢复到原来的默认值了。另外，还可以通过“保存”按钮将当前的设置保存起来，以后通过“导入”按钮导入使用即可。

5.7 在 PCB 文件中导入原理图网络表信息

印制电路板有单面板、双面板和多层板三种。单面板由于成本低而被广泛使用。初听起来单面板似乎比较简单，但是从技术上说单面板的设计难度很大。在印制电路板设计中，单面板设计是一个重要的组成部分，也是印制电路板设计的起步。双面板的电路一般比单面板复杂，但是由于双面都能布线，设计不一定比单面板困难，深受广大设计人员的喜爱。

单面板与双面板两者的设计过程类似，均可按照电路板设计的一般步骤进行。在设计电路板之前，准备好原理图和网络表，为设计印制电路板打下基础。然后进行电路板的规划，也就是电路板板边的确定，或者说是确定电路板的尺寸。规划好电路板后，接下来的任务就是将网络表和元件封装装入。装入元件封装后，元件是重叠的，需要对元件封装进行布局，布局的好坏直接影响到电路板的自动布线，因此非常重要。元件的布局可以采用自动布局，也可以手动对元件进行调整布局。元件封装在规划好的电路板上布完线后，可以运用 Altium Designer 22 提供的强大的自动布线功能，进行自动布线。在自动布线结束之后，往往还存在一些令人不满意的地方，这就需要设计人员利用经验手动调整。当然对于那些设计经验丰富的设计人员，从元件封装的布局到布完线，都可以手动完成。

现在最普遍的电路设计方式是用双面板设计。但是当电路比较复杂而利用双面板无法实现理想的布线时，就要采用多层板的设计了。多层板是指采用四层板以上的电路板布线。它一般包括顶层、底层、电源板层、接地板层，甚至还包括若干个中间板层。板层越多，布线就越简单。但是多层板的制作费用比较高，制作工艺也比较复杂。多层板的布线主要以顶层和底层为主要布线层，以中间层布线为辅。在需要中间层布线的时候，往往先将那些在顶层和底层难以布置的网络，布置在中间层，然后切换到顶层或底层进行其他的布线操作。

网络表是原理图与 PCB 图之间的联系纽带，原理图的信息可以通过导入网络表的形式完成与 PCB 之间的同步。在进行网络表的导入之前，需要装载元件的封装库并对同步比较器的比较规则进行设置。

5.7.1 准备原理图和网络表

由于 Altium Designer 22 采用的是集成的元件库，因此对于大多数设计来说，在进行原理图设计的同时便装载了元件的 PCB 封装模型，此时可以省略该项操作。但 Altium Designer 22 同时也支持单独的元件封装库，只要 PCB 文件中有一个元件封装不是在集成的元件库中，用户就需要单独装载该封装所在的元件库。元件封装库的添加与原理图中元件库的添加步骤相同，这里不再介绍。

要制作印制电路板，需要有原理图和网络表，这是制作电路板的前提。现以图 5-22 所示的“ISA Bus Address Decoding.SchDoc”原理图为例来制作一块电路板。

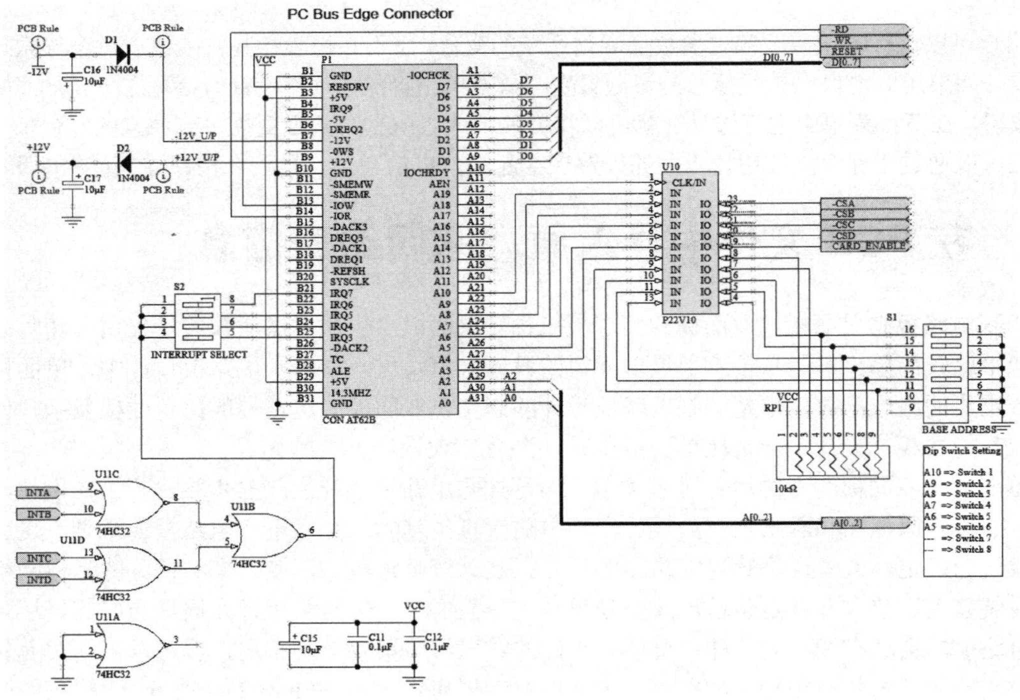

图 5-22　实例原理图

5.7.2 电路板的规划

对于要设计的电子产品，不可能没有尺寸的要求。这就需要设计人员首先确定电路板的尺寸，因此首要的工作就是电路板的规划，也就是说电路板板边的确定。

进入 PCB 设计服务器后，电路板规划的一般步骤如下。

1）单击编辑区下方的标签“Mechanical 1”，即可将当前的工作层面设置为“机械层 1”，一般用于设定 PCB 的物理边界。

2）执行“放置”→“走线”菜单命令。

3）这时光标变成十字形状。移动光标到工作窗口，在机械层上创建一个封闭的多边形。双击多边形，打开“Properties（属性）”面板，如图 5-23 所示。在该面板中用户可以很精确地进行定位，并且可以设置工作层面和线宽。

4）完成布线框的设置后，右击或者按下〈Esc〉键即可退出布线框的操作。

5）单击编辑区下方的标签，即可将当前的工作层面设置为“KeepOut（禁止布线）”层，一般用于设定 PCB 的电气边界。

6）执行“放置”→“KeepOut（禁止布线）”→“线径”菜单命令，光标变成十字形，在 PCB 图上物理边界内部绘制出一个封闭的矩形，设定电气边界。设置完成的 PCB 图如图 5-24 所示。

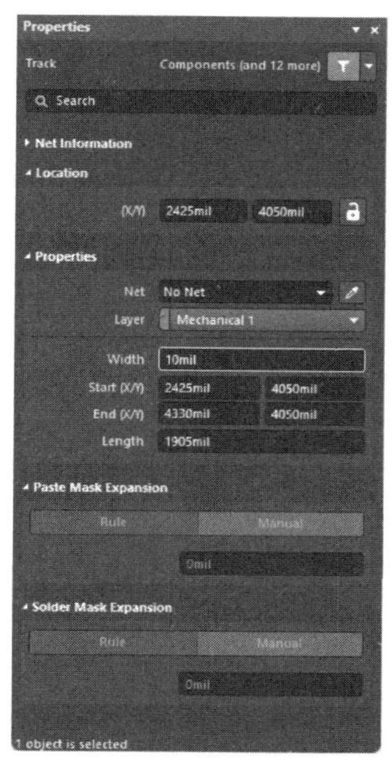

图 5-23 “Properties（属性）”面板

图 5-24 绘制边框

5.7.3 导入网络表

完成了前面的准备工作后，即可将网络表里的信息导入 PCB，为电路板的元器件布局和布线做准备。将网络表导入的具体步骤如下。

1）在原理图编辑环境中，执行“设计”→“Update PCB Document PCB1.PcbDoc（更新 PCB 文件）”菜单命令。

2）执行完该命令后，会出现如图 5-25 所示的“工程变更指令”对话框。

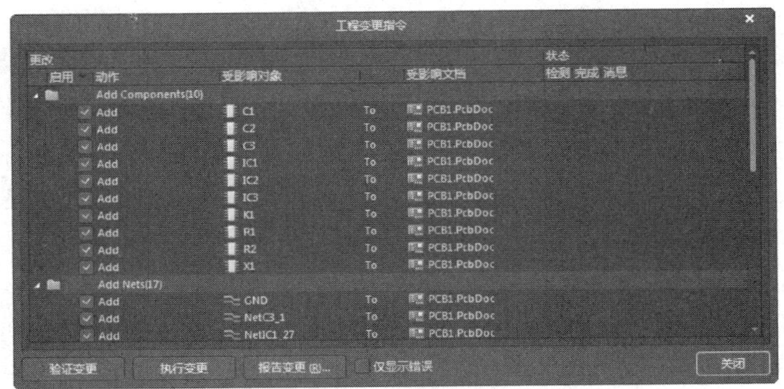

图 5-25 “工程变更指令”对话框

3）单击“验证变更”按钮，系统将扫描所有的更改操作项，验证能否在 PCB 上执行所有的更新操作。随后在每一项所对应的“检测”栏中将显示✓标记，如图 5-26 所示。

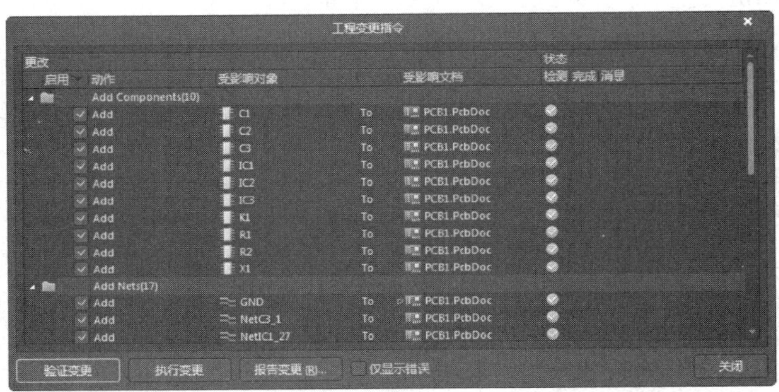

图 5-26 PCB 中能实现的合法改变

- ✓标记：说明该项更改操作项都是合乎规则的。
- ✗标记：说明该项更改操作是不可执行的，需要返回到以前的步骤中进行修改，然后重新进行更新验证。

4）进行合法性校验后单击“执行变更”按钮，系统将完成网络表的导入，同时在每一项的“完成”栏中显示✓标记提示导入成功，如图 5-27 所示。

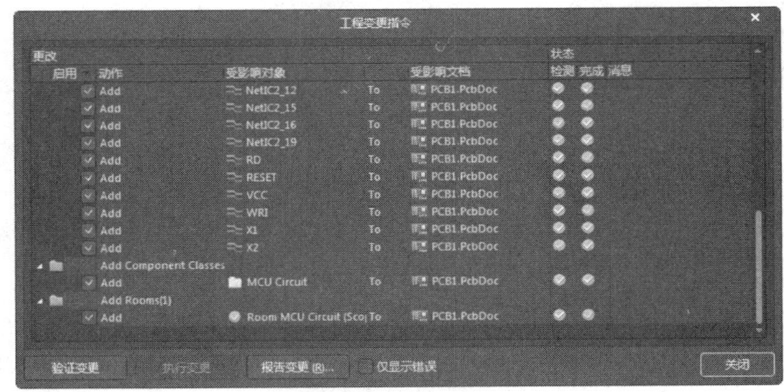

图 5-27 执行更新命令

5）单击“关闭”按钮，关闭该对话框。此时可以看到在 PCB 图布线框的右侧出现了导入的所有元件的封装模型，如图 5-28 所示。该图中的紫色边框为布线框，各元件之间仍保持着与原理图相同的电气连接特性。

需要注意的是，导入网络表时，原理图中的元件并不直接导入到用户绘制的布线区内，而是位于布线区范围以外。通过随后执行的自动布局操作，系统自动将元件放置在布线区内。当然，用户也可以手动拖动元件到布线区内。

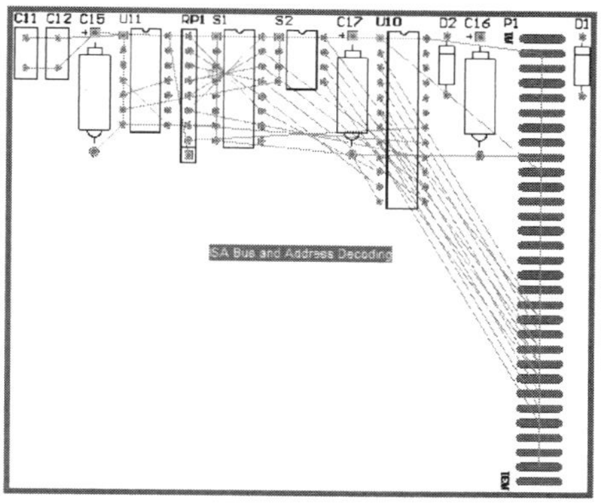

图 5-28　导入网络表后的 PCB 图

5.8　元件的自动布局

装入网络表和元件封装后，要把元件封装放入工作区，这就需要对元件封装进行布局。

5.8.1　自动布局的菜单命令

Altium Designer 22 提供了强大的 PCB 自动布局功能，PCB 编辑器根据一套智能的算法可以自动地将元件分开，然后放置到规划好的布局区域内并进行合理的布局。选择“工具”→“器件摆放”菜单命令即可打开与自动布局有关的菜单项，如图 5-29 所示。

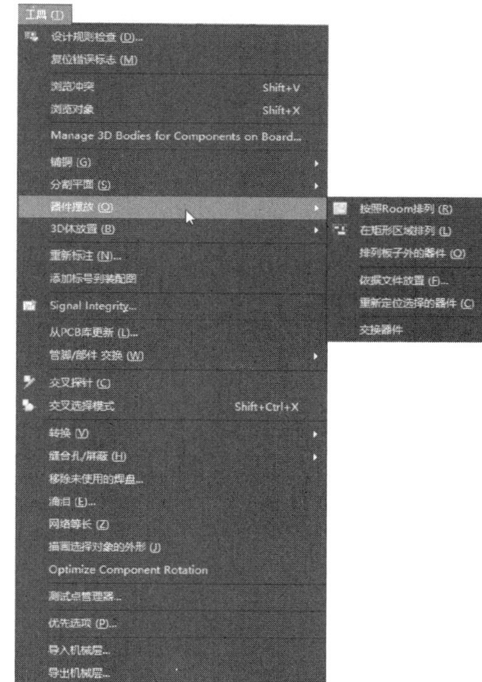

图 5-29　“自动布局”菜单项

- “按照 Room 排列（空间内排列）”命令：用于在指定的空间内部排列元件。单击该命令后，光标变为十字形状，在要排列元件的空间区域内单击，元件即自动排列到该空间内部。
- “在矩形区域排列”命令：用于将选中的元件排列到矩形区域内。使用该命令前，需要先将要排列的元件选中。此时光标变为十字形状，在要放置元件的区域内单击，确定矩形区域的一角，拖动光标至矩形区域的另一角后再次单击。确定该矩形区域后，系统会自动将已选择的元件排列到矩形区域中来。
- “排列板子外的器件”命令：用于将选中的元件排列在 PCB 的外部。使用该命令前，需要先将要排列的元件选中，系统自动将选择的元件排列到 PCB 范围以外的右下角区域内。
- “依据文件放置”菜单命令：导入自动布局文件进行布局。
- “重新定位选择的器件”菜单命令：重新进行自动布局。
- “交换器件”菜单命令：用于交换选中的元件在 PCB 的位置。

5.8.2 自动布局约束参数

在自动布局前，首先要设置自动布局的约束参数。合理地设置自动布局参数，可以使自动布局的结果更加完善，也就相对减少了手动布局的工作量，节省了设计时间。

自动布局的参数在“PCB 规则及约束编辑器”对话框中进行设置。选择菜单栏中的“设计”→“规则”命令，系统将弹出“PCB 规则及约束编辑器”对话框。单击该对话框中的“Placement（设置）”标签，逐项对其中的选项进行参数设置。

1）“Room Definition（空间定义规则）”选项：用于在 PCB 上定义元件布局区域，如图 5-30 所示为该选项的设置对话框。在 PCB 上定义的布局区域有两种，一种是区域中不允许出现元件，一种则是某些元件一定要在指定区域内。在该对话框中可以定义该区域的范围（包括坐标范围与工作层范围）和种类。该规则主要用在在线 DRC、批处理 DRC 和成群的放置项自动布局的过程中。

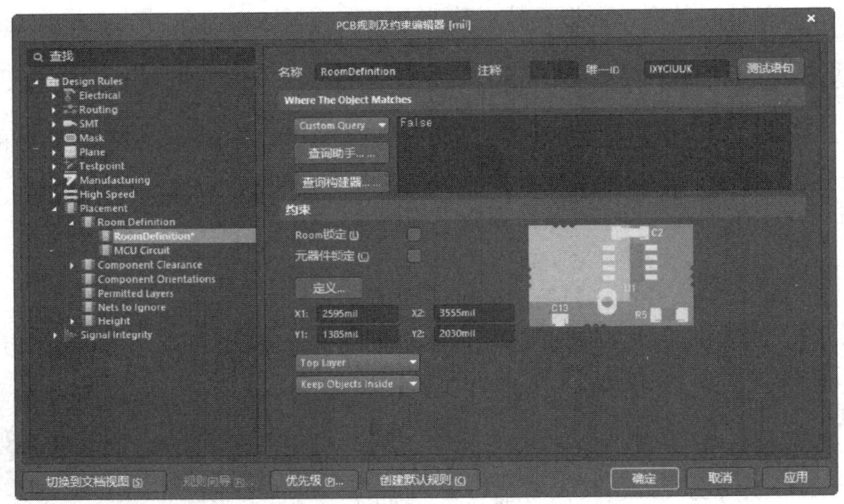

图 5-30 “PCB 规则及约束编辑器”对话框

其中各选项的功能如下。

- “Room 锁定（区域锁定）”复选框：勾选该复选框后，将锁定 Room 类型的区域，以防止在进行自动布局或手动布局时移动该区域。
- “元器件锁定”复选框：勾选该复选框后，将锁定区域中的元件，以防止在进行自动布局或手动布局时移动该元件。
- “定义”按钮：单击该按钮，光标将变成十字形状，移动光标到工作窗口中，单击可以定义 Room 的范围和位置。
- “x1”“y1”文本框：显示 Room 最左下角的坐标。
- “x2”“y2”文本框：显示 Room 最右上角的坐标。
- 最后两个下拉列表框中列出了该 Room 所在的工作层及对象与此 Room 的关系。

2）“Component Clearance（元件间距限制规则）”选项：用于设置元件间距，如图 5-31 所示为该选项的设置对话框。在 PCB 上可以定义元件的间距，该间距会影响到元件的布局。

- “无限”单选钮：用于设定最小水平间距，当元件间距小于该数值时将视为违例。

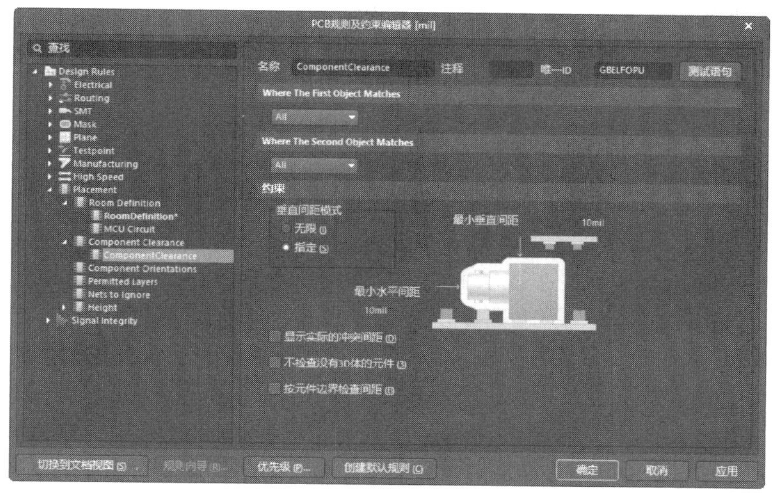

图 5-31 “Component Clearance（元件间距限制规则）”选项设置对话框

●“指定”单选钮：用于设定最小水平和垂直间距，当元件间距小于这个数值时将视为违例。

3）“Component Orientations（元件布局方向规则）”选项：用于设置 PCB 上元件允许旋转的角度，如图 5-32 所示为该选项设置内容，在其中可以设置 PCB 上所有元件允许使用的旋转角度。

4）“Permitted Layers（电路板工作层设置规则）”选项：用于设置 PCB 上允许放置元件的工作层，如图 5-33 所示为该选项设置内容。PCB 上的底层和顶层本来是都可以放置元件的，但在特殊情况下可能有一面不能放置元件，通过设置该规则可以实现这种需求。

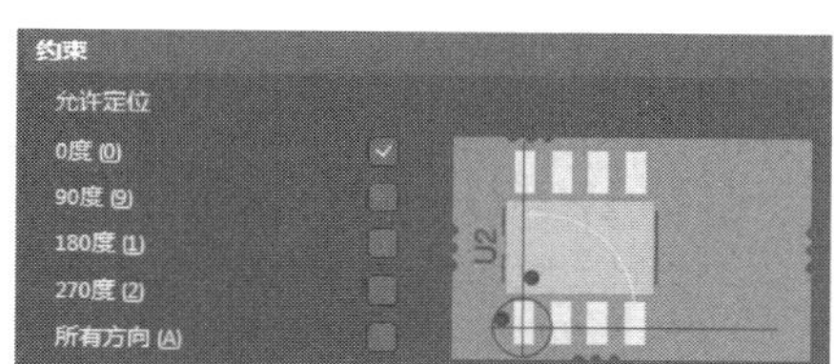

图 5-32 “Component Orientations（元件布局方向规则）”选项设置

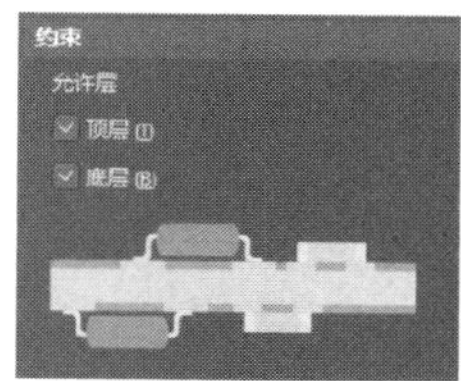

图 5-33 “Permitted Layers（电路板工作层设置规则）”选项设置

5）“Nets To Ignore（网络忽略规则）”选项：用于设置在采用成群的放置项方式执行元件自动布局时需要忽略布局的网络。忽略电源网络将加快自动布局的速度，提高自动布局的质量。如果设计中有大量连接到电源网络的双引脚元件，设置该规则可以忽略电源网络的布局并将与电源相连的各个元件归类到其他网络中进行布局。

6）“Height（高度规则）”选项：用于定义元件的高度。在一些特殊的电路板上进行布局操作时，电路板的某一区域可能对元件的高度要求很严格，此时就需要设置该规则。如图 5-34 所示为该选项的设置对话框，主要有“最小的”“优先的”和“最大的”三个可选择的设置选项。

元件布局的参数设置完毕，单击“确定”按钮，保存规则设置，返回 PCB 编辑环境。接着就可以采用系统提供的自动布局功能进行 PCB 元件的自动布局了。

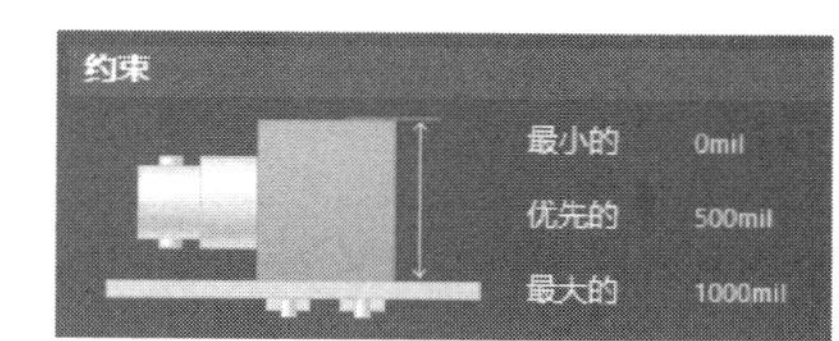

图 5-34 “Height（高度规则）”选项设置对话框

5.8.3 在矩形区域内排列

打开随书电子资料中的“yuanwenjian\ch_05\5.7”文件夹，使之处于当前的工作窗口中。利用前面的“PCB1.PcbDoc”文件介绍元件的自动布局，操作步骤如下。

1）在已经导入了电路原理图的网络表和所使用的元件封装的 PCB 文件 PCB1.PcbDoc 编辑器内，设定自动布局参数。自动布局前的 PCB 图如图 5-35 所示。

2）在“Keep-out Layer（禁止布线层）”设置布线区。

3）选择菜单栏中的“工具”→“器件摆放”→“在矩形区域排列”命令，光标变为十字形，在编辑区绘制矩形区域，即可开始在选择的矩形中自动布局。自动布局需要经过大量的计算，因此需要耗费一定的时间。

从图 5-36 中可以看出，元件在自动布局后不再是按照种类排列在一起。各种元件将按照自动布局的类型选择，初步分成若干组分布在 PCB 中，同一组的元件之间用导线建立连接将更加容易。自动布局结果并不是完美的，还存在很多不合理的地方，因此还需要对自动布局进行调整。

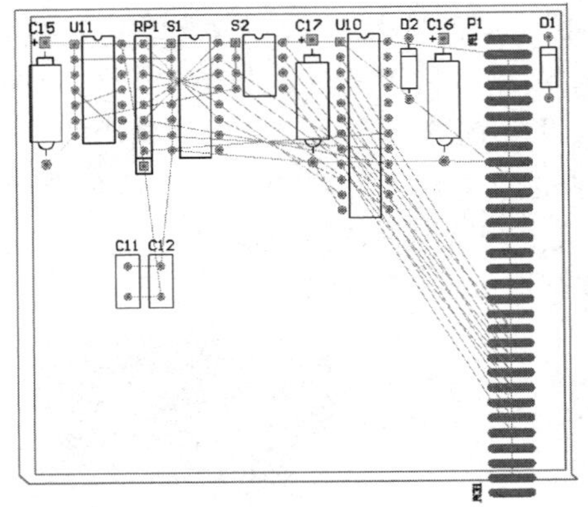

图 5-35 自动布局前的 PCB 图

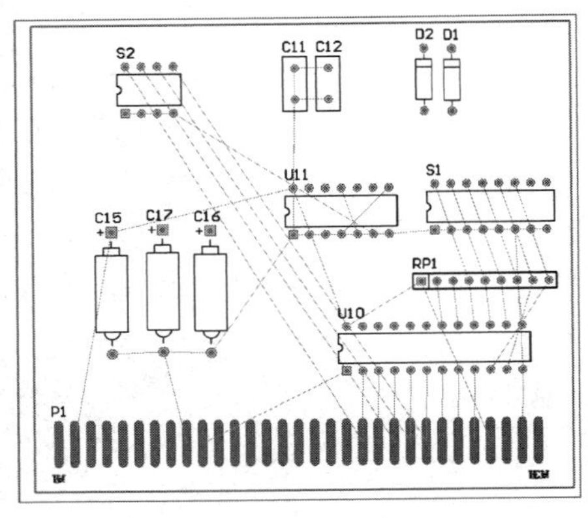

图 5-36 自动布局结果

5.8.4 排列板子外的元件

在大规模的电路设计中，自动布局涉及大量计算，执行起来往往要花费很长的时间，用户可以进行分组布局，为防止元件过多影响排列，可将局部元件排列到板子外，先排列板子内的元件，最后排列板子外的元件。

选中需要排列到外部的元器件，选择菜单栏中的“工具”→“器件摆放”→“排列板子外的器件”命令，系统将自动将选中元件放置到板子边框外侧，如图 5-37 所示。

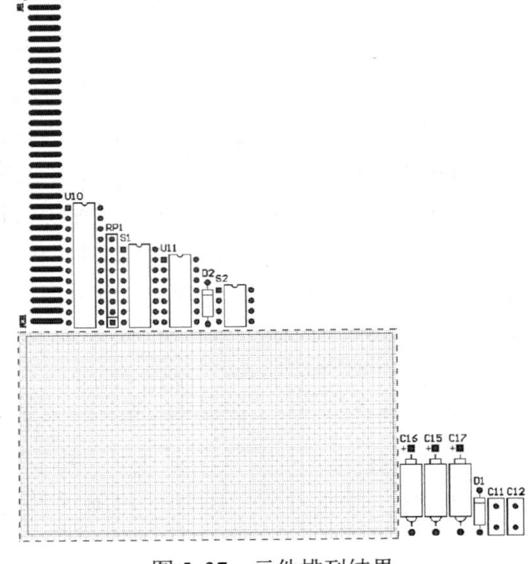

图 5-37 元件排列结果

5.8.5 导入自动布局文件进行布局

对元件进行布局时还可以采用导入自动布局文件来完成，其实质是导入自动布局策略。选择菜单栏中的“工具”→“器件摆放”→“依据文件放置”命令，系统将弹出如图 5-38 所示的“Load File Name（导入文件名称）”对话框。从中选择自动布局文件（后缀为“.PIk”），然后单击“打开”按钮即可导入此文件进行自动布局。

导入自动布局文件的方法在常规设计中比较少见，这里导入的并不是每一个元件自动布局的位置，而是一种自动布局的策略。自动布局结果并不是完美的，其中有很多不合理的地方，因此还需要对自动布局进行调整。

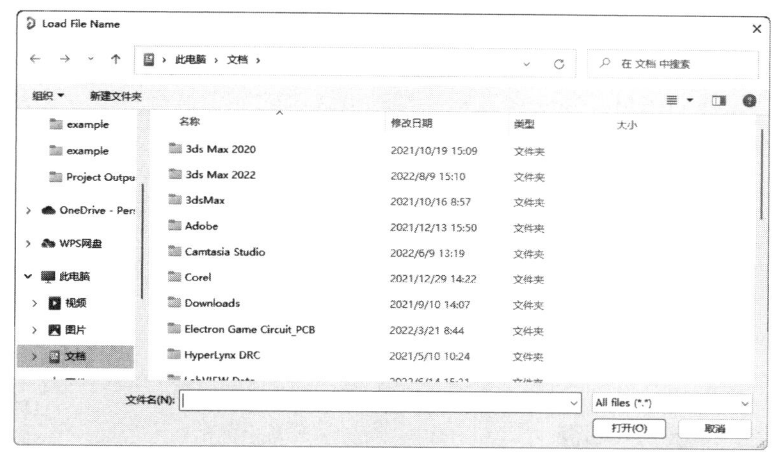

图 5-38 “Load File Name（导入文件名称）”对话框

5.9 元件的手动调整布局

元件的手动布局是指手工设置元件的位置。前面曾经看到过元件自动布局的结果，虽然设置了自动布局的参数，但是自动布局只是对元件进行了初步的摆放，自动布局中元件的摆放并不整齐，需要走线的长度也不是最小，随后的 PCB 布线效果不会很好，因此需要对元件的布局进一步调整。

在 PCB 上，可以通过对元件的移动来完成手动布局的操作，但是单纯的手动移动不够精细，不能非常齐整地摆放好元件。为此 PCB 编辑器提供了专门的手动布局操作，它们都在“工具”菜单中“对齐”选项的下一级菜单中，该菜单如图 5-39 所示。

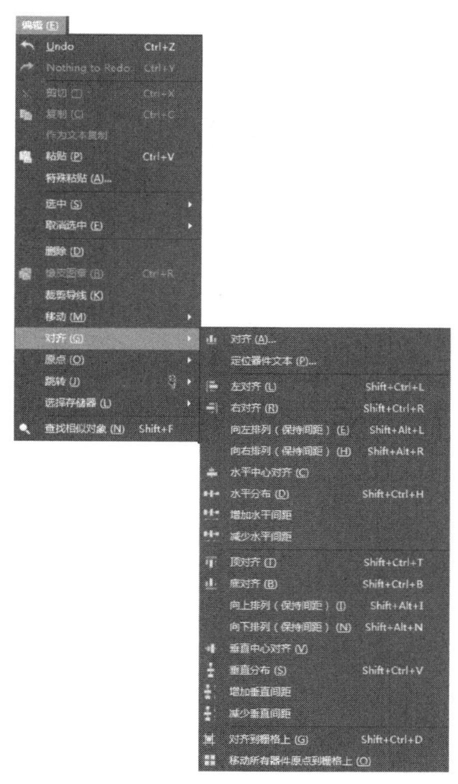

图 5-39 “对齐”菜单命令

5.9.1 元件说明文字的调整

对元件说明文字进行调整，除了可以手动拖动外，还可以通过菜单命令实现。选择菜单栏中的“编辑”→“对齐”→“定位器件文本”命令，系统将弹出如图 5-40 所示的“元器件文本位置”对话框。在该对话框中，用户可以对元件说明文字（标号和说明内容）的位置进行设置。该命令是对所有元件说明文字的全局编辑，每一项都有 9 种不同的摆放位置。选择合适的摆放位置后，单击“确定”按钮，即可完成元件说明文字的调整。

5.9.2 元件的手动布局

下面就利用元件自动布局的结果，继续进行手动布局调整。自动布局结果如图 5-38 所示。

（1）实现元件的移动

单击需要移动的元件，并按住左键不放，此时光标变为十字形状，表示已选中要移动的元件。按住左键不放，然后拖动鼠标，则十字光标会带动被选中的元件进行移动，将元件移动到适当的位置后，松开鼠标左键即可。

（2）元件的旋转

单击需要旋转的元件，并按住左键不放，此时光标变为十字形状，表示已选中要旋转的元件。按住左键不放，按〈Space〉键、字母〈X〉键或〈Y〉键，即可调整元件的方向。这和原理图元件调整是一样的。

手动调整后的 PCB 布局如图 5-41 所示。

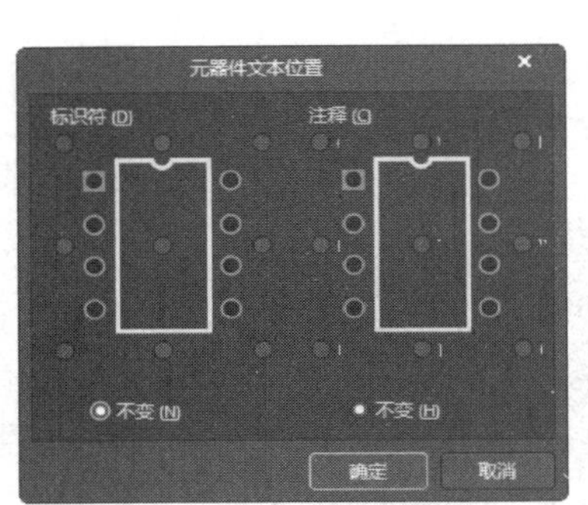

图 5-40 “元器件文本位置”对话框

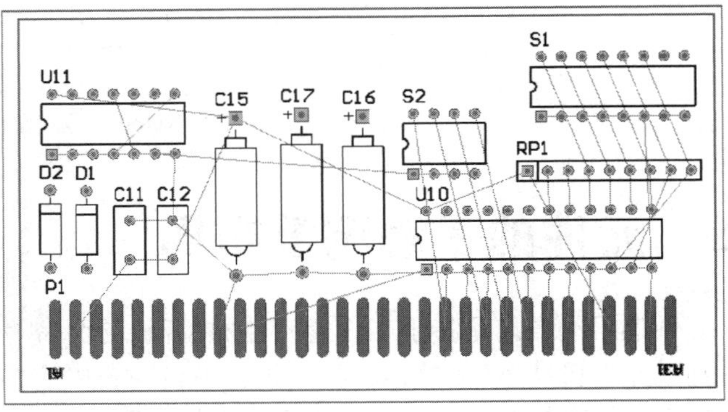

图 5-41 手动布局结果

布局完毕，发现原来定义的 PCB 形状偏大，需要重新定义 PCB 形状，这些内容前面已有介绍，这里不再赘述。

5.10 3D 效果图

手动布局完毕，可以通过 3D 效果图，直观地查看视觉效果，以检查手动布局是否合理。

5.10.1 三维效果图显示

在 PCB 编辑器内，选择菜单栏中的“视图”→“切换到 3 维模式”命令，系统显示该 PCB 的 3D 效果图，按住〈Shift〉键显示旋转图标，在方向箭头上按住鼠标右键，即可旋转电路板，如图 5-42 所示。

在 PCB 编辑器内，单击右下角的 Panels 按钮，在弹出的快捷菜单中选择“PCB”，打开“PCB”面板，如图 5-43 所示。

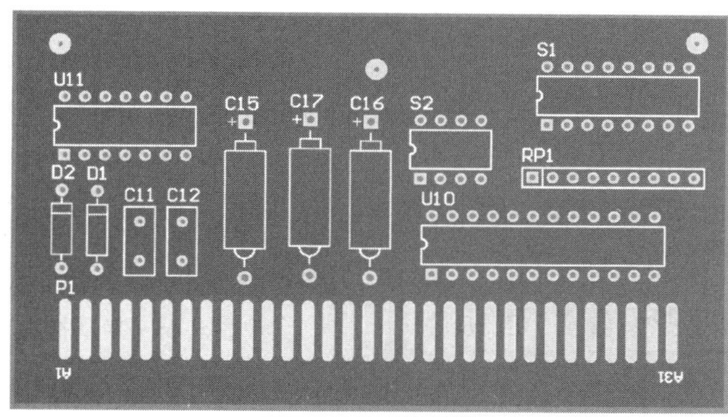

图 5-42　PCB 3D 效果图

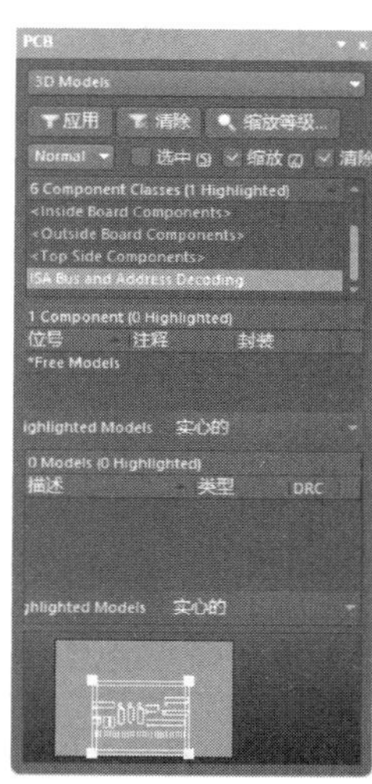

图 5-43　PCB 面板

1. 浏览区域

在“PCB”面板中显示类型为“3D Models”，该区域列出了当前 PCB 文件内的所有三维模型。选择其中一个元件以后，此网络呈高亮状态，如图 5-44 所示。

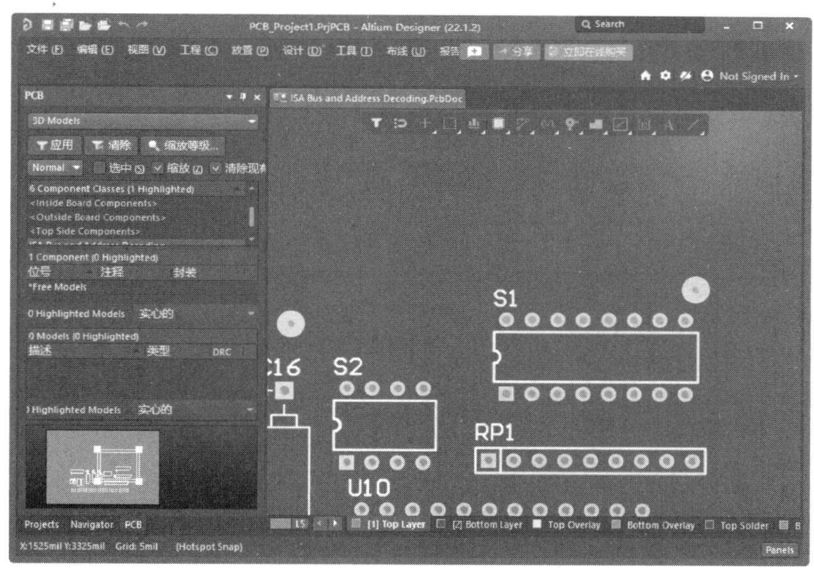

图 5-44　高亮显示元件

对于高亮网络有 Normal（正常）、Mask（遮挡）和 Dim（变暗）三种显示方式，用户可通过面板中的下拉列表框进行选择。

- Normal（正常）：直接高亮显示用户选择的网络或元件，其他网络及元件的显示方式不变。
- Mask（遮挡）：高亮显示用户选择的网络或元件，其他元件和网络以遮挡方式显示（灰色），这种显示方式更为直观。
- Dim（变暗）：高亮显示用户选择的网络或元件，其他元件或网络按色阶变暗显示。

对于显示控制，有 3 个控制选项，即选中、缩放和清除现有的。

● 选中：勾选该复选框，系统会在高亮显示的同时选中用户选定的网络或元件。
● 缩放：勾选该复选框，系统会自动将网络或元件所在区域完整地显示在用户可视区域内。如果被选网络或元件在图中所占区域较小，则会放大显示。
● 清除现有的：勾选该复选框，系统会自动清除选定的网络或元件。

2. 显示区域

该区域用于控制 3D 效果图中的模型材质的显示方式，如图 5-45 所示。

3. 预览框区域

将光标移到该区域中以后，单击并按住不放，拖动光标，3D 图将跟着移动，展示不同位置上的效果。

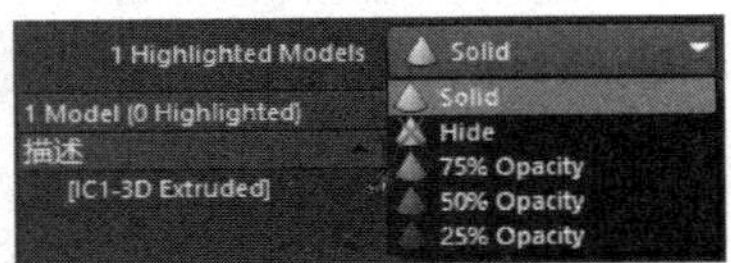

图 5-45 模型材质

5.10.2 "View Configuration（视图设置）"面板

在 PCB 编辑器内，单击右下角的 Panels 按钮，在弹出的快捷菜单中选择"View Configuration"，打开"View Configuration（视图设置）"面板，设置电路板基本环境。

在"View Configuration（视图设置）"面板的"View Options（视图选项）"选项卡中，显示三维面板的基本设置。不同情况下面板显示略有不同，这里重点讲解三维模式下的面板参数设置，如图 5-46 所示。

（1）"General Settings（通用设置）"选项组：显示配置和 3D 主体

● "Configuration（设置）"下拉列表选择三维视图设置模式，包括 11 种，默认选择"Custom Configuration（通用设置）"模式，如图 5-47 所示。

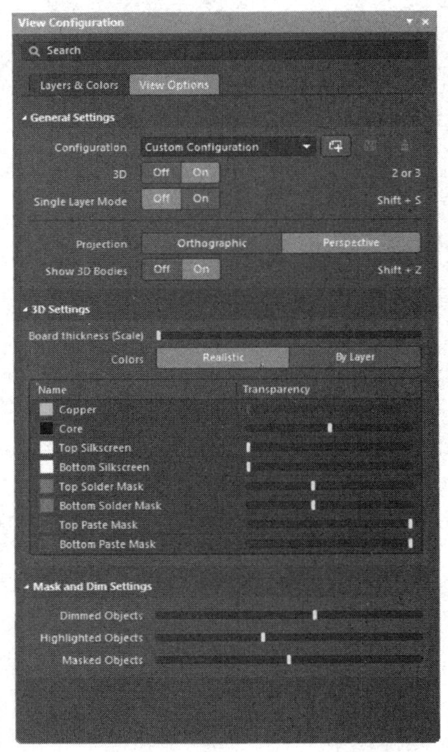

图 5-46 "View Options（视图选项）"选项卡

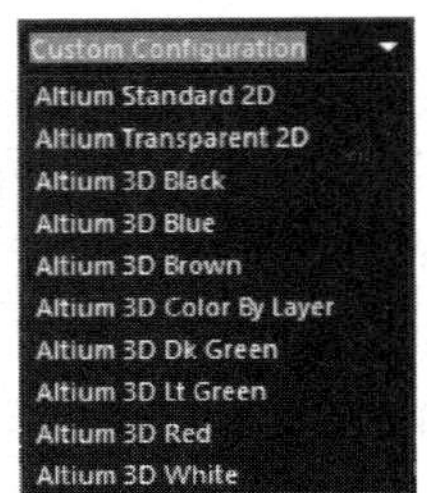

图 5-47 三维视图设置模式

- 3D：控制电路板三维模式的开关，作用同菜单命令“视图”→“切换到三维模式”。
- Signal Layer Mode：控制三维模型中信号层的显示模式，打开与关闭单层模式，如图 5-48 所示。

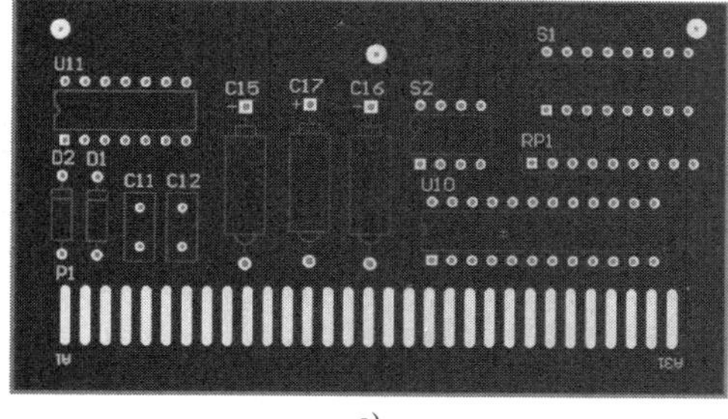

a)

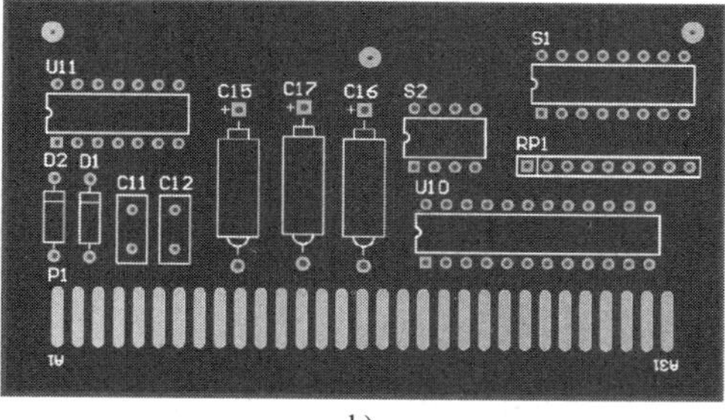

b)

图 5-48　三维视图模式

a) 打开单层模式　b) 关闭单层模式

- Projection：投影显示模式，包括 Orthographic（正射投影）和 Perspective（透视投影）。
- Show 3D Bodies：控制是否显示元件的三维模型。

（2）“3D Settings（三维设置）”选项组

- Board thickness（Scale）：通过拖动滑动块，设置电路板的厚度，按比例显示。
- Colors：设置电路板颜色模式，包括 Realistic（逼真）和 By Layer（随层）。
- Layer：在列表中设置不同层对应的透明度，通过拖动“Transparency（透明度）”栏下的滑动块来设置。

（3）“Mask and Dim Settings（屏蔽和调光设置）”选项组

该选项组用来控制对象屏蔽、调光和高亮设置。

- Dimmed Objects（屏蔽对象）：设置对象屏蔽程度。
- Highlighted Objects（高亮对象）：设置对象高亮程度。
- Masked Objects（调光对象）：设置对象调光程度。

（4）“Additional Options（附加选项）”选项组

- 在“Configuration（设置）”下拉列表选择“Altium Standard 2D”或执行“视图”→“切换到 2 维模式”菜单命令，切换到 2D 模式，电路板的面板设置如图 5-49 所示。
- 添加“Additional Options（附加选项）”选项组，在该区域包括 11 种控件，允许配置各种显示设置，包括 Net Color Override（网络颜色覆盖）。

（5）“Object Visibility（对象可视化）”选项组

2D 模式下添加“Object Visibility（对象可视化）”选项组，在该区域设置电路板中不同对象的透明度和是否添加草图。

5.10.3 三维动画制作

可以生成元件在电路板中指定零件点到点运动的简单动画。本节介绍通过拖动时间栏并旋转缩放电路板生成基本动画。

在 PCB 编辑器内，单击右下角的 Panels 按钮，在弹出的快捷菜单中选择“PCB 3D Movie Editor（电路板三维动画编辑器）”命令，打开“PCB 3D Movie Editor（电路板三维动画编辑器）”面板，如图 5-50 所示。

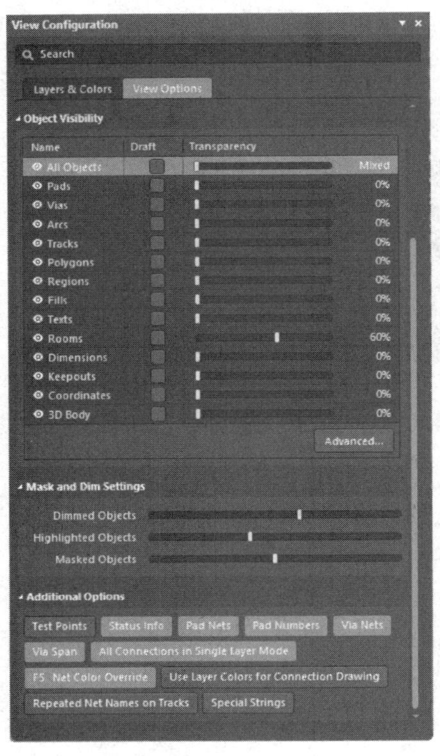

图 5-49　2D 模式下“View Options（视图选项）”选项卡

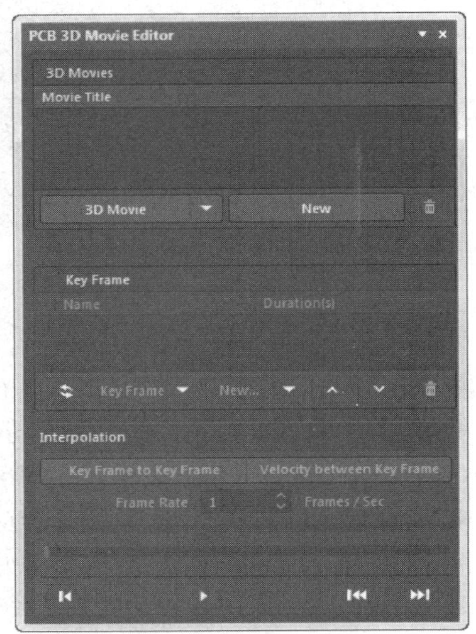

图 5-50　“PCB 3D Movie Editor（电路板三维动画编辑器）”面板

1）“Movie Title（动画标题）”区域。在“3D Movies（三维动画）”按钮下选择“New（新建）”命令或单击“New（新建）”按钮，在该区域创建 PCB 文件的三维模型动画，默认动画名称为“PCB 3D Video”。

2）“PCB 3D Video（动画）”区域。在该区域创建动画关键帧。在“Key Frame（关键帧）”按钮下选择“New（新建）”→“Add（添加）”命令或单击“New（新建）”→“Add（添加）”按钮，创建第一个关键帧，电路板如图 5-51 所示。

3）单击“New（新建）”→“Add（添加）”按钮，继续添加关键帧，设置将时间为 3 秒，按住鼠标中键拖动，在视图中将视图缩放，如图 5-52 所示。

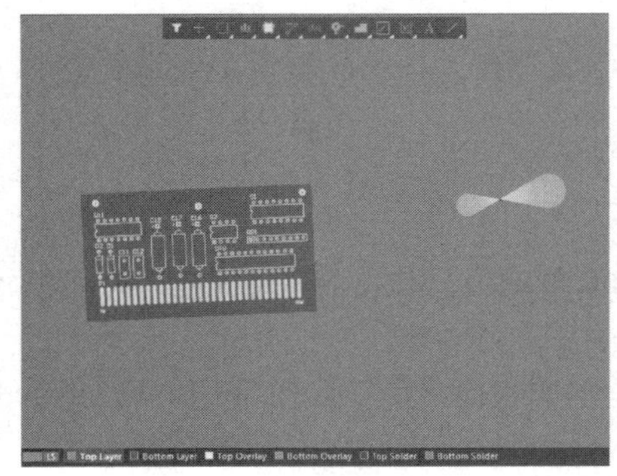

图 5-51　电路板默认位置

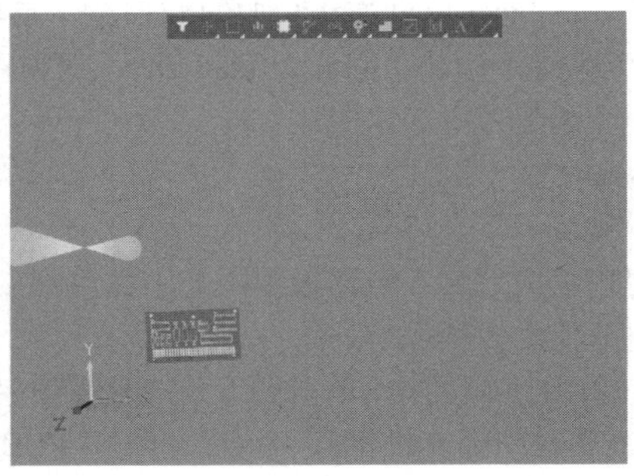

图 5-52　缩放后的视图

4）单击“New（新建）”→“Add（添加）”按钮，继续添加关键帧，设置将时间为 3 秒，按住〈Shift〉键与鼠标右键，在视图中将视图旋转如图 5-53 所示。

5）单击工具栏上的▷键，动画设置如图 5-54 所示。

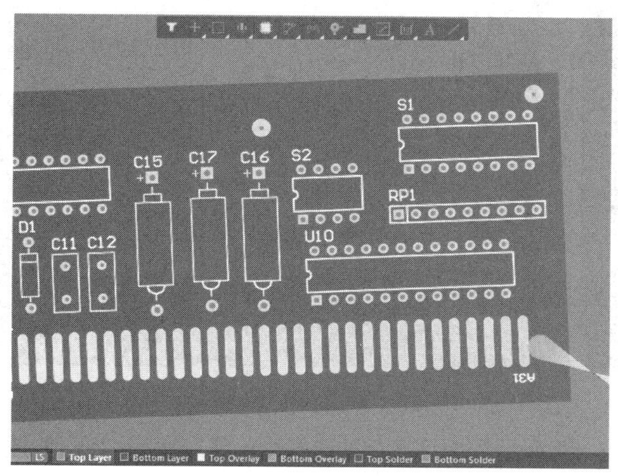

图 5-53　旋转后的视图

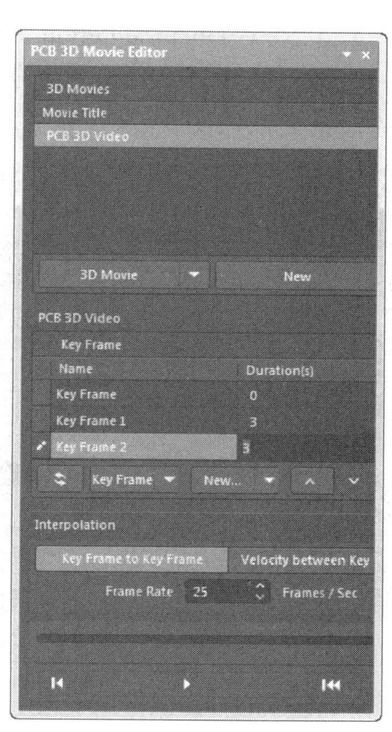

图 5-54　动画设置面板

5.10.4 三维动画输出

选择菜单栏中的“文件”→“新的”→“Output Job 文件”命令，在“Project（工程）”面板中的“Settings（设置）”选项栏下显示输出文件，系统提供的默认名为“Job1.OutJob”，如图 5-55 所示。

在右侧工作区打开编辑区，如图 5-56 所示。

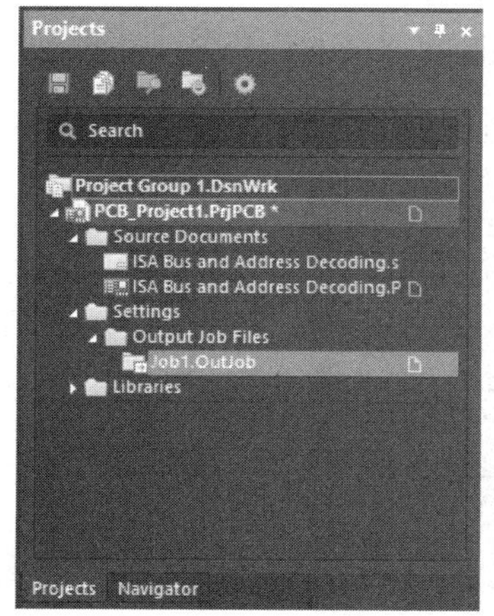

图 5-55　新建输出文件

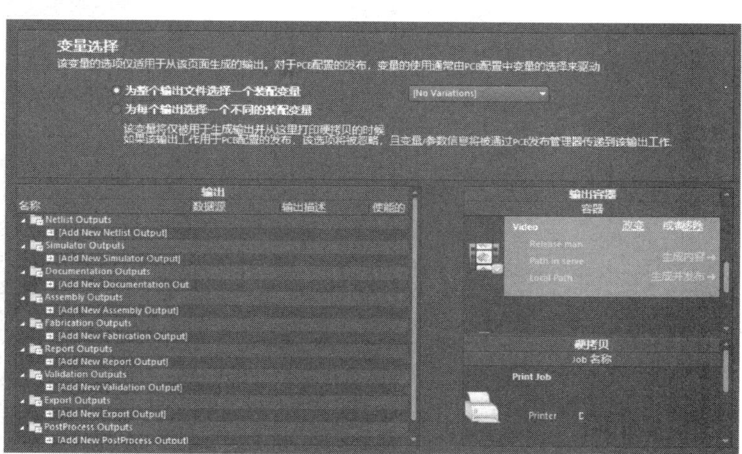

图 5-56　输出文件编辑区

1）“变量选择”选择组：设置输出文件中变量的保存模式。

2）“输出”选项组：显示不同的输出文件类型。

① 本节介绍加载动画文件，在需要添加的文件类型“Documentation Outputs（文档输出）”下的“Add New Documentation Output（添加新文档输出）”处单击，弹出快捷菜单，如图 5-57 所示，选择“PCB 3D Video”命令，选择默认的 PCB 文件作为输出文件依据或者重新选择文件。加载的输出文件如图 5-58 所示。

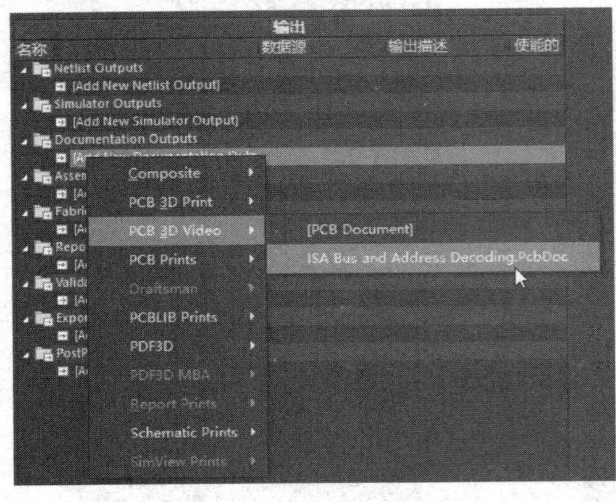

图 5-57　快捷命令

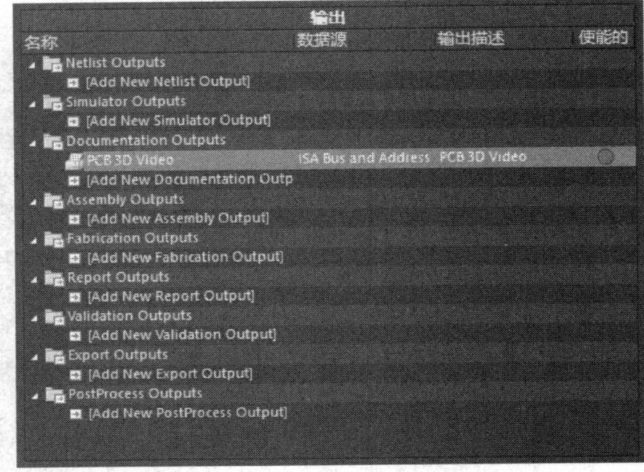

图 5-58　加载动画文件

② 在加载的输出文件上右击，弹出如图 5-59 所示的快捷菜单，选择“配置”命令，弹出如图 5-60 所示的“PCB 3D 视频”对话框，选择默认的输出视频配置，单击“确定”按钮，关闭对话框。

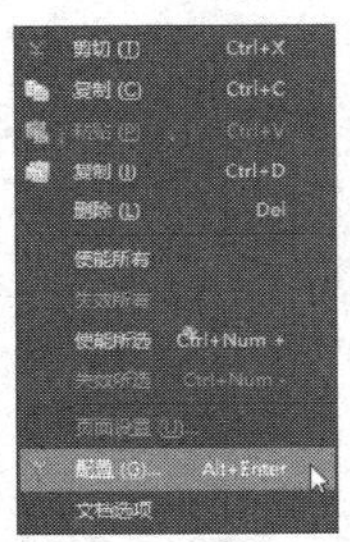

图 5-59　快捷菜单

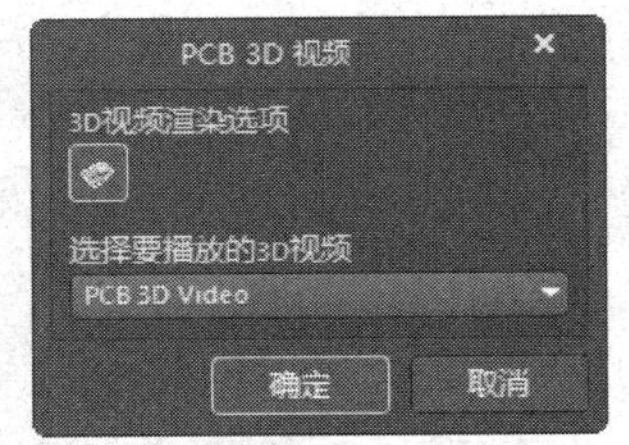

图 5-60　“PCB 3D 视频”对话框

③ 单击添加的文件右侧的单选按钮，建立加载的文件与输出文件容器的联系，如图 5-61 所示。

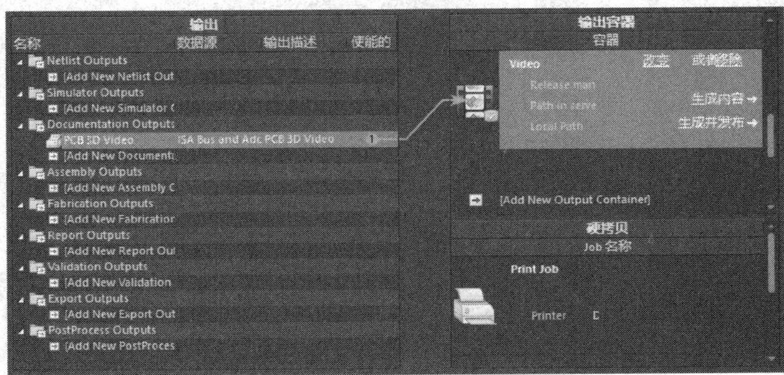

图 5-61　连接加载的文件

3）“输出容器”选项组：设置加载的输出文件保存路径。

① 在“Add New Output Containers（添加新输出）”选项下单击，弹出如图 5-62 所示的快捷菜单，选择添加的文件类型。

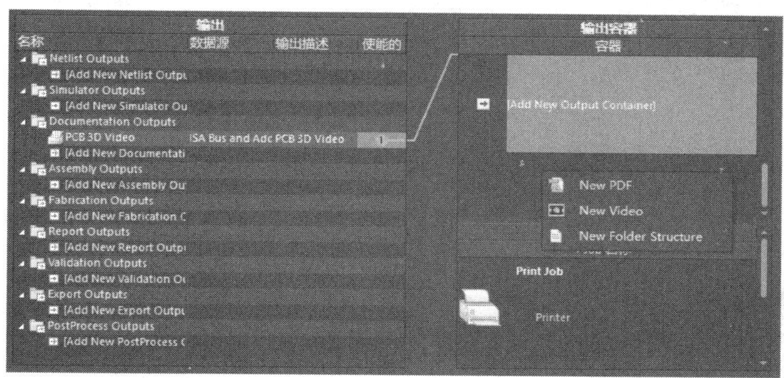

图 5-62　添加输出文件

② 在“Video”选项组中单击“改变”命令，弹出如图 5-63 所示的“Video setting（视频设置）”对话框，显示预览生成的位置。单击“高级”按钮，展开对话框，设置生成的动画文件的参数：在“类型”选项中选择“Video(FFmpeg)”，在“格式”下拉列表中选择“FLV(Flash Video)”(*.flv)，大小设置为“704×576”。

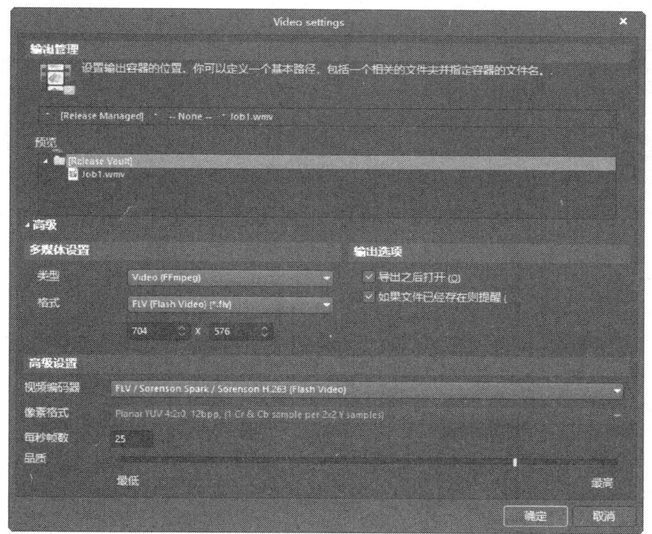

图 5-63　“Video setting（视频设置）”对话框

③ 在“Release Managed（发布管理）”选项组中先设置发布的视频生成位置，如图 5-64 所示。

- 选择“发布管理”单选钮，则将发布的视频保存在系统默认路径。
- 选择“手动管理”单选钮，则手动选择视频保存位置。
- 勾选“使用相对路径”复选框，则默认发布的视频与 PCB 文件同路径。

④ 单击“生成内容”按钮，在文件设置的路径下生成视频，利用播放器打开的视频如图 5-65 所示。

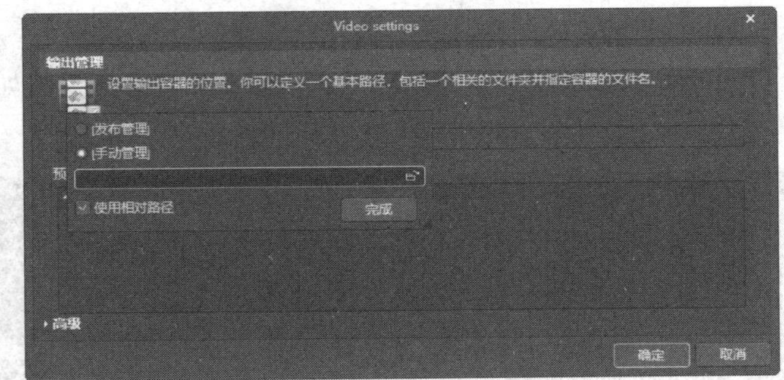

图 5-64　设置发布的视频生成位置

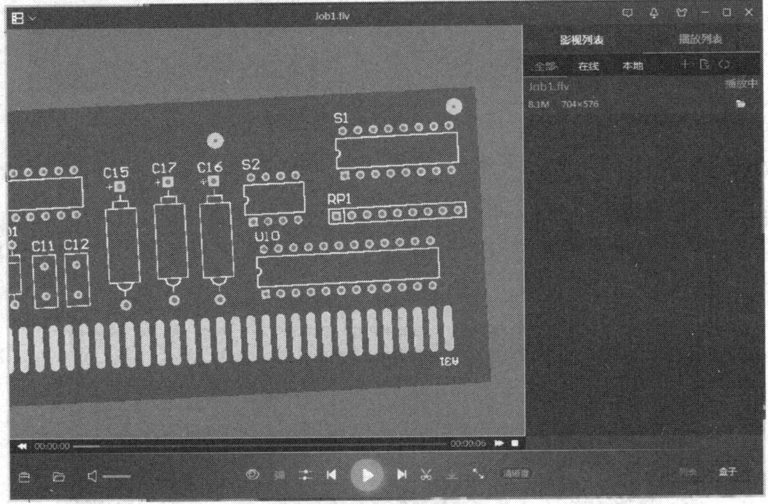

图 5-65　视频文件

5.10.5　三维 PDF 输出

选择菜单栏中的“文件”→“导出”→“PDF 3D”命令，弹出如图 5-66 所示的“Export File（输出文件）”对话框，输出电路板的三维模型 PDF 文件。

图 5-66　“Export File（输出文件）”对话框

单击“保存”按钮，弹出“Export 3D”对话框。在该对话框中还可以选择 PDF 文件中显示的视图，进行页面设置，设置输出文件中的对象，如图 5-67 所示，单击 Export 按钮，输出 PDF 文件，如图 5-68 所示。

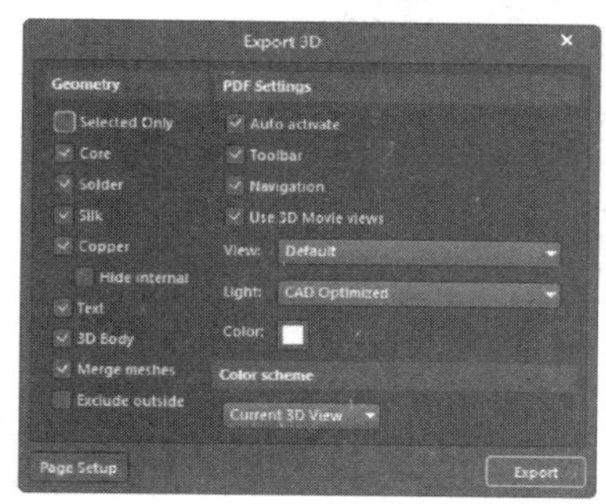

图 5-67 “Export 3D”对话框

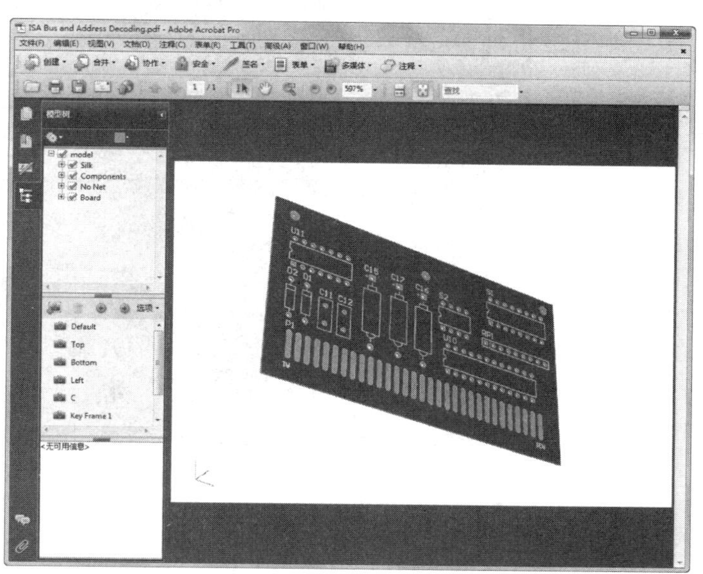

图 5-68 PDF 文件

5.11 电路板的自动布线

在 PCB 上走线的首要任务就是要在 PCB 上走通所有的导线，建立起所有需要的电气连接，这在高密度的 PCB 设计中很具有挑战性。在能够完成所有走线的前提下，布线的要求如下。

- 走线长度尽量短和直，在这样的走线上电信号完整性较好。
- 走线中尽量少地使用过孔。
- 走线的宽度要尽量宽。
- 输入/输出端的边线应避免相邻平行，以免产生反射干扰，必要时应该加地线隔离。
- 两相邻层间的布线要互相垂直，平行则容易产生耦合。

自动布线是一个优秀的电路设计辅助软件所必需的功能之一。对于散热、电磁干扰及高频等要求较低的大型电路设计来说，采用自动布线操作可以大大地降低布线的工作量，同时，还能减少布线时的漏洞。如果自动布线不能够满足实际工程设计的要求，可以通过手动布线进行调整。

5.11.1 设置 PCB 自动布线的规则

Altium Designer 22 的 PCB 电路板编辑器为用户提供了 10 大类 49 种设计法则，覆盖了元件的电气特性、走线宽度、走线拓扑布局、表贴焊盘、阻焊层、电源层、测试点、电路板制作、元件布局、信号完整性等设计过程中的方方面面。在进行自动布线之前，用户首先应对自动布线规则进行详细的设置。选择“设计”→“规则”菜单项，即可打开“PCB 规则及约束编辑器”对话框，如图 5-69 所示。

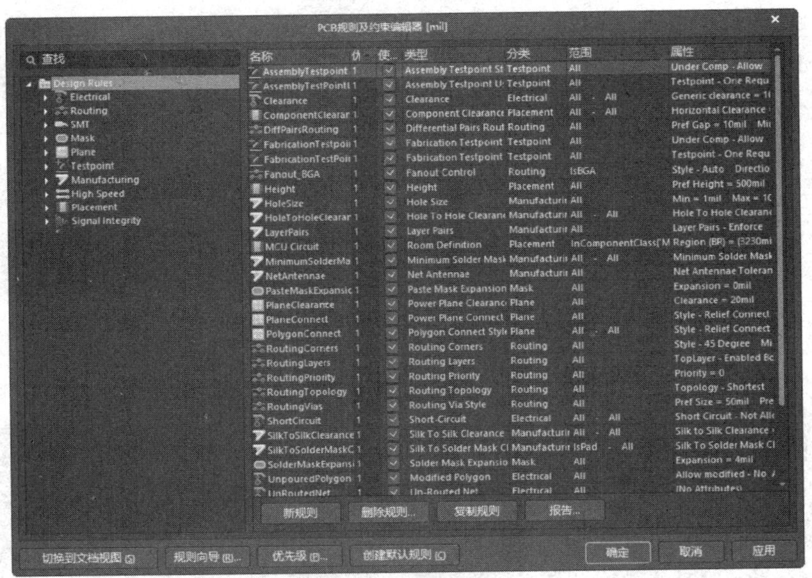

图 5-69 “PCB 规则及约束编辑器”对话框

1. “Electrical（电气规则）”类设置

“Electrical（电气规则）”类规则主要针对具有电气特性的对象，用于系统的 DRC（电气规则检查）功能。当布线过程中违反电气特性规则（共有 4 种设计规则）时，DRC 检查器将自动报警提示用户。单击“Electrical（电气规则）”选项，对话框右侧将只显示该类的设计规则，如图 5-70 所示。

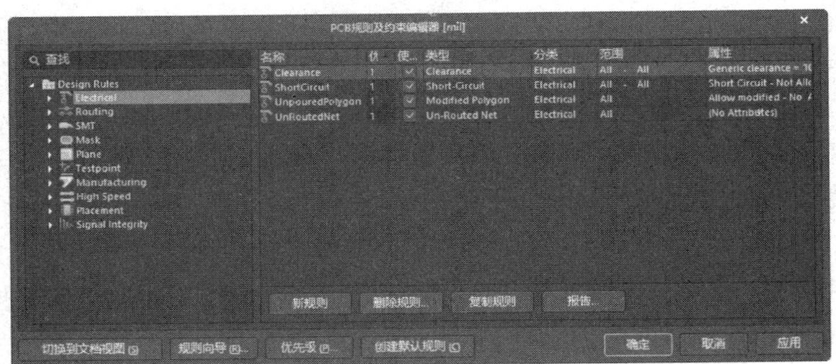

图 5-70 “Electrical（电气规则）”设置界面

1）“Clearance（安全间距规则）”：单击该选项，对话框右侧将列出该规则的详细信息，如图 5-71 所示。

该规则用于设置具有电气特性的对象的间距。在 PCB 上具有电气特性的对象包括导线、焊盘、过孔和铜箔填充区等，在间距设置中可以设置导线与导线之间、导线与焊盘之间、焊盘与焊盘之间的间距规则，在设置规则时可以选择适用该规则的对象和具体的间距值。

通常情况下安全间距越大越好，但是太大的安全间距会造成电路不够紧凑，同时也将造成制板成本的提高。因此安全间距通常设置在 10～20mil，根据不同的电路结构可以设置不同的安全间距。用户可以对整个 PCB 的所有网络设置相同的布线安全间距，也可以对某一个或多个网络进行单独的布线安全间距设置。

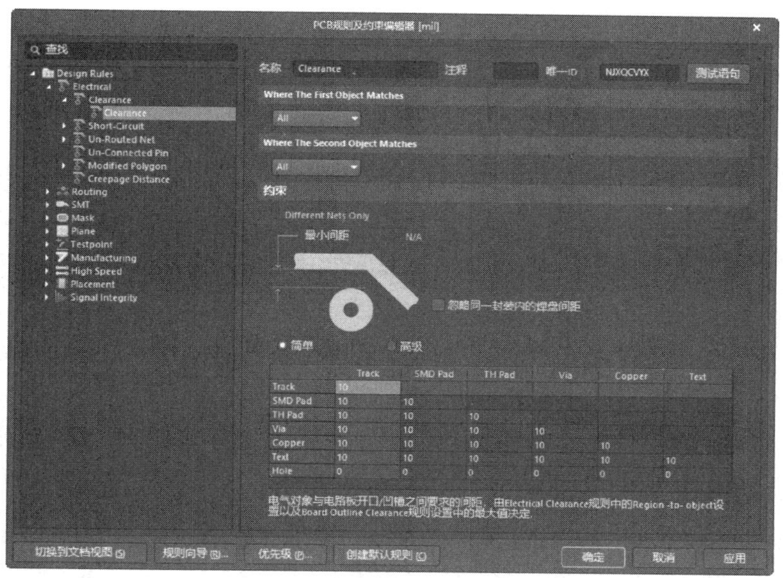

图 5-71　安全间距规则设置界面

其中各选项组的功能如下。

- “Where The First Object Matches（优先匹配的对象所处位置）”选项组：用于设置该规则优先应用的对象所处的位置。应用的对象范围为All（整个网络）、Net（某一个网络）、Net Class（某一类网络）、Layer（某一个工作层）、Net and Layer（指定工作层的某一网络）和“Custom Query（自定义查询）”，选中某一范围（除 All 之外）后，可以在该选项后的下拉列表框中选择相应的对象，也可以在右侧的“Full Query（全部询问）”列表框中填写相应的对象。通常采用系统的默认设置，即选择“All（所有）”选项。
- “Where The Second Object Matches（次优先匹配的对象所处位置）”选项组：用于设置该规则次优先级应用的对象所处的位置。通常采用系统的默认设置，即选择“All（所有）”选项。
- “约束”选项组：用于设置进行布线的最小间距。这里采用系统的默认设置。

2）“Short-Circuit（短路规则）”：用于设置在 PCB 上是否可以出现短路，如图 5-72 所示为该项设置示意图，通常情况下是不允许的。设置该规则后，拥有不同网络标号的对象相交时如果违反该规则，系统将报警并拒绝执行该布线操作。

3）“Un-Routed Net（取消布线网络规则）”：用于设置在 PCB 上是否可以出现未连接的网络，如图 5-73 所示为该项设置示意图。

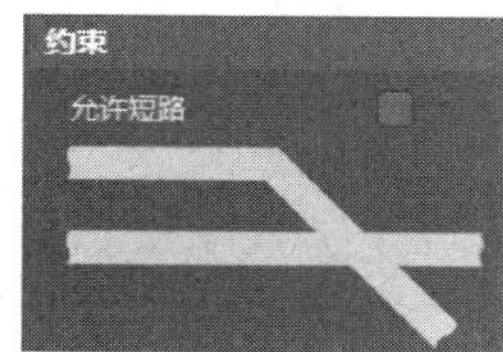

图 5-72　设置短路

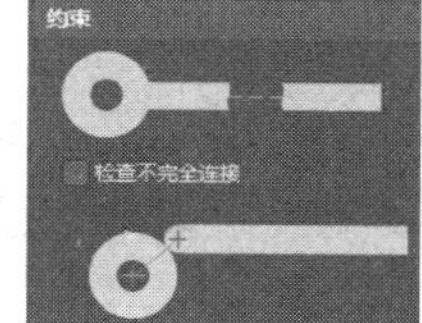

图 5-73　设置未连接网络

4）“Un-Connected Pin（未连接引脚规则）”：电路板中存在未布线的引脚时将违反该规则。系统在默认状态下无此规则。

2．“Routing（布线规则）”类设置

“Routing（布线规则）”类规则主要用于设置自动布线过程中的布线规则，如布线宽度、布线优先级、布线拓扑结构等。其中包括以下 8 种设计规则，如图 5-74 所示。

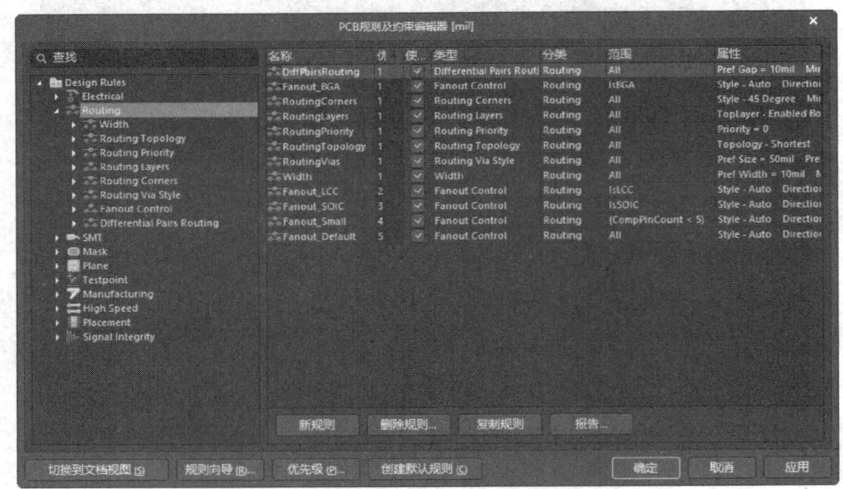

图 5-74 “Routing（布线规则）”选项

1）“Width（走线宽度规则）”：用于设置走线宽度，如图 5-75 所示为该规则的设置界面。走线宽度是指 PCB 铜膜走线（即俗称的导线）的实际宽度值，包括最大允许值、最小允许值和首选值三个选项。与安全间距一样，走线宽度过大也会造成电路不够紧凑，并提高制板成本。因此，走线宽度通常设置在 10～20mil，应该根据不同的电路结构设置不同的走线宽度。用户可以对整个 PCB 的所有走线设置相同的走线宽度，也可以对某一个或多个网络单独进行走线宽度的设置。

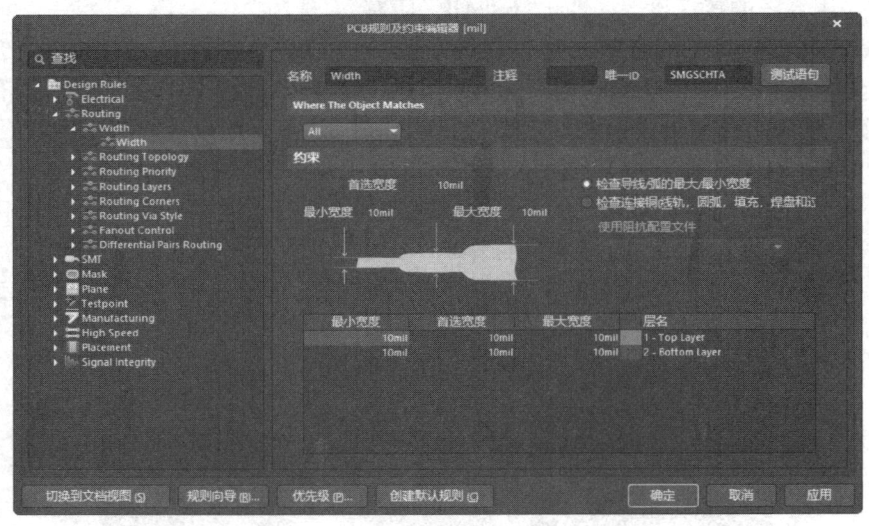

图 5-75 “Width（走线宽度规则）”设置界面

- “约束”选项组：用于限制走线宽度。勾选“仅层叠中的层”复选框，将列出当前层栈中各工作层的布线宽度规则设置；否则将显示所有层的布线宽度规则设置。布线宽度设置分为“最小宽度”“首选宽度”和“最大宽度”三种，其主要目的是方便在线修改布线宽度。

2）“Routing Topology（走线拓扑结构规则）”：用于选择走线的拓扑结构，如图 5-76 所示为该项设置的示意图。各种拓扑结构如图 5-77 所示。

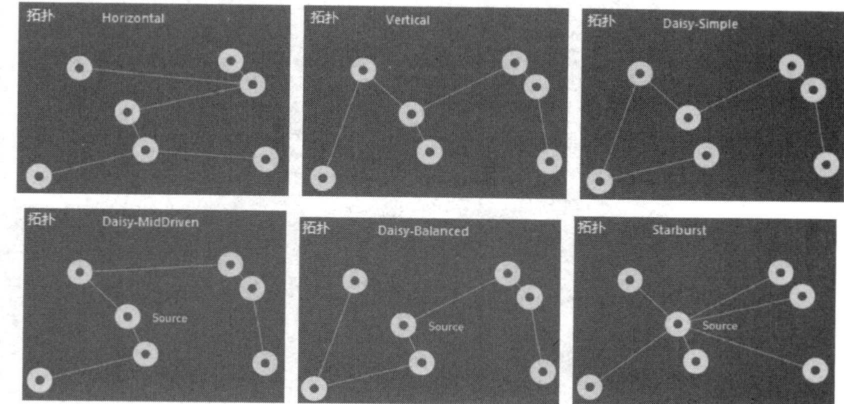

图 5-76　设置走线拓扑结构

图 5-77　各种拓扑结构

3）“Routing Priority（布线优先级规则）”：用于设置布线优先级，如图 5-78 所示为该规则的设置界面，在该对话框中可以对每一个网络设置布线优先级。PCB 上的空间有限，可能有若干根导线需要在同一块区域内走线才能得到最佳的走线效果，通过设置走线的优先级可以决定导线占用空间的先后。设置规则时可以针对单个网络设置优先级。系统提供了 0～100 共 101 种优先级，0 表示优先级最低，100 表示优先级最高，默认的布线优先级规则为所有网络布线的优先级为 0。

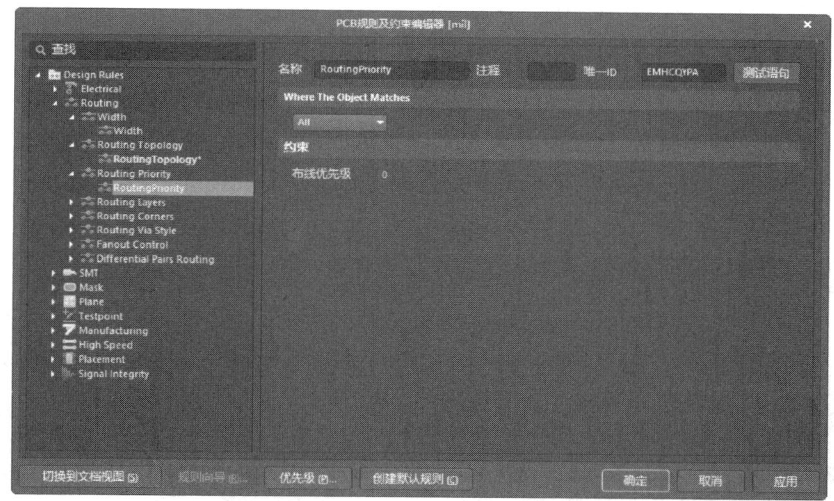

图 5-78　“Routing Priority（布线优先级规则）”设置界面

4）“Routing Layers（布线工作层规则）”：用于设置布线规则可以约束的工作层，如图 5-79 所示为该规则的设置界面。

5）“Routing Corners（导线拐角规则）”：用于设置导线拐角形式。PCB 上的导线有三种拐角方式，如图 5-80 所示，通常情况下会采用 45°的拐角形式。设置规则时可以针对每个连接、每个网络直至整个 PCB 设置导线拐角形式。

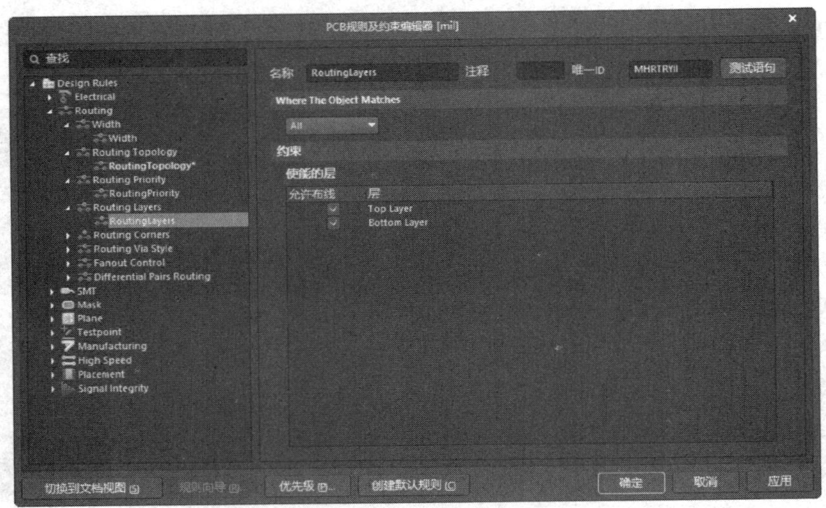

图 5-79 “Routing Layers（布线工作层规则）”设置界面

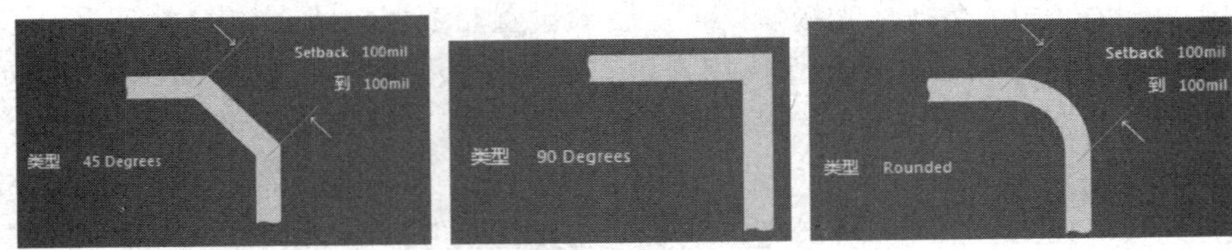

图 5-80 PCB 上导线的三种拐角方式

6）“Routing Via Style（布线过孔样式规则）”：用于设置走线时所用过孔的样式，如图 5-81 所示为该规则的设置界面，在该对话框中可以设置过孔的各种尺寸参数。过孔直径和钻孔孔径都包括“最小”“最大”和“优先”三种定义方式。默认的过孔直径为 50mil，过孔孔径为 28mil。在 PCB 的编辑过程中，可以根据不同的元件设置不同的过孔大小，钻孔尺寸应该参考实际元件引脚的粗细进行设置。

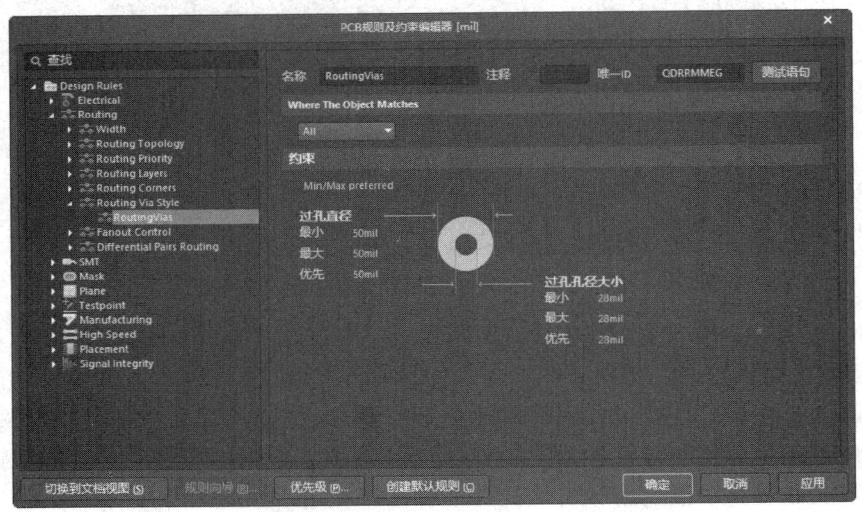

图 5-81 “Routing Via Style（布线过孔样式规则）”设置界面

7）“Fanout Control（扇出控制布线规则）”：用于设置走线时的扇出形式，如图 5-82 所示为该规则的设置界面。可以针对每一个引脚、每一个元件甚至整个 PCB 设置扇出形式。

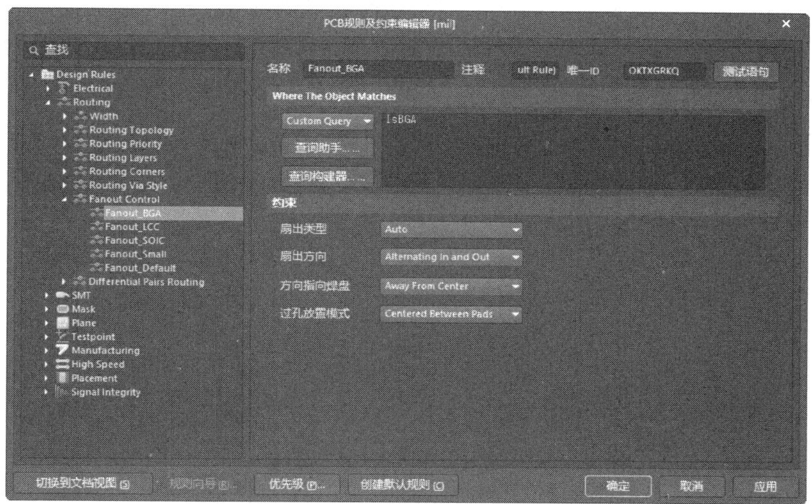

图 5-82 “Fanout Control（扇出控制布线规则）”设置界面

8）“Differential Pairs Routing（差分对布线规则）”：用于设置走线对形式，如图 5-83 所示为该规则的设置界面。

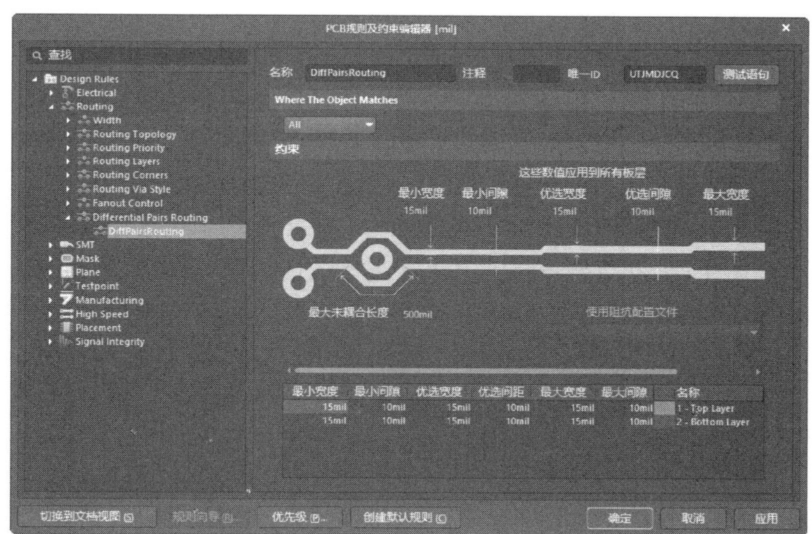

图 5-83 “Differential Pairs Routing（差分对布线规则）”设置界面

3. “SMT（表贴封装规则）”类设置

“SMT（表贴封装规则）”类规则主要用于设置表面安装型元件的走线规则，其中包括以下 3 种设计规则。

- “SMD To Corner（表面安装元件的焊盘与导线拐角处最小间距规则）”：用于设置表面安装元件的焊盘出现走线拐角时，拐角和焊盘之间的距离，如图 5-84a 所示。通常，走线时引入拐角会导致电信号的反射，引起信号之间的串扰，因此需要限制从焊盘引出的信号传输线至拐角的距离，以减小信号串扰。可以针对每一个焊盘、每一个网络直至整个 PCB 设置拐角和焊盘之间的距离，默认间距为 0mil。

- "SMD To Plane（表面安装元件的焊盘与中间层间距规则）"：用于设置表面安装元件的焊盘连接到中间层的走线距离。该项设置通常出现在电源层向芯片的电源引脚供电的场合。可以针对每一个焊盘、每一个网络直至整个 PCB 设置焊盘和中间层之间的距离，默认间距为 0mil。
- "SMD Neck-Down（表面安装元件的焊盘颈缩率规则）"：用于设置表面安装元件的焊盘连线的导线宽度，如图 5-84c 所示。在该规则中可以设置导线线宽上限占据焊盘宽度的百分比，通常走线总是比焊盘要小。可以根据实际需要对每一个焊盘、每一个网络甚至整个 PCB 设置焊盘上的走线宽度与焊盘宽度之间的最大比率，默认值为 50%。

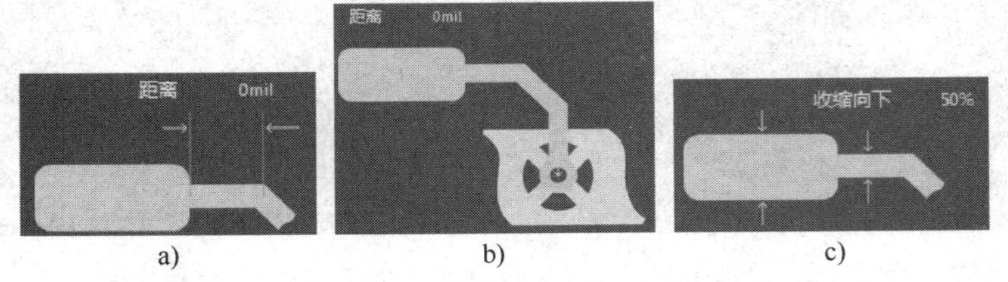

图 5-84 "SMT（表贴封装规则）"的设置

a) 拐角和焊盘间距 b) 焊盘和中间层间距 c) 焊盘连线的导线宽度

4．"Mask（阻焊规则）"类设置

"Mask（阻焊规则）"类规则主要用于设置阻焊剂铺设的尺寸，主要用在 Output Generation（输出阶段）进程中。系统提供了 Top Paster（顶层锡膏防护层）、Bottom Paster（底层锡膏防护层）、Top Solder（顶层阻焊层）和 Bottom Solder（底层阻焊层）4 个阻焊层，其中包括以下两种设计规则。

- "Solder Mask Expansion（阻焊层和焊盘之间的间距规则）"：通常，为了焊接的方便，阻焊剂铺设范围与焊盘之间需要预留一定的空间。如图 5-85 所示为该规则的设置界面。可以根据实际需要对每一个焊盘、每一个网络甚至整个 PCB 设置该间距，默认距离为 4mil。

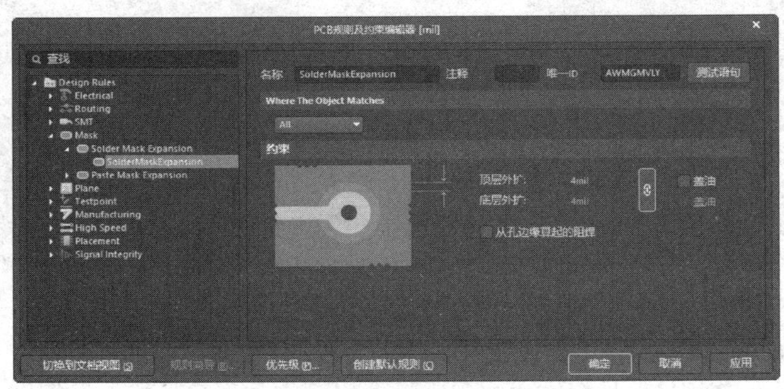

图 5-85 "Solder Mask Expansion（阻焊层和焊盘之间的间距规则）"设置界面

- "Paste Mask Expansion（锡膏防护层与焊盘之间的间距规则）"：如图 5-86 所示为该规则的设置界面。可以根据实际需要对每一个焊盘、每一个网络甚至整个 PCB 设置该间距，默认距离为 0mil。

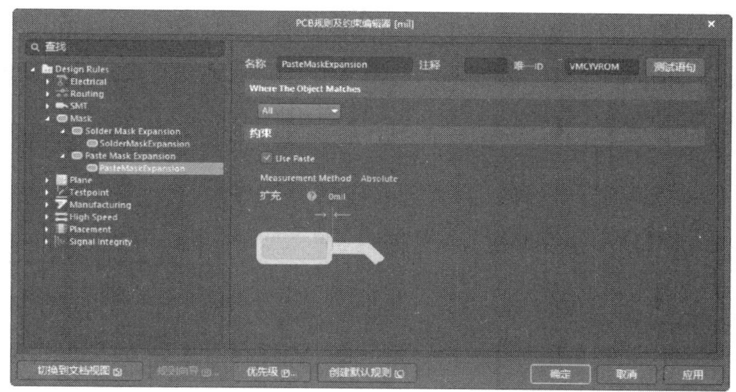

图 5-86 “Paste Mask Expansion（锡膏防护层与焊盘之间的间距规则）”设置界面

阻焊层规则也可以在焊盘的属性对话框中进行设置，可以针对不同的焊盘进行单独的设置。在属性对话框中，用户可以选择遵循设计规则中的设置，也可以忽略规则中的设置而采用自定义设置。

5. “Plane（中间层布线规则）”类设置

“Plane（中间层布线规则）”类规则主要用于设置中间电源层布线相关的走线规则，其中包括以下 3 种设计规则。

1）“Power Plane Connect Style（电源层连接类型规则）”：用于设置电源层的连接形式，如图 5-87 所示为该规则的设置界面，在该界面中可以设置中间层的连接形式和各种连接形式的参数。

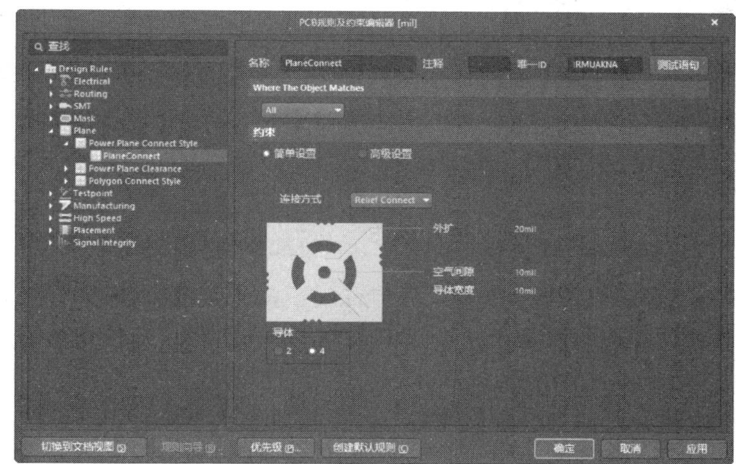

图 5-87 “Power Plane Connect Style（电源层连接类型规则）”设置界面

- “连接方式”下拉列表框：连接类型可分为 No Connect（电源层与元件引脚不相连）、Direct Connect（电源层与元件的引脚通过实心的铜箔相连）和 Relief Connect（使用散热焊盘的方式与焊盘或钻孔连接）3 种。默认设置为 Relief Connect（使用散热焊盘的方式与焊盘或钻孔连接）。
- “导体”选项：散热焊盘组成导体的数目，默认值为 4。
- “导体宽度”选项：散热焊盘组成导体的宽度，默认值为 10mil。
- “空气间隙”选项：散热焊盘钻孔与导体之间的空气间隙宽度，默认值为 10mil。

● “外扩”选项：钻孔的边缘与散热导体之间的距离，默认值为 20mil。

2）“Power Plane Clearance（电源层安全间距规则）”：用于设置通孔通过电源层时的间距，如图 5-88 所示为该规则的设置示意图，在该示意图中可以设置中间层的连接形式和各种连接形式的参数。通常，电源层将占据整个中间层，因此在有通孔（通孔焊盘或者过孔）通过电源层时需要一定的间距。考虑到电源层的电流比较大，这里的间距设置也比较大。

图 5-88 设置电源层安全间距规则

3）“Polygon Connect Style（焊盘与多边形铺铜区域的连接类型规则）”：用于描述元件引脚焊盘与多边形铺铜之间的连接类型，如图 5-89 所示为该规则的设置界面。

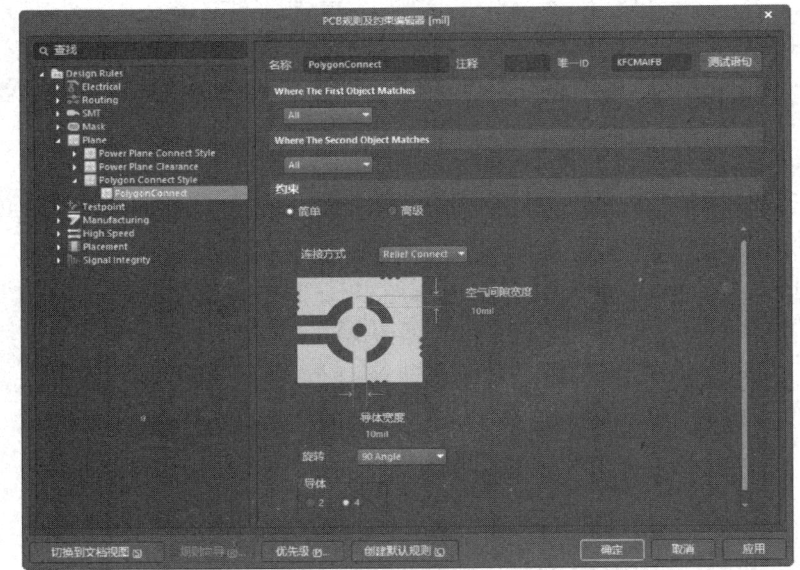

图 5-89 “Polygon Connect Style（焊盘与多边形铺铜区域的连接类型规则）”设置界面

● “连接方式”下拉列表框：连接类型可分为 No Connect（铺铜与焊盘不相连）、Direct Connect（铺铜与焊盘通过实心的铜箔相连）和 Relief Connect（使用散热焊盘的方式与焊盘或钻孔连接）三种。默认设置为 Relief Connect（使用散热焊盘的方式与焊盘或钻孔连接）。
● “导体”选项：散热焊盘组成导体的数目，默认值为 4。
● “导体宽度”选项：散热焊盘组成导体的宽度，默认值为 10mil。
● “旋转”选项：散热焊盘组成导体的角度，默认值为 90°。

6．“Testpoint（测试点规则）”类设置

“Testpoint（测试点规则）”类规则主要用于设置测试点布线规则，主要介绍以下两种设计规则。

1）“FabricationTestpoint（装配测试点）”：用于设置测试点的形式，如图 5-90 所示为该规则的设置界面，在该界面中可以设置测试点的形式和各种参数。为了方便电路板的调试，在 PCB 上引入了测试点。测试点连接在某个网络上，形式和过孔类似，在调试过程中可以通过测试点引出电路板上的信号，可以设置测试点的尺寸以及是否允许在元件底部生成测试点等各种选项。

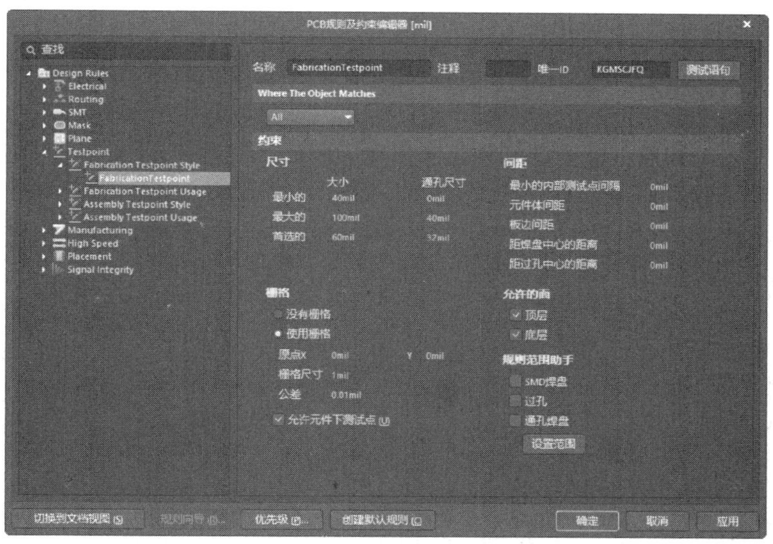

图 5-90 “FabricationTestpoint（装配测试点）”设置界面

该项规则主要用在自动布线器、在线 DRC 和批处理 DRC、Output Generation（输出阶段）等系统功能模块中，其中在线 DRC 和批处理 DRC 检测该规则中除了首选尺寸和首选钻孔尺寸外的所有属性。自动布线器使用首选尺寸和首选钻孔尺寸属性来定义测试点焊盘的大小。

2）“FabricationTestPointUsage（装配测试点使用规则）”：用于设置测试点的使用参数，如图 5-91 所示为该规则的设置界面，在界面中可以设置是否允许使用测试点和同一网络上是否允许使用多个测试点。

- “必需的”单选钮：每一个目标网络都使用一个测试点。该项为默认设置。
- “禁止的”单选钮：所有网络都不使用测试点。
- “无所谓”单选钮：每一个网络可以使用测试点，也可以不使用测试点。
- “允许更多测试点（手动分配）”复选框：勾选该复选框后，系统将允许在一个网络上使用多个测试点。默认设置为取消对该复选框的勾选。

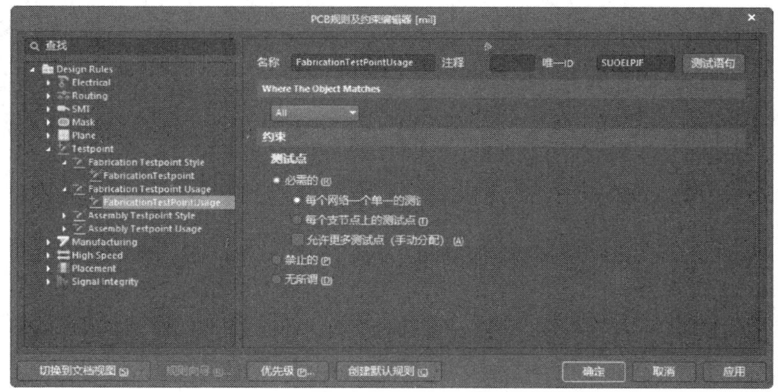

图 5-91 “FabricationTestPointUsage（装配测试点使用规则）”设置界面

7. “Manufacturing（生产制造规则）”类设置

“Manufacturing（生产制造规则）”类规则是根据 PCB 制作工艺来设置有关参数，主要用于在线 DRC 和批处理 DRC 执行过程中，其中包括 9 种设计规则，下面介绍其中的 4 种。

1）“Minimum Annular Ring（最小环孔限制规则）”：用于设置环状图元内外径间距下限，如图 5-92 所示为该规则的设置界面。在 PCB 设计时引入的环状图元（如过孔）中，如果内径和外径之间的差很小，在工艺上可能无法制作出来，此时的设计实际上是无效的。通过该项设置可以检查出所有工艺无法达到的环状物。默认值为 10mil。

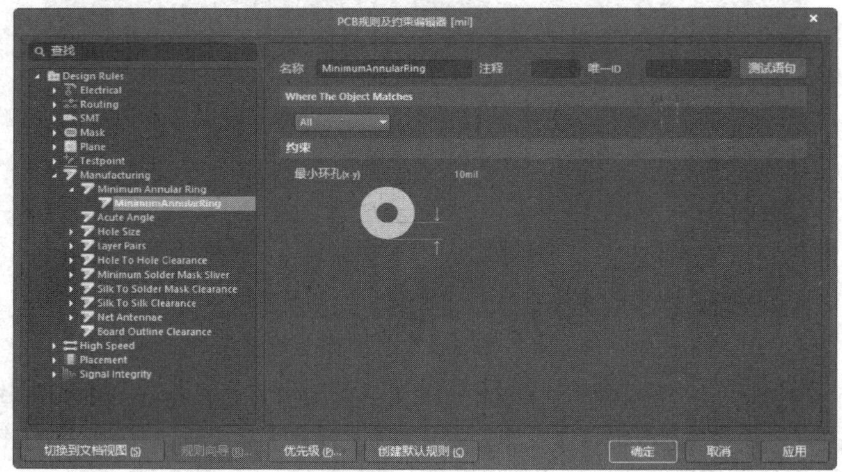

图 5-92 “Minimum Annular Ring（最小环孔限制规则）”设置界面

2）“Acute Angle（锐角限制规则）”：用于设置锐角走线角度限制，如图 5-93 所示为该规则的设置界面。在 PCB 设计时如果没有规定走线角度最小值，则可能出现拐角很小的走线，工艺上可能无法做到这样的拐角，此时的设计实际上是无效的。通过该项设置可以检查出所有工艺无法达到的锐角走线。默认值为 90°。

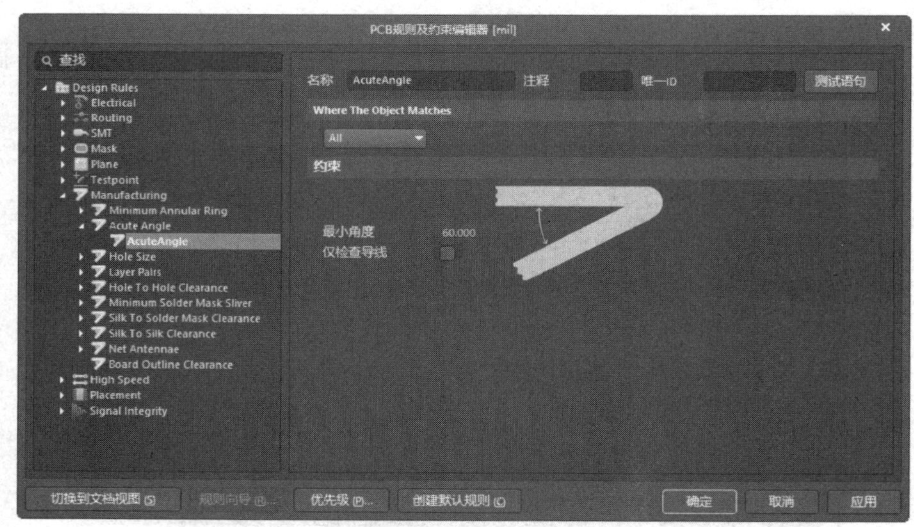

图 5-93 “Acute Angle（锐角限制规则）”设置界面

3）“Hole Size（钻孔尺寸设计规则）”：用于设置钻孔孔径的上限和下限，如图 5-94 所示为该规则的设置界面。与设置环状图元内外径间距下限类似，过小的钻孔孔径可能在工艺上无法制作，从而导致设计无效。通过设置通孔孔径的范围，可以防止 PCB 设计出现类似错误。

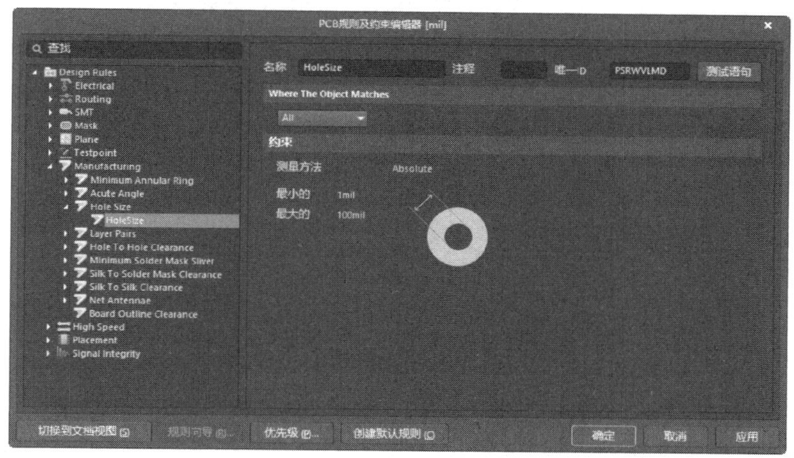

图 5-94 “Hole Size（钻孔尺寸设计规则）”设置界面

- “测量方法”选项：度量孔径尺寸的方法有 Absolute（绝对值）和 Percent（百分数）两种。默认设置为 Absolute（绝对值）。
- “最小的”选项：设置孔径最小值。Absolute（绝对值）方式的默认值为 1mil，Percent（百分数）方式的默认值为 20%。
- “最大的”选项：设置孔径最大值。Absolute（绝对值）方式的默认值为 100mil，Percent（百分数）方式的默认值为 80%。

4）“Layer Pairs（工作层对设计规则）”：用于检查使用的 Layer-pairs（工作层对）是否与当前的 Drill-pairs（钻孔对）匹配。使用的 Layer-pairs（工作层对）是由板上的过孔和焊盘决定的，Layer-pairs（工作层对）是指一个网络的起始层和终止层。该项规则除了应用于在线 DRC 和批处理 DRC 外，还可以应用在交互式布线过程中。“Enforce layer pairs settings（强制执行工作层对规则检查设置）”复选框：用于确定是否强制执行此项规则的检查。勾选该复选框时，将始终执行该项规则的检查。

8．“High Speed（高速信号相关规则）”类设置

“High Speed（高速信号相关规则）”主要用于设置高速信号线布线规则，其中包括以下 6 种设计规则。

1）“Parallel Segment（平行导线段间距限制规则）”：用于设置平行走线间距限制规则，如图 5-95 所示为该规则的设置界面。在 PCB 的高速设计中，为了保证信号传输正确，需要采用差分线对来传输信号，与单根线传输信号相比可以得到更好的效果。在该对话框中可以设置差分线对的各项参数，包括差分线对的层、间距和长度等。

- “层检查”选项：用于设置两段平行导线所在的工作层面属性，有 Same Layer（位于同一个工作层）和 Adjacent Layers（位于相邻的工作层）两种选择。默认设置为 Same Layer（位于同一个工作层）。
- “平行间距”选项：用于设置两段平行导线之间的距离。默认设置为 10mil。
- “平行极限是”选项：用于设置平行导线的最大允许长度（在使用平行走线间距规则时）。默认设置为 10000mil。

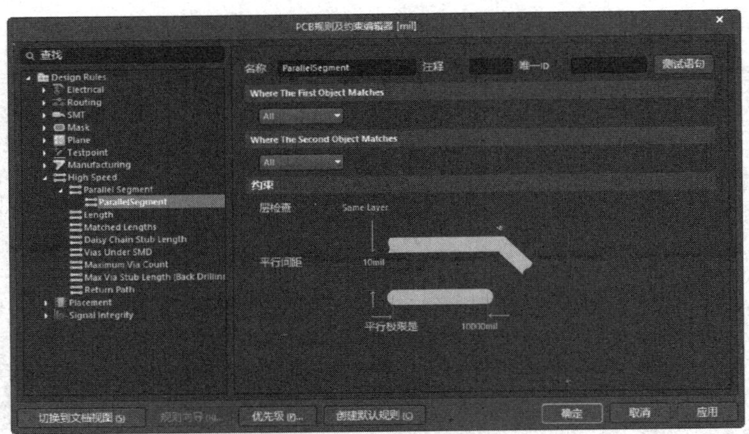

图 5-95 “Parallel Segment（平行导线段间距限制规则）”设置界面

2）“Length（网络长度限制规则）”：用于设置传输高速信号导线的长度，如图 5-96 所示为该规则的设置界面。在高速 PCB 设计中，为了保证阻抗匹配和信号质量，对走线长度也有一定的要求。在该对话框中可以设置走线的下限和上限。

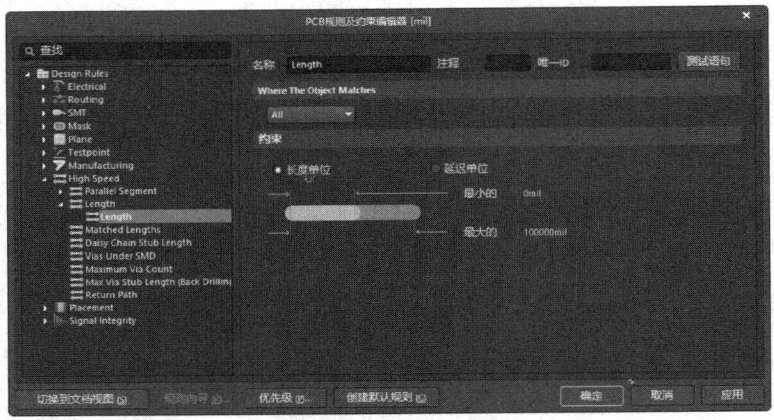

图 5-96 “Length（网络长度限制规则）”设置界面

- “最小的”项：用于设置网络最小允许长度值。默认设置为 0mil。
- “最大的”项：用于设置网络最大允许长度值。默认设置为 100000mil。

3）“Matched Lengths（匹配网络传输导线的长度规则）”：用于设置匹配网络传输导线的长度，如图 5-97 所示为该规则的设置界面。在高速 PCB 设计中通常需要对部分网络的导线进行匹配布线，在该界面中可以设置匹配走线的各项参数。

- “公差”选项：在高频电路设计中要考虑传输线的长度问题，传输线太短将产生串扰等传输线效应。该项规则定义了一个传输线长度值，将设计中的走线与此长度进行比较，当出现小于此长度的走线时，选择菜单栏中的“工具”→“网络等长”命令，系统将自动延长走线的长度以满足此处的设置需求。默认设置为 1000mil。

4）“Daisy Chain Stub Length（雏菊链布线主干导线长度限制规则）”：用于设置 90°拐角和焊盘的距离，如图 5-98 所示为该规则的设置示意图。在高速 PCB 设计中，通常情况下为了减少信号的反射是不允许出现 90°拐角的，在必须有 90°拐角的场合将引入焊盘和拐角之间距离的限制。

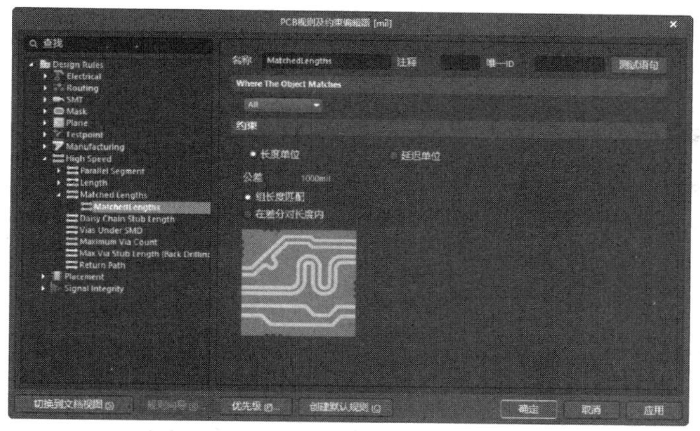

图 5-97 “Matched Lengths（匹配网络传输导线的长度规则）”设置界面

5）“Vias Under SMD（SMD 焊盘下过孔限制规则）”：用于设置表面安装元件焊盘下是否允许出现过孔，如图 5-99 所示为该规则的设置示意图。在 PCB 中需要尽量减少表面安装元件焊盘中引入过孔，但是在特殊情况下（如中间电源层通过过孔向电源引脚供电）可以引入过孔。

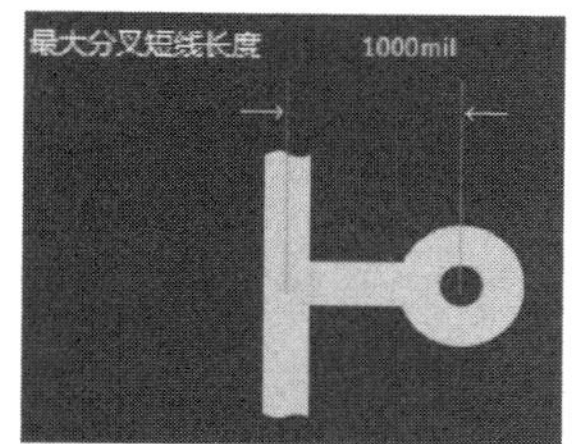

图 5-98 设置雏菊链布线主干导线长度限制规则

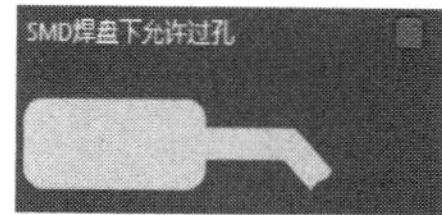

图 5-99 设置 SMD 焊盘下过孔限制规则

6）“Maximum Via Count（最大过孔数量限制规则）”：用于设置布线时过孔数量的上限。默认设置为 1000。

9. “Placement（元件放置规则）”类设置

“Placement（元件放置规则）”类规则用于设置元件布局的规则。在布线时可以引入元件的布局规则，这些规则一般只在对元件布局有严格要求的场合中使用。

前面章节已经有详细介绍，这里不再赘述。

10. “Signal Integrity（信号完整性规则）”类设置

“Signal Integrity（信号完整性规则）”类规则用于设置信号完整性所涉及的各项要求，如对信号上升沿、下降沿等的要求。这里的设置会影响到电路的信号完整性仿真，对其进行简单介绍。

- “Signal Stimulus（激励信号规则）”：如图 5-100 所示为该规则的设置示意图。激励信号的类型有 Constant Level（直流）、Single Pulse（单脉冲信号）、Periodic Pulse（周期性脉冲信号）3 种。还可以设置激励信号开始级别（低电平或高电平）、开始时间、停止时间和周期等。
- “Overshoot-Falling Edge（信号下降沿的过冲约束规则）”：如图 5-101 所示为该规则设置示意图。
- “Overshoot-Rising Edge（信号上升沿的过冲约束规则）”：如图 5-102 所示为该规则设置示意图。

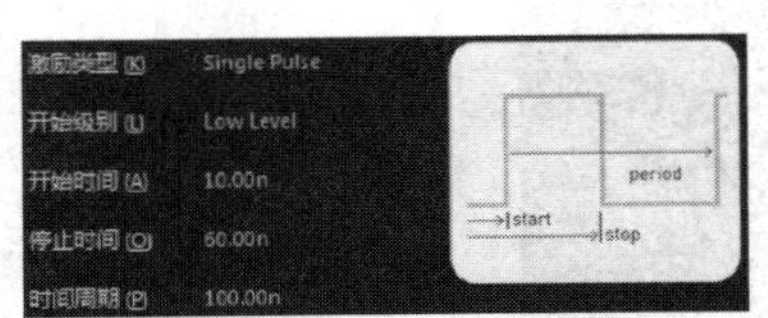

图 5-100 激励信号规则

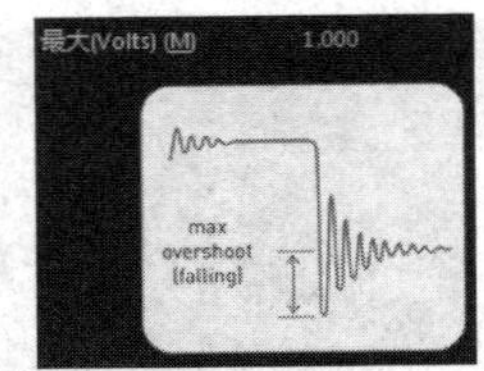

图 5-101 信号下降沿的过冲约束规则

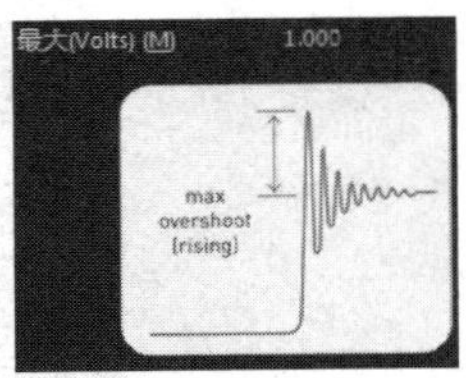

图 5-102 信号上升沿的过冲约束规则

- “Undershoot-Falling Edge（信号下降沿的反冲约束规则）”：如图 5-103 所示为该规则设置示意图。
- “Undershoot-Rising Edge（信号上升沿的反冲约束规则）”：如图 5-104 所示为该规则设置示意图。
- “Impedance（阻抗约束规则）”：如图 5-105 所示为该规则的设置示意图。

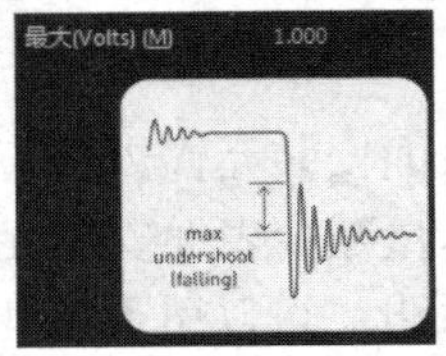

图 5-103 信号下降沿的反冲约束规则

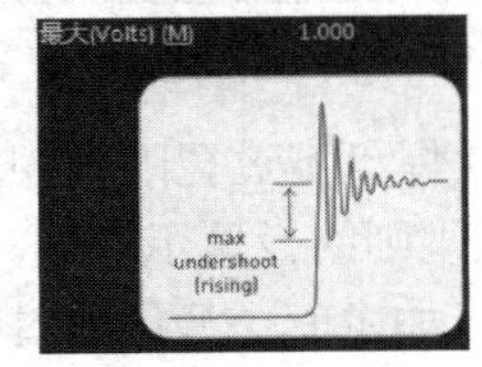

图 5-104 信号上升沿的反冲约束规则

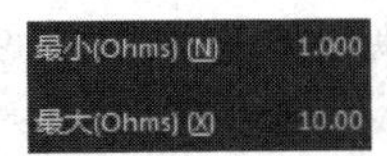

图 5-105 阻抗约束规则

- “Signal Top Value（信号高电平约束规则）”：用于设置高电平最小值。如图 5-106 所示为该规则设置示意图。
- “Signal Base Value（信号基准约束规则）”：用于设置低电平最大值。如图 5-107 所示为该规则设置示意图。
- “Flight Time-Rising Edge（上升沿的上升时间约束规则）”：如图 5-108 所示为该规则设置示意图。

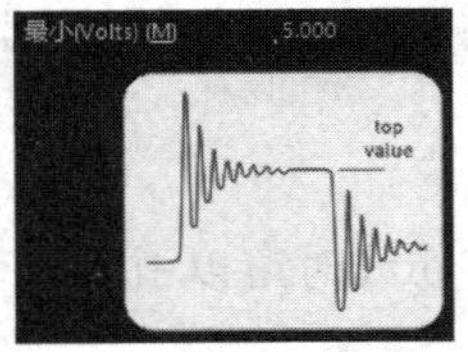

图 5-106 信号高电平约束规则

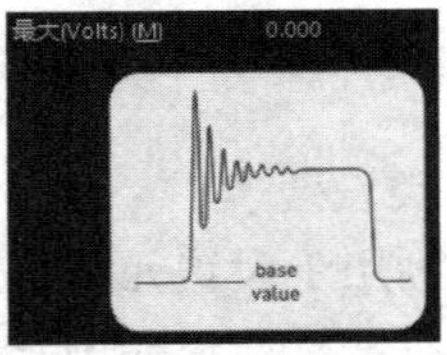

最大(Volts) (M) 0.000

base

value

图 5-107 信号基准约束规则

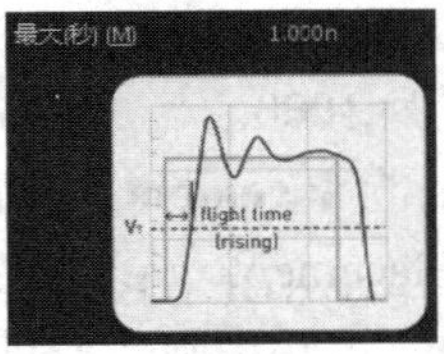

最大(秒) (M) 1.000n

flight time

(rising)

图 5-108 上升沿的上升时间约束规则

- “Flight Time-Falling Edge（下降沿的下降时间约束规则）”：如图 5-109 所示为该规则设置示意图。
- “Slope-Rising Edge（上升沿斜率约束规则）”：如图 5-110 所示为该规则设置示意图。
- “Slope-Falling Edge（下降沿斜率约束规则）”：如图 5-111 所示为该规则设置示意图。

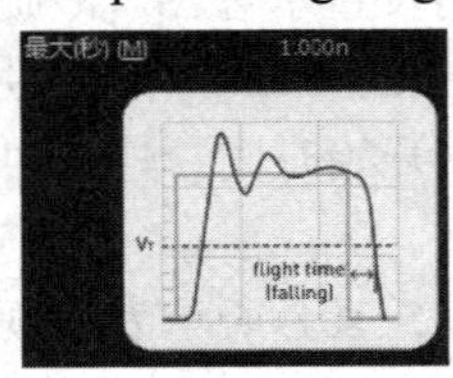

图 5-109 下降沿的下降时间约束规则

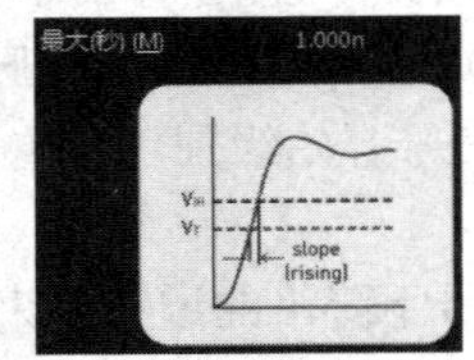

图 5-110 上升沿斜率约束规则

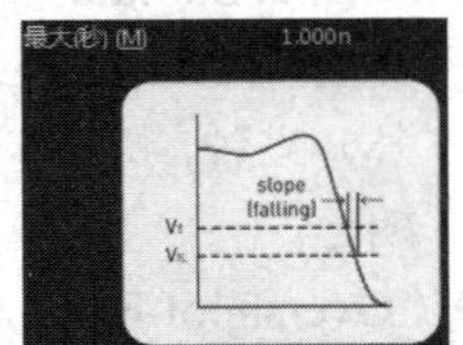

图 5-111 下降沿斜率约束规则

- “Supply Nets”：用于提供网络约束规则。

从以上对 PCB 布线规则的说明可知，Altium Designer 22 对 PCB 布线作了全面规定。这些规定只有一部分运用在元件的自动布线中，而所有规则将运用在 PCB 的 DRC 检测中。在对 PCB 手动布线时可能会违反设定的 DRC 规则，在对 PCB 进行 DRC 检测时将检测出所有违反这些规则的地方。

5.11.2 启动自动布线服务器进行自动布线

布线参数设置好后，就可以利用 Altium Designer 22 提供的无网格布线器进行自动布线了。执行自动布线的方法非常多，如图 5-112 所示。

（1）全部

执行“布线”→“自动布线”→“全部”菜单命令，可以让程序对整个电路板进行布局。

（2）网络

对选定网络进行布线。用户首先定义需要自动布线的网络，然后执行“布线”→“自动布线”→“网络”命令，由程序对选定的网络进行布线工作。

（3）网络类

指定元件布线。用户定义某元件，然后执行“布线”→“自动布线”→“网络类”菜单命令，使程序仅对与该元件相连的网络进行布线。

（4）连接

指定两连接点之间布线。用户可以定义某条连线，执行“布线”→“自动布线”→“连接”命令，使程序仅对该条连线进行自动布线。

（5）区域

指定布线区域进行布线。用户自己定义布线区域，然后执行“布线”→“自动布线”→“区域”菜单命令，使程序的自动布线范围仅限于该定义区域内。

在图 5-112 所示的菜单中，还有其他与自动布线相关的命令，各项说明如下。

- “设置”：自动布线设置。
- “停止”：终止自动布线过程。
- “复位”：恢复原始设置。
- “Pause”：暂停自动布线过程。

执行“布线”→“自动布线”→“设置”命令，即可打开如图 5-113 所示的“Situs 布线策略”设置对话框。该对话框用来定义布线过程中的某些规则。

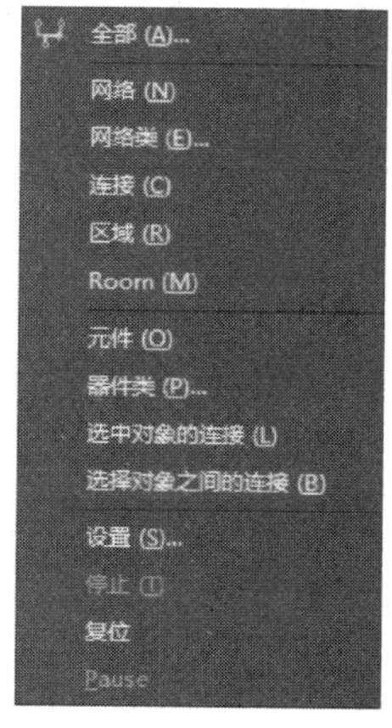

图 5-112　自动布线的方法

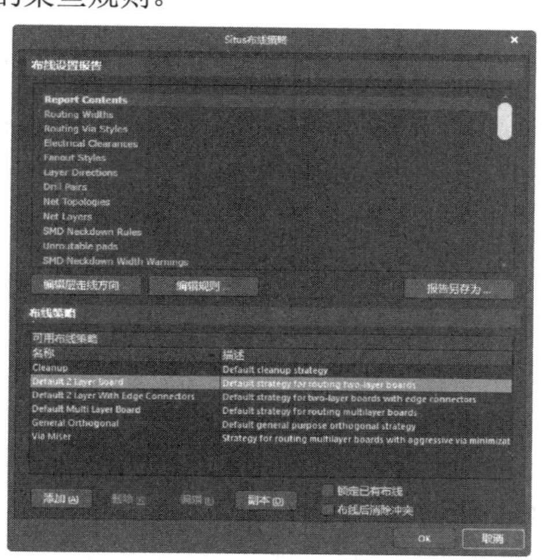

图 5-113　“Situs 布线策略”设置对话框

通常，用户采用对话框中的默认设置，就可以自动实现 PCB 的自动布线，但是如果用户需要设置某些项，可以通过对话框的各操作项实现。用户可以分别设置“布线设置报告”选项和“布线策略”选项，如果用户需要设置测试点，则可以单击“添加”按钮。如果用户已经手动实现了一部分布线，而且不想让自动布线处理这部分布线的话，可以选中“锁定已有布线”复选框。在编辑框中可以设置布线间距，如果设置不合理，系统会分析是否合理，并通知设计者。

执行“布线”→“自动布线”→“全部”命令，即可打开如图 5-113 所示的“Situs 布线策略”设置对话框，选择系统默认的“Default 2 Layer Board（默认双面板）”策略。单击 Route All 按钮，开始布线。

布线过程中将自动弹出“Messages（信息）”面板，提供自动布线的状态信息，如图 5-114 所示。由最后一条提示信息可知，此次自动布线全部布通。

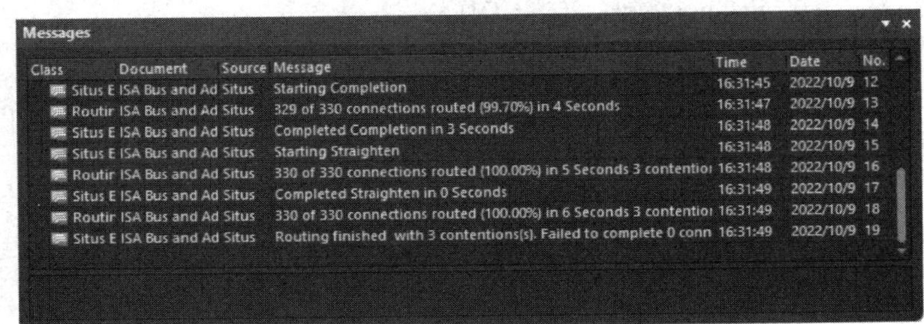

图 5-114 “Messages（信息）”面板

布线结果如图 5-115 所示。

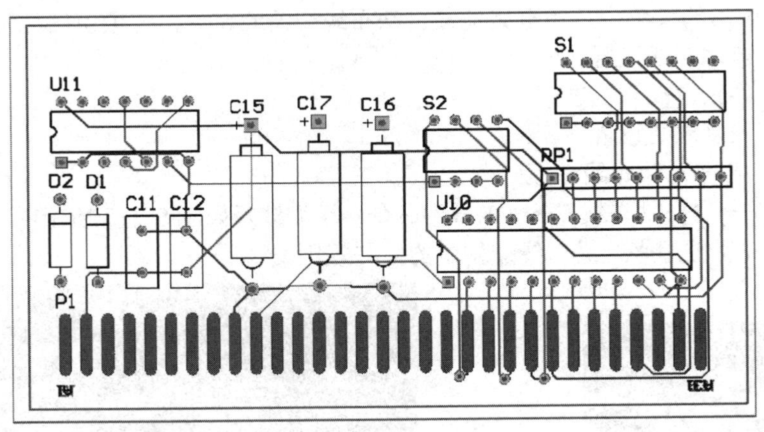

图 5-115 布线结果

5.12 电路板的手动布线

自动布线会出现一些不合理的布线情况，例如有较多的绕线、走线不美观等。此时，可以通过手动布线进行一定的修正，对于元件网络较少的 PCB 也可以完全采用手动布线。下面介绍手动布线的一些技巧。

手动布线，要靠用户自己规划元件布局和走线路径，而网格是用户在空间和尺寸上的重要依据。因此，合理地设置网格，会更加方便设计者规划布局和放置导线。用户在设计的不同阶段可根据需要随时调整网格的大小，例如，在元件布局阶段，可将捕捉网格设置得大一些，如 20mil。在布线阶段捕捉网格要设置得小一些，如 5mil 甚至更小，尤其是在走线密集的区域，视图网格和捕捉网格都应该设置得小一些，以方便观察和走线。

手动布线的规则设置与自动布线前的规则设置基本相同，读者可参考前面章节的介绍，这里不再赘述。

5.12.1 拆除布线

在工作窗口中选中导线后，按〈Delete〉键即可删除导线，完成拆除布线的操作。但是这样的操作只能逐段地拆除布线，工作量比较大，在“布线”菜单中有如图 5-116 所示的“取消布线”菜单，通过该菜单可以更加快速地拆除布线。

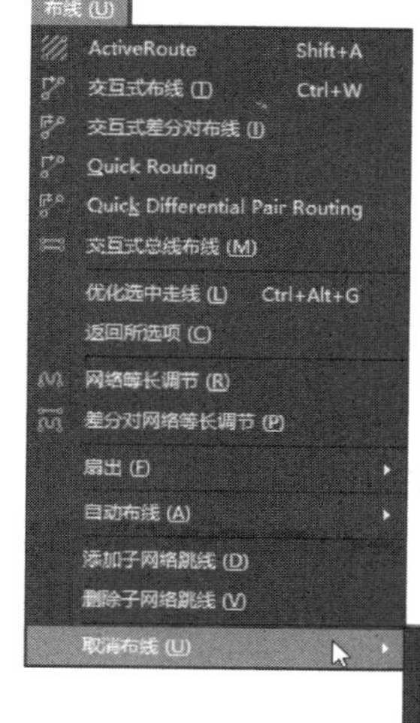

图 5-116 “取消布线”菜单

1）“全部”菜单项：拆除 PCB 上的所有导线。

执行“布线”→“取消布线”→“全部”菜单命令，即可拆除 PCB 上的所有导线。

2）“网络”菜单项：拆除某一个网络上的所有导线。

① 执行“布线”→“取消布线”→“网络”菜单命令，光标将变成十字形状。

② 移动光标到某根导线上，单击，该导线所在网络的所有导线将被删除，即可完成对该网络的拆除布线操作。

③ 此时，光标仍处于拆除布线状态，可以继续拆除其他网络上的布线。

④ 右击或者按下〈Esc〉键即可退出拆除布线操作。

3）“连接”菜单项：拆除某个连接上的导线。

① 执行“布线”→“取消布线”→“连接”菜单命令，光标将变成十字形状。

② 移动光标到某根导线上，单击，该导线建立的连接将被删除，即可完成对该连接的拆除布线操作。

③ 此时，光标仍处于拆除布线状态，可以继续拆除其他连接上的布线。

④ 右击或者按下〈Esc〉键即可退出拆除布线操作。

4）“器件”菜单项：拆除某个元件上的导线。

① 执行“布线”→“取消布线”→“器件”菜单命令，光标将变成十字形状。

② 移动光标到某个元件上，单击，该元件所有管脚所在网络的所有导线将被删除，即可完成对该元件上的拆除布线操作。

③ 此时，光标仍处于拆除布线状态，可以继续拆除其他元件上的布线。

④ 右击或者按下〈Esc〉键即可退出拆除布线操作。

5.12.2 手动布线

1. 手动布线的步骤

手动布线也将遵循自动布线时设置的规则。具体的手动布线步骤如下。

1）执行“放置”→“走线”菜单命令，光标将变成十字形状。

2）移动光标到元件的一个焊盘上，然后单击放置布线的起点。

手动布线模式主要有 5 种：任意角度、90°拐角、90°弧形拐角、45°拐角和 45°弧形拐角。按〈Shift+Space〉快捷键即可在 5 种模式间切换，按〈Space〉键可以在手动布线的开始和结束两种模式间切换。

3）多次单击确定多个不同的控点，完成两个焊盘之间的布线。

2．手动布线中层的切换

在进行交互式布线时，按〈*〉键可以在不同的信号层之间切换，这样可以完成不同层之间的走线。在不同的层间进行走线时，系统将自动为其添加一个过孔。

5.13 添加安装孔

电路板布线之后，可以开始着手添加安装孔。安装孔通常采用过孔形式，并和接地网络连接以便进行调试工作。

放置安装孔的步骤如下。

1）执行“放置”→“过孔”菜单命令，光标将变成十字形状，并带有一个过孔图形。

2）按〈Tab〉键，系统弹出如图 5-117 所示的“Properties（属性）”面板。

3）按〈Enter〉键按钮，此时放置了一个过孔。

4）此时，光标仍处于放置过孔状态，可以继续放置其他的过孔。

5）右击或者按下〈Esc〉键即可退出放置过孔操作。

如图 5-118 所示为放置完毕安装孔的电路板。

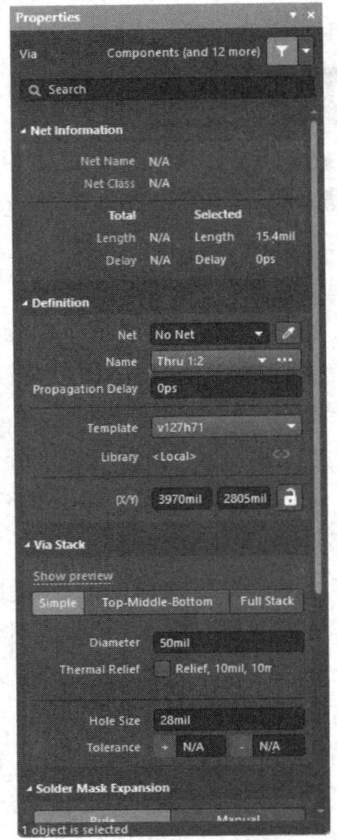

图 5-117 “Properties（属性）”面板

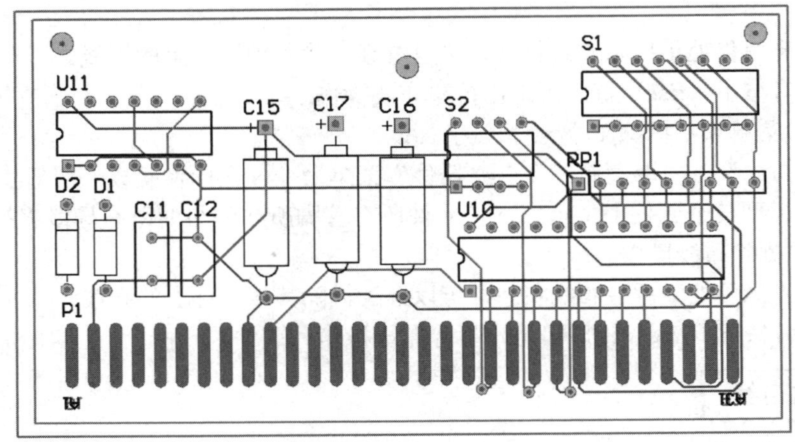

图 5-118 放置完毕安装孔的电路板

5.14 铺铜和补泪滴

铺铜由一系列的导线组成，可以完成板的不规则区域内的填充。在绘制 PCB 图时，铺铜主要是指把空余没有走线的部分用线全部铺满。铺满部分的铜箔和电路的一个网络相连，多数情况是和 GND 网络相连。单面电路板铺铜可以提高电路的抗干扰能力，经过铺铜处理后制作的印制板会显得十分美观，同时，过大电流的地方也可以采用铺铜的方法来加大过电流的能力。铺铜通常的安全间距应该在一般导线安全间距的两倍以上。

5.14.1 执行铺铜命令

执行“放置”→“铺铜”菜单命令，或者单击“布线”工具栏中的（放置多边形平面）按钮，或用快捷键〈P+G〉，即可执行放置铺铜命令，系统弹出“Properties（属性）”面板，如图 5-119 所示。

5.14.2 设置铺铜属性

执行铺铜命令之后，或者双击已放置的铺铜，系统会弹出“Properties（属性）”面板。

在铺铜属性设置对话框中，“Properties（属性）”选项组中的主要参数含义如下。

- “Layer（层）”下拉列表框：用于设定铺铜所属的工作层。
- “Solid（实体）”选项：用于设置删除孤立区域铺铜的面积限制值，以及删除凹槽的宽度限制值。需要注意的是，当用该方式铺铜后，设计文件在 Protel 99 SE 软件中不能显示，但可以用 Hatched（网络状）方式铺铜。
- “Hatched（网络状）”选项：用于设置网格线的宽度、网络的大小、围绕焊盘的形状及网格的类型。
- “None（无）”选项：用于设置铺铜边界导线宽度及围绕焊盘的形状等。
- “Remove Dead Copper（删除孤立的铺铜）”复选框：用于设置是否删除孤立区域的铺铜。孤立区域的铺铜是指没有连接到指定网络元件上的封闭区域内的铺铜，若勾选该复选框，则可以将这些区域的铺铜去除。
- “Optimal Void Rotation（最佳空隙旋转）”复选框：启用此复选框，可确保多边形的边排列时，在其他网络的相邻对象之间经过时提供最大颈宽。

5.14.3 放置铺铜

1）执行“放置”→“铺铜”菜单命令，或者单击“连线”工具栏中的（放置多边形平面）按钮，即可执行放置铺铜命令，系统弹出“Properties（属性）”面板。

2）在“Properties（属性）”面板内进行设置，如图 5-120 所示。

3）此时光标变成十字形状，准备开始铺铜操作。

4）用光标沿着 PCB 的禁止布线边界线绘制出一个闭合的矩形框。单击确定起点，移动至拐点处再次单击，直至取完矩形框的第 4 个顶点，右击退出。用户不必费力将矩形框线闭合，系统会自动将起点和终点连接起来构成闭合框线。

5）系统在框线内部自动生成了“Top Layer（顶层）”的铺铜。

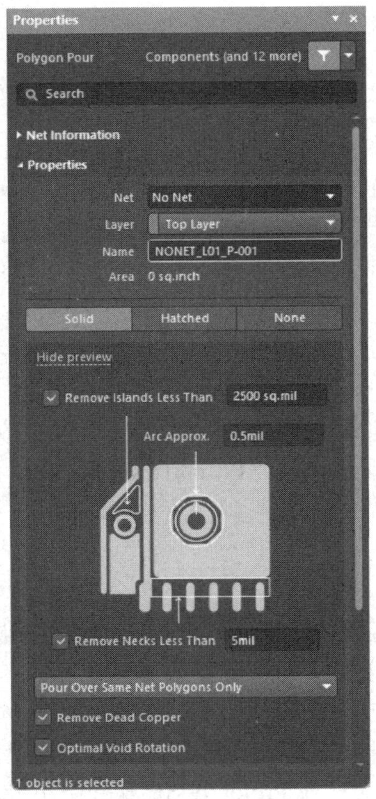

图 5-119 “Properties（属性）”面板（一）

图 5-120 “Properties（属性）”面板（二）

6）再次执行铺铜命令，选择层面为“Bottom Layer（底层）”，其他设置相同，为底层铺铜。铺铜后，PCB 铺铜效果如图 5-121 所示。

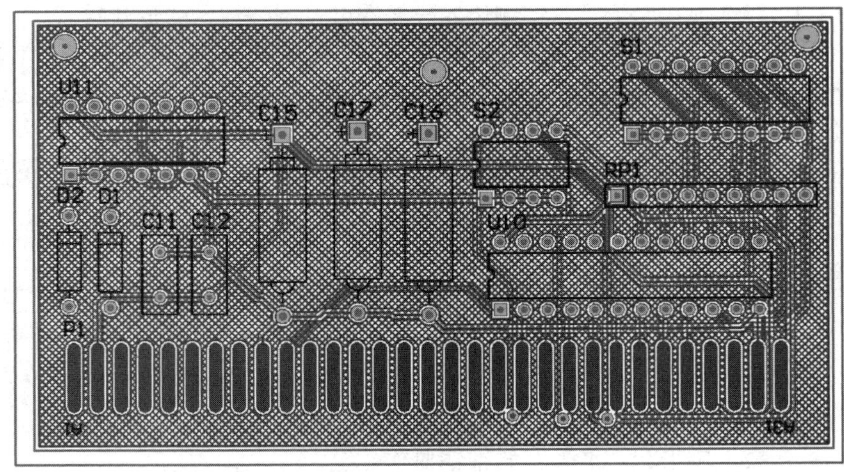

图 5-121 PCB 铺铜效果图

5.14.4 补泪滴

在导线和焊盘或者孔的连接处，通常需要补泪滴，以去除连接处的直角，加大连接面。这样做有两个好处，一是在 PCB 制作过程中，避免因为钻孔定位偏差导致焊盘与导线断裂。二是在安装和使用中，可以避免因用力集中导致连接处断裂。

具体的操作步骤如下。

1）执行“工具”→“泪滴”菜单命令，即可执行补泪滴命令，系统弹出“泪滴”对话框，如图 5-122 所示。

①“工作模式”选项组。

- “添加”单选钮：用于添加泪滴。
- “删除”单选钮：用于删除泪滴。

②“对象”选项组。

- “所有”复选框：勾选该复选框，将对所有的对象添加泪滴。
- “仅选择”复选框：勾选该复选框，将对选中的对象添加泪滴。

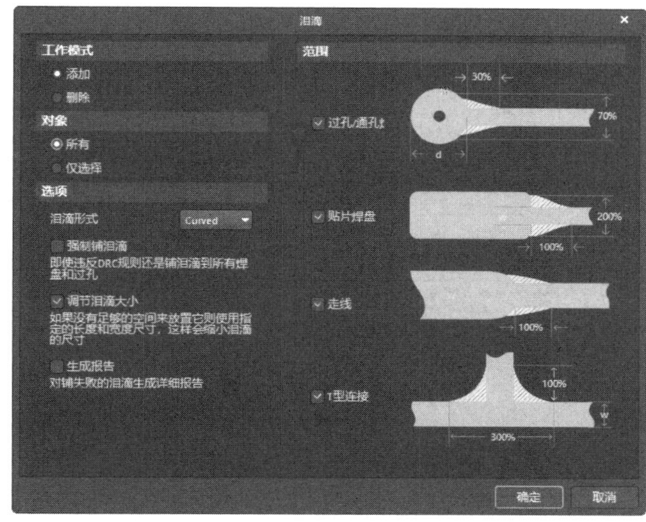

图 5-122 “泪滴”对话框

③“选项”选项组。

“泪滴形式”：在该下拉列表下选择“Curved（弧形）”“Line（线）”，表示用不同的形式添加泪滴。

- “强制铺泪滴”复选框：勾选该复选框，将强制对所有焊盘或过孔添加泪滴，这样可能导致在 DRC 检测时出现错误信息。取消对此复选框的勾选，则对安全间距太小的焊盘不添加泪滴。
- “调节泪滴大小”复选框：勾选该复选框，进行添加泪滴的操作时自动调整泪滴的大小。
- “生成报告”复选框：勾选该复选框，进行添加泪滴的操作后将自动生成一个有关添加泪滴操作的报表文件，同时该报表也将在工作窗口显示出来。

2）单击“确定”按钮即可完成设置对象的泪滴添加操作，补泪滴前后焊盘与导线连接的变化如图 5-123 所示。

3）按照此种方法，还可以对某一个元件的所有焊盘和过孔，或者某一个特定网络的焊盘和过孔进行添加泪滴操作。

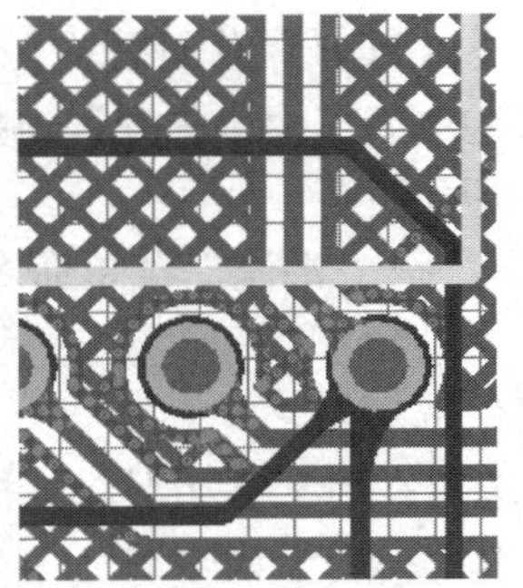

图 5-123　补泪滴前后焊盘与导线连接的变化

5.15　综合实例

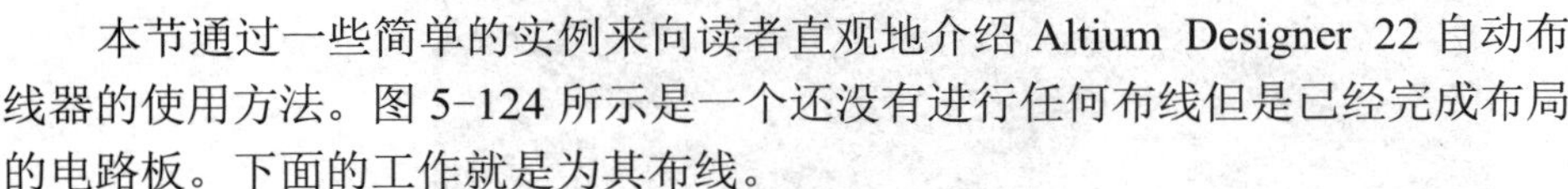

本节通过一些简单的实例来向读者直观地介绍 Altium Designer 22 自动布线器的使用方法。图 5-124 所示是一个还没有进行任何布线但是已经完成布局的电路板。下面的工作就是为其布线。

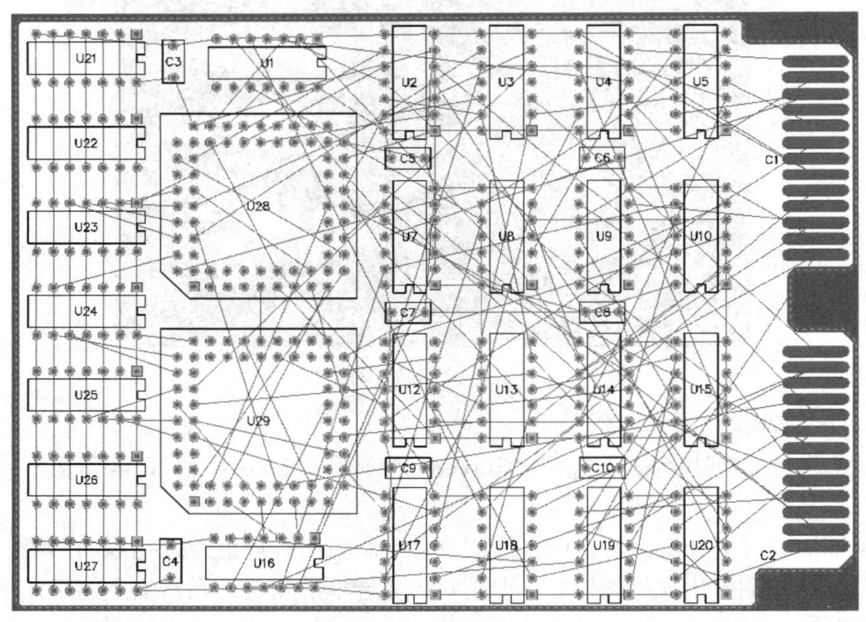

图 5-124　未布线的电路板

一般来讲，对电路板进行布线有三种方法，分别是自动布线、半自动布线和手动布线。

5.15.1 自动布线

自动布线相对比较简单，其具体操作步骤如下。

1）打开保存的项目文件“Board1.ddb”，打开其中的未布线电路图“BOARD 1.pcb”。

2）在当前的 PCB 文件下执行“布线”→“自动布线”→“全部”菜单命令，打开如图 5-125 所示的“Situs 布线策略”对话框。

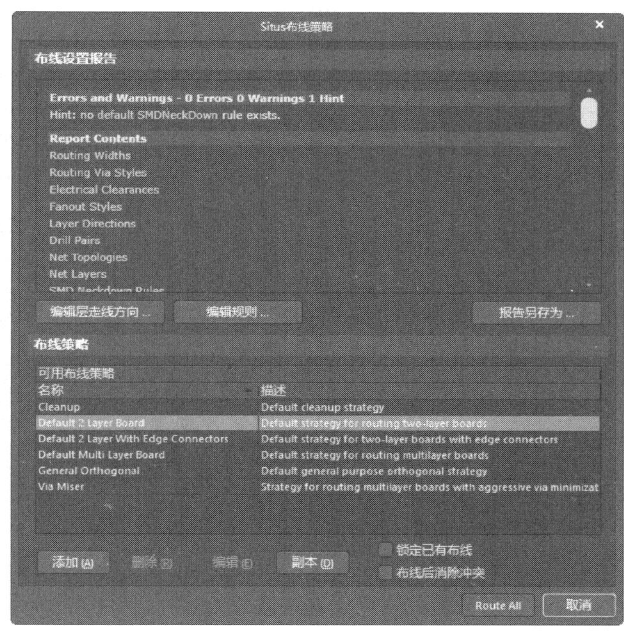

图 5-125 “Situs 布线策略”对话框

3）一般情况下，可以不更改对话框中的任何参数，而直接单击 Route All 按钮，启动自动布线。这时，窗口下方的状态栏内弹出的“Message（信息）”面板显示当前的布线状态，其中 Routed 表示已经完成布线的线路在线路总数中所占的百分比，Vias 表示过孔数量，Contentions 表示争用线路数量，Time 表示当前时间。

4）自动布线完成之后，系统会显示如图 5-126 所示的布线结果。

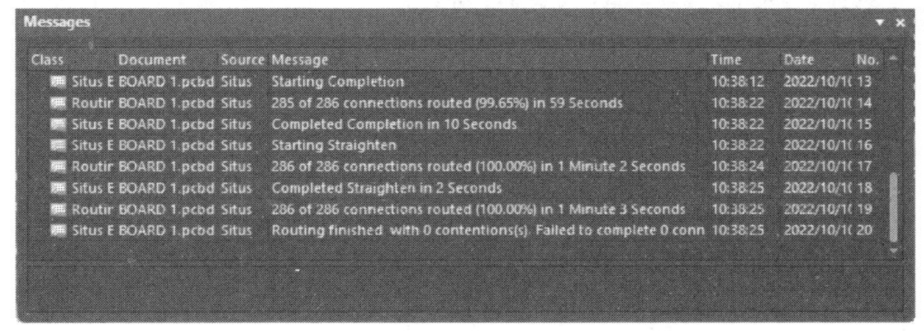

图 5-126 布线结果

一般来说，自动布线可以完成线路的所有布线工作，但也会出现自动布线不能完全布通整个电路板的情况，此时，布线结果就不会是 100%。

5）关闭图 5-126 的信息面板即可观看布线结果，如图 5-127 所示。

5.15.2 半自动布线

半自动布线是指由用户参与一部分线路的布线或者对指定网络标识的线路进行布线。在很多场合，完全不加限制的自动布线所产生的结果并不能满足用户的要求，此时可以使用半自动布线。例如，假设对如图 5-127 所示的电路板内线路的布线次序是：所有网络标识为 VCC 的管脚、对 U29 的所有管脚进行布线、对 C1、U5、U10 的区域进行布线、对 U20 的 6 脚和 5 脚进行布线、其他线路的布线，那么就需要按照下面的步骤进行半自动布线。

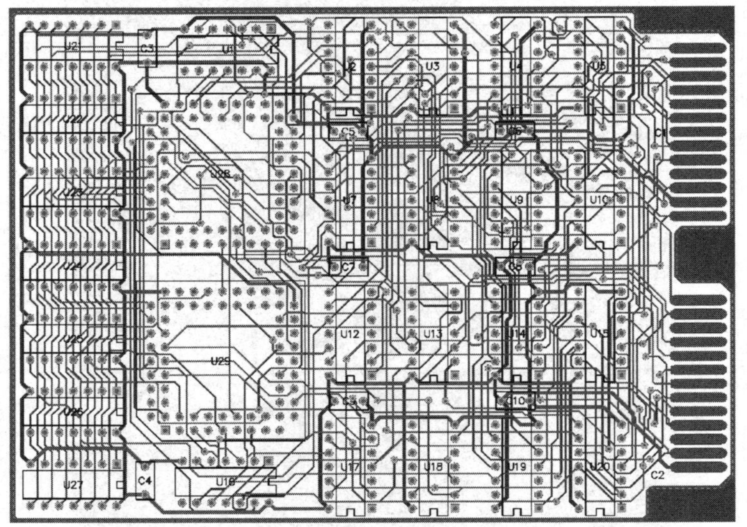

图 5-127　电路图布线结果

1）在当前的 PCB 文件下执行“布线”→“自动布线”→“网络”菜单命令，光标变成十字形状，单击 U20 的第 7 管脚，打开如图 5-128 所示的“Messages（信息）”面板，在该面板中显示网络所有布线过程信息，同时开始对 VCC 网络进行自动布线，布线结果如图 5-129 所示。

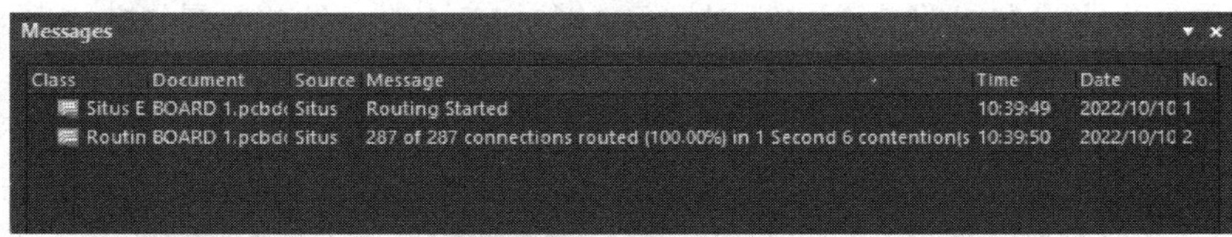

图 5-128　“Messages（信息）”面板

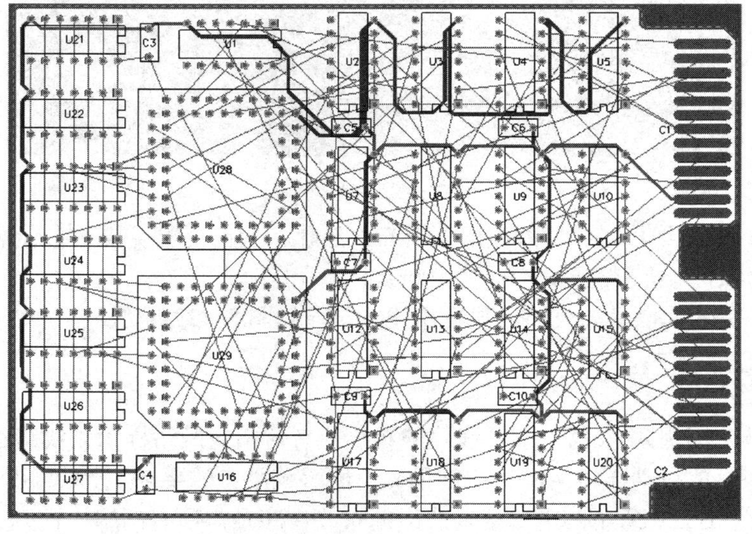

图 5-129　VCC 网络布线结果

2）VCC 网络布线结束后，应用程序仍然停留在由用户指定网络布线命令的状态。可以选择继续对其他网络进行布线，也可以右击终止当前命令状态。

3）对 U29 的所有管脚进行布线。执行“布线”→“自动布线”→“元件”菜单命令，光标将变成十字形状，单击 U29，对其所有管脚进行自动布线。布线结果如图 5-130 所示。

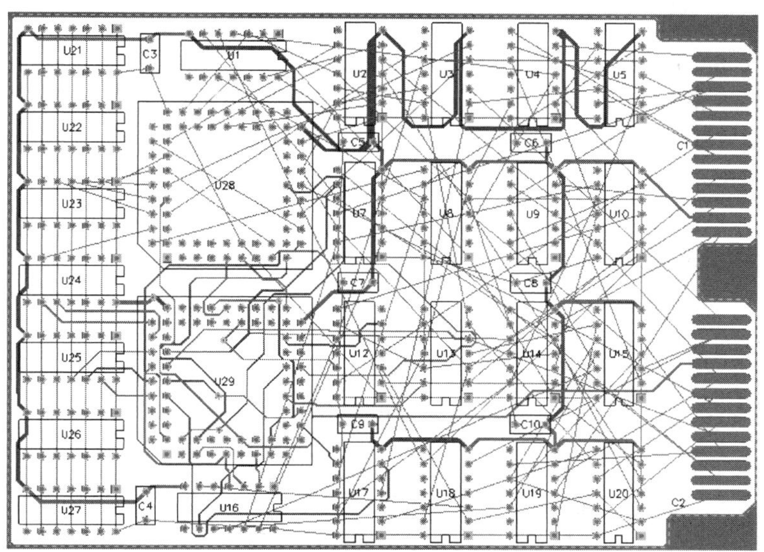

图 5-130　元件布线结果

4）与完成网络布线时一样，U29 的元件布线结束后，应用程序仍然停留在由用户指定元件布线命令的状态。可以选择继续对其他元件进行布线，也可以右击终止当前状态。

5）对 U1、C3、U28 的区域进行布线，此时就需要用到区域布线的菜单命令“布线”→“自动布线”→“区域”。执行该命令，光标变为十字形状，在 PCB 工作区内 U1、C3、U28 的部分拉出一个矩形框，选定布线区域，如图 5-131 所示，区域布线结果如图 5-132 所示。

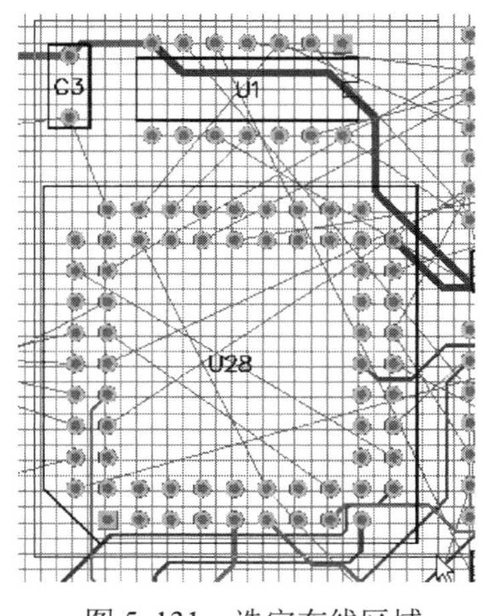

图 5-131　选定布线区域

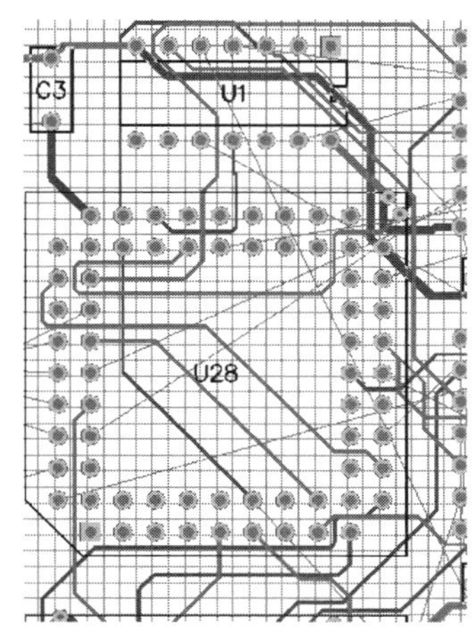

图 5-132　区域布线结果

6）右击退出区域布线状态之后，需要对 U20 的 5 脚和 6 脚进行布线。执行“布线”→“自动布线 ”→“连接”菜单命令，当光标变成十字形状之后，单击 U20 的 5 脚和 6 脚上引出的预拉线即可启动管脚布线。

7）右击退出管脚布线状态，然后运行“布线”→“自动布线”→“全部”菜单命令，完成电路板的布线工作。

5.15.3 手动布线

如果用户选择手动布线方式，可以直接使用前面介绍的布线工具。

实际上，这三种布线方式都有各自使用的环境。一般较为简单、没有特殊要求的电路板可以使用自动布线，线路略微复杂的电路板可以考虑半自动布线，线路非常复杂而且对走线位置要求较高的场合就非得用手动布线不可了。在实际的电路板设计中，用户可以灵活使用这些布线方式。

5.16 思考与练习

1．简述 PCB 的设计流程。

2．在集成频率合成器印制板电路中导入网络表，如图 5-133 所示。

3．绘制如图 5-134 所示的装饰彩灯控制电路。

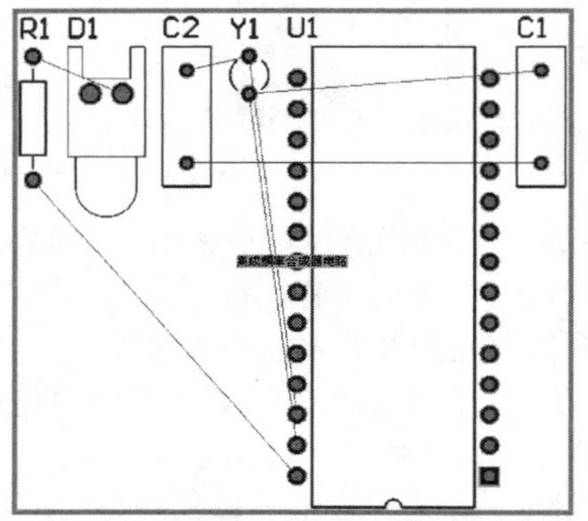

图 5-133 加载网络表和元器件封装的 PCB 图

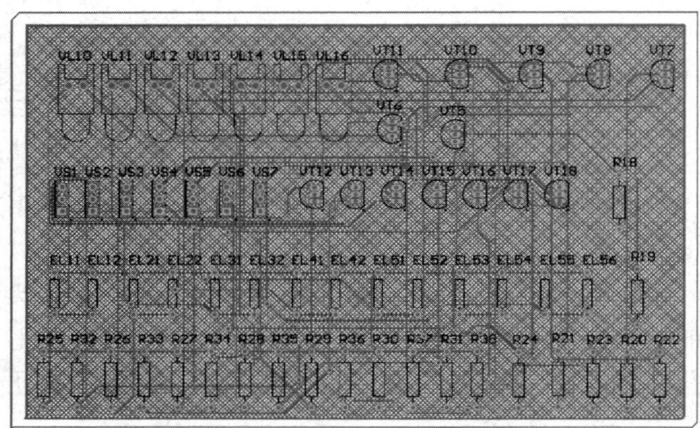
图 5-134 装饰彩灯控制电路

第 6 章　电路板的后期处理

内容指南

在 PCB 设计的最后阶段,要通过设计规则检查来进一步确认 PCB 设计的正确性。完成了 PCB 项目的设计后，就可以进行各种文件的整理和汇总了。本章将介绍不同类型文件的生成和输出操作方法，包括报表文件、PCB 文件和 PCB 制造文件等。通过本章内容的学习，读者会对 Altium Designer 22 形成更加系统的认识。

知识重点

- 电路板的测量
- DRC 检查
- 电路板的报表输出
- PCB 文件输出

6.1　电路板的测量

Altium Designer 22 提供了电路板上的测量工具，方便设计电路时的检查。测量功能在“报告”菜单中，该菜单如图 6-1 所示。

6.1.1 测量电路板上两点间的距离

电路板上两点之间的距离是通过“报告”菜单下的“测量距离”选项执行的，它测量的是 PCB 上任意两点的距离。具体操作步骤如下。

1）执行“报告”→“测量距离”命令，此时光标变成十字形状出现在工作窗口中。

2）移动光标到某个坐标点上，单击确定测量起点。如果光标移动到了某个对象上，则系统将自动捕捉该对象的中心点。

3）此时光标仍为十字形状，重复步骤 2）确定测量终点。此时将弹出如图 6-2 所示的对话框，在对话框中给出了测量的结果。测量结果包含总距离、X 方向上的距离和 Y 方向上的距离三项。

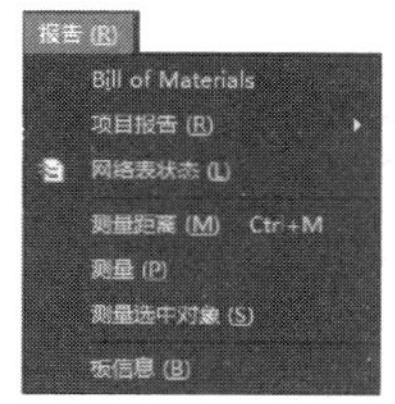

图 6-1 “报告”菜单

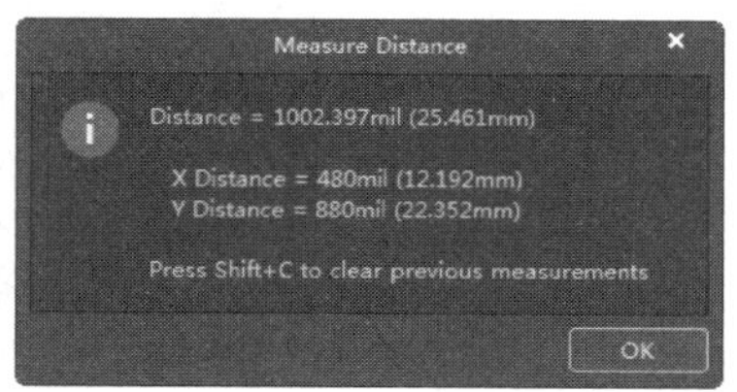

图 6-2　测量结果（一）

4）此时光标仍为十字状态，重复步骤 2）、步骤 3）可以继续其他测量。

5）完成测量后，右击或按〈Esc〉键即可退出该操作。

6.1.2 测量电路板上对象间的距离

这里的测量是专门针对电路板上的对象进行的，在测量过程中，鼠标将自动捕捉对象的中心位置。具体操作步骤如下。

1）执行“报告”→“测量”命令，此时光标变成十字形状出现在工作窗口中。

2）移动光标到某个对象（如焊盘、元件、导线、过孔等）上，单击确定测量的起点。

3）此时光标仍为十字形状，重复步骤 2）确定测量终点。此时将弹出如图 6-3 所示的对话框，在对话框中给出了对象的层属性、坐标和整个的测量结果。

4）此时光标仍为十字状态，重复步骤 2）、步骤 3）可以继续其他测量。

5）完成测量后，右击或按〈Esc〉键即可退出该操作。

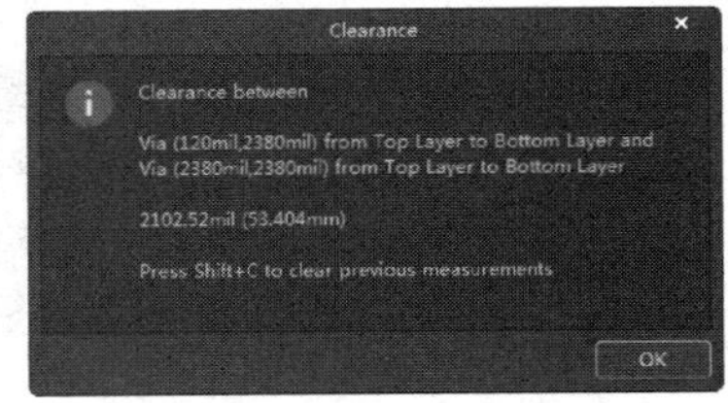

图 6-3 测量结果（二）

6.2 DRC 检查

电路板布线完毕，文件输出之前，还要进行一次完整的设计规则检查。设计规则检查（Design Rule Check，DRC）是采用 Altium 进行 PCB 设计时的重要检查工具，系统会根据用户设计规则的设置，对 PCB 设计的各个方面进行检查校验，如导线宽度、安全距离、元件间距、过孔类型等，DRC 是 PCB 设计正确性和完整性的重要保证。设计者应灵活运用 DRC，可以保障 PCB 设计的顺利进行和最终生成正确的输出文件。

DRC 的设置和执行是通过“设计规则检查”完成的。在主菜单中选择“工具”→“设计规则检查”命令，弹出如图 6-4 所示的“设计规则检查器”对话框。该对话框的左侧是该检查器的内容列表，右侧是项目具体内容。对话框由两部分内容构成：DRC 报告选项和 DRC 规则列表。

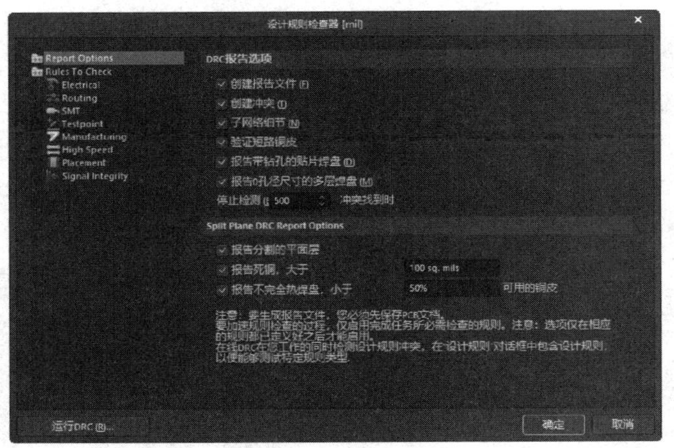

图 6-4 “设计规则检查器”对话框

设计规则的检测有两种方式，其一为报表（Report），可以产生检测后的结果。其二为在线检测（On-Line），也就是在布线的工作过程中对设置的布线规则进行在线检测。

1. DRC 报告选项

在“设计规则检查器”对话框左侧的列表中单击“Report Options（报表选项）”标签页，即显示 DRC 报表选项的具体内容。这里的选项主要用于对 DRC 报表的内容和方式进行设置，通常保持默认设置即可，其中各选项的功能介绍如下。

- “创建报告文件”复选框：运行批处理 DRC 后会自动生成报表文件（设计名.DRC），包含本次 DRC 运行中使用的规则、违例数量和细节描述。
- “创建冲突”复选框：能在违例对象和违例消息之间直接建立链接，使用户可以直接通过“Messages（信息）”面板中的违例消息进行错误定位，找到违例对象。
- “子网络细节”复选框：对网络连接关系进行检查并生成报告。
- “验证短路铜皮”复选框：对铺铜或非网络连接造成的短路进行检查。

2. DRC 规则列表

在“设计规则检查器”对话框左侧的列表中单击“Rules To Check（检查规则）”标签页，即可显示所有可进行检查的设计规则，其中包括了 PCB 制作中常见的规则，也包括了高速电路板设计规则，如图 6-5 所示。例如，线宽设定、引线间距、过孔大小、网络拓扑结构、元件安全距离、高速电路设计的引线长度、等距引线等，可以根据规则的名称进行具体设置。在规则栏中，“在线”和“批量”两个栏用来控制是否在在线 DRC 或批处理 DRC 中执行该规则检查。

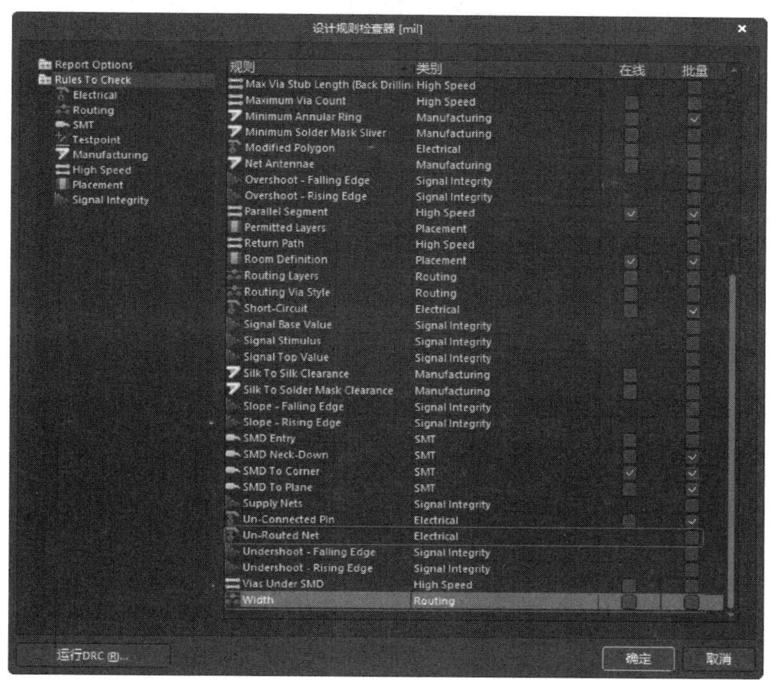

图 6-5　设计规则检查器规则列表

单击“运行 DRC（R）”按钮，即运行批处理 DRC。

6.2.1 在线 DRC 和批处理 DRC

DRC 分为两种类型，即在线 DRC 和批处理 DRC。

在线 DRC 在后台运行，在设计过程中，系统随时进行规则检查，对违反规则的对象提出警示或自动限制违例操作的执行。选择“参数选择”对话框的“PCB Editor（PCB 编辑器）”→“General（常规）”选项卡中可以设置是否选择在线 DRC，如图 6-6 所示。

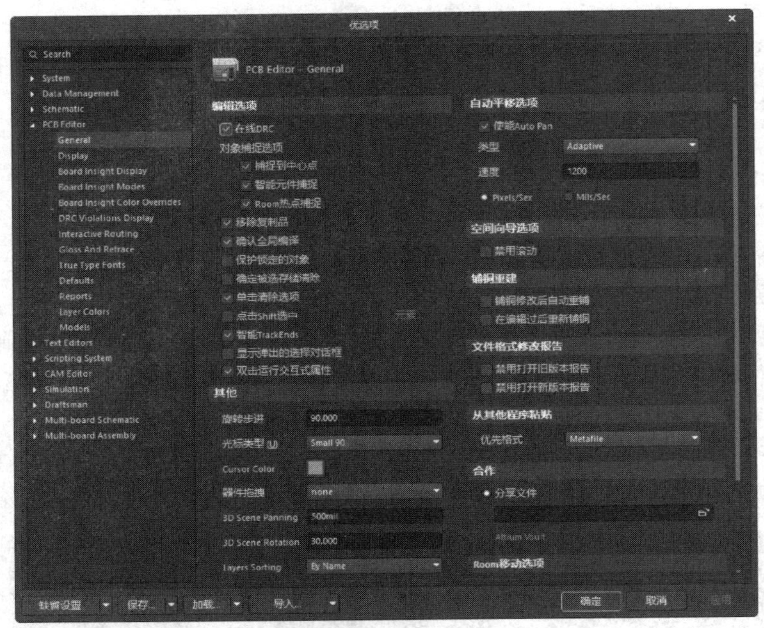

图 6-6 “优选项”（PCB 编辑器-常规）标签页

通过批处理 DRC，用户可以在设计过程中的任何时候手动一次运行多项规则检查。在如图 6-5 所示的列表中可以看到，不同的规则适用于不同的 DRC。有的规则只适用于在线 DRC，有的只适用于批处理 DRC，但大部分的规则都可以在两种检查方式下运行。

需要注意的是，在不同阶段运行批处理 DRC，对其规则选项要进行不同的选择。例如，在未布线阶段，如果要运行批处理 DRC，就要将部分布线规则禁止，否则会导致过多的错误提示而使 DRC 失去意义。在 PCB 设计结束时，也要运行一次批处理 DRC，这时就要选中所有 PCB 相关的设计规则，使规则检查尽量全面。

6.2.2 对未布线的 PCB 文件执行批处理 DRC

要求在 PCB 文件“UN-4 Port Serial Interface.PcbDoc”未布线的情况下，运行批处理 DRC。此时要适当配置 DRC 选项，以得到有参考价值的错误列表。具体的操作步骤如下。

1）选择菜单栏中的“工具”→“设计规则检查”命令。

2）系统将弹出“Design Rule Checker（设计规则检查器）”对话框，暂不进行规则启用和禁止的设置，直接使用系统的默认设置。单击“运行 DRC（R）”按钮，运行批处理 DRC。

3）系统执行批处理 DRC，运行结果在“Messages（信息）”面板中显示出来，如图 6-7 所示。系统生成了 100 余项 DRC 警告，其中大部分是未布线警告，这是因为还未在 DRC 运行之前禁止该规则的检查。这种 DRC 警告信息对用户并没有帮助，反而使“Messages（信息）”面板变得杂乱。

4）选择菜单栏中的“工具”→“设计规则检测”命令，重新配置 DRC 规则。在“设计规则检查器”对话框中，单击左侧列表中的“Rules To Check（检查规则）”选项。

Class	Document	Source	Message	Time	Date	No.
[Warni	UN-4 Port Seria	Signal I	No plane layers defined in layer stack - plane layers assumed.	11:42:16	2022/10/10	2
[Hint]	UN-4 Port Seria	Signal I	INTB has not been routed. Net will be simulated using schematic inf	11:42:16	2022/10/10	3
[Hint]	UN-4 Port Seria	Signal I	INTC has not been routed. Net will be simulated using schematic inf	11:42:16	2022/10/10	4
[Hint]	UN-4 Port Seria	Signal I	INTD has not been routed. Net will be simulated using schematic in	11:42:16	2022/10/10	5
[Hint]	UN-4 Port Seria	Signal I	INTA has not been routed. Net will be simulated using schematic inf	11:42:16	2022/10/10	6
[Hint]	UN-4 Port Seria	Signal I	-WR has not been routed. Net will be simulated using schematic inf	11:42:16	2022/10/10	7
[Hint]	UN-4 Port Seria	Signal I	-RD has not been routed. Net will be simulated using schematic inf	11:42:16	2022/10/10	8
[Hint]	UN-4 Port Seria	Signal I	RESET has not been routed. Net will be simulated using schematic i	11:42:16	2022/10/10	9
[Hint]	UN-4 Port Seria	Signal I	-CSA has not been routed. Net will be simulated using schematic inf	11:42:16	2022/10/10	10

图 6-7 “Messages”面板（一）

5）在如图 6-5 所示的规则列表中，禁止其中部分规则的“批量”选项。禁止项包括 Un-Routed Net（未布线网络）和 Width（宽度）。

6）单击“运行 DRC（R）”按钮，运行批处理 DRC。

7）执行批处理 DRC，运行结果在“Messages（信息）”面板中显示出来，如图 6-8 所示。可见重新配置检查规则后，批处理 DRC 得到了 0 项 DRC 违例信息。

图 6-8 “Messages”面板（二）

6.2.3 对布线完毕的 PCB 文件执行批处理 DRC

对布线完毕的 PCB 文件“UN-4 Port Serial Interface.PcbDoc”再次运行 DRC。尽量检查所有涉及的设计规则。具体的操作步骤如下。

1）选择菜单栏中的“工具”→“设计规则检查”命令。

2）系统将弹出“设计规则检查器”对话框，如 6-9 所示。

该对话框中左侧列表栏是设计项，右侧列表为具体的设计内容。

①“Report Options（报告选项）”标签页。用于设置生成的 DRC 报表的具体内容，由“创建报告文件”“创建冲突”“子网络细节”以及“验证短路铜皮”等选项来决定。选项“停止检测”用于限定违反规则的最高选项数，以便停止报表的生成。一般都保持系统的默认选择状态。

②“Rules To Check（规则检查）”标签页。该页中列出了所有可进行检查的设计规则，这些设计规则都是在 PCB 设计规则和约束对话框里定义过的设计规则，如图 6-10 所示。

其中“在线”选项表示该规则是否在 PCB 设计的同时进行同步检查，即在线 DRC。

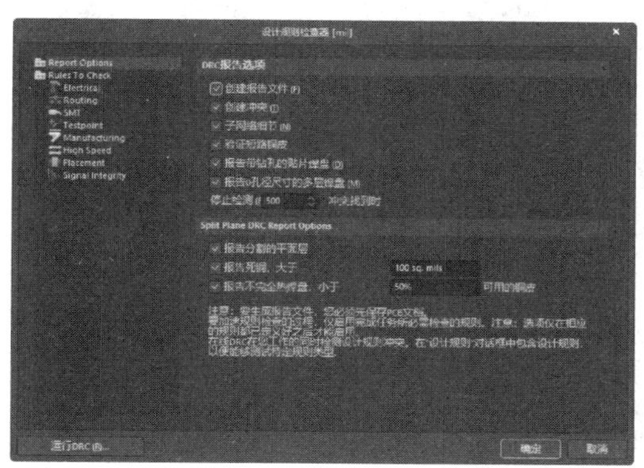

图 6-9 “设计规则检查器”对话框

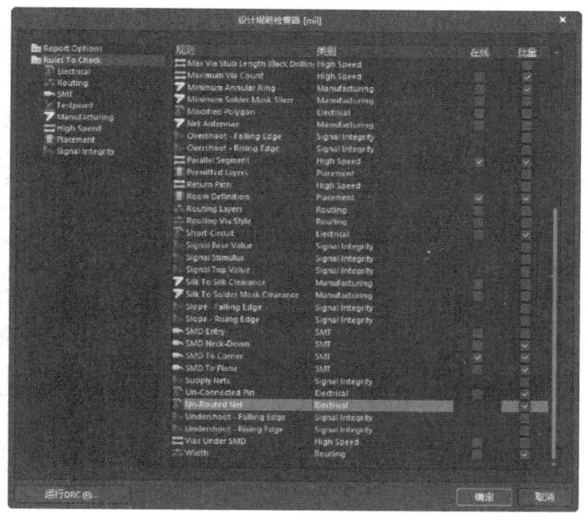

图 6-10 选择设计规则选项

3）单击“运行 DRC(R)”按钮，运行批处理 DRC。

4）系统执行批处理 DRC，运行结果在“Messages（信息）”面板中显示出来，如图 6-11 所示。对于批处理 DRC 中检查到的违例信息项，可以通过错误定位进行修改，这里不再赘述。

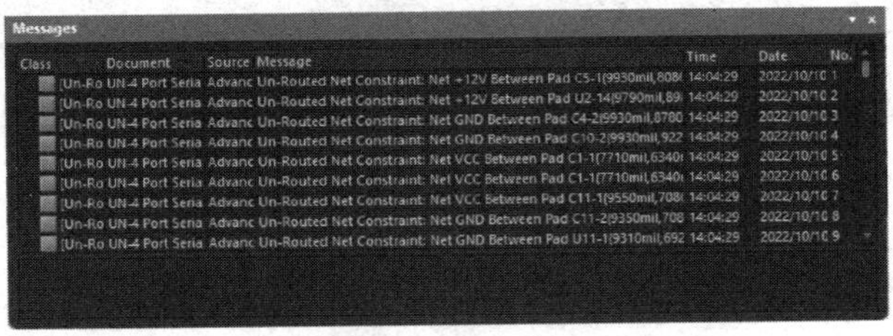

图 6-11 “Messages”面板（三）

6.3 电路板的报表输出

PCB 绘制完毕，可以利用 Altium Designer 22 提供丰富的报表功能，生成一系列的报表文件。这些报表文件有着不同的功能和用途，为 PCB 设计的后期制作、元件采购、文件交流等提供了方便。在生成各种报表之前，首先确保要生成报表的文件已经被打开并置为当前文件。

6.3.1 引脚信息报表

引脚报表能够提供电路板上选取的引脚信息，用户可以选取若干个引脚，通过报表功能生成这些引脚的相关信息，这些信息会生成一个“*. REP”报表文件，这可以让用户比较方便地检验网络上的连线。

下面通过从 PCB 文件“UN-4 Port Serial Interface.PcbDoc”中生成网络表来详细介绍 PCB 图引脚信息生成的具体步骤。

1）执行“设计”→“网络表”→“从连接的铜皮生成网络表”菜单命令。

2）执行此命令后，系统弹出“Confirm（确认）”对话框，如图 6-12 所示，单击“Yes（是）”按钮，系统生成 PCB 网络表文件“Exported UN-4 Port Serial Interface.Net”，并自动打开，如图 6-13 所示。

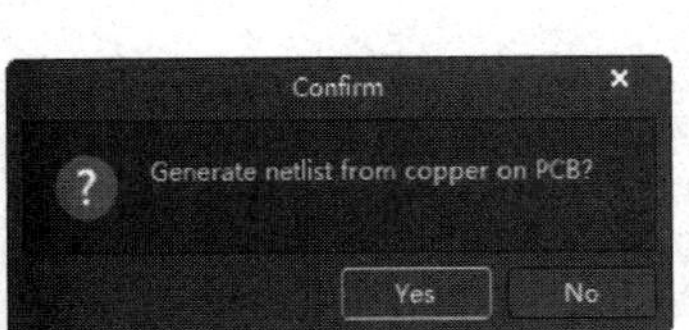

图 6-12 “Confirm（确认）”对话框

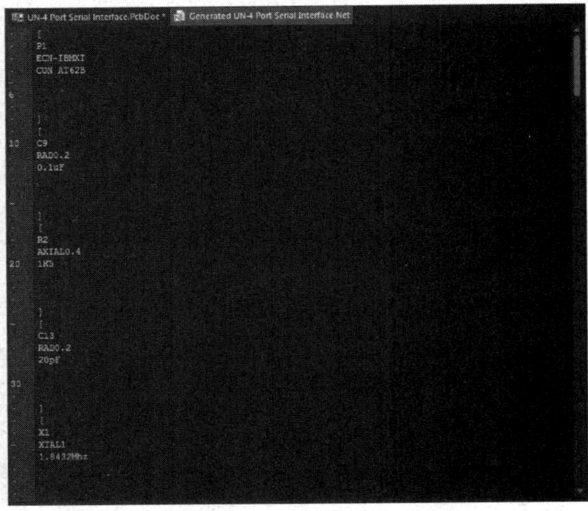

图 6-13 引脚报表文件

6.3.2 PCB 信息报表

PCB 信息报表对 PCB 的元件网络和一般细节信息进行汇总报告。单击右侧“Properties（属性）”按钮，打开“Properties（属性）”面板“Board（板）”属性编辑，在“Board Information（板信息）”选项组中显示 PCB 文件中元件和网络的完整细节信息，图 6-14 显示的是选定对象时的部分信息。

- 汇总了 PCB 上的各类图元，如导线、过孔、焊盘等的数量，报告了电路板的尺寸信息和 DRC 违例数量。
- 报告了 PCB 上元件的统计信息，包括元件总数、各层放置数目和元件标号列表。
- 列出了电路板的网络统计，包括导入网络总数和网络名称列表。

单击“Reports（报告）”按钮，系统将弹出如图 6-15 所示的“板级报告”对话框，通过该对话框可以生成 PCB 信息的报表文件，在该对话框的列表框中选择要包含在报表文件中的内容。若勾选“仅选择对象”复选框，则报告中只列出当前电路板中已经处于选择状态下的图元信息。

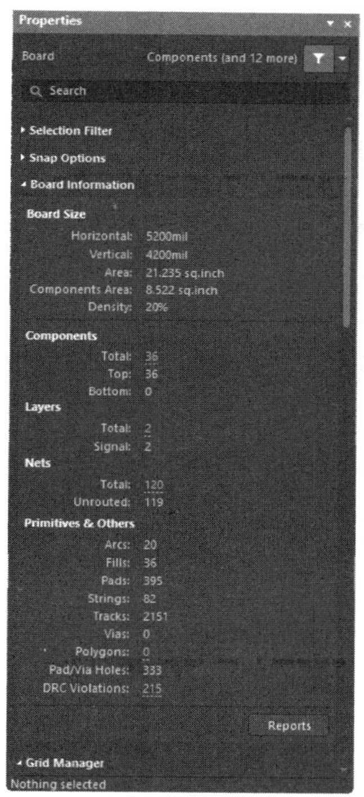

图 6-14 “Board Information（板信息）”属性编辑

图 6-15 “板级报告”对话框

在“板级报告”对话框中单击“报告”按钮，系统将生成“Board Information Report”的报表文件，自动在工作区内打开，PCB 信息报表如图 6-16 所示。

6.3.3 元器件报表

元器件报表功能可以用来整理一个电路或一个项目中的零件，形成一个零件列表，以供用户查询。生成零件报表的具体操作如下。

1）首先执行“报告”→“Bill of Materials（元件清单）”菜单命令。

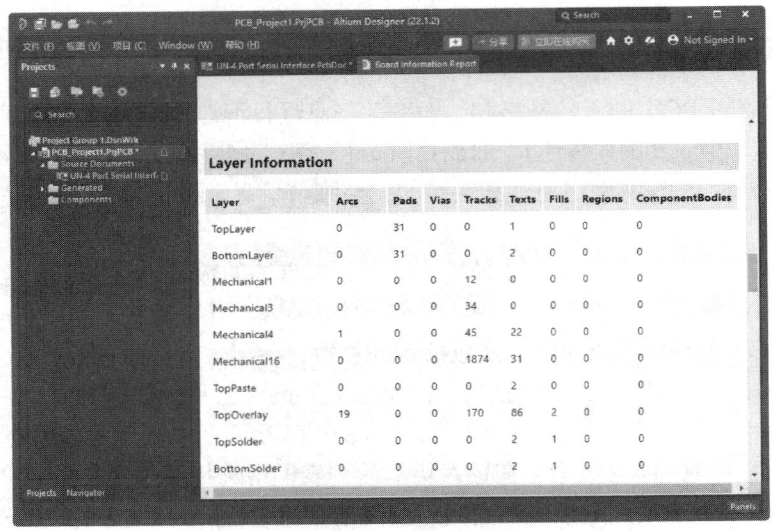

图 6-16 PCB 信息报表

2）执行命令后，系统将弹出相应的元件报表对话框，如图 6-17 所示。

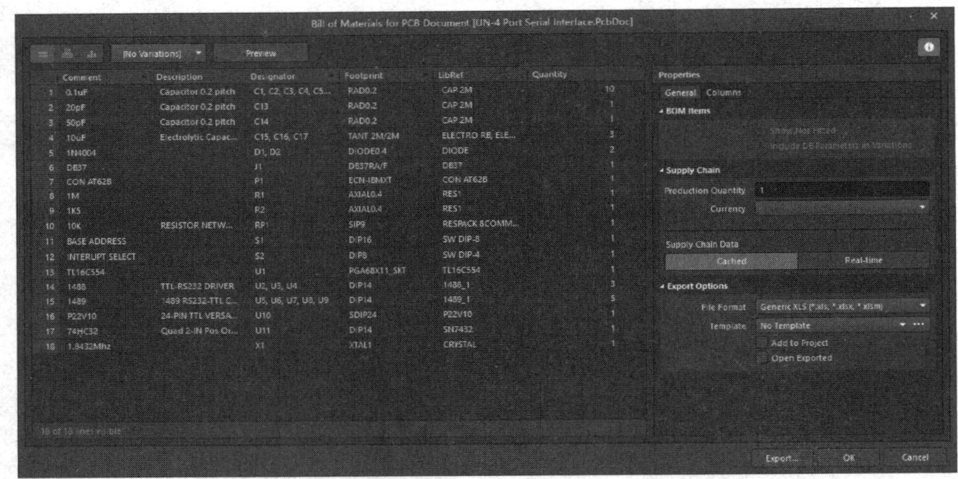

图 6-17 设置元件报表

在该对话框中，可以对要创建的元件清单进行选项设置。右侧有两个选项卡，它们的含义分别如下。

- “General（通用）”选项卡：一般用于设置常用参数。
- “Columns（纵队）”选项卡：用于列出系统提供的所有元件属性信息，如 Description（元件描述信息）、Component Kind（元件种类）等。

要生成并保存报表文件，单击对话框中的“Export（输出）”按钮，系统将弹出“另存为”对话框。选择保存类型和保存路径，保存文件即可。

6.3.4 网络表状态报表

网络表状态报表列出了当前 PCB 文件中所有的网络，并说明了它们所在的层面和网络中导线的总长度。在主菜单中选择“报告”→“网络表状态”命令，即生成名为“UN-4 Port Serial Interface. REP”的网络表状态报表，其格式如图 6-18 所示。

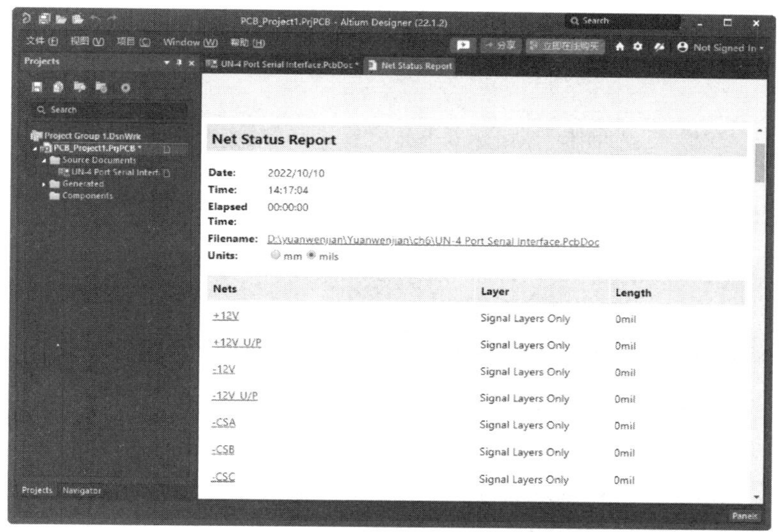

图 6-18　网络表状态报表的格式

6.4　电路板的打印输出

PCB 设计完毕，可以将其源文件、制作文件等按需要进行存档、打印、输出等。利用 PCB 编辑器的文件打印功能，可以将 PCB 文件不同层面上的图元按一定比例打印输出，用以校验和存档。

1. 打印机输出属性

1）打印输出前，首先应该设置打印机。

2）执行“文件”→“打印”命令，系统将会生成如图 6-19 所示的文件。

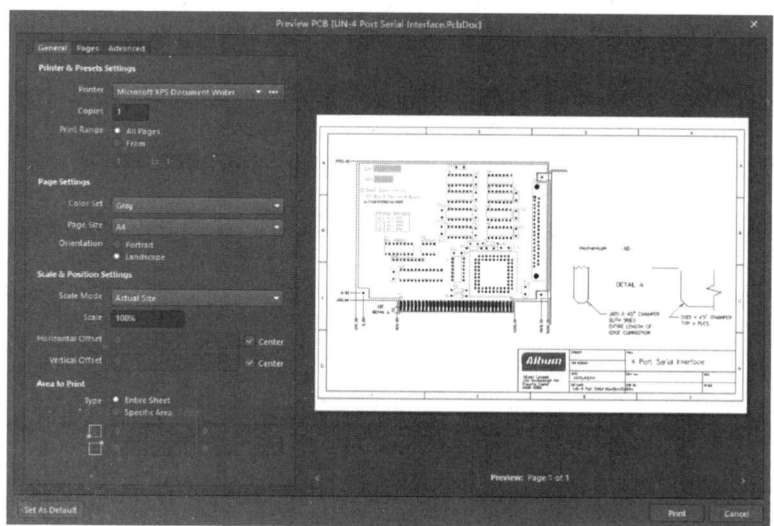

图 6-19　打印文件

3）在“Printer（打印机）”下拉列表中可选择打印机名，显示了所要打印的文件名。

4）在“Page Size（页面大小）”下拉列表中选择页面的尺寸。

5）在“Orientation（方向）”选项中有“Portrait（竖向）”和“Landscape（横向）”两个单选按钮，通过右侧的预览文件来进行选择。

2. 打印输出

打开“Pages（图纸）”选项卡，如图 6-20 所示，单击 Edit Layers 按钮，显示对应的层，列出的层即为将要打印的层面，系统默认列出所有图元的层面，如图 6-21 所示。通过 ^ 和 ˅ 按钮调整显示的打印层，并通过 🗑 按钮对打印层面进行删除操作。

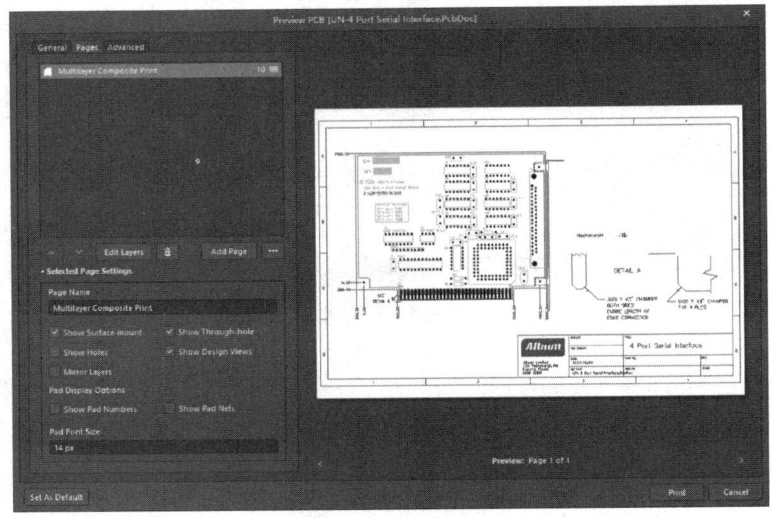

图 6-20 “Pages（图纸）”选项卡

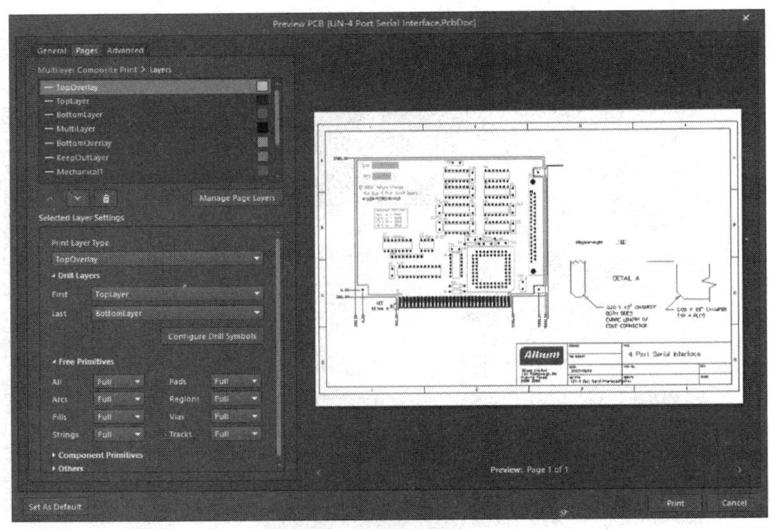

图 6-21 显示对应的层

在“Free Primitives（自由基元）”选项组中提供了 3 种类型的打印方案：“Full（全部）”“Draft（草图）”和“Hide（隐藏）”。“全部”即打印该类图元全部图形画面，“草图”只打印该类图元的外形轮廓，“隐藏”则隐藏该类图元，不打印。

3．打印

设置完成后单击“Print（打印）”按钮，即可打印设置好的 PCB 文件。

6.5 思考与练习

1．输出如图 6-22 所示的电路板元件清单，报表如图 6-23 所示。

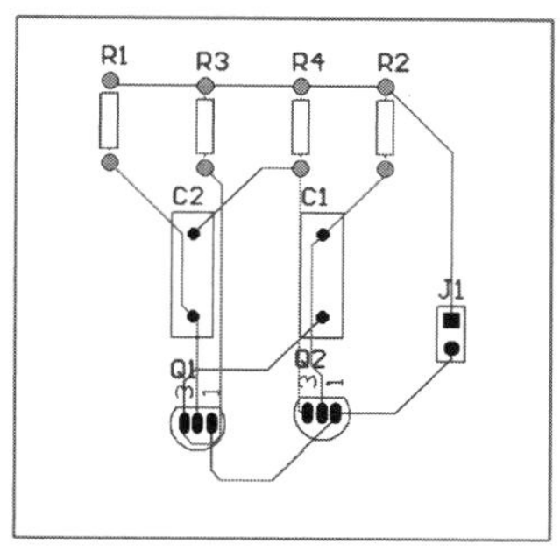

图 6-22　PCB 文件

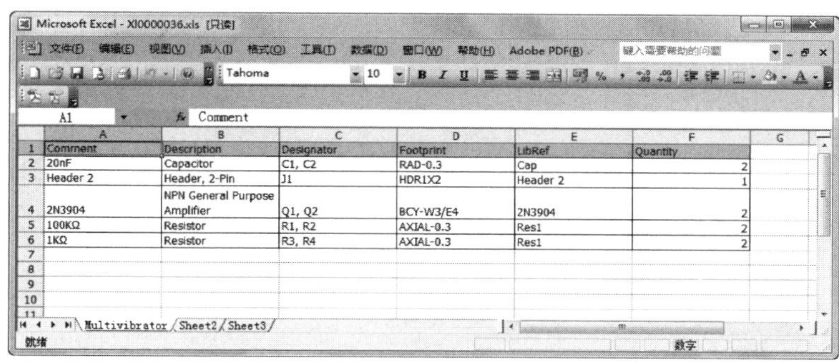

	A	B	C	D	E	F	G
1	Comment	Description	Designator	Footprint	LibRef	Quantity	
2	20nF	Capacitor	C1, C2	RAD-0.3	Cap	2	
3	Header 2	Header, 2-Pin	J1	HDR1X2	Header 2	1	
4	2N3904	NPN General Purpose Amplifier	Q1, Q2	BCY-W3/E4	2N3904	2	
5	100KΩ	Resistor	R1, R2	AXIAL-0.3	Res1	2	
6	1KΩ	Resistor	R3, R4	AXIAL-0.3	Res1	2	

图 6-23　打开报表文件

2．绘制如图 6-24 所示的电路板信息及网络状态报表，如图 6-25 和图 6-26 所示。

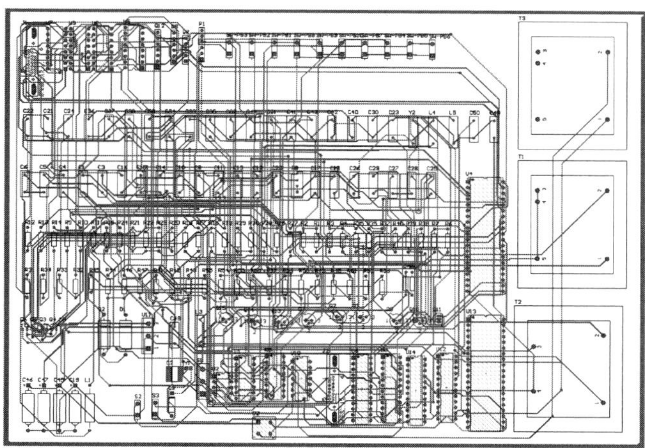

图 6-24　PCB 电路板图

Board Information Report

Layer	Arcs	Pads	Vias	Tracks	Texts	Fills	Regions	ComponentBodies
Top Layer	0	18	0	1055	0	0	0	0
Bottom Layer	0	0	0	1048	0	0	0	0
Mechanical 1	0	0	0	4	10	0	0	0
Mechanical 2	0	0	0	4	0	0	0	0
Mechanical 13	11	0	0	49	0	0	0	13
Mechanical 15	0	0	0	40	0	0	0	0
Multi-Layer	0	660	87	0	0	0	1	0
Top Paste	0	0	0	0	0	0	0	0
Top Overlay	65	0	0	830	393	1	0	0
Top Solder	0	0	0	0	0	0	0	0
Bottom Solder	0	0	0	0	0	0	0	0
Bottom Overlay	0	0	0	0	0	0	0	0
Bottom Paste	0	0	0	0	0	0	0	0
Drill Guide	0	0	0	0	0	0	0	0

图 6-25　PCB 信息报表

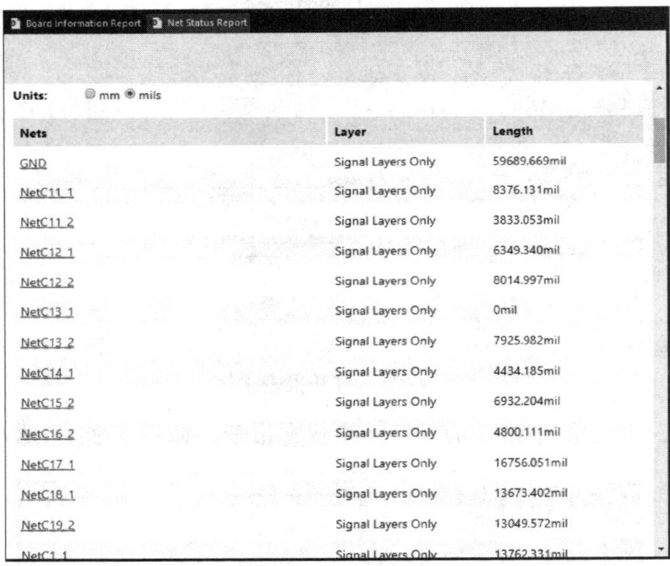

Board Information Report　Net Status Report

Units: mm mils

Nets	Layer	Length
GND	Signal Layers Only	59689.669mil
NetC11_1	Signal Layers Only	8376.131mil
NetC11_2	Signal Layers Only	3833.053mil
NetC12_1	Signal Layers Only	6349.340mil
NetC12_2	Signal Layers Only	8014.997mil
NetC13_1	Signal Layers Only	0mil
NetC13_2	Signal Layers Only	7925.982mil
NetC14_1	Signal Layers Only	4434.185mil
NetC15_2	Signal Layers Only	6932.204mil
NetC16_2	Signal Layers Only	4800.111mil
NetC17_1	Signal Layers Only	16756.051mil
NetC18_1	Signal Layers Only	13673.402mil
NetC19_2	Signal Layers Only	13049.572mil
NetC1_1	Signal Layers Only	13762.331mil

图 6-26　网络状态报表

第 7 章　创建元件库及元件封装

内容指南

虽然 Altium Designer 22 提供了丰富的元件封装库资源，但是，在实际的电路设计中，由于电子元器件技术的不断更新，有些特定的元件封装仍需自行制作。另外，根据工程项目的需要，建立基于该项目的元件封装库，有利于在以后的设计中更加方便、快速地调入元件封装，管理工程文件。

本章将对元件库的创建及元件封装进行详细介绍，并学习如何管理自己的元件封装库，从而更好地为设计服务。

知识重点

- 创建 PCB 元件库
- 元件封装

7.1　使用绘图工具栏绘图

在原理图编辑环境中，与配线工具栏相对应，还有一个绘图工具栏，用于在原理图中绘制各种标注信息，使电路原理图更清晰、数据更完整、可读性更强。该绘图工具栏中的各种图元均不具有电气连接特性，所以系统在做 ERC 检查及转换成网络表时，它们不会产生任何影响，也不会附加在网络表数据中。

7.1.1　图形工具栏

单击图形工具图标，各种绘图工具按钮如图 7-1 所示，与“放置”菜单中的各命令具有对应的关系。

- ：绘制直线。
- ：绘制贝塞尔曲线。
- ：绘制椭圆弧线。
- ：绘制多边形。
- ：添加说明文字。
- ：用于放置超链接。
- ：放置文本框。
- ：绘制矩形。
- ：在当前库文件中添加一个元件。
- ：在当前元件中添加一个元件子功能单元。
- ：绘制圆角矩形。

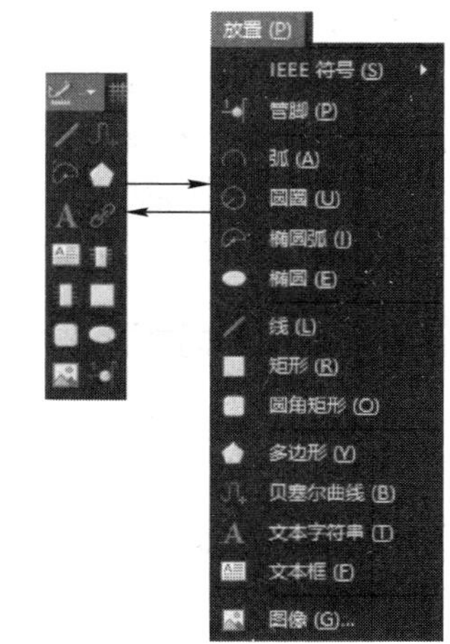

图 7-1　图形工具栏

- ：绘制椭圆。
- ：插入图片。
- ：放置引脚。

7.1.2 绘制直线

在原理图中，直线可以用来绘制一些注释性的图形，如表格、箭头、虚线等，或者在编辑元器件时绘制元器件的外形。直线在功能上完全不同于前面所说的导线，它不具有电气连接特性，不会影响电路的电气结构。

直线的绘制步骤如下。

1）选择“放置”→“线”菜单命令，或者单击“应用工具”工具栏中的“实用工具”按钮下拉菜单中的（放置线）按钮，这时光标变成十字形状。

2）移动光标到需要放置“线”的位置，单击确定直线的起点，多次单击确定多个固定点，一条直线绘制完毕后右击退出当前直线的绘制。

3）此时光标仍处于绘制直线的状态，重复步骤 2）的操作即可绘制其他的直线。

在直线绘制过程中，需要拐弯时，可以单击确定拐弯的位置，同时按下〈Shift+Space〉键来切换拐弯的模式。在 T 型交叉点处，系统不会自动添加节点。

右击或者按下〈Esc〉键便可退出操作。

4）设置直线属性。

① 在绘制状态下按〈Tab〉键，系统将弹出相应的直线属性编辑面板“Properties（属性）”面板，如图 7-2 所示。

在该面板中可以对线宽、类型和直线的颜色等属性进行设置。

- Line（线宽）：用来设置直线的宽度。有 4 个选项供用户选择：Smallest（最小）、Small（小）、Medium（中等）和 Large（大）。系统默认是 Smallest（最小）。
- 颜色设置：单击该颜色显示框■，用于设置直线的颜色。
- Line Style（线种类）：用于设置直线的线型。有 Solid（实线）、Dashed（虚线）和 Dotted（点画线）3 种线型可供选择。
- Start Line Shape（开始块外形）：用于设置直线起始端的线型。
- End Line Shape（结束块外形）：用于设置直线截止端的线型。
- Line Size Shape（线尺寸外形）：用于设置所有直线的线型。

② 直线绘制完毕后双击，弹出“Polyline（线）”对话框，该对话框与属性编辑面板略有不同，添加“Vertices（顶点）”选项组，用于设置直线各顶点的坐标值，如图 7-3 所示。

7.1.3 绘制多边形

多边形的绘制步骤如下。

1）选择“放置”→“多边形”菜单命令，或者单击“应用工具”工具栏中的“实用工具”下拉菜单中的（放置多边形）按钮，这时光标变成十字形状。

2）移动光标到需要放置多边形的位置处，单击确定多边形的一个顶点，接着每单击一下就确定一个顶点，绘制完毕后右击退出当前多边形的绘制。

3）此时光标仍处于绘制多边形的状态，重复步骤 2）的操作即可绘制其他的多边形。

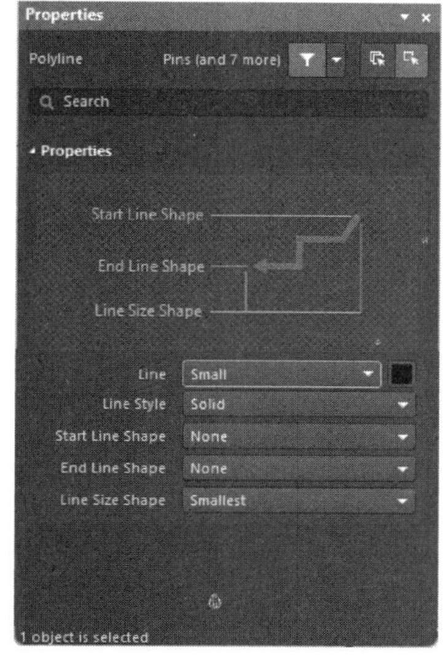

图 7-2　直线的属性编辑面板

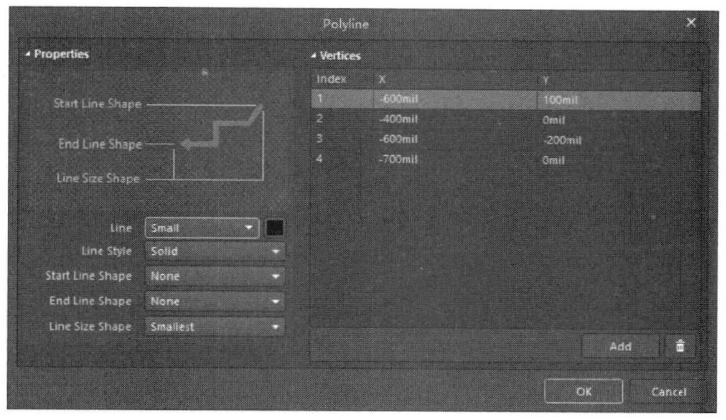

图 7-3　顶点坐标值设置（一）

右击或者按下〈Esc〉键便可退出操作。

4）设置多边形属性。

① 在绘制状态下按〈Tab〉键，系统将弹出相应的多边形属性编辑对话框，如图 7-4 所示。

- Border（边界）：设置多边形的边框粗细和颜色，多边形的边框线型有 Smallest、Small、Medium 和 Large 四种线宽可供用户选择。
- Fill Color（填充颜色）：设置多边形的填充颜色。选中后面的颜色块，多边形将以该颜色填充多边形，此时单击多边形边框或填充部分都可以选中该多边形。
- “Transparent（透明的）”复选框：选中该复选框则多边形为透明的，内无填充颜色。

② 多边形绘制完毕后双击多边形，弹出“Region（多边形）”对话框，该对话框与属性编辑面板略有不同，添加“Vertices（顶点）”选项组，用于设置多边形各顶点的坐标值，如图 7-5 所示。

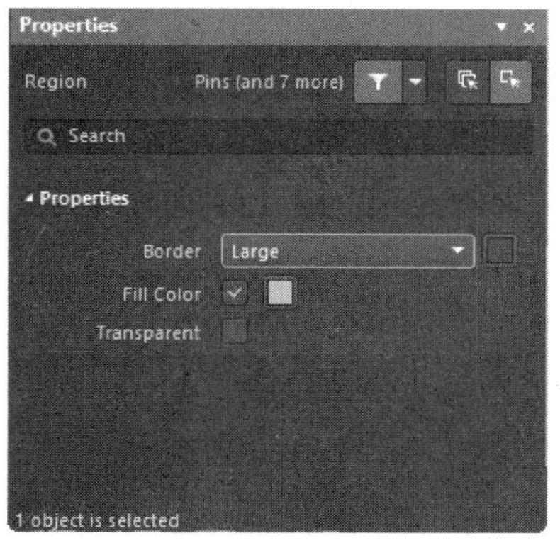

图 7-4　多边形的属性编辑对话框

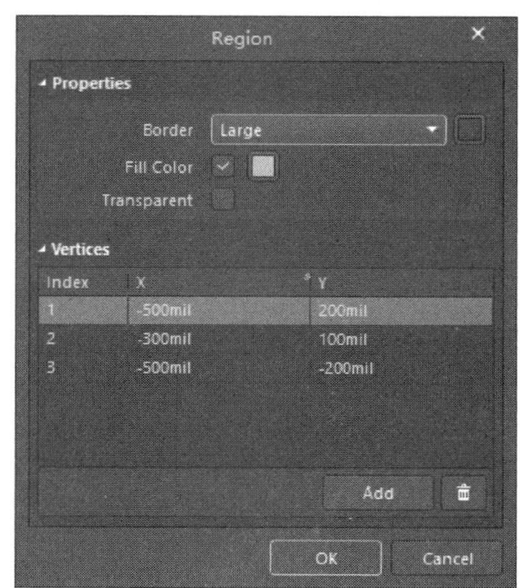

图 7-5　顶点坐标值设置（二）

7.1.4 绘制弧

圆上任意两点间的部分叫弧。圆弧的绘制步骤如下。

1）选择“放置”→“弧”菜单命令，这时光标变成十字形状。

2）移动光标到需要放置弧的位置处，单击确定弧的中心，再次单击确定圆弧的半径，第 3 次单击确定圆弧的起点，第 4 次单击确定圆弧的终点，从而完成椭圆弧的绘制。

3）此时光标仍处于绘制圆弧的状态，重复步骤 2）的操作即可绘制其他的圆弧。

右击或者按下〈Esc〉键便可退出操作。

4）设置椭圆弧属性。

① 在绘制状态下按〈Tab〉键，系统将弹出相应的椭圆弧属性编辑面板，如图 7-6 所示。

- “Width（线宽）”下拉列表框：设置弧线的线宽，有 Smallest、Small、Medium 和 Large 四种线宽可供用户选择。
- 颜色设置：设置圆弧宽度后面的颜色块。

② 圆弧绘制完毕后双击圆弧，弹出“Arc（弧）”对话框，该对话框与属性编辑面板略有不同，添加位置坐标，如图 7-7 所示。

- [X/Y]：设置圆弧的位置。
- Radius（半径）：设置圆弧的半径。
- Start Angle（起始角度）：设置圆弧的起始角度。
- End Angle（终止角度）：设置圆弧的结束角度。

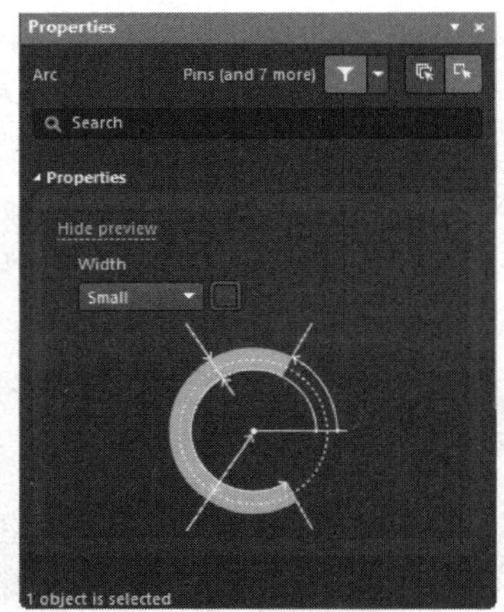

图 7-6　椭圆弧属性编辑面板

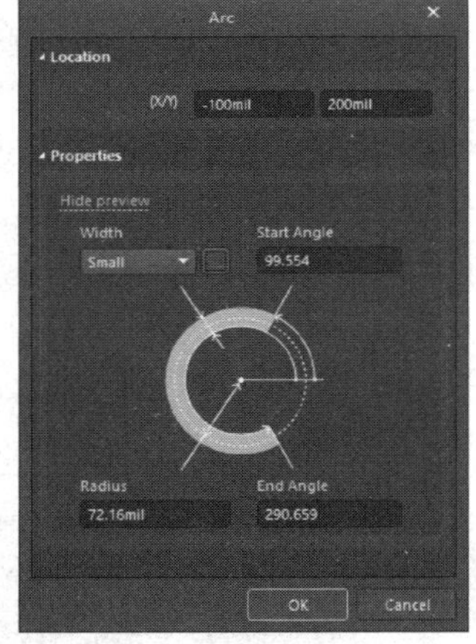

图 7-7　位置坐标设置

7.1.5 绘制圆

圆是圆弧的一种特殊形式。圆的绘制步骤如下。

1）执行“放置”→“圆圈”命令，这时光标变成十字形状，移动光标到需要放置圆的位置，单击确定圆心，再次单击确定圆的半径，从而完成圆的绘制。

2）此时光标仍处于绘制圆的状态，重复步骤 1）的操作即可绘制其他的圆。

右击或者按下〈Esc〉键便可退出操作。

设置圆属性与圆弧的设置相同，这里不再赘述。

7.1.6 绘制矩形

矩形的绘制步骤如下。

1）选择“放置”→“矩形”菜单命令，或者单击“应用工具”工具栏中的“实用工具”按钮下拉菜单中的（矩形）按钮，这时光标变成十字形状，并带有一个矩形图形。

2）移动光标到需要放置矩形的位置处，单击确定矩形的一个顶点，移动光标到合适的位置再一次单击确定其对角顶点，从而完成矩形的绘制。

3）此时光标仍处于绘制矩形的状态，重复步骤 2）的操作即可绘制其他的矩形。

右击或者按下〈Esc〉键便可退出操作。

4）设置矩形属性。

① 在绘制状态下按〈Tab〉键，系统将弹出相应的矩形属性编辑面板，如图 7-8 所示。

- Border（边界）：设置矩形的边框粗细和颜色，矩形的边框线型有 Smallest、Small、Medium 和 Large 四种线宽可供用户选择。
- 颜色设置：设置矩形宽度后面的颜色块。
- Fill Color（填充颜色）：设置多边形的填充颜色。选中后面的颜色块，多边形将以该颜色填充多边形，此时单击多边形边框或填充部分都可以选中该多边形。
- “Transparent（透明的）”复选框：选中该复选框则多边形为透明的，内无填充颜色。

② 矩形绘制完毕后双击矩形，弹出“Rectangle（矩形）”对话框，该对话框与属性编辑面板略有不同，添加位置坐标，如图 7-9 所示。

- [X/Y]：设置矩形起点的位置坐标。
- “Width（宽度）”文本框：设置矩形的宽。
- “Height（高度）”文本框：设置矩形的高。

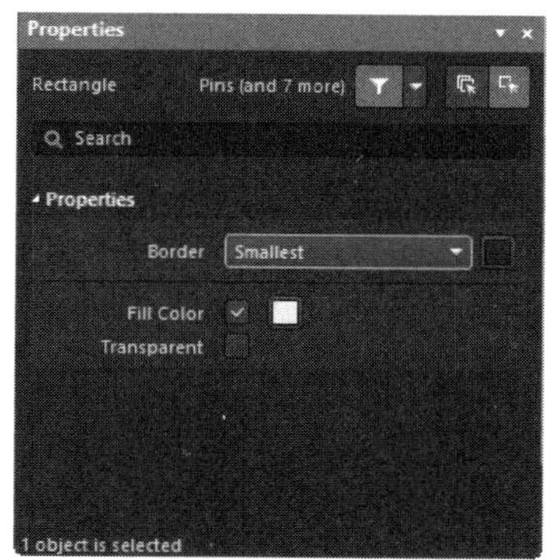

图 7-8　矩形属性编辑面板

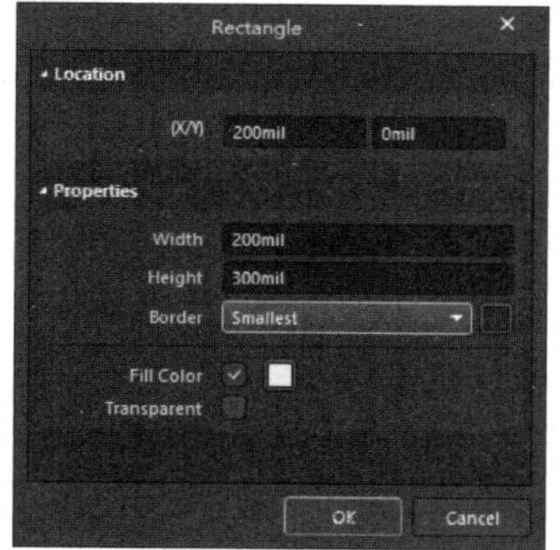

图 7-9　添加位置坐标

7.1.7 绘制圆角矩形

圆角矩形的绘制步骤如下。

1）选择“放置”→“圆角矩形”菜单命令，或者单击“应用工具”工具栏中的“实用工具”下拉菜单中的（圆角矩形）按钮，这时光标变成十字形状，并带有一个圆角矩形图形。

2）移动光标到需要放置圆角矩形的位置，单击确定圆角矩形的一个顶点，移动光标到合适的位置，再一次单击确定其对角顶点，从而完成圆角矩形的绘制。

3）此时光标仍处于绘制圆角矩形的状态，重复步骤 2）的操作即可绘制其他的圆角矩形。右击或者按下〈Esc〉键便可退出操作。

4）设置圆角矩形属性。

① 在绘制状态下按〈Tab〉键，系统将弹出相应的圆角矩形属性编辑面板，如图 7-10 所示。

- Border（边界）：设置圆角矩形的边框粗细和颜色，圆角矩形的边框线型有 Smallest、Small、Medium 和 Large 四种线宽可供用户选择。
- 颜色设置：设置圆角矩形宽度后面的颜色块。
- Fill Color（填充颜色）：设置圆角矩形的填充颜色。选中后面的颜色块，将以该颜色填充圆角矩形，此时单击圆角矩形边框或填充部分都可以选中该圆角矩形。

② 圆角矩形绘制完毕后双击圆角矩形，弹出“Round Rectangle（圆角矩形）”对话框，该对话框与属性编辑面板略有不同，如图 7-11 所示。

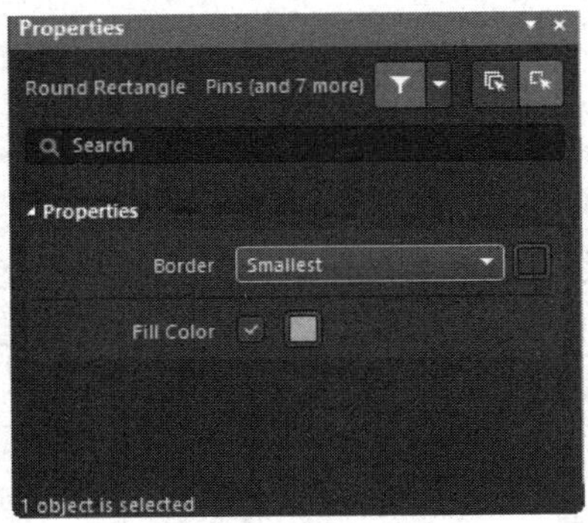

图 7-10　圆角矩形属性编辑面板

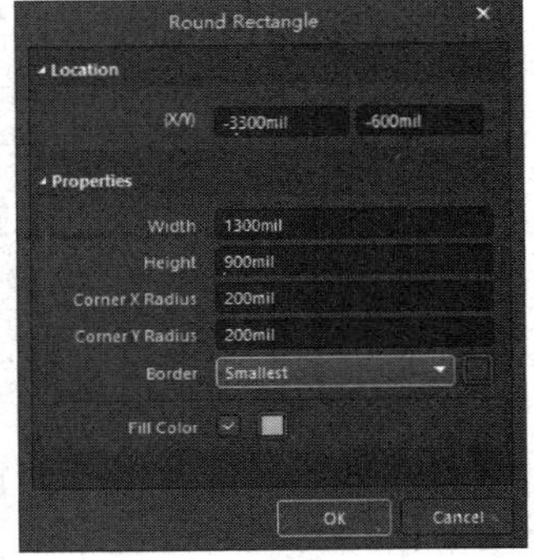

图 7-11　圆角矩形的属性设置

- [X/Y]：设置圆角矩形起始顶点的位置。
- “Width（宽度）”文本框：设置圆角矩形的宽。
- “Height（高度）”文本框：设置圆角矩形的高。
- Corner X Radius（X 方向的圆角半径）：设置 1/4 圆角 X 方向的半径。
- Corner Y Radius（Y 方向的圆角半径）：设置 1/4 圆角 Y 方向的半径。

7.1.8 绘制椭圆

椭圆的绘制步骤如下。

1）选择“放置”→“椭圆”菜单命令，或者单击“应用工具”工具栏中的“实用工具”下拉菜单中的（椭圆）按钮，这时光标变成十字形状，并带有一个椭圆图形。

2）移动光标到需要放置椭圆的位置，单击确定椭圆的中心，再次单击确定椭圆长轴的长度，第 3 次单击确定椭圆短轴的长度，从而完成椭圆的绘制。

3）此时光标仍处于绘制椭圆的状态，重复步骤 2）的操作即可绘制其他的椭圆。右击或者按下〈Esc〉键便可退出操作。

4）设置椭圆属性。

① 在绘制状态下按〈Tab〉键，系统将弹出相应的椭圆属性编辑面板，如图 7-12 所示。

- Border（边界）：设置椭圆的边框粗细和颜色，椭圆的边框线型有 Smallest、Small、Medium 和 Large 四种线宽可供用户选择。
- 颜色设置：设置椭圆宽度后面的颜色块。
- Fill Color（填充颜色）：设置椭圆的填充颜色。选中后面的颜色块，将以该颜色填充椭圆，此时单击椭圆边框或填充部分都可以选中该椭圆。

② 椭圆绘制完毕后双击椭圆，弹出“Ellipse（椭圆）”对话框，该对话框与属性编辑面板略有不同，如图 7-13 所示。

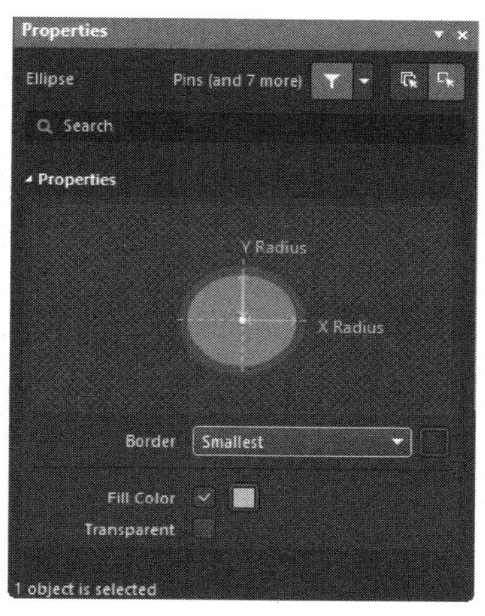

图 7-12　椭圆的属性编辑面板

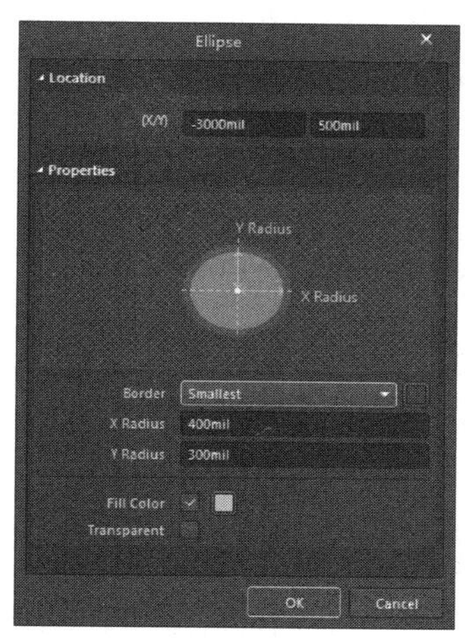

图 7-13　椭圆的属性设置

- [X/Y]：设置椭圆起始顶点的位置。
- X Radius（X 方向的半径）：设置 X 方向的半径。
- Y Radius（Y 方向的半径）：设置 Y 方向的半径。

7.1.9 添加文本字符串

为了增加原理图的可读性，在某些关键的位置应该添加一些文字说明，即放置文本字符串，便于用户之间的交流。

放置文本字符串的步骤如下。

1）执行“放置”→“文本字符串”菜单命令，或者单击“应用工具”工具栏中的“实用工具”下拉菜单中的（文本字符串）按钮，这时光标变成十字形状，并带有一个文本字符串“Text”标志。

2）移动光标到需要放置文本字符串的位置处，单击即可放置该字符串。

3）此时光标仍处于放置字符串的状态，重复步骤 2）的操作即可放置其他的字符串。右击或者按下〈Esc〉键便可退出操作。

4）设置文本字符串属性。

① 在绘制状态下按〈Tab〉键，系统将弹出相应的文本字符串属性编辑面板，如图 7-14 所示。

- Rotation（定位）：设置文本字符串在原理图中的放置方向，有 0 Degrees、90 Degrees、180 Degrees 和 270 Degrees 四个选项。

- “Text（文本）”：在该栏输入名称。
- “Font（字体）”：在该文本框右侧按钮打开字体下拉列表，设置字体大小、颜色、粗体、斜体和下画线等。
- Justification：在方向盘上设置文本字符串在不同方向上的位置，包括 9 个方位。

② 文本字符串绘制完毕后双击文本字符串，弹出“Text（文本）”对话框，该对话框与属性编辑面板略有不同，如图 7-15 所示。

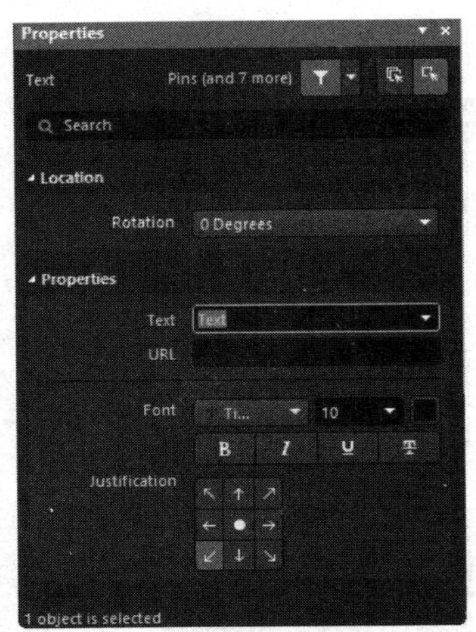

图 7-14　文本字符串的属性编辑面板

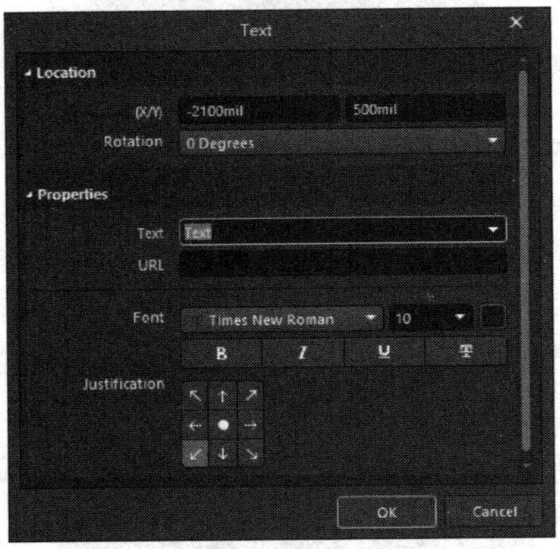

图 7-15　文本字符串的属性设置

[X/Y]（位置）：设置文本字符串的位置。

7.1.10 添加文本框

前面放置的文本字符串只能是简单的单行文本，如果原理图中需要大段的文字说明，就需要用到文本框了。使用文本框可以放置多行文本，并且字数没有限制，文本框仅仅是对用户所设计的电路进行说明，本身不具有电气意义。

放置文本框的步骤如下。

1）选择“放置”→“文本框”菜单命令，或者单击“应用工具”工具栏中的“实用工具”下拉菜单中的（文本框）按钮，这时光标变成十字形状。

2）移动光标到需要放置文本框的位置，单击确定文本框的一个顶点，移动光标到合适位置，再次单击确定其对角顶点，完成文本框的放置。

3）此时光标仍处于放置文本框的状态，重复步骤 2）的操作即可放置其他的文本框。

右击或者按下〈Esc〉键便可退出操作。

4）设置文本框属性。

① 在绘制状态下按〈Tab〉键，系统将弹出相应的文本框属性编辑面板，如图 7-16 所示。

- Word Wrap：勾选该复选框，则文本框中的内容自动换行。
- Clip to Area：勾选该复选框，则可使文本仅显示在文本框架区域内。

文本框设置和文本字符串大致相同，相同选项这里不再赘述。

② 文本框绘制完毕后双击文本框，弹出“Text Frame（文本框）”对话框，该对话框与属性编辑面板略有不同，如图 7-17 所示。

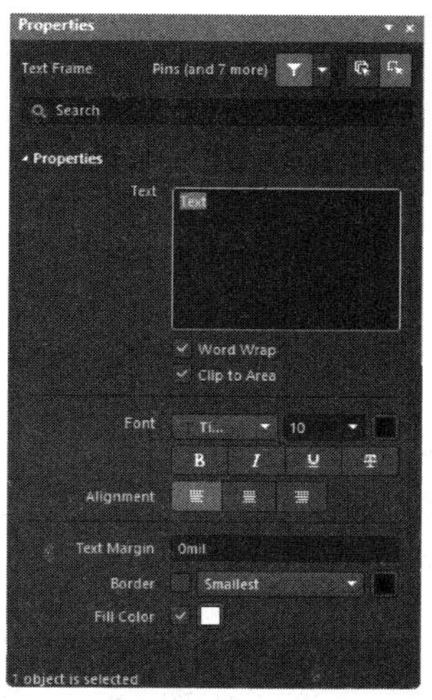

图 7-16　文本框的属性编辑面板

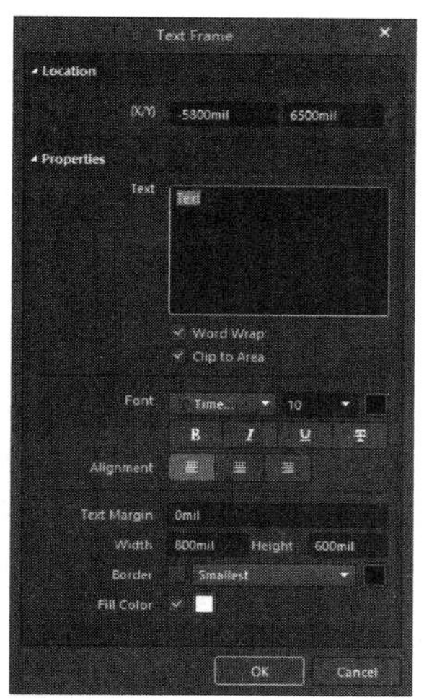

图 7-17　文本框的属性设置

7.1.11 添加图像

有时在原理图中需要放置一些图像文件，如各种厂家标志、广告等。通过使用粘贴图片命令可以实现图像的添加。

Altium Designer 22 支持多种图片的导入，添加图像的步骤如下。

1）执行“放置”→“图像”菜单命令，或者单击“应用工具”工具栏中的“实用工具”下拉菜单中的（图像）按钮，这时光标变成十字形状，并带有一个矩形框。

2）移动光标到需要放置图像的位置，单击确定图像放置位置的一个顶点，移动光标到合适的位置，再次单击，此时将弹出如图 7-18 所示的浏览图像对话框，从中选择要添加的图像文件。移动光标到工作窗口中，然后单击，这时所选的图像将被添加到原理图窗口中。

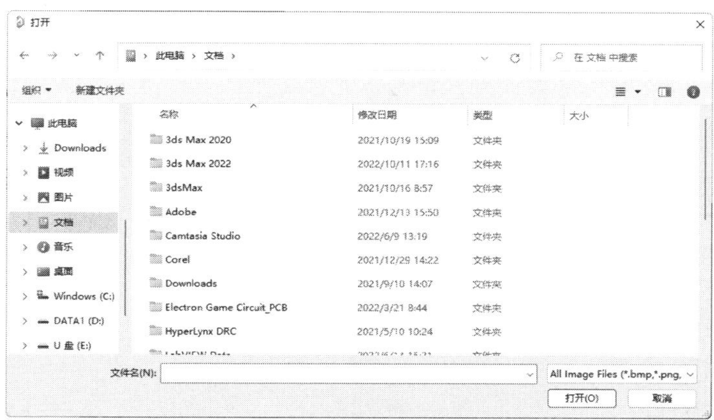

图 7-18　浏览图像对话框

3）此时光标仍处于放置图像的状态，重复步骤 2）的操作即可放置其他的图像。

右击或者按下〈Esc〉键便可退出操作。

4）设置放置图像属性。

① 在放置状态下按〈Tab〉键，系统将弹出相应的图像属性编辑面板，如图 7-19 所示。

Border（边界）：设置图像边框的线宽和颜色，线宽有 Smallest、Small、Medium 和 Large 四种线宽可供用户选择。

② 图像放置完毕后双击图像，弹出“Image（图像）”对话框，该对话框与属性编辑面板略有不同，如图 7-20 所示。

- [X/Y]（位置）：设置图像框的对角顶点位置。
- “File Name（文件名）”文本框：选择图片所在的文件路径名。
- “Embedded（嵌入式）”复选框：选中该复选框后，图片将被嵌入到原理图文件中，这样可以方便文件的转移。如果取消对该复选框的选中状态，则在文件传递时需要将图片的链接也转移过去，否则将无法显示该图片。
- “Width（宽度）”文本框：设置图片的宽。
- “Height（高度）”文本框：设置图片的高。

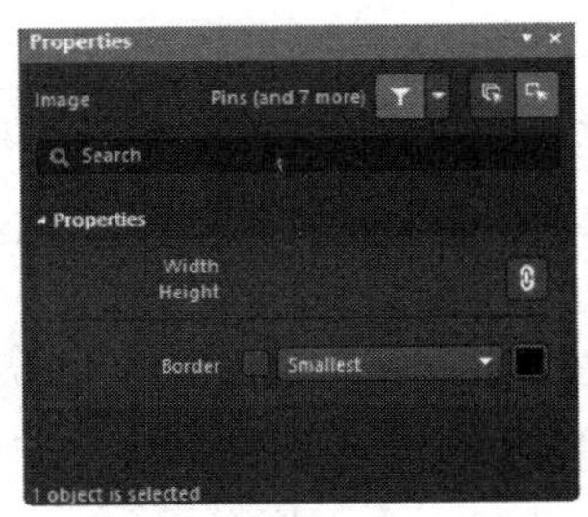

图 7-19　图像的属性编辑面板

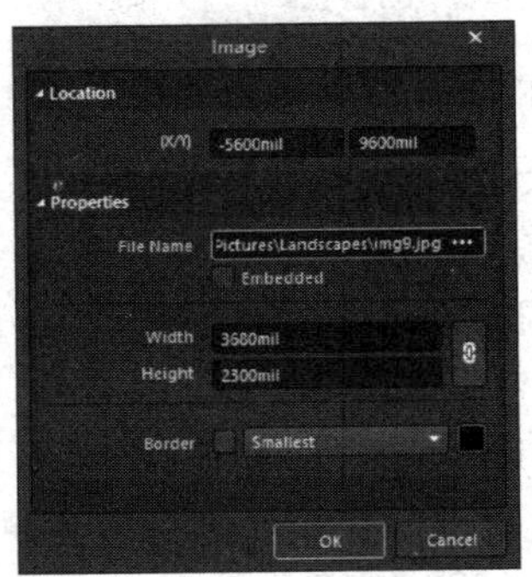

图 7-20　图像的属性设置

7.2　创建原理图元件库

尽管 Altium Designer 22 原理图库的元件已经相当丰富，但是在实际使用中可能依然无法满足设计者的需求。所以需要经常设计元件符号，尤其是一些非标准元件。设计后的元件符号存在项目库文件中。Altium Designer 22 提供了原理图库元件设计环境。

7.2.1　启动原理图库文件编辑器

Altium Designer 22 有 4 种类型的库文件，分别如下。

- Sch（原理图符号库）。
- PCB（电路板图封装库）。
- Sim（原理图仿真库）。
- PLD（PLD 设计库）。

所有类型的元件库都保存在 Altium 的库目录下（\Altium\Library\），每一类型的库文件分别保存在相应的子目录下。由于不同类型的库文件的结构和格式不同，因此在不同的编辑环境下，只能打开和使用相应类型的库文件。

Altium Designer 22 本身自带的元件库包含了非常丰富的元件信息，但不可能应有尽有。主要原因是：微电子技术发展日新月异，而且不同国家和地区有不同的专用芯片，Altium Designer 22

无法搜集完整。

在不同情况下，为了方便绘图，同一芯片的原理图符号的引脚排列顺序不相同。

由此，在使用 Altium Designer 22 的过程中，必须利用元件库编辑工具不断地添加和修改 Altium Designer 22 的元件库信息，以满足实际需要。

启动原理图库文件编辑器步骤如下。

1）启动 Altium Designer 22，新建一个原理图项目文件。

2）执行“文件”→“新的”→“库”→“原理图库”菜单命令，如图 7-21 所示。

3）执行该命令后，系统会在“Projects（工程）”面板中创建一个默认名为 Schlib1.SchLib 的原理图库文件，同时启动原理图库文件编辑器，如图 7-22 所示。

图 7-21　启动原理图库文件编辑器

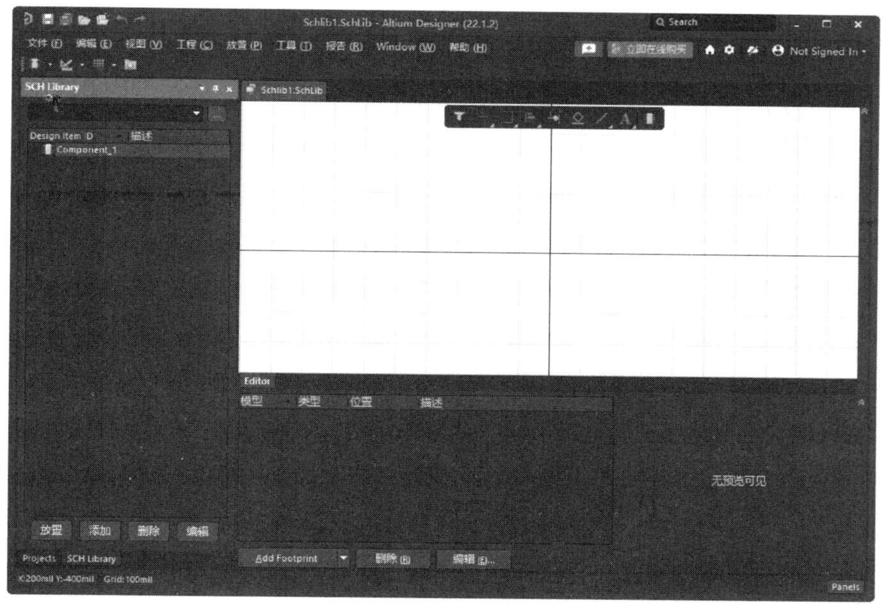

图 7-22　添加新库文件

7.2.2 工具栏

对于原理图库文件编辑环境中的菜单栏及工具栏，由于功能和使用方法与原理图编辑环境中基本一致，在此不再赘述。下面主要对 IEEE 符号工具栏及模式工具栏进行简要介绍，具体的使用操作在后面再逐步了解。

1. IEEE 符号工具栏

单击“应用工具”工具栏中的按钮，会弹出相应的 IEEE 符号工具栏，如图 7-23 所示，是符合 IEEE 标准的一些图形符号。同样，该工具栏中的各按钮功能与“放置”菜单中“IEEE Symbols（IEEE 符号）”命令的子菜单中的各命令具有对应关系。

其中各个按钮功能说明如下。

- ○：点状符号。
- ⊳：时钟符号。
- ⏃：模拟信号输入符号。
- ¬：延迟输出符号。
- ▽：高阻符号。
- ⎍：脉冲符号。
-]：总线符号。
-]⊢：低态有效输出符号。
- π：π形符号。
- ≥：大于或等于符号。
- ⎐：集电极上位符号。
- ⎏：发射极开路符号。
- ⎑：发射极上位符号。
- #：数字信号输入符号。
- ▷：反向器符号。
- ⊃：或门符号。
- ◁▷：输入/输出符号。
- D：与门符号。
- ⊃：异或门符号。
- ←：左移符号。
- ≤：小于或等于符号。
- Σ：求和符号。
- ⊓：施密特触发输入特性符号。
- →：右移符号。
- ◇：打开端口符号。
- ▷：左右信号流符号。
- ◁▷：双向信号流量符号。
- ←：左向信号流。
- ⊣[：低电平输入有效符号。
- ✕：无逻辑连接符号。
- ◇：集电极开路符号。
- ▷：大电流输出符号。
- ⊢⊣：延迟符号。
- }：二进制总线符号。

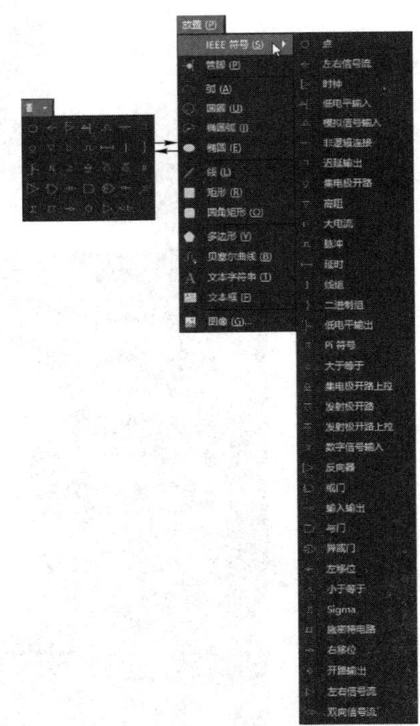

图 7-23 IEEE 符号工具栏

2.“模式”工具栏

“模式”工具栏用于控制当前元件的显示模式，如图 7-24 所示。

图 7-24 “模式”工具栏

- “模式”按钮：为当前元件选择一种显示模式，系统默认为“Normal（正常）”。
- ：为当前元件添加一种显示模式。
- ：删除元件的当前显示模式。
- ：切换到前一种显示模式。
- ：切换到后一种显示模式。
- 重命名：为元件的显示模式进行重命名。

7.2.3 元件库面板

在原理图元件库文件编辑器中，单击工作面板中的“SCH Library（SCH 元件库）”标签页，即可显示“SCH Library（SCH 元件库）”面板。该面板是原理图元件库文件编辑环境中的主面板，几乎包含了用户创建的库文件的所有信息，用于对库文件进行编辑管理，如图 7-25 所示。

在“Components（元件）”元件列表框中列出了当前所打开的原理图元件库文件中的所有库元件，包括原理图符号名称及相应的描述等。其中各按钮的功能如下。

- “放置”按钮：用于将选定的元件放置到当前原理图中。
- “添加”按钮：用于在该库文件中添加一个元件。
- “删除”按钮：用于删除选定的元件。
- “编辑”按钮：用于编辑选定元件的属性。

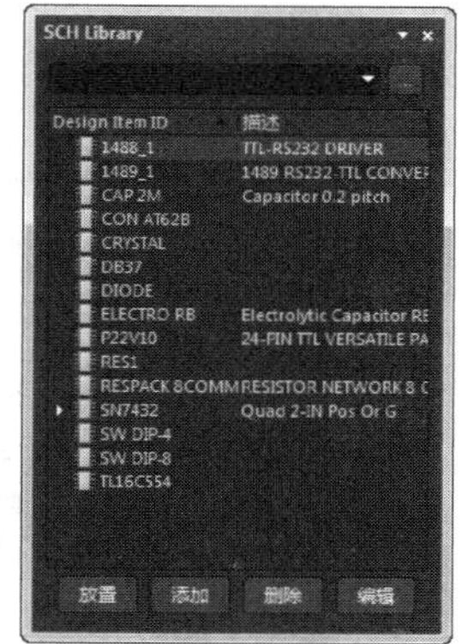

图 7-25 “SCH Library”面板

7.2.4 绘制库元件

下面以绘制美国 Cygnal 公司的一款 USB 微控制器芯片 C8051F320 为例，详细介绍原理图符号的绘制过程。

1. 绘制库元件的原理图符号

1）执行“文件”→“新的”→“库”→“原理图库”命令，打开原理图元件库文件编辑器，创建一个新的原理图元件库文件，命名为“NewLib.SchLib”。

2）在界面右下角单击 Panels 按钮，弹出快捷菜单，选择“Properties（属性）”命令，打开“Properties（属性）”面板，并自动固定在右侧边界上，在弹出的面板中进行工作区参数设置。

3）为新建的库文件原理图符号命名。在创建了一个新的原理图元件库文件的同时，系统已自动为该库添加了一个默认原理图符号名为“Component-1”的库元件，在“SCH Library（SCH 元件库）”面板中可以看到。通过以下两种方法，可以添加新的库元件。

① 单击“应用工具”工具栏中的“原理图符号绘制工具” 中的（创建器件）按钮，系统将弹出原理图符号名称对话框，在该对话框中输入要绘制的库元件名称。

② 在“SCH Library（SCH 元件库）”面板中，直接单击原理图符号名称栏下面的“添加”按钮，也会弹出原理图符号名称对话框。

在这里，输入“C8051F320”，单击 确定 按钮，关闭该对话框。

4）单击“原理图符号绘制工具” 中的（放置矩形）按钮，光标变成十字形状，并附有一个矩形符号。单击两次，在编辑窗口的第四象限内绘制一个矩形。

矩形用来作为库元件的原理图符号外形，其大小应根据要绘制的库元件引脚数的多少来决定。由于本例使用的 C8051F320 采用 32 引脚 LQFP 封装形式，所以应画成正方形，并画得大一些，便于管脚的放置，管脚放置完毕，可以再调整为合适的尺寸。

2．放置管脚

1）单击“原理图符号绘制工具”中的（放置管脚）按钮，则光标变成十字形状，并附有一个管脚符号。

2）移动该引脚到矩形边框处，单击完成放置，如图 7-26 所示。

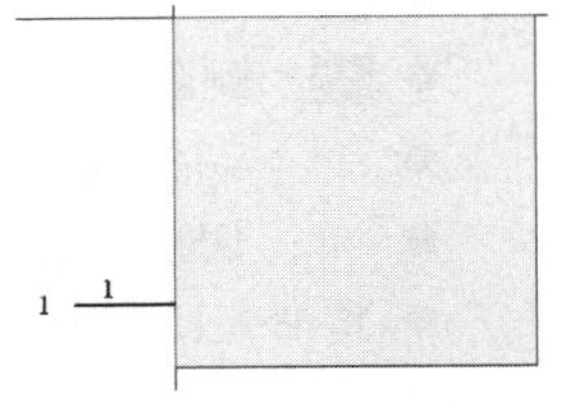

图 7-26　放置元件的管脚

放置管脚时，一定要保证具有电气特性的一端，即带有“×”号的一端朝外，这可以通过在放置管脚时按〈Space〉键旋转来实现。

3）双击已放置的管脚，系统弹出如图 7-27 所示的“Pin（管脚）”对话框，在该对话框中可以对管脚的各项属性进行设置。

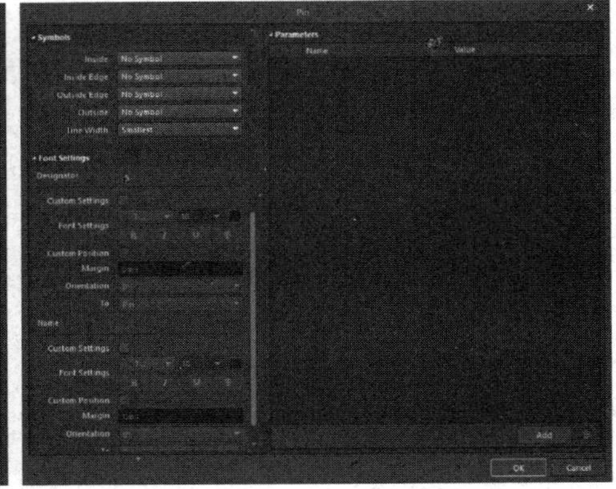

图 7-27　“Pin（管脚）”对话框

“Pin（管脚）”对话框中部分属性含义如下。

①“Location（位置）”选项组。

Rotation（旋转）：用于设置端口放置的角度，有 0 Degrees、90 Degrees、180 Degrees、270 Degrees 四种选择。

②“Properties（属性）”选项组。

- “Designator（指定引脚标号）”文本框：用于设置库元件管脚的编号，应该与实际的管脚编号相对应，这里输入 9。
- “Name（名称）”文本框：用于设置库元件管脚的名称。例如，把该管脚设定为第 9 管脚。由于 C8051F320 的第 9 管脚是元件的复位管脚，低电平有效，同时也是 C2 调试接口的时钟信号输入管脚。另外，在原理图“Preference（参数选择）”对话框的“Graphical Editing（图形编辑）”标签页中，已经勾选了“Single ‘\’ Negation（简单\否定）”复选框，因此在这里输入名称为“R\S\T\/C2CK”，并勾选右侧的“可见的”复选框。
- “Electrical Type（电气类型）”下拉列表框：用于设置库元件管脚的电气特性。有 Input（输入）、I/O（输入/输出）、Output（输出）、OpenCollector（打开集电极）、Passive（中性的）、Hiz（脚）、Emitter（发射极）和 Power（激励）8 个选项。在这里，选择“Passive”（中性的）选项，表示不设置电气特性。
- “Description（描述）”文本框：用于填写库元件管脚的特性描述。
- “Pin Package Length（管脚包长度）”文本框：用于填写库元件引脚封装长度。

- "Pin Length（管脚长度）"文本框：用于填写库元件引脚的长度。

③"Symbols（引脚符号）"选项组。

根据管脚的功能及电气特性为该管脚设置不同的 IEEE 符号，作为读图时的参考。可放置在原理图符号的 Inside（内部）、Inside Edge（内部边沿）、Outside Edge（外部边沿）或 Outside（外部）等不同位置，设置 Line Width（线宽），没有任何电气意义。

④"Font Settings（字体设置）"选项组。

设置元件的"Designator（指定引脚标号）"和"Name（名称）"字体的通用设置与通用位置参数设置。

⑤"Parameters（参数）"选项卡。

用于设置库元件的 VHDL 参数。

4）设置完毕，单击"OK（确定）"按钮，设置好属性的管脚如图 7-28a 所示。

5）按照同样的操作，或者使用队列粘贴功能，完成其余 31 个管脚的放置，并设置好相应的属性，如图 7-28b 所示。

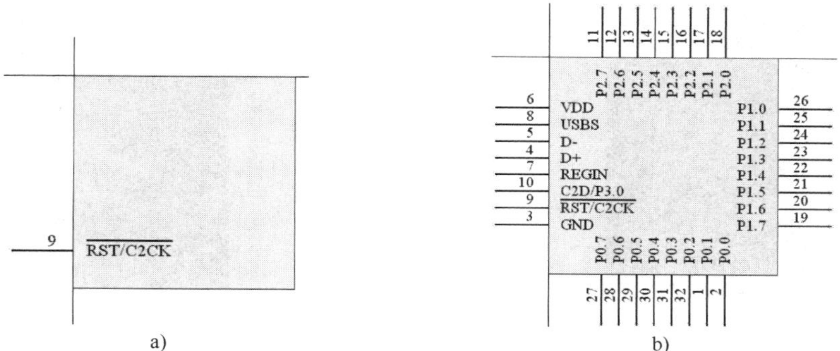

图 7-28 放置管脚

a) 设置好属性的管脚 b) 放置全部管脚

3. 编辑元件属性

1）双击"SCH Library（SCH 元件库）"面板原理图符号名称栏中的库元件名称"C8051F320"，系统弹出如图 7-29 所示的"Properties（属性）"面板。在该面板中可以对自己所创建的库元件进行特性描述，以及其他属性参数设置，主要设置如下几项。

①"General（常规）"选项组。

- "Design Item ID（设计项目标识）"文本框：库元件名称。
- "Designator（符号）"文本框：库元件标号，即把该元件放置到原理图文件中时，系统最初默认显示的元件标号。这里设置为"U？"，并单击右侧的（可用）按钮 ，则放置该元件时，序号"U?"会显示在原理图上。单击"锁定管脚"按钮，所有的管脚将和库元件成为一个整体，不能在原理图上单独移动管脚。建议用户单击该按钮，这样能减少不必要的麻烦，对电路原理图的绘制和编辑会有很大好处。
- "Comment（元件）"文本框：用于说明库元件型号。这里设置为"C8051F320"，并单击右侧的（可见）按钮 ，则放置该元件时，"C8051F320"会显示在原理图上。
- "Description（描述）"文本框：用于描述库元件功能。这里输入"USB MCU"。
- "Type（类型）"下拉列表框：库元件符号类型，可以选择设置。这里采用系统默认设置

“Standard（标准）”。

② “Parameters（参数）” 选项组。

单击 “Add（添加）” 按钮，可以为该库元件添加各种模型。

③ “Graphical（图形）” 选项组。

用于设置图形中线的颜色、填充颜色和引脚颜色。

④ “Pins（管脚）” 选项卡。

系统将弹出如图 7-30 所示的选项卡，在该面板中可以对该元件所有管脚进行一次性的编辑设置。

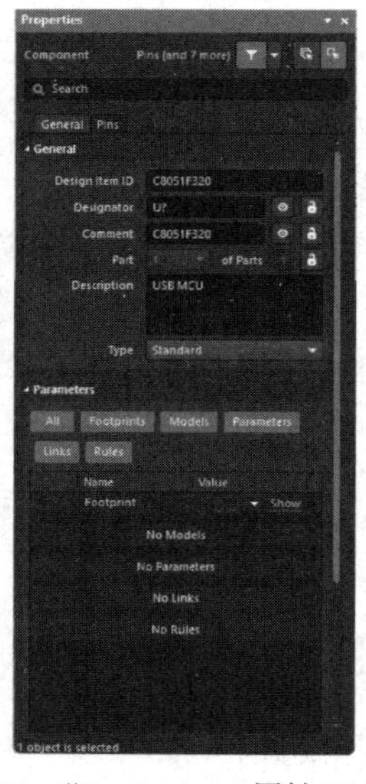

图 7-29 “Properties（属性）” 面板

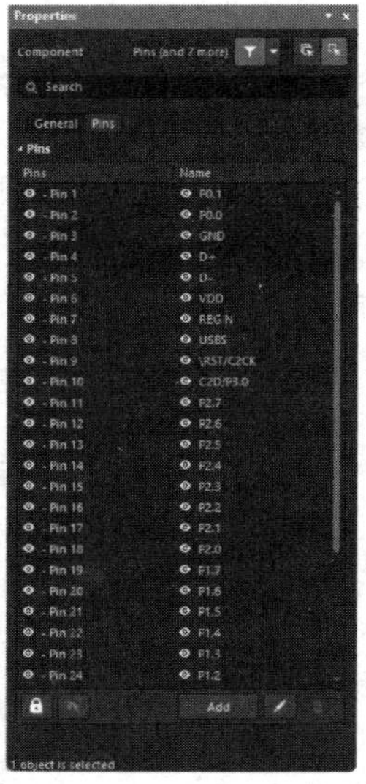

图 7-30 “Pins（管脚）” 选项卡

2）执行菜单栏中的 “放置” → “文本字符串” 命令，或者单击 “原理图符号绘制” 工具中的**A**（放置文本字符串）按钮，光标将变成十字形状，并带有一个文本字符串。

3）移动光标到原理图符号中心位置处，双击字符串，系统会弹出如图 7-31 所示的 “Text（文本）” 对话框，在 “Text（文本）” 文本框中输入 “SILICON”。

至此，完整地绘制了库元件 “C8051F320” 的原理图符号，如图 7-32 所示。在绘制电路原理图时，只需要将该元件所在的库文件打开，就可以随时取用该元件了。

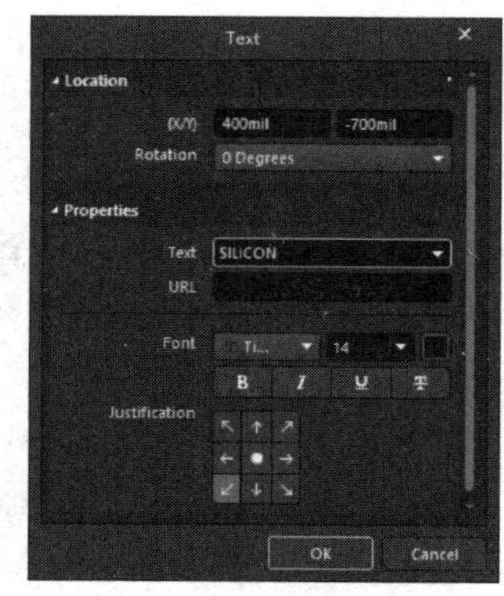

图 7-31 “Text（文本）” 对话框

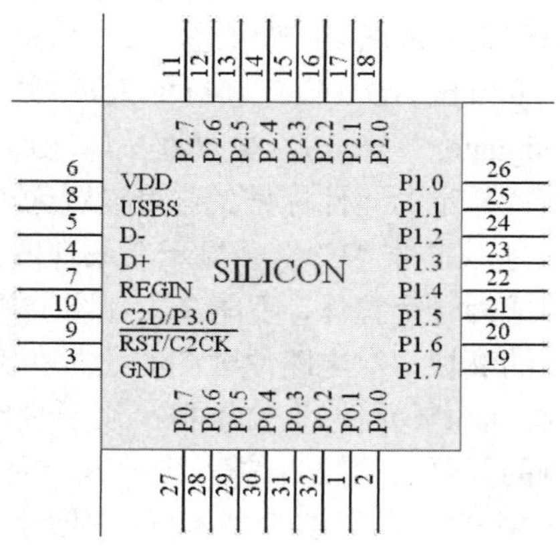

图 7-32 “C8051F320” 的原理图符号

7.3 创建PCB元件库及封装

电子元器件种类繁多，相应地，其封装形式也可谓五花八门。所谓封装是指安装半导体集成电路芯片用的外壳，它不仅起着安放、固定、密封、保护芯片和增强电热性能的作用，而且还是沟通芯片内部与外部电路的桥梁。

7.3.1 封装概述

芯片的封装在 PCB 上通常表现为一组焊盘、丝印层上的边框及芯片的说明文字。焊盘是封装中最重要的组成部分，用于连接芯片的引脚，并通过印制板上的导线连接印制板上的其他焊盘，进一步连接焊盘所对应的芯片引脚，完成电路板的功能。在封装中，每个焊盘都有唯一的标号，以区别于封装中的其他焊盘。丝印层上的边框和说明文字主要起指示作用，指明焊盘组所对应的芯片，方便印制板的焊接。焊盘的形状和排列是封装的关键组成部分，确保焊盘的形状和排列正确才能正确地建立一个封装。对于安装有特殊要求的封装，边框也需要绝对正确。

Altium Designer 22 提供了强大的封装绘制功能，能够绘制各种各样的新出现封装。考虑到芯片的引脚排列通常是规则的，多种芯片可能有同一种封装形式，Altium Designer 22 提供了封装库管理功能，绘制好的封装可以方便地保存和引用。

7.3.2 常用封装介绍

总体上讲，根据元件采用安装技术的不同，可分为插入式封装技术（Through Hole Technology，THT）和表贴式封装技术（Surface Mounted Technology，SMT）。

插入式封装元件安装时，元件安置在板子的一面，将引脚穿过 PCB 焊接在另一面上。插入式元件需要占用较大的空间，并且要为每只引脚钻一个孔，所以它们的引脚会占据两面的空间，而且焊点也比较大。但从另一方面来说，插入式元件与 PCB 连接较好，机械性能好。例如，排线的插座、接口板插槽等类似的界面都需要一定的耐压能力，因此，通常采用 THT 封装技术。

表贴式封装的元件，引脚焊盘与元件在同一面。表贴元件一般比插入式元件体积要小，而且不必为焊盘钻孔，甚至还能在 PCB 的两面都焊上元件。因此，与使用插入式元件的 PCB 比起来，使用表贴元件的 PCB 上元件布局要密集很多，体积也就小很多。此外，表贴式封装元件也比插入式元件要便宜一些，所以现今的 PCB 上广泛采用表贴元件。

元件封装可以大致分成以下种类。

- BGA（Ball Grid Array）：球栅阵列封装。因其封装材料和尺寸的不同还细分成不同的 BGA 封装，如陶瓷球栅阵列封装 CBGA、小型球栅阵列封装μBGA 等。
- PGA（Pin Grid Array）：插针栅格阵列封装技术。这种技术封装的芯片内外有多个方阵形的插针，每个方阵形插针沿芯片的四周间隔一定距离排列，根据管脚数目的多少，可以围成 2～5 圈。安装时，将芯片插入专门的 PGA 插座。该技术一般用于插拔操作比较频繁的场合，如个人计算机 CPU。
- QFP（Quad Flat Package）：方形扁平封装，为当前芯片使用较多的一种封装形式。
- PLCC（Plastic Leaded Chip Carrier）：有引线塑料芯片载体。
- DIP（Dual In-line Package）：双列直插封装。

- SIP（Single In-line Package）：单列直插封装。
- SOP（Small Out-line Package）：小外形封装。
- SOJ（Small Out-line J-Leaded Package）：J 形引脚小外形封装。
- CSP（Chip Scale Package）：芯片级封装，较新的封装形式，常用于内存条中。在 CSP 的封装方式中，芯片是通过一个个锡球焊接在 PCB 上，由于焊点和 PCB 的接触面积较大，所以内存芯片在运行中所产生的热量可以很容易地传导到 PCB 上并散发出去。另外，CSP 封装芯片采用中心引脚形式，有效地缩短了信号的传导距离，其衰减随之减少，芯片的抗干扰、抗噪性能也能得到大幅提升。
- Flip-Chip：倒装焊芯片，也称为覆晶式组装技术，是一种将 IC 与基板相互连接的先进封装技术。在封装过程中，IC 会被翻覆过来，让 IC 上面的焊点与基板的接合点相互连接。由于成本与制造因素，使用 Flip-Chip 接合的产品通常根据 I/O 数多少分为两种形式，即低 I/O 数的 FCOB（Flip Chip on Board）封装和高 I/O 数的 FCIP（Flip Chip in Package）封装。Flip-Chip 技术应用的基板包括陶瓷、硅芯片、高分子基层板及玻璃等，其应用范围包括计算机、PCMCIA 卡、军事设备、个人通信产品、钟表及液晶显示器等。
- COB（Chip on Board）：板上芯片封装。即芯片被绑定在 PCB 上，这是一种现在比较流行的生产方式。COB 模块的生产成本比 SMT 低，并且还可以减小模块体积。

7.3.3 元件封装编辑器

本节介绍元件封装编辑器。

进入 PCB 库文件编辑环境的步骤如下。

1）启动 Altium Designer 22，新建一个原理图项目文件。

2）执行“文件”→“新的”→“库”→“PCB 元件库”命令，如图 7-33 所示。即可打开 PCB 库编辑环境，并新建一个空白 PCB 库文件“PcbLib1.PcbLib”。

3）保存并更改该 PCB 库文件名称，这里改名为“NewPcbLib.PcbLib”，可以看到在“Project（工程）”面板的 PCB 库文件管理夹中出现了所需要的 PCB 库文件，双击该文件即可进入库文件编辑器，如图 7-34 所示。

图 7-33　新建 PCB 库文件

PCB 库编辑器的界面和 PCB 编辑器基本相同，只是主菜单中少了“设计”和“自动布线”菜单命令。工具栏中也减少了相应的工具按钮。另外，在这两个编辑器中，可用的控制面板也有所不同。在 PCB 库编辑器中独有的“PCB Library（PCB 元件库）”面板，提供了对封装库内元件封装同一编辑、管理的接口。

“PCB Library(PCB 元件库)”面板如图 7-34 所示，共分成 5 个区域：“Mask(屏蔽)”“Normal”“Footprints（元件）”“Footprint Primitives（元件的图元）”“Other（缩略图显示框）”。

“Mask（屏蔽）”栏对该库文件内的所有元件封装进行查询，并根据屏蔽栏内容将符合条件的元件封装列出。

“Footprints（封装列表）”栏列出该库文件中所有符合屏蔽栏条件的元件封装名称，并注明其焊盘数、图元数等基本属性。单击元件列表内的元件封装名，工作区内显示该封装，即可进行编辑操作。双击元件列表内的元件封装名，工作区内显示该封装，并且弹出如图 7-35 所示的“PCB 库封装”对话框，在对话框内修改元件封装的名称和高度。高度是供 PCB 3D 仿真时用的。

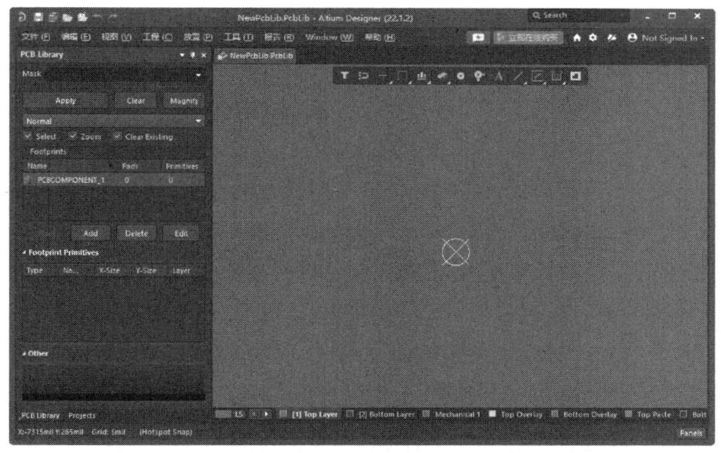

图 7-34 “PCB 元件库”面板

在元件列表中右击，弹出快捷菜单如图 7-36 所示。通过该菜单可以进行元件库的各种编辑操作。

图 7-35 “PCB 库封装”对话框

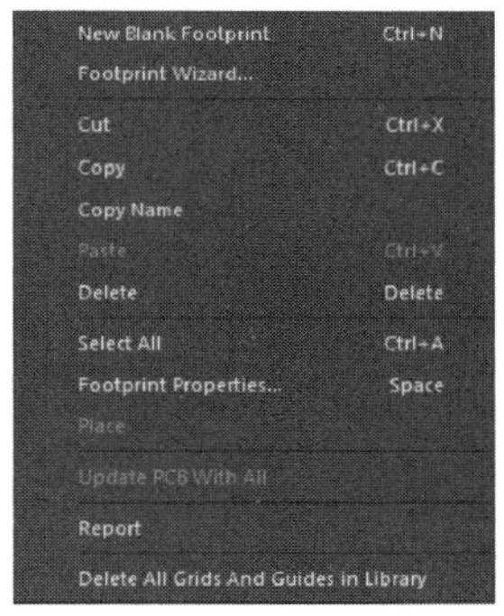

图 7-36 元件列表快捷菜单

7.3.4 PCB 库编辑器环境设置

进入 PCB 库编辑器后，同样需要根据要绘制的元件封装类型对编辑器环境进行相应的设置。PCB 库编辑环境设置包括：“器件库选项”“板层和颜色”“层叠管理”和“优选项”。

1.“器件库选项”设置

打开“Properties（属性）”面板，如图 7-37 所示。在此面板中对器件库选项参数进行设置。

- “Selection Filter（选择过滤器）”选项组：用于显示对象选择过滤器。单击“All objects”按钮，表示在原理图中选择对象时，选中所有类别的对象。也可单独选择其中的选项。
- “Snap Options（捕获选项）”选项组：用于捕捉设置。包括三个选项，“Grids（栅格）”“Guides（向导）”“Axes（坐标）”，激活捕捉功能可以精确定位对象的放置，精确绘制图形。
- “Snapping（捕捉到对象热点）”选项组：用于设置捕捉对象。对于捕捉对象所在层有三个选项：“All Layers（所有层）”“Current Layer（当前层）”“Off（关闭）”。
- “Objects for snapping（捕捉对象）”选项组：用于选中以启用对象的捕捉。

● “Grid Manager（栅格管理器）”选项组：设置图纸中显示的栅格颜色与是否显示。单击“Properties（属性）”按钮，弹出“Cartesian Grid Editor（笛卡儿网格编辑器）”对话框，用于设置添加的栅格类型中栅格的线型、间隔等参数，如图 7-38 所示。

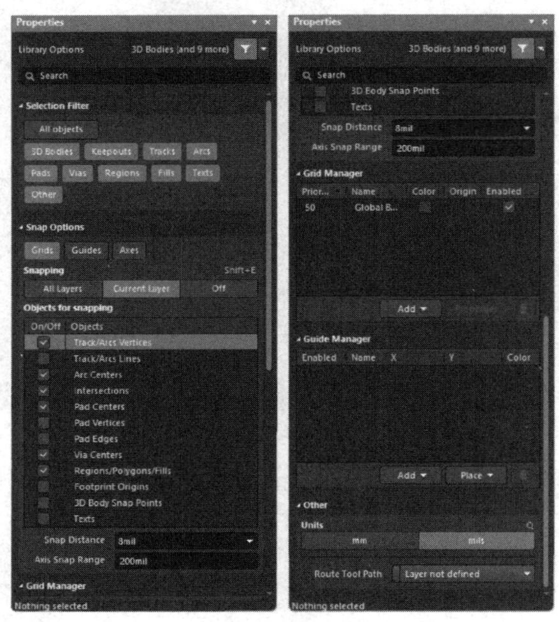

图 7-37　器件库选项设置

图纸中常用的栅格包括下面 3 种。

①“Snap Grid（捕获栅格）”：捕获格点。该格点决定了光标捕获的格点间距，X 与 Y 的值可以不同。这里设置为 10mil。

②“Electrical Grid（电气栅格）”选项组：电气捕获格点。电气捕获格点的数值应小于“Snap Grid（捕获栅格）”的数值，只有这样才能较好地完成电气捕获功能。

③“Visible Grid（可视栅格）”选项组：可视捕获格点。这里 Grid 1 设置为 10mil，Grid 2 设置为 100mil。

● “Guide Manager（向导管理器）”选项组：用于设置 PCB 图纸的 X、Y 坐标和长、宽。

● “Units（度量单位）”选项组：用于设置 PCB 的单位。“Route Tool Path（布线工具路径）”选项中选择布线所在层，如图 7-39 所示。

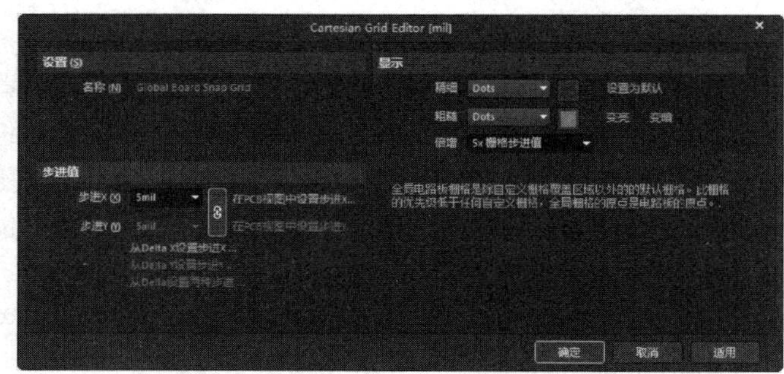

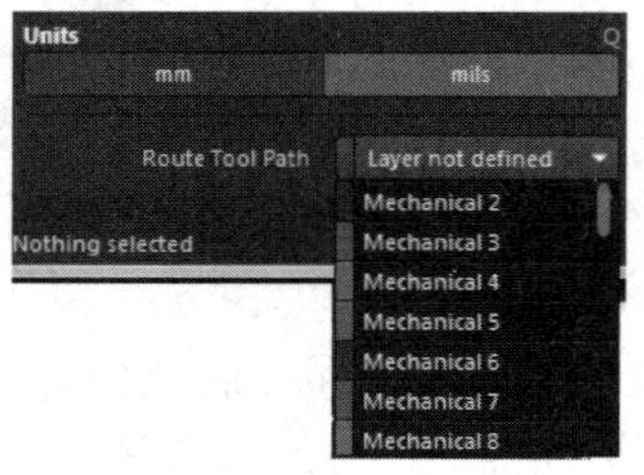

图 7-38　“Cartesian Grid Editor（笛卡儿网格编辑器）”对话框

图 7-39　选择布线层

2．“板层和颜色”设置

执行菜单栏中的“工具”→“优先选项”命令，或者在工作区右击，在弹出的快捷菜单中选择“优先选项”命令，系统将弹出“优选项”对话框，选择“Layers Colors（电路板层颜色）”选项，如图 7-40 所示。

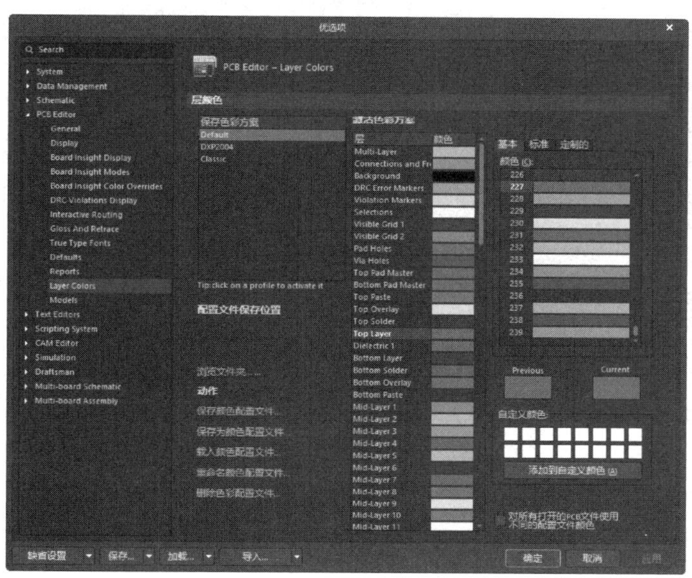

图 7-40 “Layers Colors（电路板层颜色）”选项

3．“层叠管理”设置

在主菜单中执行“工具”→“层叠管理器”菜单命令，即可打开“Layer Stack Manager（层堆栈管理器）”对话框，如图 7-41 所示。

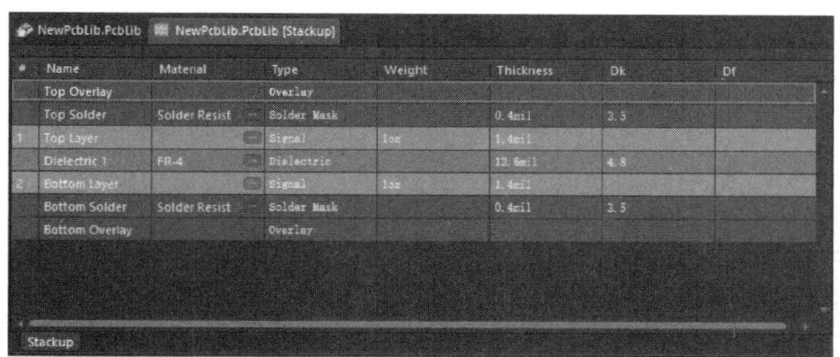

图 7-41 “Layer Stack Manager（层堆栈管理器）”对话框

4．“优选项”设置

在主菜单中执行“工具”→“优先选项”菜单命令，或者在工作区右击，在弹出的快捷菜单中选择“优先选项”命令，即可打开“优选项”对话框，如图 7-42 所示。

在该对话框中可进行相应的环境设置。

7.3.5 用 PCB 向导创建 PCB 元件规则封装

下面用 PCB 元件向导来创建元件封装。PCB 元件向导通过一系列对话框来让用户输入参数，

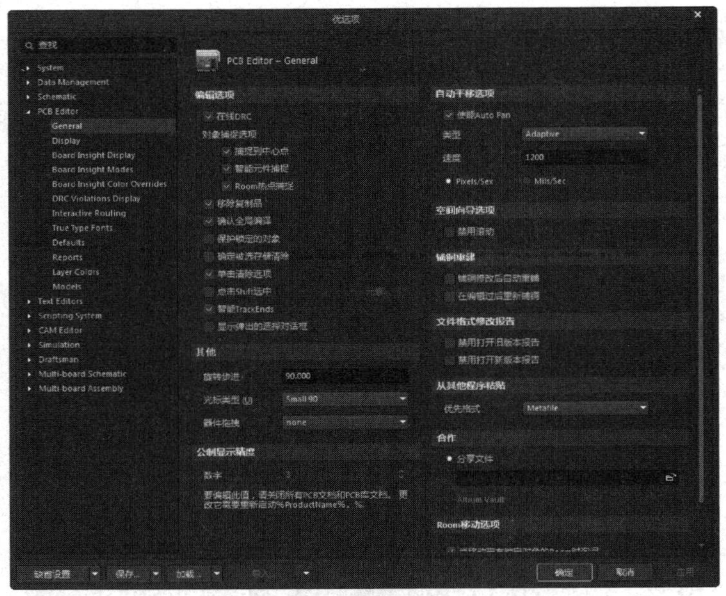

图 7-42 “优选项”对话框

最后根据这些参数自动创建一个封装。这里要创建的封装尺寸信息为：外形轮廓为矩形 10mm×10mm，引脚数为 16×4，引脚宽度为 0.22mm，引脚长度为 1mm，引脚间距为 0.5mm，引脚外围轮廓为 12mm×12mm。

具体操作步骤如下。

1）执行“工具”→“元器件向导”菜单命令，系统弹出元件封装向导对话框，如图 7-43 所示。

2）单击“Next（下一步）”按钮，进入元件封装模式选择界面，如图 7-44 所示。在模式列表中列出了各种封装模式。

这里选择 Quad Packs（QUAD）封装模式。另外，在下面的选择单位栏内，选择公制单位 Metric（mm）。

3）单击“Next（下一步）”按钮，进入焊盘尺寸设置界面，如图 7-45 所示。在这里输入焊盘的尺寸值，长为 1mm，宽为 0.22mm。

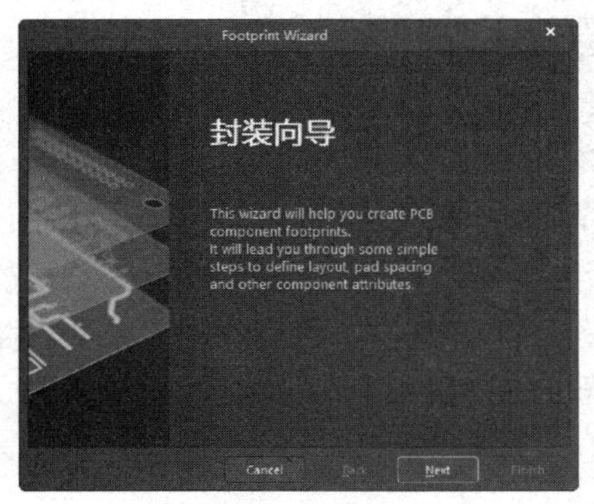

图 7-43 元件封装向导首页

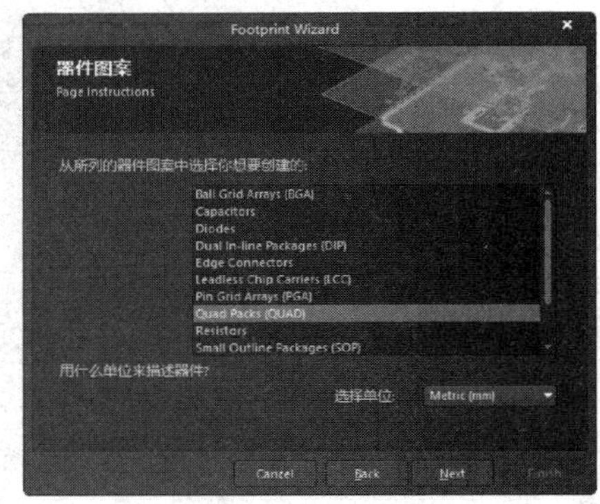

图 7-44 元件封装模式选择界面

4）单击“Next（下一步）”按钮，进入焊盘形状设置界面，如图 7-46 所示。在这里使用默认设置，令第一脚为圆形，其余脚为方形，以便区分。

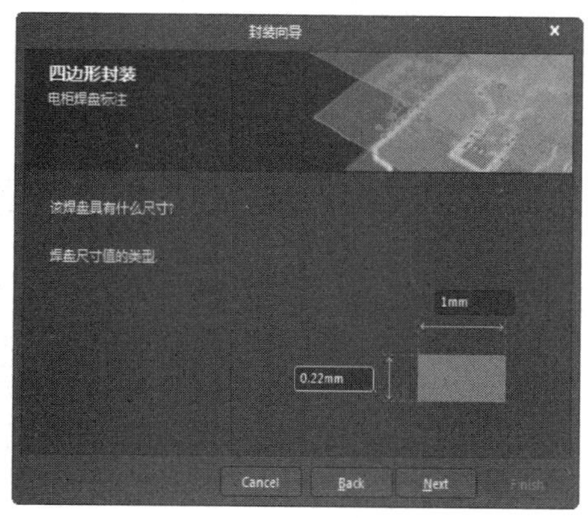

图 7-45　焊盘尺寸设置界面

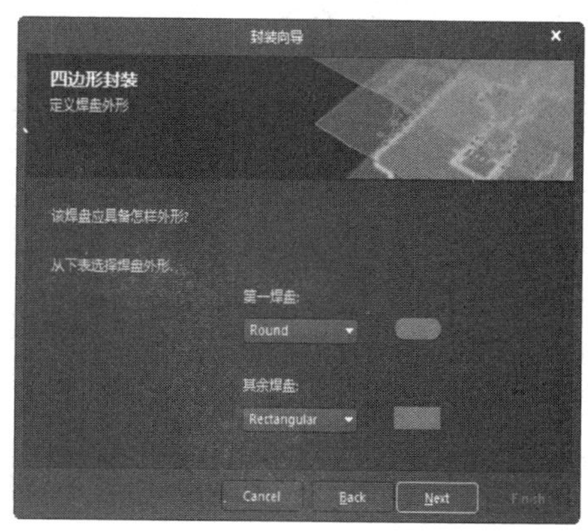

图 7-46　焊盘形状设置界面

5）单击“Next（下一步）”按钮，进入轮廓宽度设置界面，如图 7-47 所示。这里使用默认设置“0.2mm”。

6）单击“Next（下一步）”按钮，进入焊盘间距设置界面，如图 7-48 所示。在这里将焊盘间距设置为“0.5mm”，根据计算，将行列间距均设置为“1.75mm”。

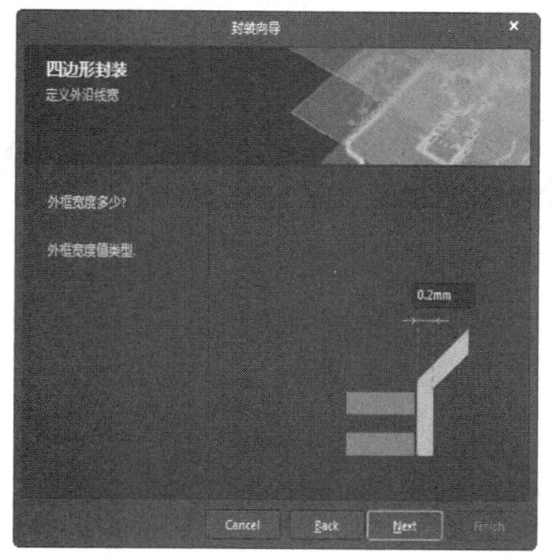

图 7-47　轮廓宽度设置界面

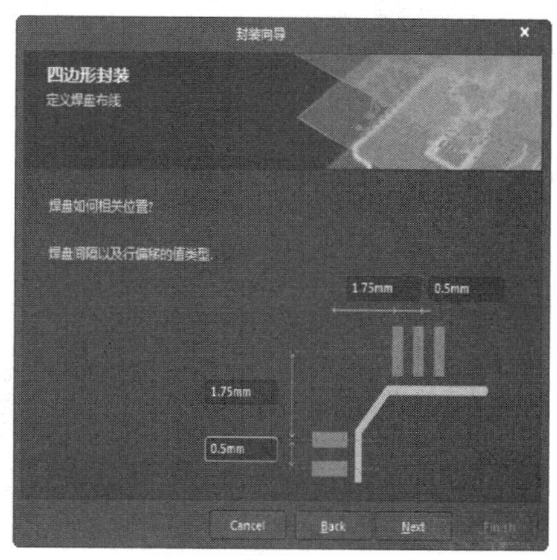

图 7-48　焊盘间距设置界面

7）单击“Next（下一步）”按钮，进入焊盘起始位置和命名方向设置界面，如图 7-49 所示。单击单选框可以确定焊盘起始位置，单击箭头可以改变焊盘命名方向。采用默认设置，将第一个焊盘设置在封装左上角，命名方向为逆时针方向。

8）单击“Next（下一步）”按钮，进入焊盘数目设置界面，如图 7-50 所示。将 X、Y 方向的焊盘数目均设置为 16。

9）单击“Next（下一步）”按钮，进入封装命名界面，如图 7-51 所示。将封装命名为“TQFP64”。

10）单击“Next（下一步）”按钮，进入封装制作完成界面，如图 7-52 所示。单击“Finish（完成）”按钮，退出封装向导。

至此，TQFP64 的封装制作就完成了，工作区内显示出来封装图形如图 7-53 所示。

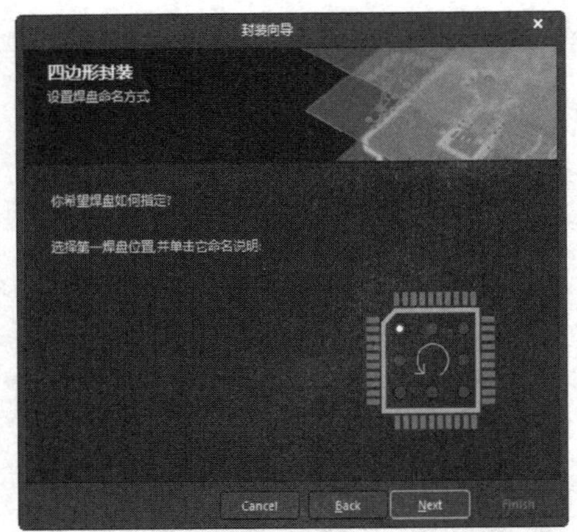

图 7-49　焊盘起始位置和命名方向设置界面

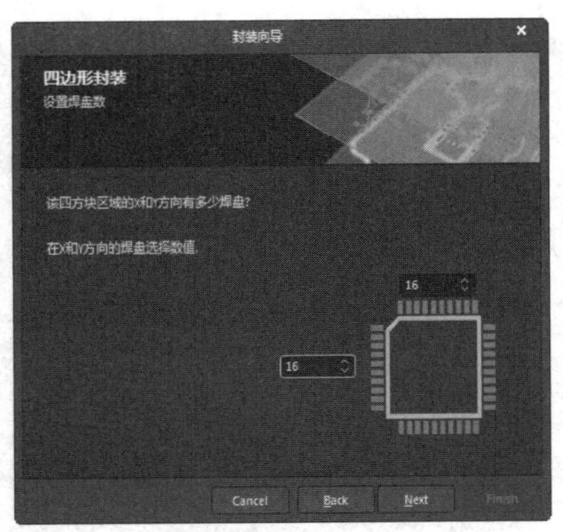

图 7-50　焊盘数目设置界面

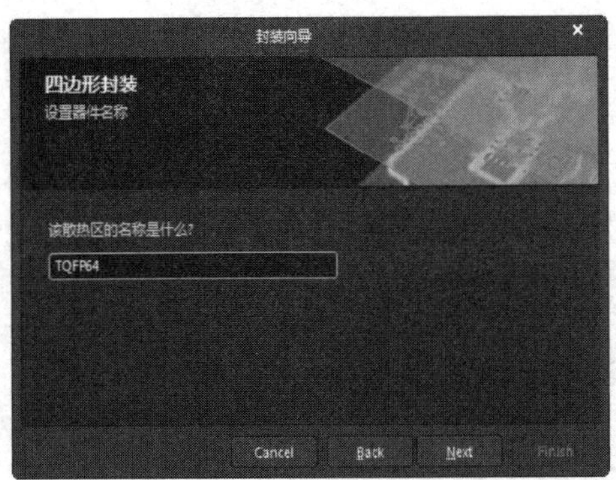

图 7-51　封装命名设置界面

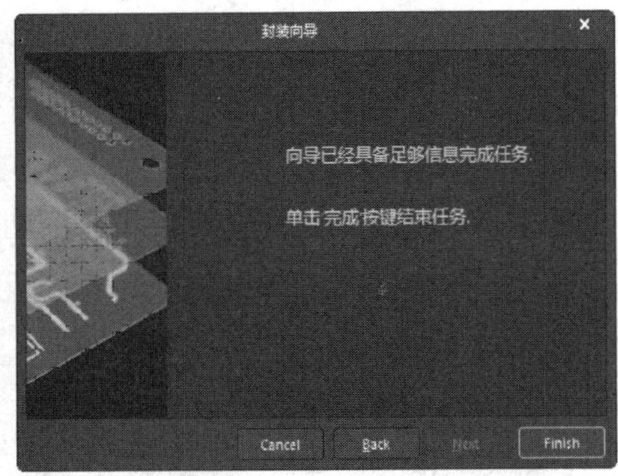

图 7-52　封装制作完成界面

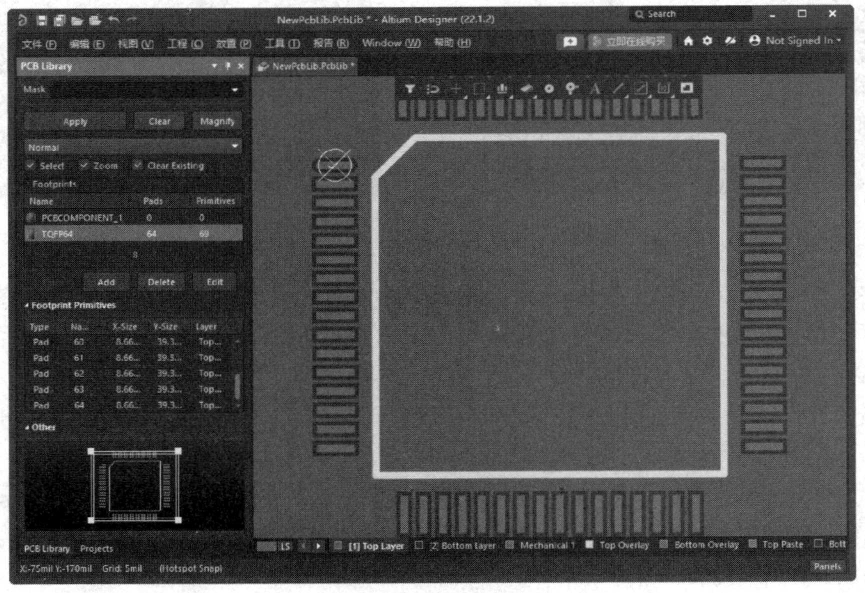

图 7-53　使用 PCB 封装向导制作的 TQFP64 封装

7.3.6 手动创建 PCB 元件不规则封装

某些电子元件的引脚非常特殊，或者遇到了一个最新的电子元件，那么用 PCB 元件向导将无法创建新的封装。这时，可以根据该元件的实际参数手动创建引脚封装。手动创建元件引脚封装，需要用直线或曲线来表示元件的外形轮廓，然后添加焊盘来形成引脚连接。元件封装的参数可以放置在 PCB 的任意图层上，但元件的轮廓只能放置在顶端覆盖层上，焊盘则只能放在信号层上。当在 PCB 文件上放置元件时，元件引脚封装的各个部分将分别放置到预先定义的图层上。

下面详细介绍如何手动创建 PCB 元件不规则封装。

1. 创建新的空元件文档

1）执行“文件”→“新的”→“库”→“PCB 元件库”菜单命令，如图 7-54 所示，打开 PCB 库编辑环境，新建一个空白 PCB 元件库文件“PcbLib1.PcbLib”。

图 7-54　新建一个 PCB 元件库文件

2）保存并更改该 PCB 库文件名称，这里改名为“NewPcbLib.PcbLib”，如图 7-55 所示。

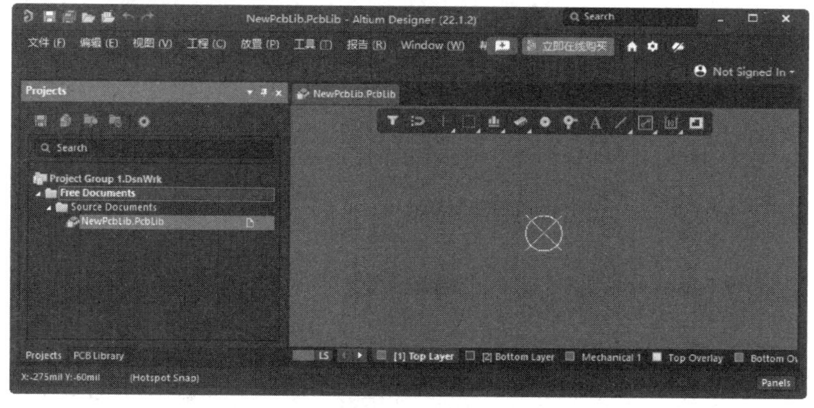

图 7-55　新建封装库文件

3）单击“NewPcbLib.PcbLib”左侧“PCB Library（PCB 元件库）”面板，显示 PCB 元件库，如图 7-56 所示。

2．编辑工作环境设置

单击“Properties（属性）”面板，如图 7-57 所示，在面板中可以根据需要设置相应的参数。

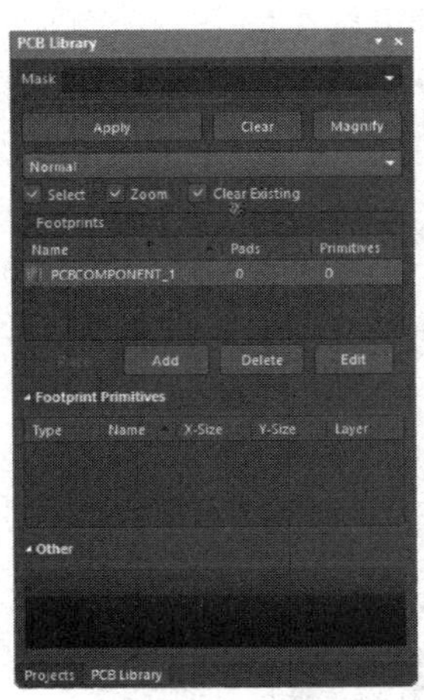

图 7-56 “PCB Library（PCB 元件库）”面板

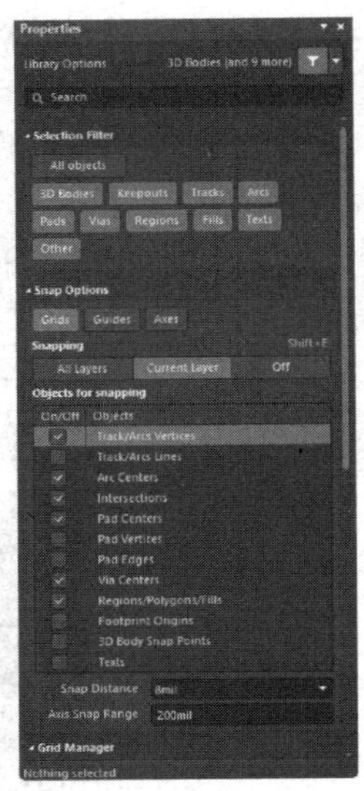

图 7-57 “Properties（属性）”面板

3．优选项属性设置

执行“工具”→“优先选项”菜单命令，或者在工作区右击，在弹出的快捷菜单中选择“优先选项”命令，即可打开“优选项”对话框，如图 7-58 所示。

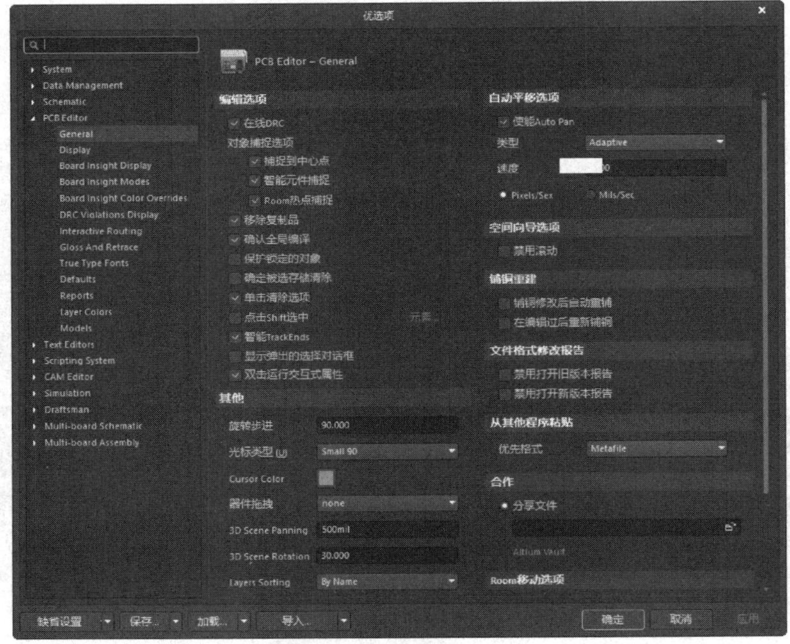

图 7-58 “优选项”对话框

4．放置焊盘

在“Top-Layer（顶层）”执行“放置”→“焊盘”菜单命令，光标箭头上悬浮一个十字光标和一个焊盘，移动鼠标指针确定焊盘的位置。按照同样的方法放置另外两个焊盘。

5．编辑焊盘属性

双击焊盘即可进入设置焊盘属性面板，如图 7-59 所示。

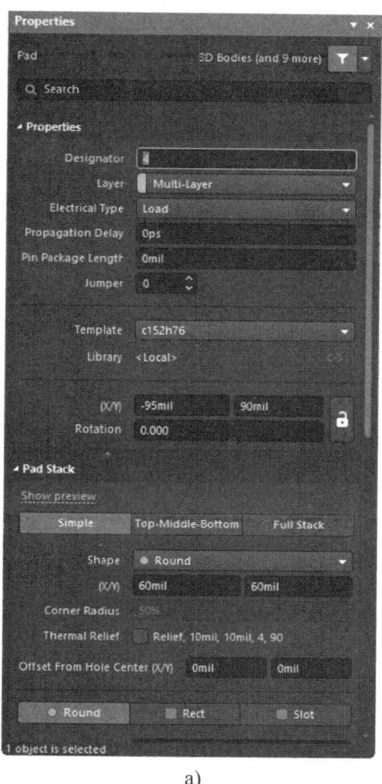

a)

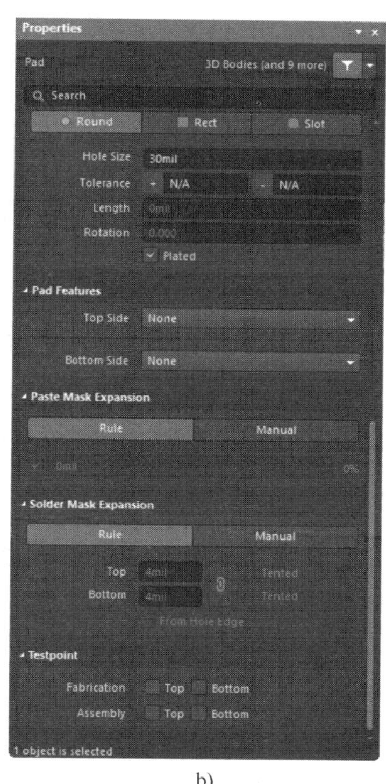

b)

图 7-59　焊盘属性设置面板

这里“Designator（指示符）”文本框中的管脚名称分别为 b、c、e，3 个焊盘的坐标分别为：b（0，100）、c（-100，0）、e（100，0），设置完毕后如图 7-60 所示。

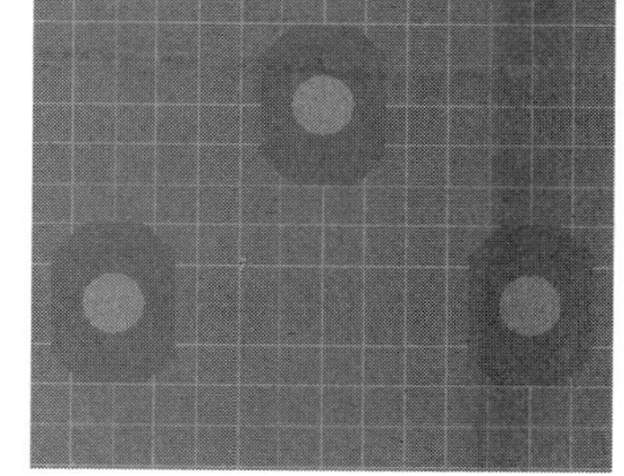

图 7-60　放置的 3 个焊盘

6．绘制轮廓线

放置焊盘完毕后，需要绘制元件的轮廓线。所谓元件轮廓线，就是该元件封装在电路板上占据的空间大小，轮廓线的形状和大小取决于实际元件的形状和大小，通常需要测量实际元件。

（1）绘制一段直线

单击工作区窗口下方标签栏中的“Top Overlay（顶层覆盖）”项，将活动层设置为顶层丝印层。执行“放置”→“线条”菜单命令，光标变为十字形状，单击确定直线的起点，并移动光标就可以拉出一条直线。用鼠标将直线拉到合适位置，再次单击确定直线终点。右击或者按〈Esc〉键结束绘制直线，结果如图 7-61 所示。

（2）绘制一条弧线

执行“放置”→“圆弧（中心）”菜单命令，光标变为十字形状，将光标移至坐标原点，单击确定弧线的圆心，然后将光标移至直线的任一个端点，单击确定圆弧的直径。再在直线两个端点两次单击确定该弧线，结果如图 7-62 所示。右击或者按〈Esc〉键结束绘制弧线。

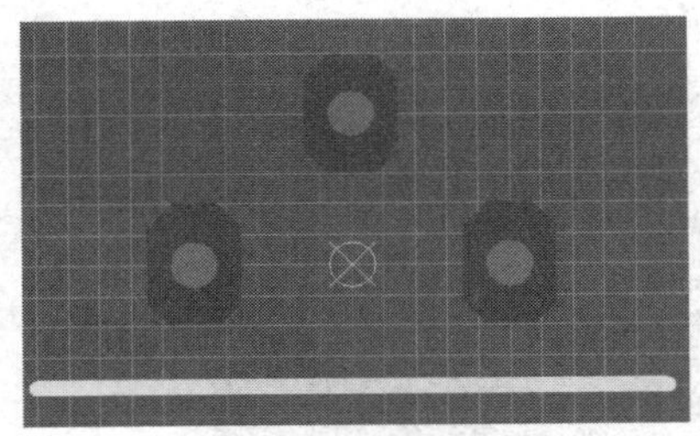

图 7-61　绘制一段轮廓线

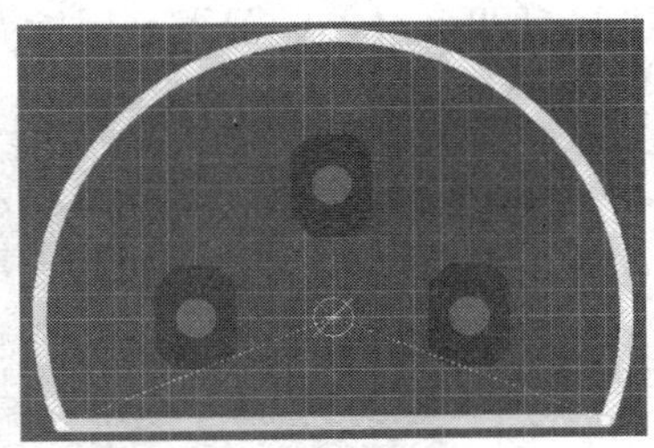

图 7-62　绘制完成的弧线

7. 设置元件参考点

在“编辑”下拉菜单的“设置参考”菜单下有 3 个选项，分别为“1 脚”“中心”和“位置”，用户可以自己选择合适的元件参考点。

至此，手动封装制作就完成了，可以看到“PCB Library（PCB 元件库）”面板的元件列表中多出了一个 NEW-NPN 的元件封装。“PCB Library（PCB 元件库）”面板中列出了该元件封装的详细信息。

7.4　创建项目元件封装库

在一个设计项目中，设计文件用到的元件封装往往来自不同的库文件。为了方便设计文件的交流和管理，在设计结束的时候，可以将该项目中用到的所有元件集中起来，生成基于该项目的 PCB 元件库文件。

创建项目的 PCB 元件库简单易行，首先打开已经完成的 PCB 设计文件，进入 PCB 编辑器，在主菜单中执行“设计”→“生成原理图库”菜单命令，系统会自动生成与该设计文件同名的 PCB 库文件，同时新生成的 PCB 库文件会自动打开，并置为当前文件，在“PCB Library”面板中可以看到其元件列表。下面以“SL_LCD_SW_LED.PrjPcb”项目为例，说明创建项目元件库的步骤。

1）执行“文件”→“打开”菜单命令，然后在源文件目录下选择加载项目文件“SL_LCD_SW_LED.PrjPcb”。

2）在 SL_LCD_SW_LED.PrjPcb 项目中，打开“ SL_LCD_SW_LED_2E.SchDoc”文件。

3）执行“设计”→“生成原理图库”菜单命令，弹出如图 7-63 所示的提示信息对话框。

图 7-63　提示信息对话框

生成相应的项目文件库“SL_LCD_SW_LED.SCHLIB”，如图 7-64 所示。

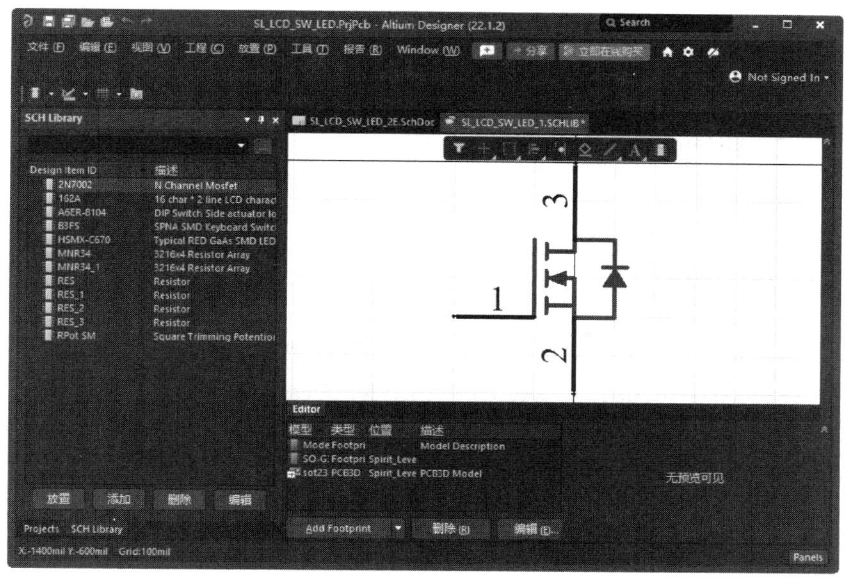

图 7-64　创建了原理图工程元件库

7.5　综合实例

在设计库元件时，除了要绘制各种芯片外，还可能要绘制一些接插件、继电器、变压器等元器件。下面利用不同种类的器件来练习上面讲解的方法，达到举一反三的效果。

7.5.1 制作 LCD 元件

本节通过制作一个 LCD 显示屏接口的原理图符号，帮助大家巩固前面所学的知识。

7.5.1　制作 LCD 元件

制作一个 LCD 元件原理图符号的具体步骤如下。

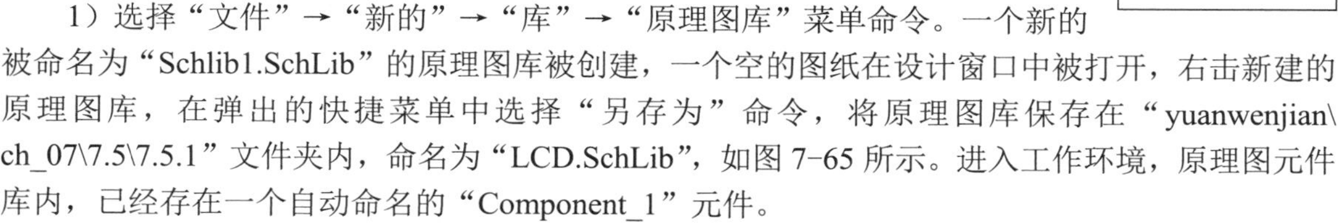

1）选择“文件”→“新的”→“库”→“原理图库”菜单命令。一个新的被命名为“Schlib1.SchLib”的原理图库被创建，一个空的图纸在设计窗口中被打开，右击新建的原理图库，在弹出的快捷菜单中选择“另存为”命令，将原理图库保存在“yuanwenjian\ch_07\7.5\7.5.1”文件夹内，命名为“LCD.SchLib”，如图 7-65 所示。进入工作环境，原理图元件库内，已经存在一个自动命名的“Component_1”元件。

2）执行“工具”→“新器件”菜单命令，打开如图 7-66 所示的“New Component（新建元件）”对话框，输入新元件名称“LCD”，然后单击“确定”按钮，退出对话框。

3）元件库浏览器中多出了一个元件 LCD。选中“Component_1”元件，然后单击“删除”按钮，将该元件删除，如图 7-67 所示。

4）绘制元件符号。首先，要明确所要绘制元件符号的管脚参数，如表 7-1 所示。

5）确定元件符号的轮廓，即放置矩形。单击 ▢（放置矩形）按钮，进入放置矩形状态，绘制矩形。

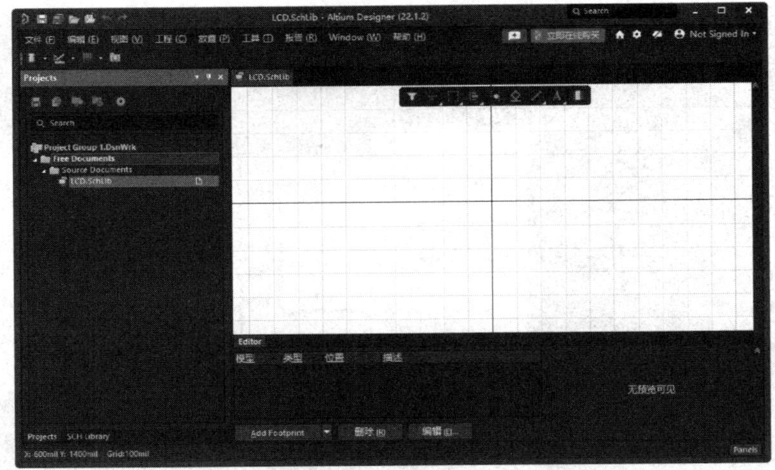

图 7-65　新建原理图库

图 7-66　“New Component（新建元件）”对话框

图 7-67　元件库浏览器

表 7-1　元件管脚

管脚号码	管脚名称	信号种类	管脚长度	其他
1	VSS	Passive	300mil	显示
2	VDD	Passive	300mil	显示
3	VO	Passive	300mil	显示
4	RS	Input	300mil	显示
5	R/W	Input	300mil	显示
6	EN	Input	300mil	显示
7	DB0	IO	300mil	显示
8	DB1	IO	300mil	显示
9	DB2	IO	300mil	显示
10	DB3	IO	300mil	显示
11	DB4	IO	300mil	显示
12	DB5	IO	300mil	显示
13	DB6	IO	300mil	显示
14	DB7	IO	300mil	显示

6）放置好矩形后，单击（放置引脚）按钮，放置管脚，鼠标指针上附着一个管脚的虚影，用户可以按〈Space〉键改变管脚的方向，然后单击放置管脚。

7）双击管脚，打开如图 7-68 所示的“Pin（管脚）”对话框，按表 7-1 设置参数。

8）由于管脚号码具有自动增量的功能，第一次放置的管脚号码为 1，紧接着放置的管脚号码会自动变为 2，所以最好按照顺序放置管脚。另外，如果管脚名称的后面是数字的话，同样具有自动增量的功能。

9）单击“实用工具”工具栏中的A（放置文本字符串）按钮，进入放置文字状态，并打开如图 7-69 所示的“Text（文本）”属性面板。在“Text（文本）”栏输入“LCD”，按“Font（字体）”文本框右侧按钮打开字体下拉列表，将字体大小设置为 20，然后把文字放置在合适的位置。

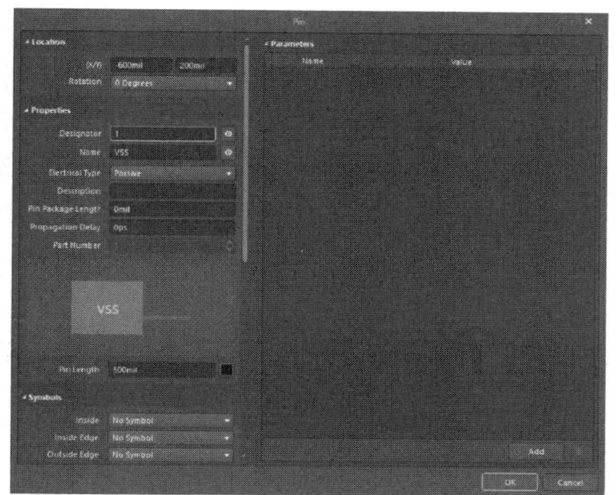

图 7-68 “Pin（管脚）”对话框

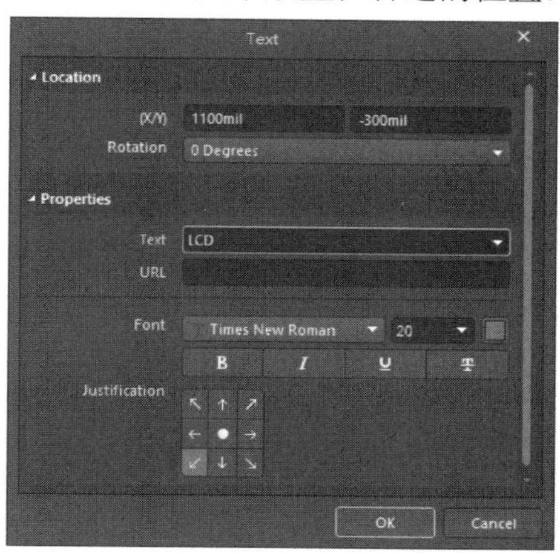

图 7-69 “Text（文本）”属性面板

10）编辑元件属性。

① 从“SCH Library（原理图库）”面板里的元件列表中选择元件，然后单击“编辑”按钮，弹出“Component（元件）”属性面板，如图 7-70 所示，在“Designer（标识符）”栏输入预置的元件序号前缀（在此为“U？”），在“Comment（注释）”栏输入元件名称“LCD”。

② 在“Pins（管脚）”选项卡中单击编辑管脚按钮，弹出“元件管脚编辑器”对话框，如图 7-71 所示。

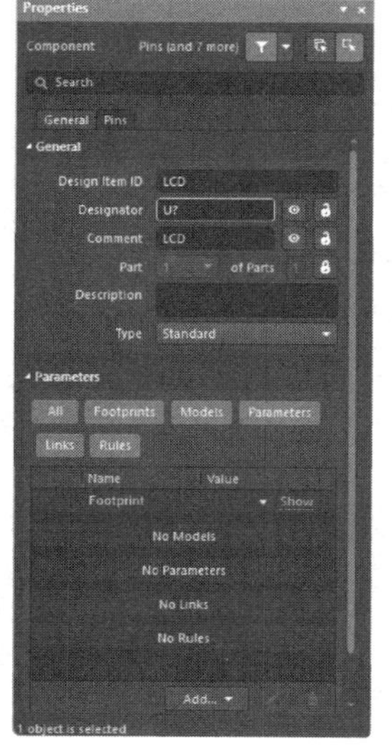

图 7-70 设置元件属性

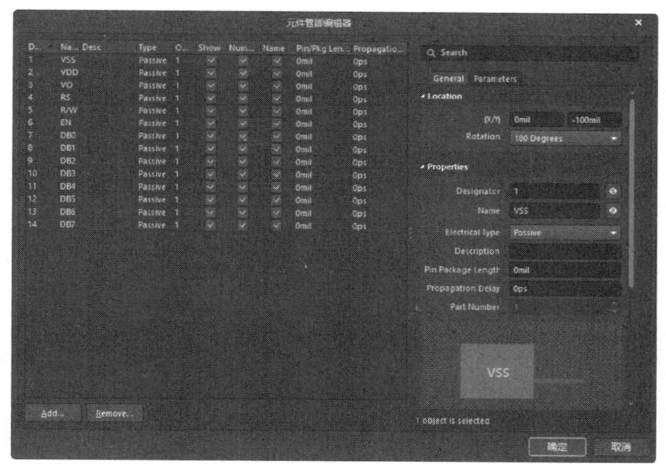

图 7-71 “元件管脚编辑器”对话框

③ 单击“确定”按钮关闭对话框。

④ 在“Properties（属性）”面板中，单击“Parameters（参数）”选项组下的“Add（添加）”按钮，在弹出的快捷菜单中选择“Footprint（封装）”命令，弹出“PCB 模型”对话框，如图 7-72 所示。

在弹出的对话框中单击“浏览”按钮以找到已经存在的模型（或者写入模型的名字，稍后将在 PCB 库编辑器中创建这个模型），弹出“浏览库”对话框，单击“查找”按钮，弹出“基于文件的库搜索”对话框，如图 7-73 所示。

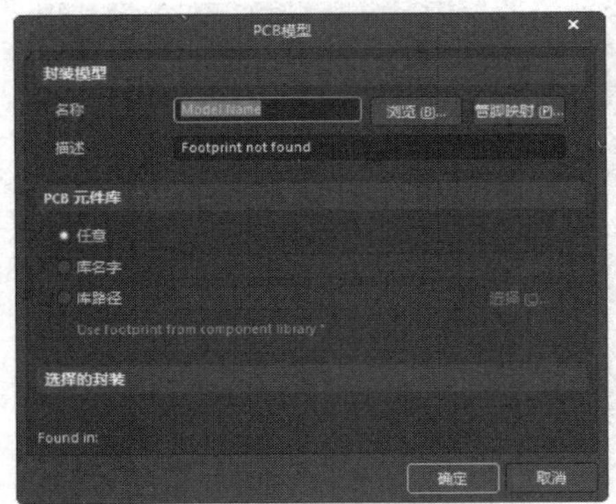

图 7-72 “PCB 模型”对话框（一）

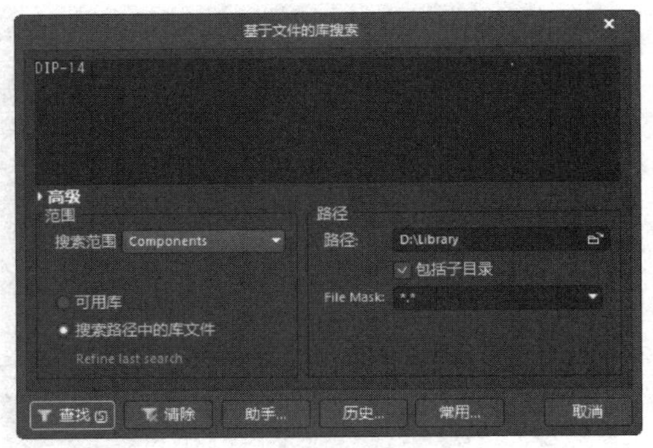

图 7-73 “基于文件的库搜索”对话框

⑤ 单击“路径”栏旁的浏览文件按钮，在设置的路径下，勾选“包括子目录”复选框。在名字栏输入“DIP-14”，然后单击“查找”按钮，如图 7-74 所示。

⑥ 找到对应这个封装所有的类似的库文件“Cylinder with Flat Index.PcbLib”。如果确定找到了文件，则单击“Stop（停止）”按钮停止搜索，如图 7-74 所示。单击选择找到的封装文件后单击“确定”按钮关闭该对话框。加载这个库到浏览库对话框中。回到“PCB 模型”对话框，如图 7-75 所示。

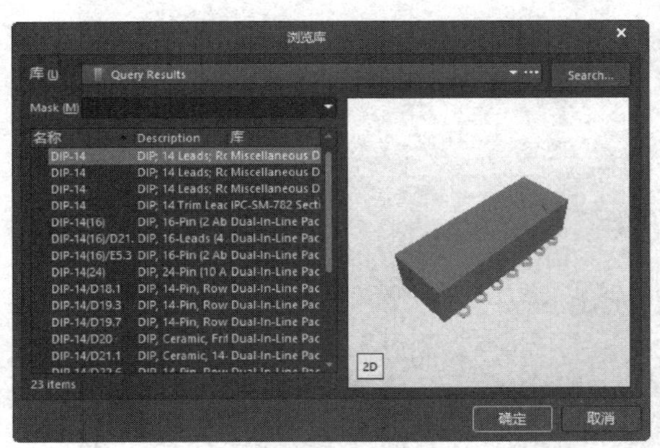

图 7-74 “浏览库”对话框

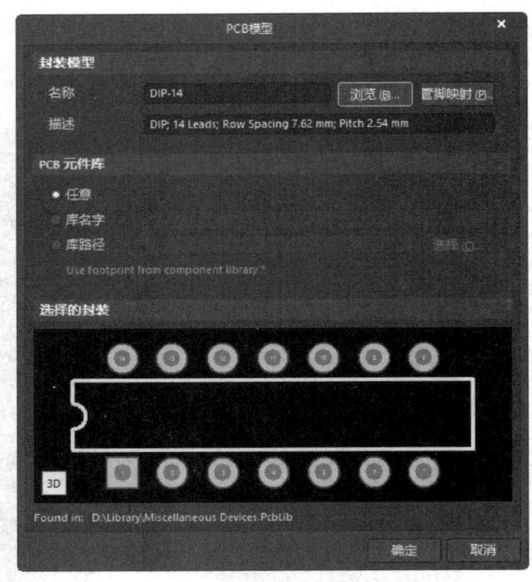

图 7-75 “PCB 模型”对话框（二）

⑦ 单击“确定”按钮，向元件加入这个模型。模型的名字列在元件属性对话框的模型列表中，完成元件编辑。

⑧ 完成的 LCD 元件如图 7-76 所示。最后保存元件库文件即可完成该实例。

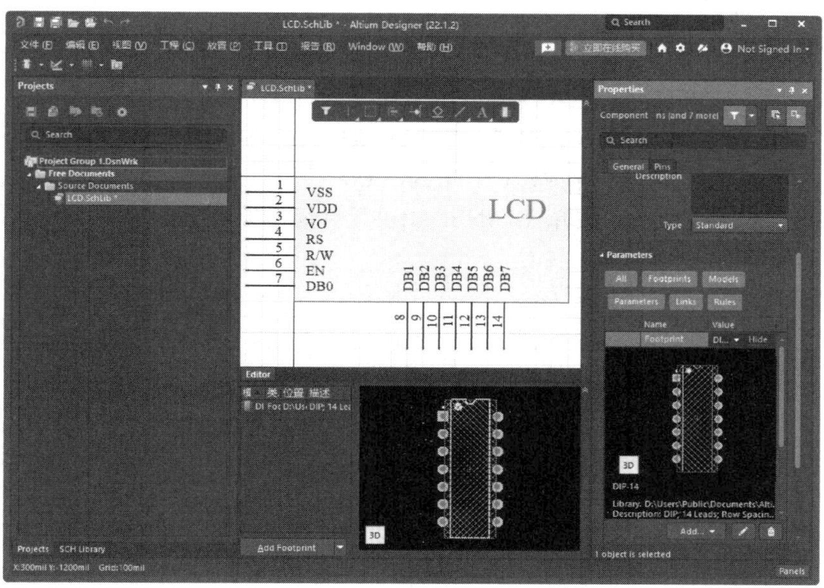

图 7-76　LCD 元件完成图

7.5.2 制作变压器元件

7.5.2　制作变压器元件

在本例中，将用绘图工具创建一个新的变压器元件。通过本例的学习，读者将了解在原理图元件编辑环境下，新建原理图元件库并创建新的元件原理图符号的方法，同时学习绘图工具栏中绘图工具按钮的使用方法。

1）选择“文件”→“新的”→“库”→“原理图库”菜单命令。一个名为“Schlib1. SchLib”的原理图库被创建，一个空的图纸在设计窗口中被打开，如图 7-77 所示。

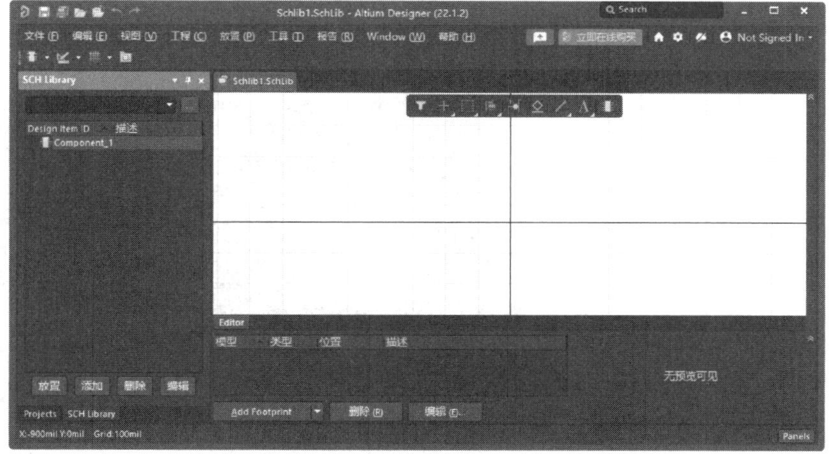

图 7-77　新建文件

右击新建的原理图，在弹出的快捷菜单中选择“另存为”命令，将原理图库保存在“yuanwenjian\ch_07\7.5\7.5.2”文件夹内，命名为“BIANYAQI.SchLib”，进入工作环境，在原理图元件库内，已经存在一个自动命名的 Component_1 元件。

2）编辑元件属性。从“SCH Library（原理图库）”面板里的元件列表中选择元件，然后单击“编辑”按钮，弹出“Properties（属性）”面板，如图 7-78 所示。在“Design Item ID（设计项目地址）”栏输入新元件名称“BIANYAQI”，在“Designator（标识符）”栏输入预置的元件序号前缀（在此为“U？”），在“Comment（注释）”栏输入元件注释 BIANYAQI，元件库浏览器中多出了一个元件 BIANYAQI。

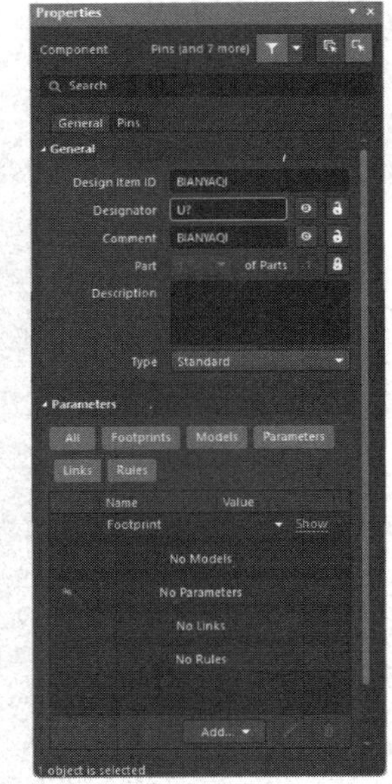

图 7-78 “Properties（属性）”面板

3）绘制原理图符号。

① 在图纸上绘制变压器元件的弧形部分。单击“应用工具”工具栏的（放置椭圆弧）按钮，这时光标变成十字形状。在图纸上绘制一个如图 7-79 所示的弧线。

② 因为变压器的左右线圈由 8 个圆弧组成，所以还需要另外 7 个类似的弧线。可以用复制、粘贴的方法放置其他的 7 个弧线，再将它们一一排列好，对于右侧的弧线，只需要在选中后按住鼠标左键，然后按〈X〉键即可左右翻转，如图 7-80 所示。

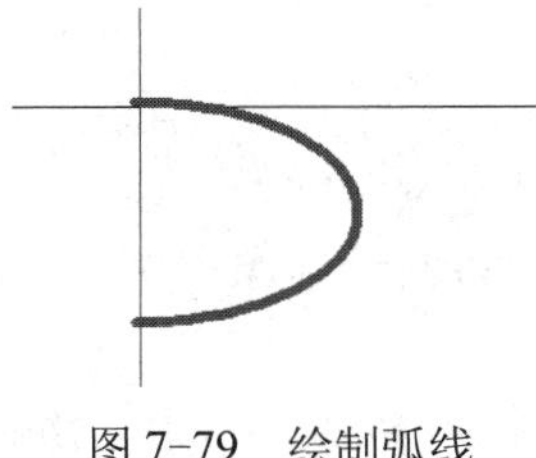

图 7-79 绘制弧线

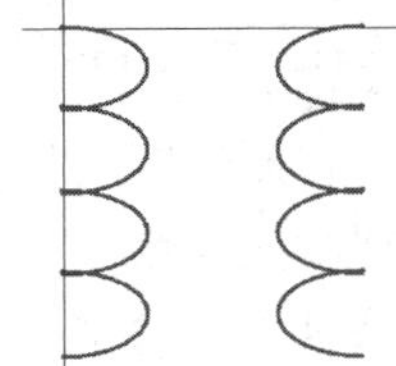

图 7-80 放置其他的圆弧

③ 绘制变压器中间的直线。选择“放置”→“线”菜单命令，在两个线圈中间绘制一条直线，如图 7-81 所示。然后双击绘制好的直线，打开“Polyline（折线）”对话框，如图 7-82 所示，在该对话框中将直线的“Line（宽度）”设置为“Medium”。

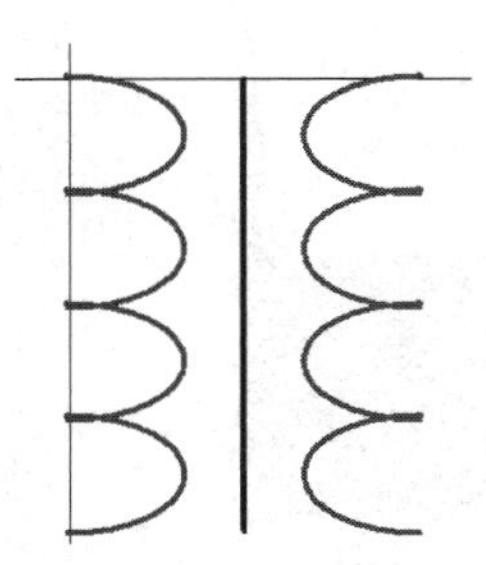

图 7-81 绘制线圈中的直线

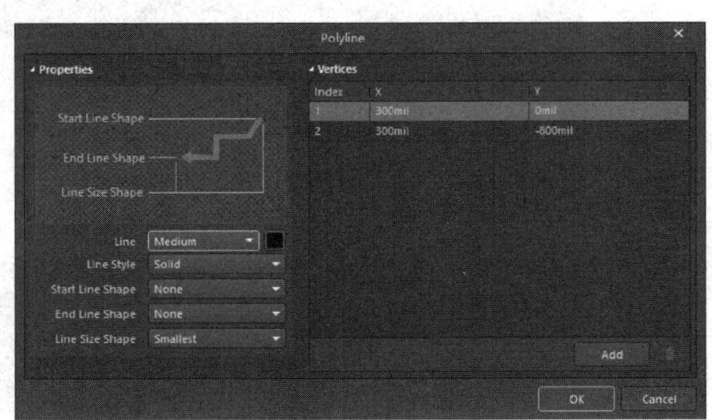

图 7-82 设置直线属性

④ 绘制线圈上的引出线。选择“放置”→“线”菜单命令，或者单击“布线”工具栏的（放置线）按钮，这时光标变成十字形状，在线圈上绘制出 4 条引出线。单击“常用工具”工具栏“原理图符号绘制”下拉按钮中的“放置管脚”按钮，放置管脚并双击，弹出“Pin（管脚）”对话框，在该对话框中，取消选中“Designator（编号）”栏、“Name（名称）”栏文本框后面的“不可见”按钮，表示隐藏管脚编号与名称，如图 7-83 所示。绘制 4 个管脚，如图 7-84 所示。

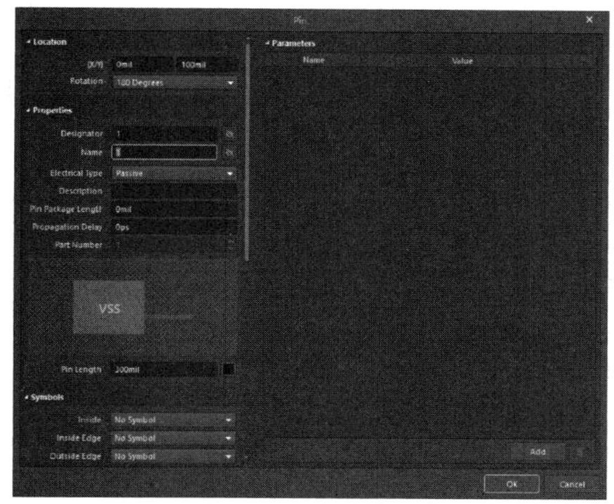

图 7-83　设置管脚属性

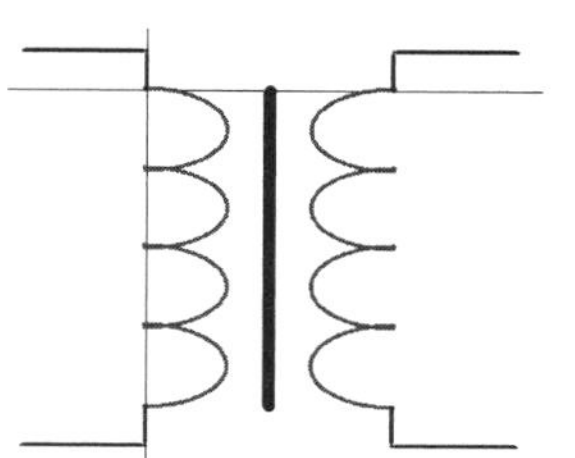

图 7-84　绘制直线和管脚

4）变压器元件就绘制完成了，如图 7-85 所示。

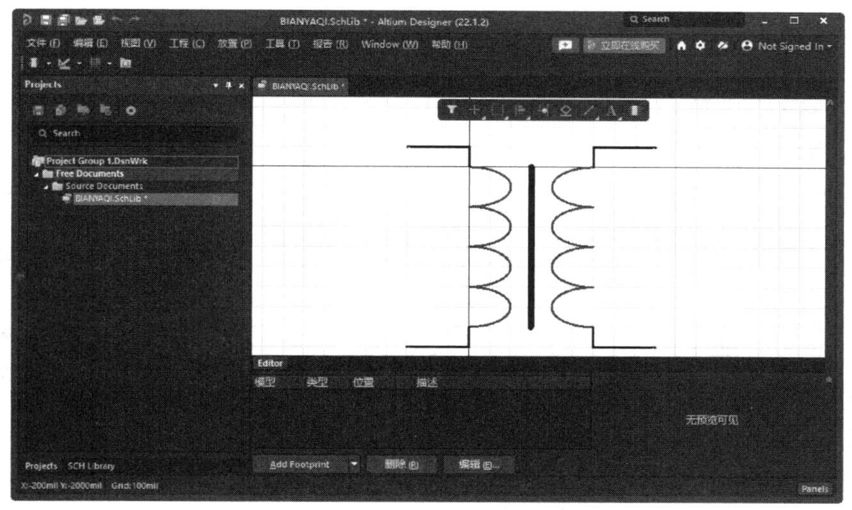

图 7-85　变压器元件绘制完成

7.5.3 制作七段数码管元件

7.5.3　制作七段数码管元件

本例中要创建的元器件是一个七段数码管，这是一种显示元器件，广泛地应用在各种仪器中，它由七段发光二极管构成。在本例中，主要学习用绘图工具栏中的按钮来创建一个七段数码管原理图符号的方法。

1）选择“文件”→“新的”→“库”→“原理图库”菜单命令。一个新的名为“Schlib1.SchLib”

的原理图库被创建，一个空的图纸在设计窗口中被打开，右击新建的原理图库在弹出的快捷菜单中选择“另存为”命令，将原理图库保存在“yuanwenjian\ch_07\7.5\7.5.3”文件夹内，命名为“SHUMAGUAN.SchLib”。进入工作环境，在原理图元件库内，已经存在一个自动命名的Component_1 元件。

2）从“SCH Library（原理图库）”面板里的元件列表中选择元件，然后单击“编辑”按钮，弹出“Properties（属性）”面板，在“Design Item ID（设计项目地址）”栏输入新元件名称“SHUMAGUAN”，在“Designator（标识符）”栏输入预置的元件序号前缀（在此为“U？”），在“Comment（注释）”栏输入元件注释“SHUMAGUAN”，如图 7-86 所示，元件库浏览器中多出了一个元件“SHUMAGUAN”。

3）绘制数码管外形。

① 在图纸上绘制数码管元件的外形。选择“放置”→“矩形”菜单命令，或者单击“应用工具”工具栏的▢（放置矩形）按钮，这时光标变成十字形状，并带有一个矩形图形。在图纸上绘制一个如图 7-87 所示的矩形。

② 双击所绘制的矩形，打开“Rectangle（长方形）”属性面板，如图 7-88 所示。在该面板中，将矩形的边框颜色设置为黑色，勾选“Fill Color（填充颜色）”复选框，设置填充颜色为白色。

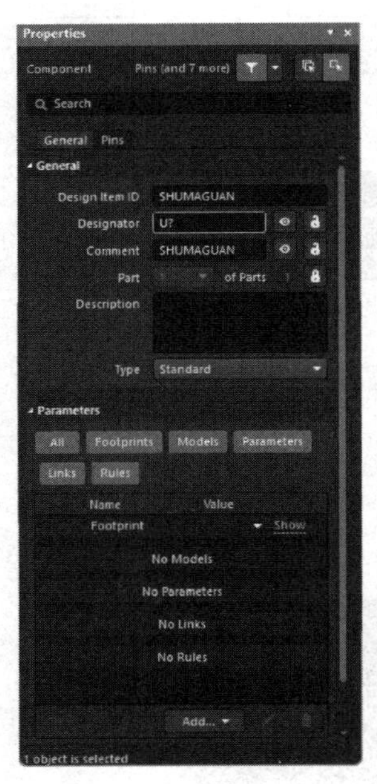

图 7-86 重命名元件

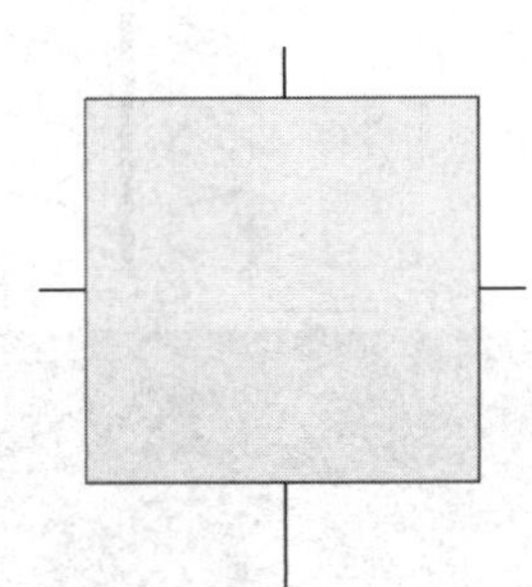

图 7-87 在图纸上放置一个矩形

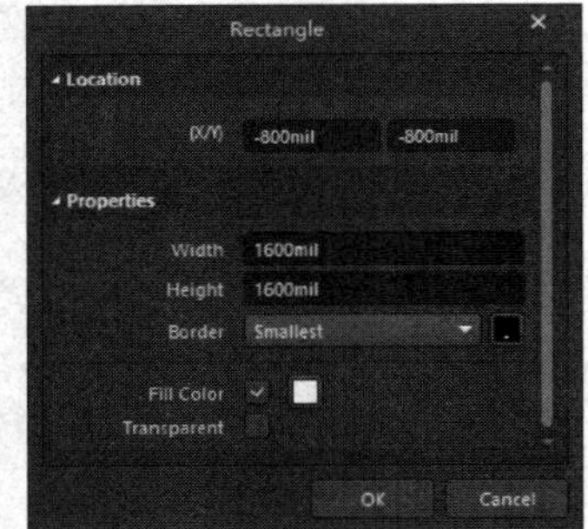

图 7-88 设置长方形属性

4）绘制七段发光二极管。

① 在图纸上绘制数码管的七段发光二极管，在原理图符号中用直线来代替发光二极管。选择“放置”→“线”菜单命令，或者单击工具栏的╱（放置线）按钮，这时光标变成十字形状。在图纸上绘制一个如图 7-89 所示的“日”字形发光二极管。

② 双击放置的直线，打开“Polyline（折线）”对话框，再在其中将线宽设置为“Medium”，如图 7-90 所示。

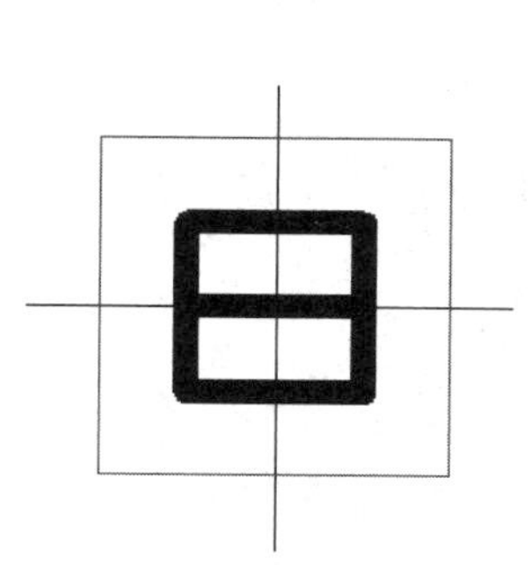

图 7-89　在图纸上放置二极管

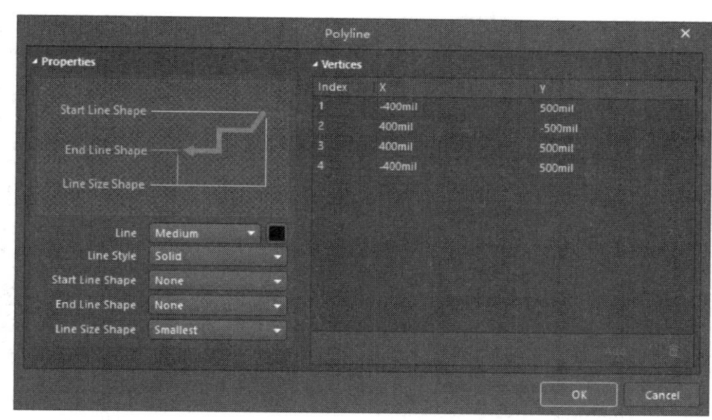

图 7-90　设置折线属性

5）绘制小数点。

① 选择“放置”→“矩形”菜单命令，或者单击工具栏的（放置矩形）按钮，这时光标变成十字形状，并带有一个矩形图形。在图纸上绘制一个如图 7-91 所示的小矩形作为小数点。

② 双击小数点，打开“Rectangle（矩形）”对话框，再在其中将矩形的填充色和边框都设置为黑色，如图 7-92 所示。

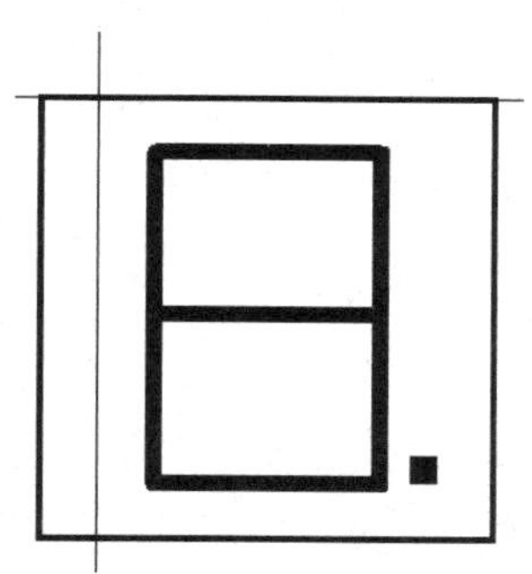

图 7-91　在图纸上放置小数点

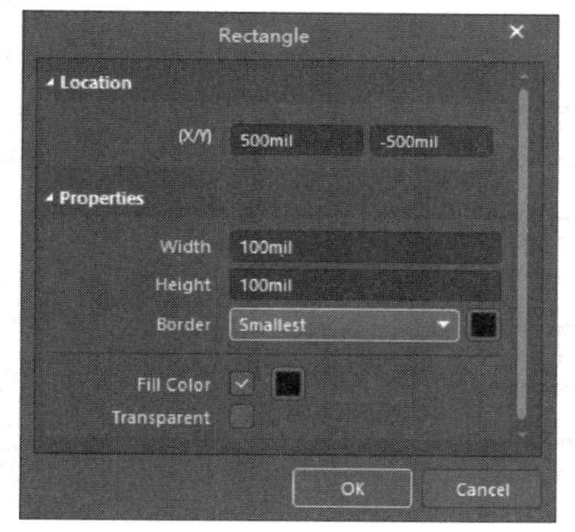

图 7-92　设置矩形属性

提示：在放置小数点的时候，由于小数点比较小，用鼠标操作放置可能比较困难，因此可以通过在“Rectangle（矩形）”对话框中设置坐标的方法来微调小数点的位置。

6）放置数码管的标注。

① 选择“放置”→“文本字符串”菜单命令，或者单击“实用工具”工具栏的（放置文本字符串）按钮，这时光标变成十字形状。在图纸上放置如图 7-93 所示的数码管标注。

② 双击放置的文字，打开“Text（文本）”对话框，设置如图 7-94 所示。

7）放置数码管的管脚。单击原理图符号，绘制工具栏中的放置管脚按钮（放置引脚），绘制 7 个管脚，如图 7-95 所示。双击所放置的管脚，打开“Pin（管脚）”对话框，如图 7-96 所示。在该对话框中，设置管脚的编号。然后单击“OK（确定）”按钮退出对话框。

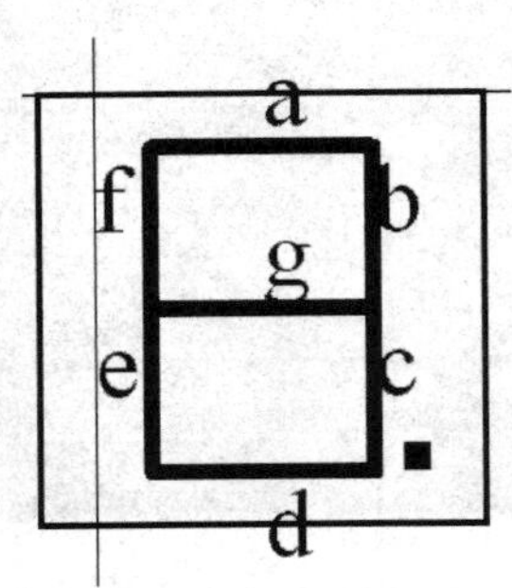

图 7-93　放置数码管标注

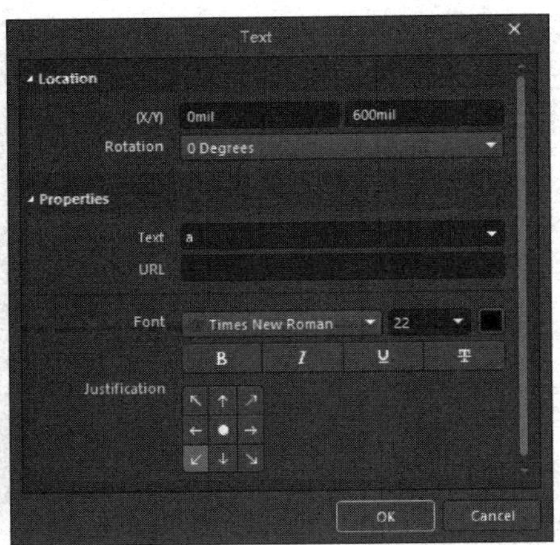

图 7-94　设置文本属性

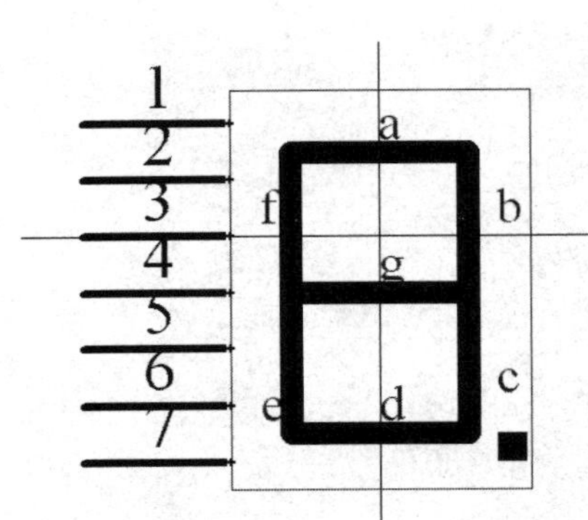

图 7-95　放置数码管管脚

图 7-96　设置管脚属性

8）单击“保存”按钮保存所做的工作。这样就完成了七段数码管原理图符号的绘制。

9）编辑元件属性。

① 在“Properties（属性）”面板中，单击“Parameters（参数）”选项组下的“Add（添加）”按钮，在弹出的快捷菜单中选择“Footprint（封装）”命令，弹出“PCB 模型”对话框，在弹出的对话框中单击“浏览”按钮，弹出“浏览库”对话框。

② 在“浏览库”对话框中，在“库”下拉列表中选择用到的库，选择所需元件封装“SW-7”，如图 7-97 所示。

③ 单击“确定”按钮，回到“PCB 模型”对话框，如图 7-98 所示。

④ 单击“确定”按钮，退出对话框。返回库元件属性面板，如图 7-99 所示。

10）七段数码管元件就创建完成了，如图 7-100 所示。

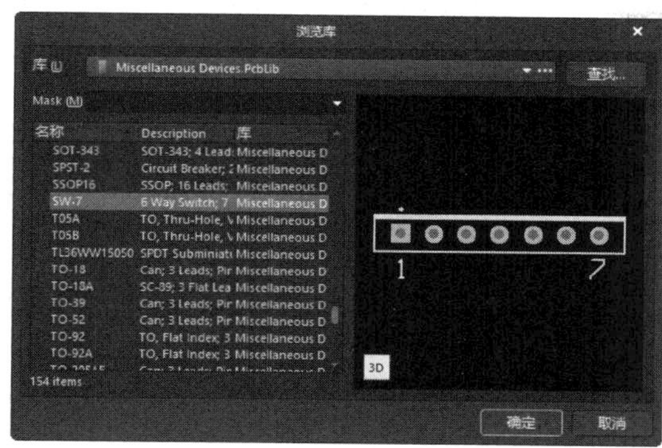

图 7-97　选择元件封装

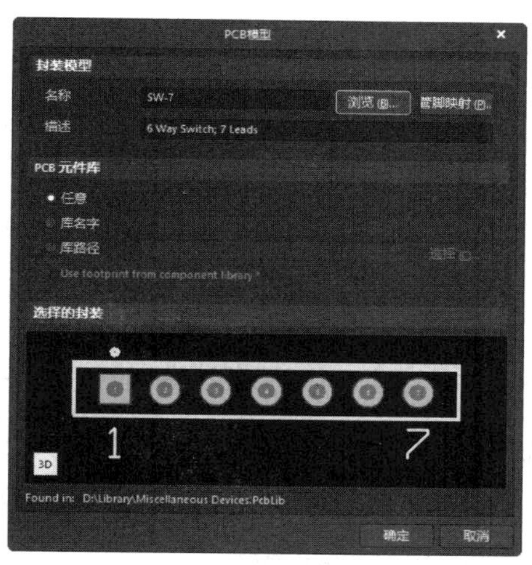

图 7-98　“PCB 模型”对话框

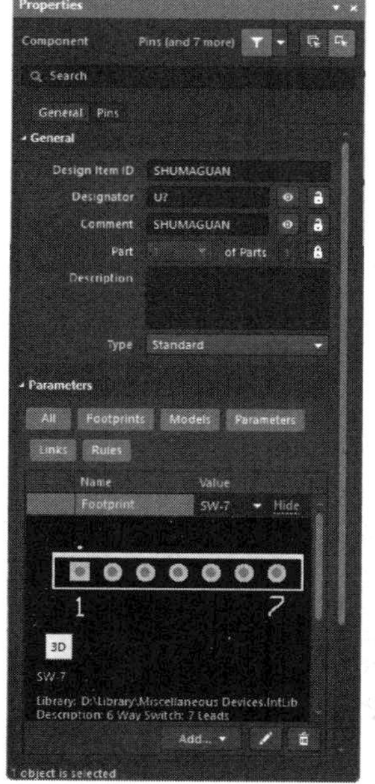

图 7-99　库元件属性面板

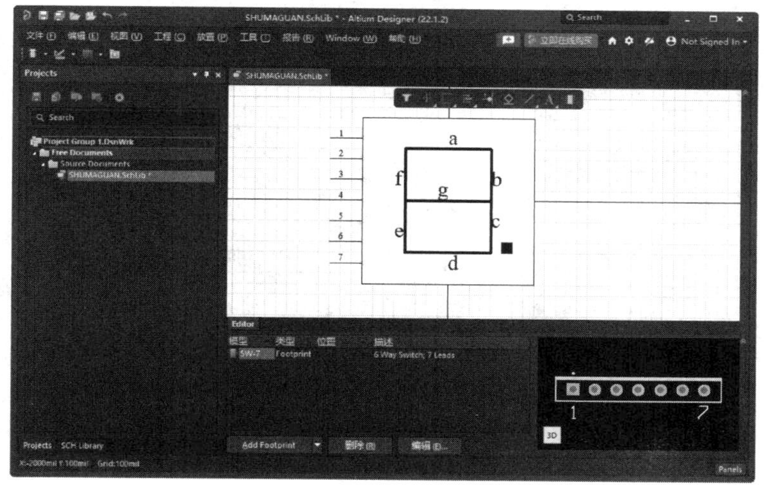

图 7-100　七段数码管元件绘制完成

7.5.4 制作串行接口元件

7.5.4　制作串行接口元件

在本例中，将创建一个串行接口元件的原理图符号。本例将主要学习圆和弧线的绘制方法。串行接口元件共有 9 个插针，分成两行，一行 4 根，另一行 5 根，在元件的原理图符号中，它们是用小圆圈来表示的。

1）选择“文件”→“新的”→“库”→“原理图库”菜单命令。一个名为“Schlib1.SchLib”的原理图库被创建，一个空的图纸在设计窗口中被打开，右击新建的原理图库，在弹出的快捷菜单中选择“另存为”命令，将原理图库保存在“yuanwenjian\ch_07\7.5\7.5.4”文件夹内，命名为“CHUANXINGJIEKOU.SchLib”。进入工作环境，原理图元件库内，已经存在一个自动命名的

Component_1 元件。

2）从“SCH Library（原理图库）”面板里的元件列表中选择元件，然后单击“编辑”按钮，弹出“Properties（属性）”面板，如图 7-101 所示。在“Design Item ID（设计项目地址）”栏输入新元件名称“CHUANXINGJIEKOU”，在“Designator（标识符）”栏输入预置的元件序号前缀（在此为“U？”），元件库浏览器中多出了一个元件 CHUANXINGJIEKOU。

3）绘制串行接口的插针。

① 执行“放置”→“椭圆”菜单命令，或者单击工具栏的（放置椭圆）按钮，这时光标变成十字形状，并带有一个椭圆图形，在原理图中绘制一个圆。

② 双击绘制好的圆，打开“Ellipse（椭圆形）”对话框，在对话框中设置边框颜色为黑色，如图 7-102 所示。

③ 重复以上步骤，在图纸上绘制其他的 8 个圆，如图 7-103 所示。

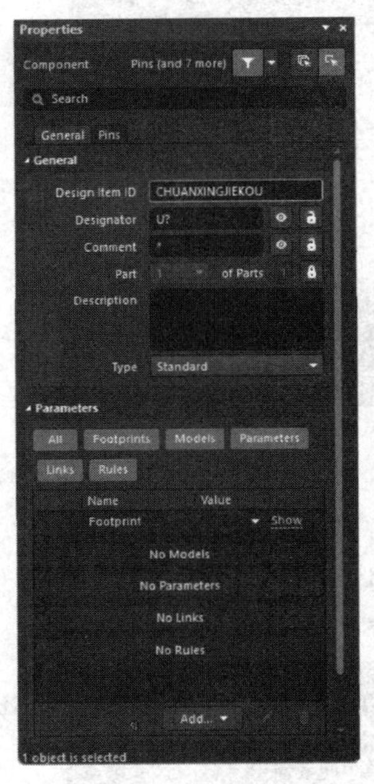

图 7-101 “Properties（属性）”面板

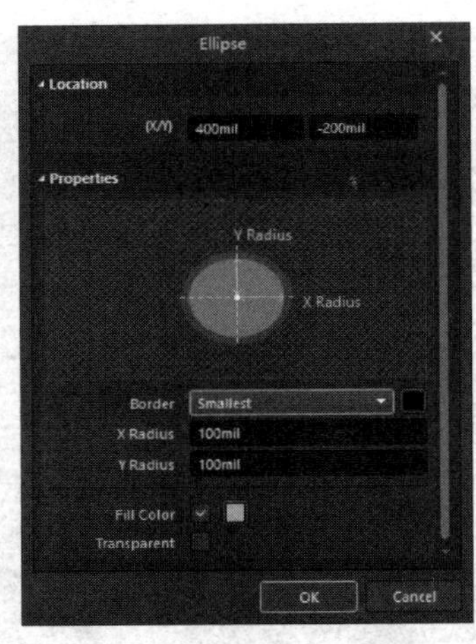

图 7-102 设置圆的属性

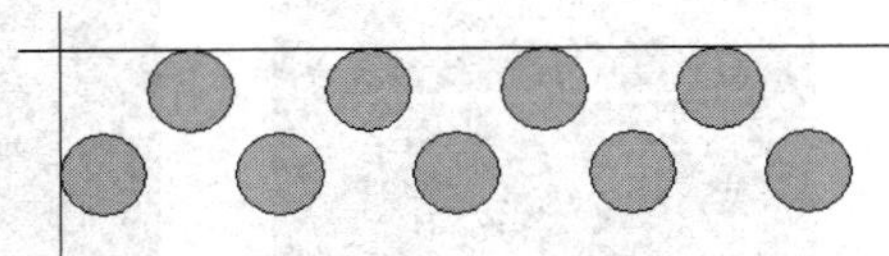

图 7-103 放置所有圆

4）绘制串行接口外框。

① 执行“放置”→“线”菜单命令，或者单击工具栏的（放置线）按钮，这时光标变成十字形状。在原理图中绘制 4 条长短不等的直线作为边框，如图 7-104 所示。

② 单击工具栏的（放置椭圆弧）按钮，这时光标变成十字形状。绘制两条弧线，将上面的直线和两侧的直线连接起来，如图 7-105 所示。

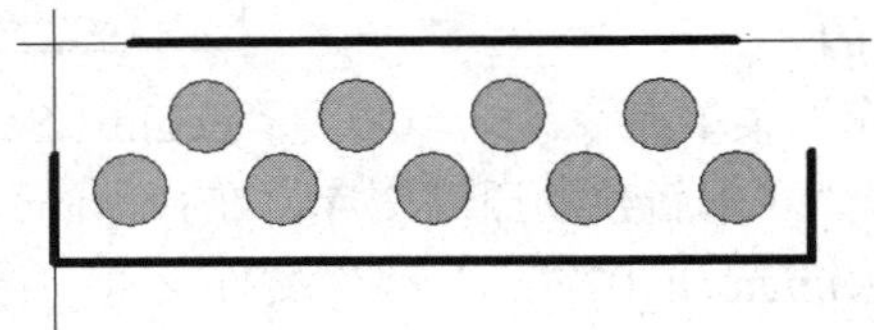

图 7-104 放置直线边框

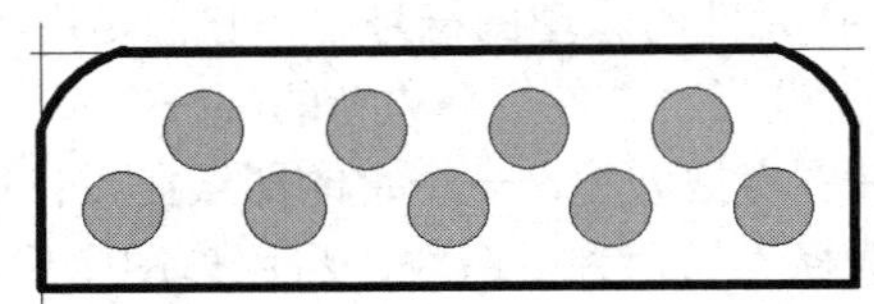

图 7-105 放置椭圆弧边框

5）放置管脚。单击原理图符号绘制工具栏中的“放置管脚”按钮，绘制 9 个管脚，如图 7-106 所示。

6）编辑元件属性。

① 在“Properties（属性）”面板中，单击“Parameters（参数）”选项组下的“Add（添加）”按钮，在弹出的快捷菜单中选择“Footprint（封装）”命令，弹出“PCB 模型”对话框，在弹出的对话框中单击“浏览”按钮，弹出“浏览库”对话框。

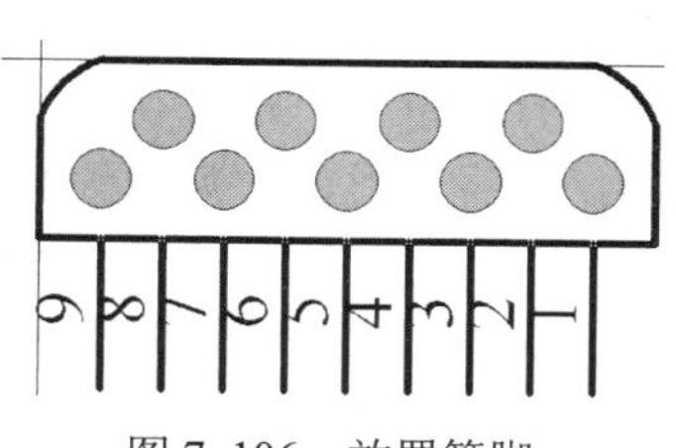

图 7-106　放置管脚

② 在“浏览库”对话框中，选择所需元件封装“VTUBE-9”，如图 7-107 所示。

③ 单击“确定”按钮，回到“PCB 模型”对话框，如图 7-108 所示。

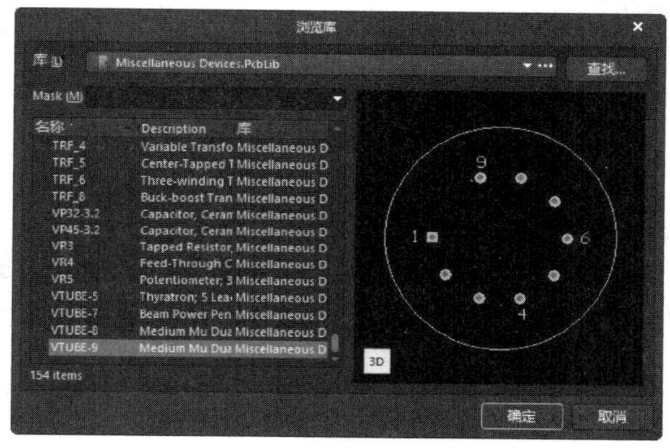

图 7-107　选择元件封装

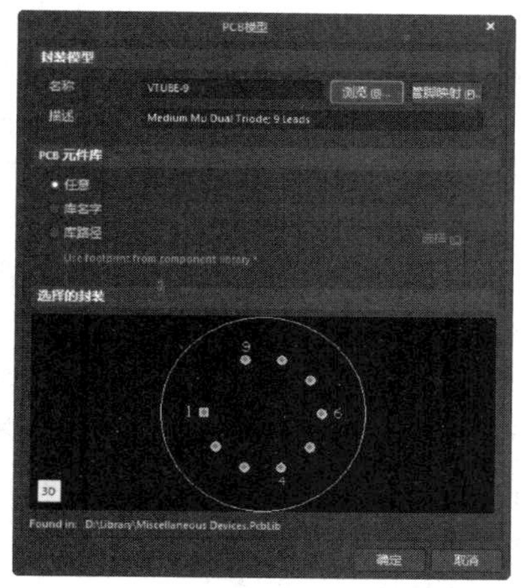

图 7-108　“PCB 模型”对话框

④ 单击“确定”按钮，退出对话框。返回库元件属性面板，如图 7-109 所示。

7）串行接口元件如图 7-110 所示。

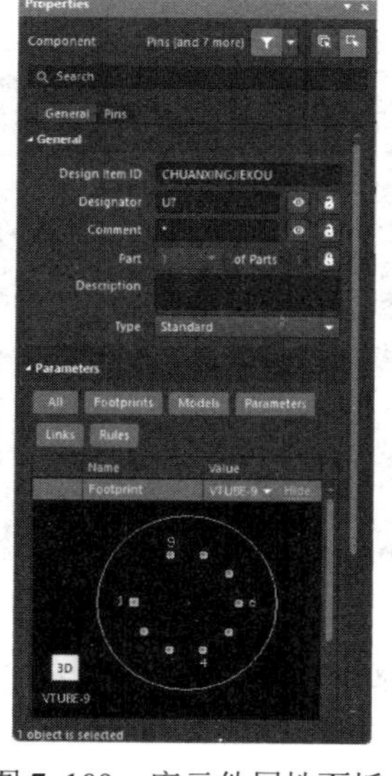

图 7-109　库元件属性面板

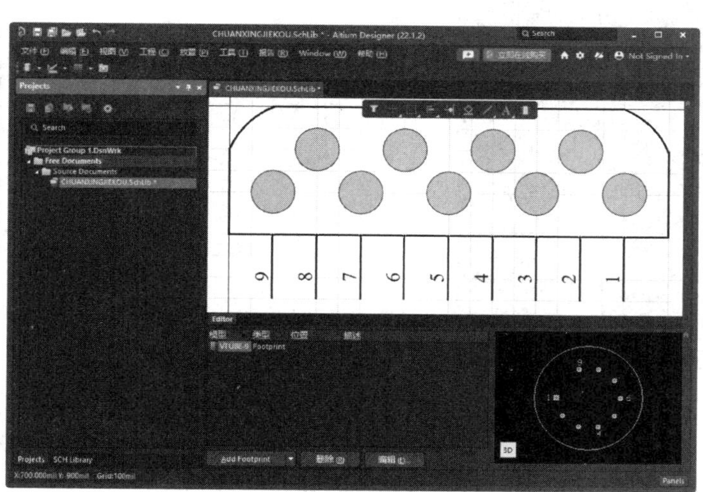

图 7-110　串行接口元件绘制完成

7.5.5 制作运算单元

在本例中，将设计一个运算单元，主要学习芯片的绘制方法。芯片原理图符号的组成比较简单，只有矩形和管脚两种元素，其中管脚属性的设置是本例学习的重点。

7.5.5 制作运算单元

1）选择“文件”→“新的”→“库”→“原理图库”菜单命令。一个名为“Schlib1.SchLib”的原理图库被创建，一个空的图纸在设计窗口中被打开，右击新建的原理图库，在弹出的快捷菜单中选择“另存为”命令，将原理图库保存在“yuanwenjian\ch_07\7.5\7.5.5”文件夹内，命名为“YUNSUANDANYUAN.SchLib”。进入工作环境，原理图元件库内，已经存在一个自动命名的Component_1 元件。

2）从“SCH Library（原理图库）”面板里的元件列表中选择元件，然后单击“编辑”按钮，弹出“Component（元件）”属性面板，在“Design Item ID（设计项目地址）”栏输入新元件名称“YUNSUANYUANJIAN”，在“Designator（标识符）”栏输入预置的元件序号前缀（在此为“U？”），元件库浏览器中多出了一个元件“YUNSUANYUANJIAN”，如图 7-111 所示。

3）绘制元件边框。

① 执行“放置”→“矩形”菜单命令，或者单击工具栏的□（放置矩形）按钮，这时光标变成十字形状，并带有一个矩形图形。在图纸上绘制一个如图 7-112 所示的矩形。

② 双击绘制好的矩形，打开“Rectangle（矩形）”对话框，在其中将“Border（边框）”的宽度设置为“Smallest”，矩形的边框颜色设置为黑色，并通过设置起点的坐标和长宽来确定整个矩形的大小，如图 7-113 所示。

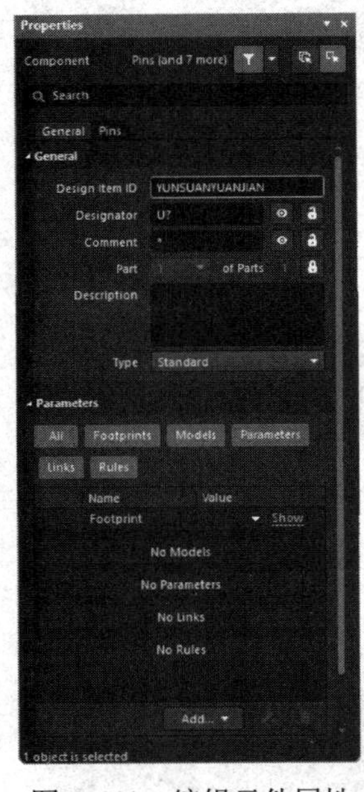

图 7-111　编辑元件属性

图 7-112　绘制矩形

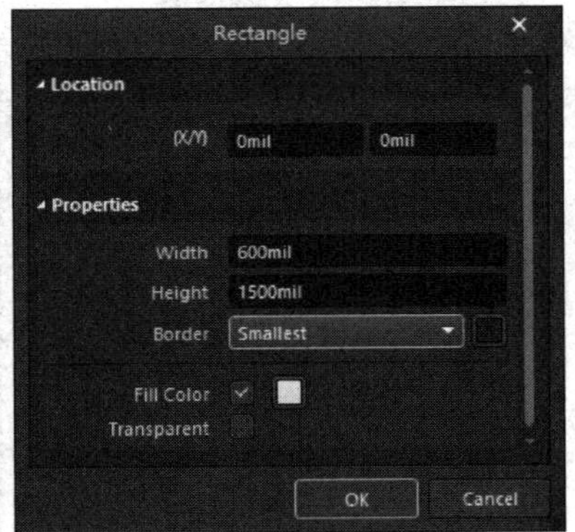

图 7-113　设置矩形属性

4）放置管脚。单击原理图符号绘制工具栏中的放置管脚按钮▪（放置引脚），放置所有管脚，双击放置的元件管脚弹出“Pin（管脚）”对话框，以设置管脚 1 为例，如图 7-114 所示。

5）设置其他管脚的属性，重复步骤4）设置其他管脚的属性，设置完属性的元件符号图，如图7-115所示。

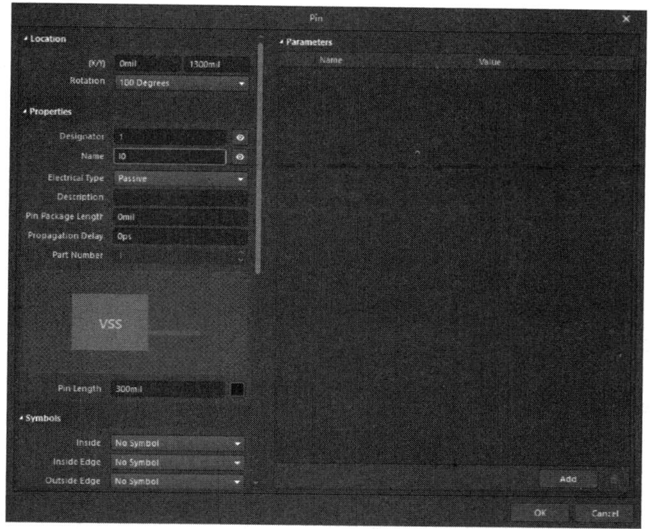

图7-114　设置管脚属性

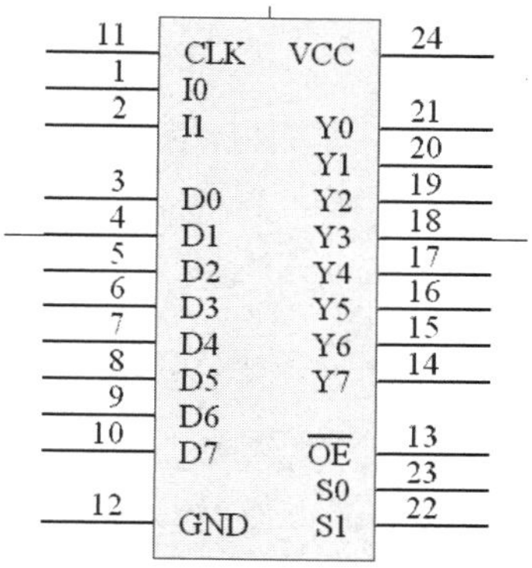

图7-115　设置完管脚属性的元件符号图

6）加载元件封装。

① 在“Properties（属性）”面板中，单击“Parameters（参数）”选项组下的“Add（添加）”按钮，在弹出的快捷菜单中选择“Footprint（封装）”命令，弹出“PCB模型”对话框，在弹出的对话框中单击“浏览”按钮，弹出“浏览库”对话框。

② 在“浏览库”对话框中，单击“查找”按钮，弹出“基于文件的库搜索”对话框，如图7-116所示。

③ 选中“搜索路径中的库文件”单选按钮，单击“路径”栏旁的浏览文件按钮进行定位，然后单击“确定”按钮。确定搜索库对话框中的“包括子目录”选项被选中。在名字栏输入“DIP-24”，然后单击“查找”按钮。弹出“浏览库”对话框，如图7-117所示。

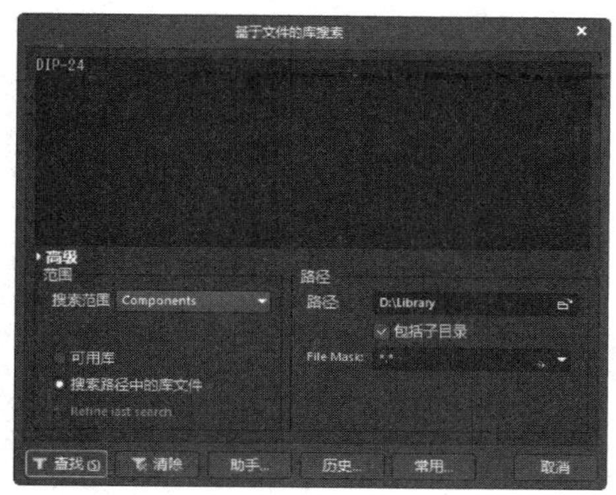

图7-116　“基于文件的库搜索”对话框

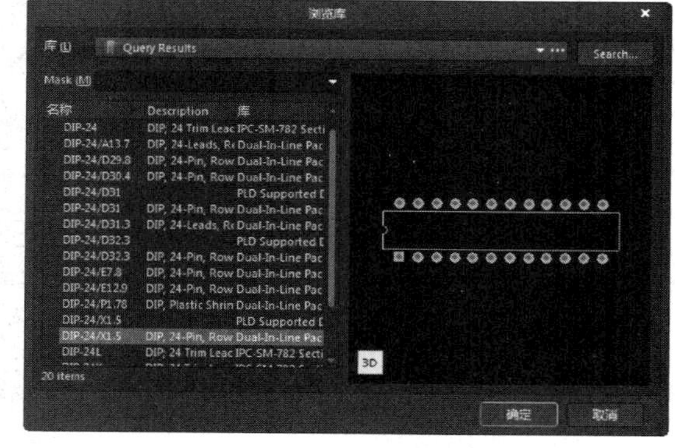

图7-117　“浏览库”对话框

④ 如果确定找到了文件，则单击“Stop（停止）”按钮停止搜索。选择找到的封装文件

“DIP-24/X1.5”后，单击“确定”按钮，弹出“Confirm”对话框，如图 7-118 所示。单击“是”按钮，加载这个库到浏览库对话框中。回到“PCB 模型”对话框，如图 7-119 所示。

Confirm

The library PLD Supported Devices.IntLib is not available.
Do you want to install it now?

不要再问 (D) 是 (Y) 否 (N)

图 7-118 “Confirm”对话框

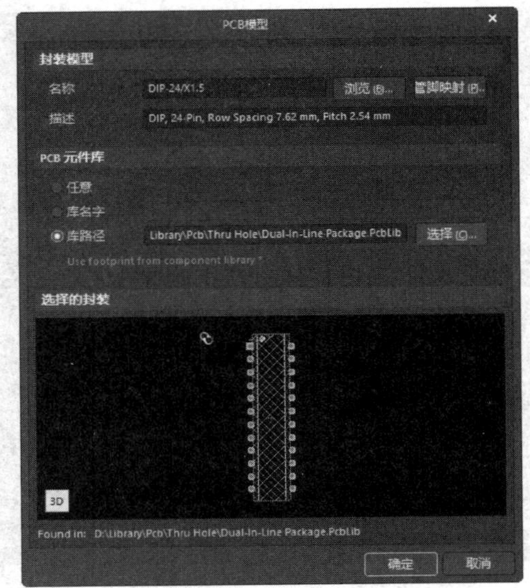

图 7-119 “PCB 模型”对话框

⑤ 单击“确定”按钮向元件加入这个模型。模型的名字列在元件属性面板的模型列表中。完成元件封装编辑。返回库元件属性对话框，如图 7-120 所示。

7）绘制完成的运算单元元件如图 7-121 所示。

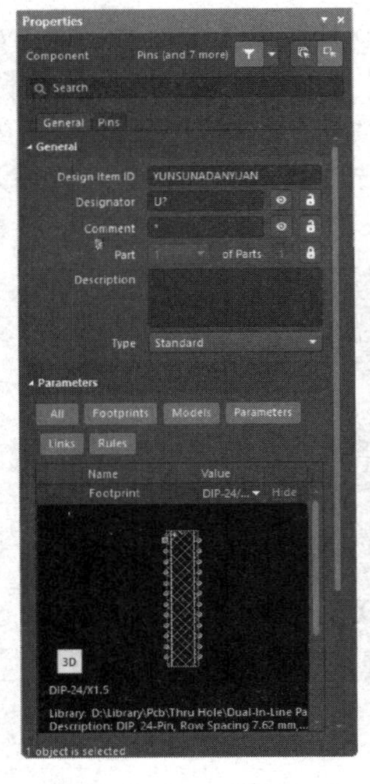

图 7-120 库元件属性对话框

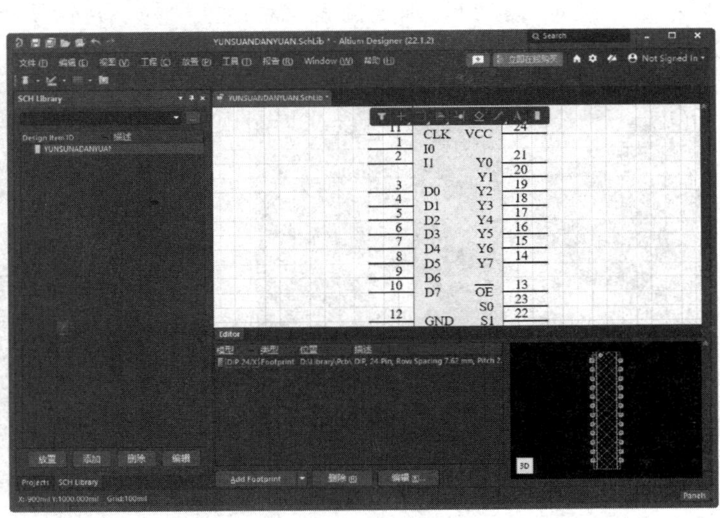

图 7-121 运算单元元件绘制完成

7.6 思考与练习

1．制作 PGA44 封装，如图 7-122 所示。

2．制作 SOP24 封装，如图 7-123 所示。

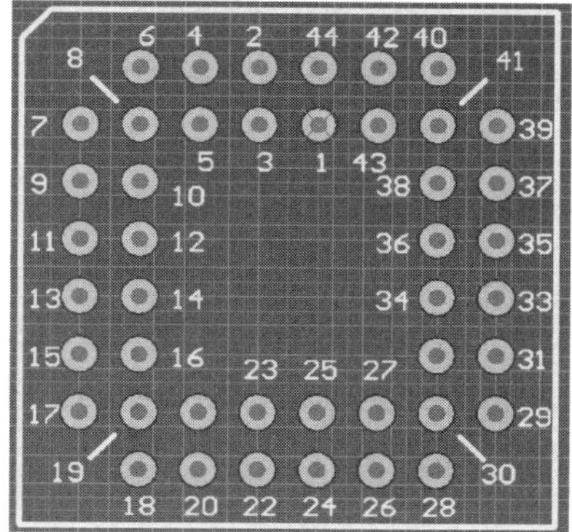

图 7-122　PGA44 封装

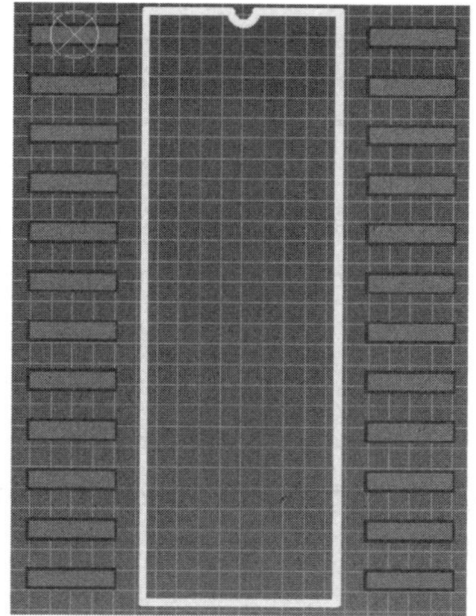

图 7-123　SOP24 封装

第 8 章　信号完整性分析

内容指南

随着新工艺、新元件的迅猛发展，高速元件在电路设计中的应用已日趋广泛。在高速电路系统中，数据的传送速率、时钟的工作频率都相当高，而且由于功能的复杂多样，电路密度也相当大。因此，设计的重点将与低速电路截然不同，不再仅仅是元器件的合理放置与导线的正确连接，还应该对信号的完整性（Signal Integrity，SI）问题给予充分的考虑，否则，即使原理正确，系统可能也无法正常工作。

信号完整性分析是重要的高速 PCB 级和系统级分析与设计的手段，在硬件电路设计中发挥着越来越重要的作用。Altium Designer 22 提供了具有较强功能的信号完整性分析器，以及实用的 SI 专用工具，使 Altium Designer 22 用户在软件上就能模拟出整个电路板各个网络的工作情况，同时还提供了多种补偿方案，帮助用户进一步优化自己的电路设计。

知识重点

- 信号完整性分析概念
- 信号完整性分析规则
- 信号完整性分析器

8.1　信号完整性分析概述

本节将简要介绍信号完整性的相关概念和信号完整性的一些基本分析工具。

8.1.1　信号完整性分析的概念

所谓信号完整性，顾名思义，就是指信号通过信号线传输后仍能保持完整，即仍能保持其正确的功能而未受到损伤的一种特性。具体来说，是指信号在电路中以正确的时序和电压做出响应的能力。当电路中的信号能够以正确的时序、要求的持续时间和电压幅度进行传送，并到达输出端时，说明该电路具有良好的信号完整性，而当信号不能正常响应时，就出现了信号完整性问题。

一个数字系统能否正确工作，其关键在于信号定时是否准确，而信号定时与信号在传输线上的传输延迟，以及信号波形的损坏程度等有着密切的关系。差的信号完整性不是由某一个单一因素导致的，而是由板级设计中的多种因素共同引起的。仿真证实：集成电路的切换速度过高，端接元件的布设不正确，电路的互联不合理等都会引发信号完整性问题。

常见的信号完整性问题主要有如下几种。

（1）传输延迟（Transmission Delay）

传输延迟表明数据或时钟信号没有在规定的时间内以一定的持续时间和幅度到达接收端。信号延迟是由驱动过载、走线过长的传输线效应引起的，传输线上的等效电容、电感会对信号的数字切换产生延时，影响集成电路的建立时间和保持时间。集成电路只能按照规定的时序来接收数据，延时太长会导致集成电路无法正确判断数据，电路将工作不正常甚至完全不能工作。

在高频电路设计中，信号的传输延迟是一个无法完全避免的问题，为此引入了一个延迟容限的概念，即在保证电路能够正常工作的前提下，所允许的信号最大时序变化量。

（2）串扰（Crosstalk）

串扰是没有电气连接的信号线之间的感应电压和感应电流所导致的电磁耦合。这种耦合会使信号线起着天线的作用，其容性耦合会引发耦合电流，感性耦合会引发耦合电压，并且随着时钟速率的升高和设计尺寸的缩小而加大。这是由于信号线上有交变的信号电流通过时，会产生交变的磁场，处于该磁场中的其他信号线会感应出信号电压。

印制电路板层的参数、信号线的间距、驱动端和接收端的电气特性及信号线的端接方式等都对串扰有一定的影响。

（3）反射（Reflection）

反射就是传输线上的回波，信号功率的一部分经传输线传给负载，另一部分则向源端反射。在高速设计中可以把导线等效为传输线，而不再是集总参数电路中的导线，如果阻抗匹配（源端阻抗、传输线阻抗与负载阻抗相等），则反射不会发生。反之，若负载阻抗与传输线阻抗失配就会导致接收端的反射。

布线的某些几何形状、不适当的端接、经过连接器的传输及电源平面不连续等因素均会导致信号的反射。反射会导致传送信号出现严重的过冲（Overshoot）或下冲（Undershoot）现象，致使波形变形、逻辑混乱。

（4）接地反弹（Ground Bounce）

接地反弹是指由于电路中较大的电流涌动而在电源与接地平面间产生大量噪声的现象。如大量芯片同步切换时，会产生一个较大的瞬态电流从芯片与电源平面间流过，芯片封装与电源间的寄生电感、电容和电阻会引发电源噪声，使得零电位平面上产生较大的电压波动（可能高达 2V），足以造成其他元器件误动作。

由于接地平面的分割（分为数字接地、模拟接地、屏蔽接地等），可能引起数字信号传到模拟接地区域时，产生接地平面回流反弹。同样，电源平面分割也可能出现类似危害。负载容性的增大、阻性的减小、寄生参数的增大、切换速度增高，以及同步切换数目的增加，均可能导致接地反弹增加。

除此之外，在高频电路的设计中还存在其他一些与电路功能本身无关的信号完整性问题，如电路板上的网络阻抗、电磁兼容性等。

因此，在实际制作 PCB 印制板之前进行信号完整性分析，以提高设计的可靠性，降低设计成本，应该说是非常重要和必要的。

8.1.2 信号完整性分析工具

Altium Designer 22 包含一个高级信号完整性仿真器，能分析 PCB 设计并检查设计参数，测试过冲、下冲、线路阻抗和信号斜率。如果 PCB 上任何一个设计要求（由 DRC 指定的）有问题，即可对 PCB 进行反射或串扰分析，以确定问题所在。

Altium Designer 22 的信号完整性分析和 PCB 设计过程是无缝连接的，该模块提供了极其精确的板级分析。能检查整板的串扰、过冲、下冲、上升时间、下降时间和线路阻抗等问题。在印制电路板制造前，用最小的代价来解决高速电路设计带来的问题和 EMC/EMI（电磁兼容性/电磁抗干扰）等问题。

Altium Designer 22 的信号完整性分析模块的设计特性如下。

- 设置简单，可以像在 PCB 编辑器中定义设计规则一样定义设计参数。
- 通过运行 DRC，可以快速定位不符合设计需求的网络。
- 无须特殊的经验，可以从 PCB 中直接进行信号完整性分析。
- 提供快速的反射和串扰分析。
- 利用 I/O 缓冲器宏模型，无须额外的 SPICE 或模拟仿真知识。
- 信号完整性分析的结果采用示波器显示。
- 采用成熟的传输线特性计算和并发仿真算法。
- 用电阻和电容参数值对不同的终止策略进行假设分析，并可对逻辑块进行快速替换。
- 提供 IC 模型库，包括校验模型。
- 宏模型逼近使得仿真更快、更精确。
- 自动模型连接。
- 支持 I/O 缓冲器模型的 IBIS2 工业标准子集。
- 利用信号完整性宏模型可以快速地自定义模型。

8.2 信号完整性分析规则设置

Altium Designer 22 中包含了许多信号完整性分析的规则，这些规则用于在 PCB 设计中检测一些潜在的信号完整性问题。

在 Altium Designer 22 的 PCB 编辑环境中，执行“设计”→“规则”菜单命令，系统将弹出如图 8-1 所示的“PCB 规则及约束编辑器”对话框。在该对话框中单击“Design Rules（设计规则）”前面的▶按钮，选择其中的“Signal Integrity（信号完整性）”选项，即可看到如图 8-1 所示的各种信号完整性分析的选项，可以根据设计工作的要求选择所需的规则进行设置。

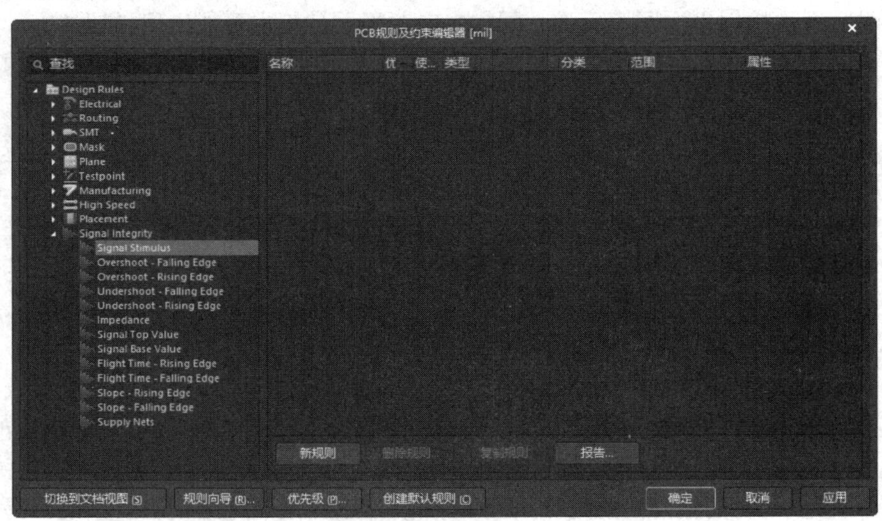

图 8-1 “PCB 规则及约束编辑器”对话框

“PCB 规则及约束编辑器”对话框中列出了 Altium Designer 22 提供的所有设计规则，但是这仅仅是列出可以使用的规则，要想在 DRC 校验时真正使用这些规则，还需要在第一次使用时，把该规则作为新规则添加到实际使用的规则库中。

选择需要使用的规则，然后单击“新规则”按钮，即可把该规则添加到实际使用的规则库中。如果需要多次用到该规则，可以为它建立多个新的规则，并用不同的名称加以区别。

要想在实际使用的规则库中删除某个规则，可以选中该规则后单击“删除规则”按钮，即可从实际使用的规则库中删除该规则。

在右键快捷菜单中执行“Export Rules（输出规则）”命令，可以把选中的规则从实际使用的规则库中导出。在右键快捷菜单中执行“Import Rules（输入规则）”命令，系统弹出如图 8-2 所示的“选择设计规则类型”对话框，可以从设计规则库中导入所需的规则。在右键快捷菜单中执行“报告”命令，则可以为该规则建立相应的报告文件，并可以打印输出。

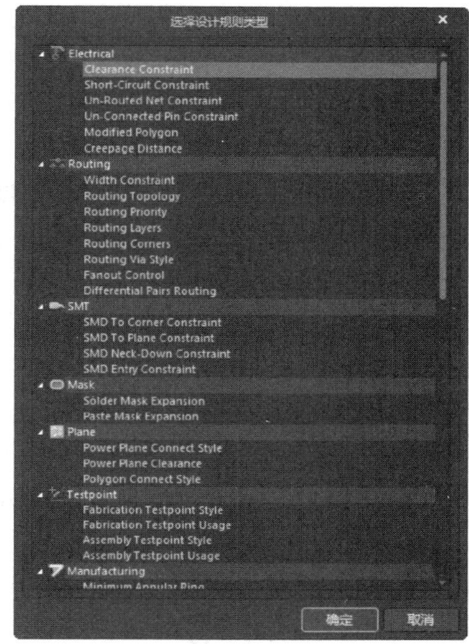

图 8-2 “选择设计规则类型”对话框

在 Altium Designer 22 中包含 13 条信号完整性分析的规则，下面分别介绍。

（1）激励信号（Signal Stimulus）规则

在“Signal Integrity（信号完整性）”选项上右击，在弹出的快捷菜单中选择“新规则”项，生成“Signal Stimulus（激励信号）”规则选项，出现如图 8-3 所示的“Signal Stimulus（激励信号）”规则的设置对话框，可以在该对话框中设置激励信号的各项参数。

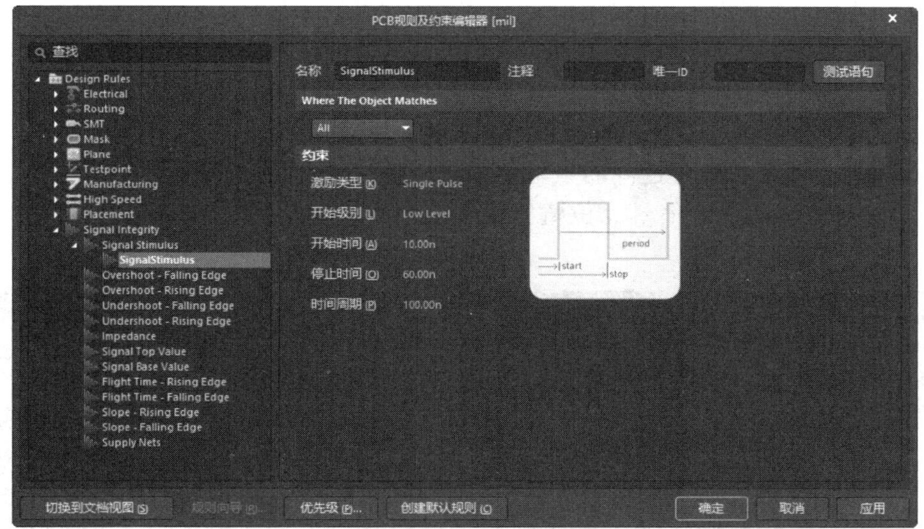

图 8-3 “Signal Stimulus（激励信号）”规则设置对话框

1）“名称”文本框：用来为该规则设置一个便于理解的名字，在 DRC 校验中，当电路板布线违反该规则时，就将以该参数名称显示此错误。

2）“注释”文本框：该规则的注释说明。

3）“唯一 ID”文本框：为该参数提供的一个随机的 ID 号。

4）“Where The Object Matches（优先匹配对象的位置）”选项组：第一类对象的设置范围，用来设置激励信号规则所适用的范围，一共有 6 种选项。

- All（所有）：规则在指定的 PCB 印制电路板上都有效。
- Net（网络）：规则在指定的电气网格中有效。
- Net Class（网络类）：规则在指定的网络类中有效。
- Layer（层）：规则在指定的某一电路板层上有效。
- Net and Layer（网络和层）：规则在指定的网络和指定的电路板层上有效。
- Custom Query（高级的查询）：高级设置选项，选择该选项后，可以单击其右边的“查询构建器”按钮，自行设计规则使用范围。

5）“约束”选项组：用于设置激励信号规则。共有 5 个选项，其含义如下。

- 激励类型：设置激励信号的种类，包括 3 种选项，即“Constant Level（固定电平）”表示激励信号为某个常数电平。“Single Pulse（单脉冲）”表示激励信号为单脉冲信号。“Periodic Pulse（周期脉冲）”表示激励信号为周期性脉冲信号。
- 开始级别：设置激励信号的初始电平，仅对“Single Pulse（单脉冲）”和“Periodic Pulse（周期脉冲）”有效，设置初始电平为低电平选择“Low Level（低电平）”，设置初始电平为高电平选择“High Level（高电平）”。
- 开始时间：设置激励信号高电平脉宽的起始时间。
- 停止时间：设置激励信号高电平脉宽的终止时间。
- 时间周期：设置激励信号的周期。

设置激励信号的时间参数，在输入数值的同时，要注意添加时间单位，以免设置出错。

（2）信号过冲的下降沿（Overshoot-Falling Edge）规则

信号过冲的下降沿定义了信号下降边沿允许的最大过冲位，即信号下降沿上低于信号基值的最大阻尼振荡，系统默认单位是伏特，如图 8-4 所示。

（3）信号过冲的上升沿（Overshoot-Rising Edge）规则

信号过冲的上升沿与信号过冲的下降沿是对应的，它定义了信号上升边沿允许的最大过冲值，即信号上升沿上高于信号上位值的最大阻尼振荡，系统默认单位是伏特，如图 8-5 所示。

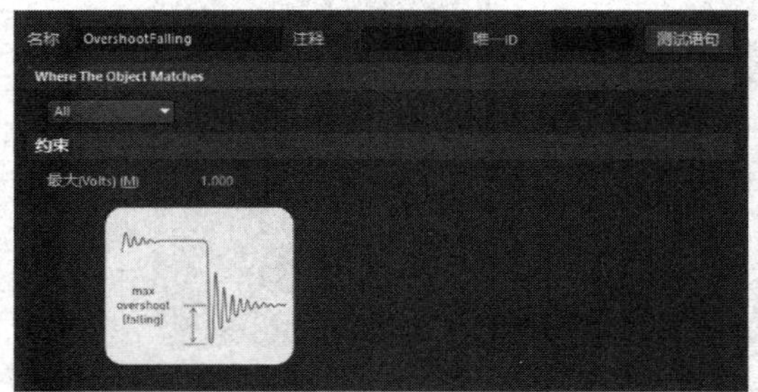

图 8-4 “Overshoot-Falling Edge（信号过冲的下降沿）”规则设置对话框

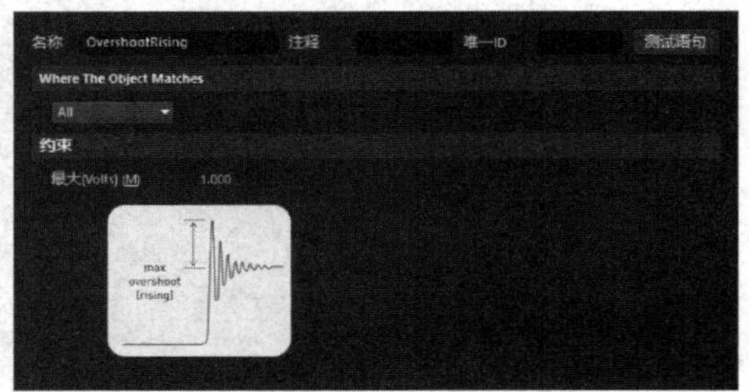

图 8-5 “Overshoot-Rising Edge（信号过冲的上升沿）”规则设置对话框

（4）信号下冲的下降沿（Undershoot-Falling Edge）规则

信号下冲与信号过冲略有区别。信号下冲的下降沿定义了信号下降边沿允许的最大下冲值，即信号下降沿上高于信号基值的阻尼振荡，系统默认单位是伏特，如图 8-6 所示。

（5）信号下冲的上升沿（Undershoot-Rising Edge）规则

信号下冲的上升沿与信号下冲的下降沿是对应的，它定义了信号上升边沿允许的最大下冲值，即信号上升沿上低于信号上位值的阻尼振荡，系统默认单位是伏特，如图 8-7 所示。

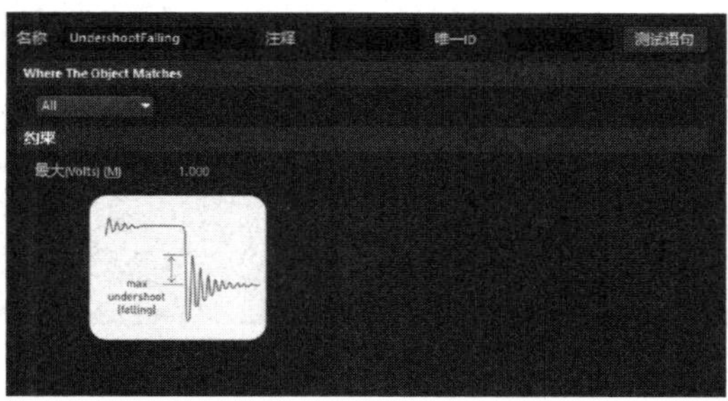

图 8-6 “Undershoot-Falling Edge（信号下冲的下降沿）”规则设置对话框

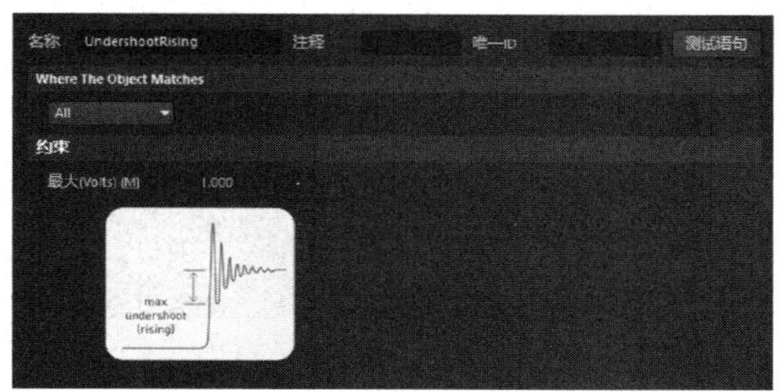

图 8-7 “Undershoot-Rising Edge（信号下冲的上升沿）”规则设置对话框

（6）阻抗约束（Impedance）规则

阻抗约束定义了电路板上所允许的电阻的最大和最小值，系统默认单位是欧姆。阻抗和导体的几何外观以及电导率、导体外的绝缘层材料以及电路板的几何物理分布（即导体间在 Z 平面域的距离）相关。上述的绝缘层材料包括板的基本材料、多层间的绝缘层以及焊接材料等。

（7）信号高电平（Signal Top Value）规则

信号高电平定义了线路上信号在高电平状态下所允许的最小稳定电压值，即信号上位值的最小电压，系统默认单位是伏特，如图 8-8 所示。

（8）信号基值（Signal Base Value）规则

信号基值与信号高电平是对应的，它定义了线路上信号在低电平状态下所允许的最大稳定电压值，即信号的最大基值，系统默认单位是伏特，如图 8-9 所示。

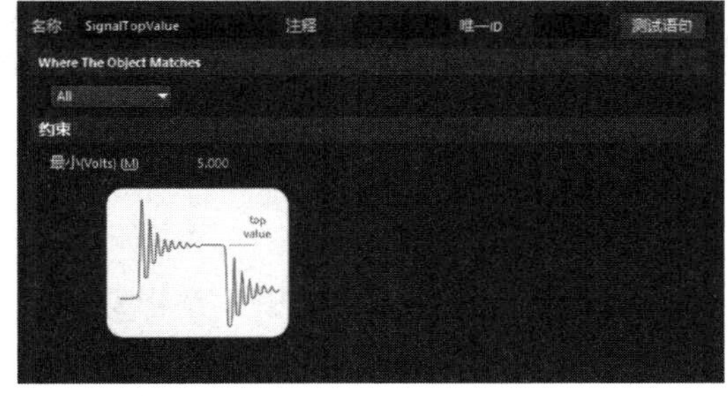

图 8-8 “Signal Top Value（信号高电平）”规则设置对话框

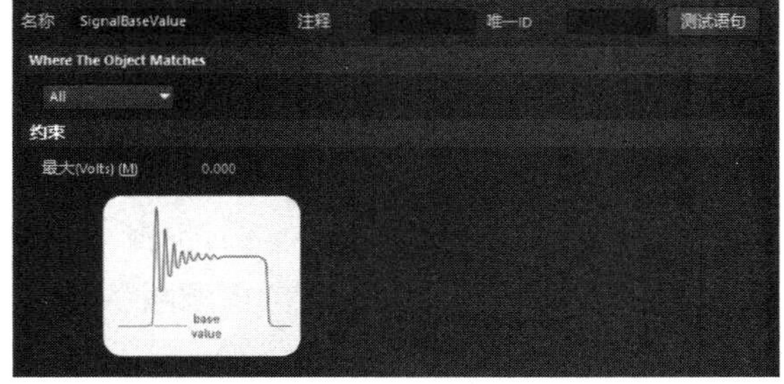

图 8-9 “Signal Base Value（信号基值）”规则设置对话框

（9）上升时间的上升沿（Flight Time-Rising Edge）规则

上升时间的上升沿定义了信号上升边沿允许的最大上升时间，即信号上升边沿到达信号设定值的 50%时所需的时间，系统默认单位是秒，如图 8-10 所示。

（10）上升时间的下降沿（Flight Time-Falling Edge）规则

上升时间的下降沿是相互连接的结构的输入信号延迟，是实际的输入电压到门限电压之间的时间，小于这个时间将驱动一个基准负载，该负载直接与输出相连接。

上升时间的下降沿与上升时间的上升沿是相对应的，它定义了信号下降边沿允许的最大上升时间，即信号下降边沿到达信号设定值的50%时所需的时间，系统默认单位是秒，如图 8-11 所示。

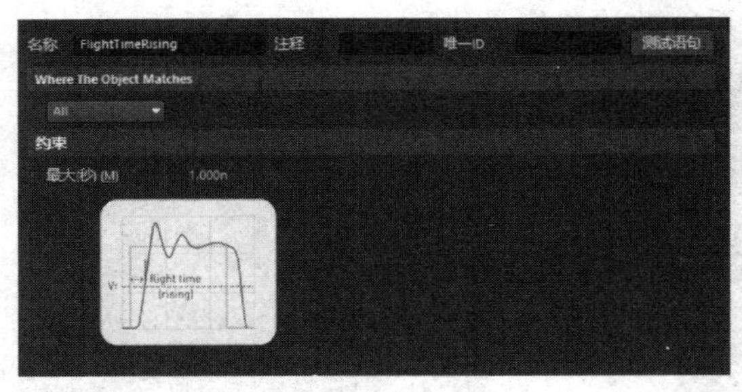

图 8-10 “Flight Time-Rising Edge（上升时间的上升沿）”规则设置对话框

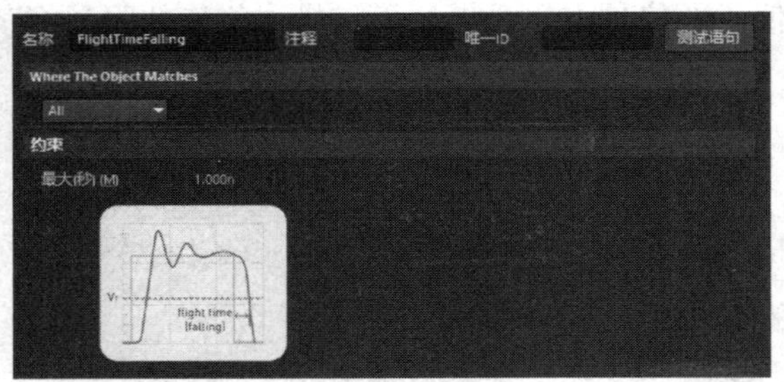

图 8-11 “Flight Time-Falling Edge（上升时间的下降沿）”规则设置对话框

（11）上升边沿斜率（Slope-Rising Edge）规则

上升边沿斜率定义了信号从门限电压上升到一个有效的高电平时所允许的最大时间，系统默认单位是秒，如图 8-12 所示。

（12）下降边沿斜率（Slope-Falling Edge）规则

下降边沿斜率与上升边沿斜率是相对应的，它定义了信号从门限电压下降到一个有效的低电平时所允许的最大时间，系统默认单位是秒，如图 8-13 所示。

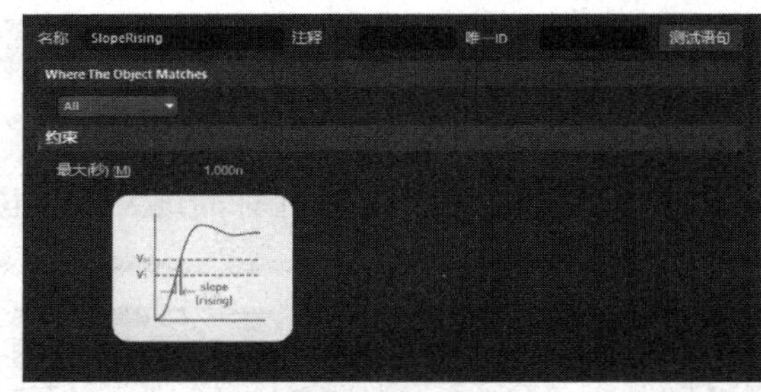

图 8-12 “Slope-Rising Edge（上升边沿斜率）”规则设置对话框

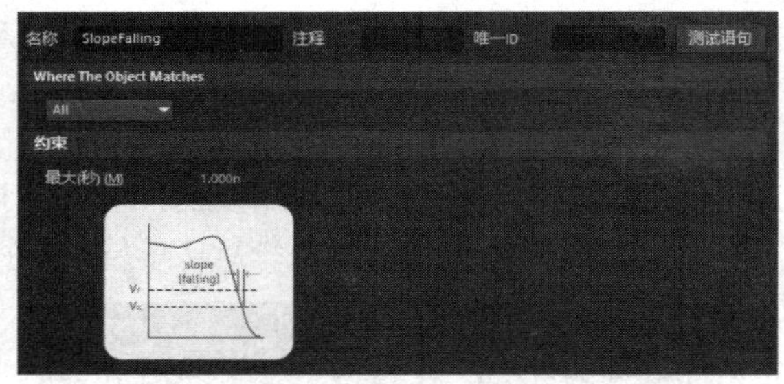

图 8-13 “Slope-Falling Edge（下降边沿斜率）”规则设置对话框

（13）电源网络（Supply Nets）规则

电源网络定义了电路板上的电源网络标号。信号完整性分析器需要了解电源网络标号的名称和电压。

在设置好完整性分析的各项规则后，在工程文件中，打开某个 PCB 设计文件，系统即可根据信号完整性的规则设置进行 PCB 印制电路板的板级信号完整性分析。

8.3 信号完整性分析器设置

在对信号完整性分析的有关规则，以及元件的 SI 模型设定有了初步了解以后，下面介绍如何进行基本的信号完整性分析。在这种分析中，所涉及的一种重要工具就是信号完整性分析器。

信号完整性分析可以分为两大步进行：第一步是对所有可能需要进行分析的网络进行一次初步的分析，从中可以了解到哪些网络的信号完整性最差；第二步是筛选出一些信号进行进一步的分析，这两步的具体实现都是在信号完整性分析器中进行的。

Altium Designer 22 提供了一个高级的信号完整性分析器，能精确地模拟分析已布好线的PCB，可以测试网络阻抗、下冲、过冲、信号斜率等，其设置方式与 PCB 设计规则一样容易实现。

首先启动信号完整性分析器。

打开某一项目的某一 PCB 文件，执行“工具”→“Signal Integrity（信号完整性）”菜单命令，系统开始运行信号完整性分析器。

信号完整性分析器的界面主要由以下几部分组成。

1. Net（网络列表）栏

网络列表中列出了 PCB 文件中所有可能需要进行分析的网络。在分析之前，可以选中需要进一步分析的网络，单击 › 按钮添加到右侧的网络栏中。

2. Status（状态）栏

用来显示相应网络进行信号完整性分析后的状态，有 3 种可能。

- Passed（通过）：表示通过，没有问题。
- Not analyzed（无法分析）：表明由于某种原因导致对该信号的分析无法进行。
- Failed（失败）：分析失败。

3. Designator（标识符）栏

标识符栏用于显示在网络栏中所选中网络的连接元件引脚及信号的方向。

4. Termination（终端补偿）栏

在 Altium Designer 22 中，对 PCB 进行信号完整性分析时，还需要对线路上的信号进行终端补偿的测试，目的是测试传输线中信号的反射与串扰，以便使 PCB 印制板中的线路信号达到最优。

在“Termination（终端补偿）”栏中，系统提供了 8 种信号终端补偿方式，相应的图示则显示在下面的图示栏中。

（1）No Termination（无终端补偿）

“No Termination（无终端补偿）”方式如图 8-14 所示，即直接进行信号传输，对终端不进行补偿，是系统的默认方式。

（2）Serial Res（串阻补偿）

“Serial Res（串阻补偿）”方式如图 8-15 所示，即在点对点的连接方式中，直接串入一个电阻，以减少外来电压波形的幅值，合适的串阻补偿将使得信号正确终止，消除接收器的过冲现象。

图 8-14 “No Termination”方式　　图 8-15 “Serial Res”方式

（3）Parallel Res to VCC（电源 VCC 端并阻补偿）

在电源 VCC 输入端并联的电阻是和传输线阻抗匹配的，对于线路的信号反射，这是一种比较好的补偿方式，如图 8-16 所示。只是，由于该电阻上会有电流流过，因此，将增加电源的消耗，导致低电平阈值的升高，该阈值会根据电阻值的变化而变化，有可能会超出在数据区定义的操作条件。

（4）Parallel Res to GND（接地 GND 端并阻补偿）

“Parallel Res to GND（接地 GND 端并阻补偿）”方式如图 8-17 所示，在接地输入端并联的电阻是和传输线阻抗匹配的，与电源 VCC 端并阻补偿方式类似，这也是终止线路信号反射的一种比较好的方法。同样，由于有电流流过，会导致高电平阈值的降低。

图 8-16 “Parallel Res to VCC”方式　　图 8-17 “Parallel Res to GND”方式

（5）Parallel Res to VCC & GND（电源端与地端同时并阻补偿）

“Parallel Res to VCC & GND（电源端与地端同时并阻补偿）”方式如图 8-18 所示，将电源端并阻补偿与接地端并阻补偿结合起来使用，适用于 TTL 总线系统，而对于 CMOS 总线系统则一般不建议使用。

由于该方式相当于在电源与地之间直接接入了一个电阻，流过的电流将比较大，因此，对于两电阻的阻值分配应折中选择，以防电流过大。

（6）Parallel Cap to GND（接地端并联电容补偿）

“Parallel Cap to GND（接地端并联电容补偿）”方式如图 8-19 所示，即在接收输入端对地并联一个电容，可以减少信号噪声。该补偿方式是制作 PCB 印制板时最常用的方式，能够有效地消除铜膜导线在走线的拐弯处所引起的波形畸变。最大的缺点是，波形的上升沿或下降沿会变得太平坦，导致上升时间和下降时间的增加。

图 8-18 “Parallel Res to VCC & GND”方式　　图 8-19 “Parallel Cap to GND”方式

（7）Res and Cap to GND（接地端并阻、并容补偿）

“Res and Cap to GND（接地端并阻、并容补偿）”方式如图 8-20 所示，即在接收输入端对地并联一个电容和一个电阻，与地端仅仅并联电容的补偿效果基本一样，只不过在终结网络中不再有直流电流流过。而且与地端仅仅并联电阻的补偿方式相比，能够使得线路信号的边沿比较平坦。

在大多数情况下，当时间常数 RC 大约为延迟时间的 4 倍时，这种补偿方式可以使传输线上的信号被充分终止。

（8）Parallel Schottky Diode（并联肖特基二极管补偿）

“Parallel Schottky Diode（并联肖特基二极管补偿）”方式如图 8-21 所示，在传输线终结的电源和地端并联肖特基二极管可以减少接收端信号的过冲和下冲值。大多数标准逻辑集成电路的输入电路都采用了这种补偿方式。

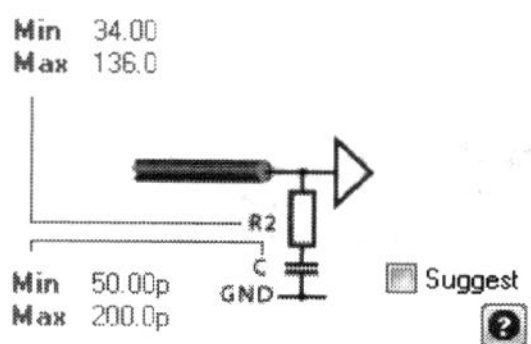

图 8-20 “Res and Cap to GND”方式

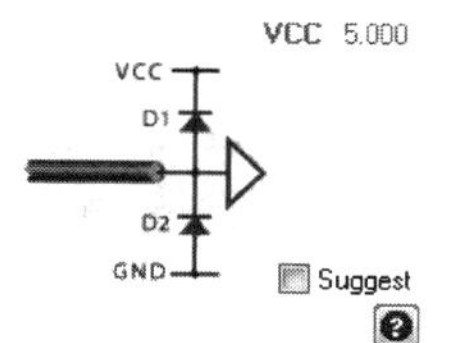

图 8-21 “Parallel Schottky Diode”方式

5. Perform Sweep（执行扫描）复选框

若选中该复选框，则信号分析时会按照用户所设置的参数范围，对整个系统的信号完整性进行扫描，类似于电路原理图仿真中的参数扫描方式。扫描步数可以在后面进行设置，一般应选中该复选框，扫描步数采用系统默认值即可。

8.4 思考与练习

1. 常见的信号完整性问题主要有哪几种？
2. 信号完整性分析模块的设计特性有哪些？
3. 信号完整性分析的规则有哪些？

第 9 章　电路仿真系统

内容指南

随着电子技术的飞速发展和新型电子元器件的不断涌现，电子电路变得越来越复杂，因而在电路设计时出现缺陷和错误在所难免。为了让设计者在设计电路时就能准确地分析电路的工作状况，及时发现其中的设计缺陷并予以改进，Altium Designer 22 提供了一个较为完善的电路仿真组件，可以根据设计的原理图进行电路仿真，并根据输出信号的状态调整电路的设计，从而极大地减少了不必要的设计失误，提高了电路设计的工作效率。

所谓电路仿真，就是用户直接利用 EDA 软件自身所提供的功能和环境，对所设计电路的实际运行情况进行模拟的过程。如果在制作 PCB 印制板之前，能够对原理图进行仿真，明确把握系统的性能指标并据此对各项参数进行适当的调整，将能节省大量的人力和物力。由于整个过程是在计算机上运行的，所以操作相当简便，免去了构建实际电路系统的不便，只需要输入不同的参数，就能得到不同情况下电路系统的性能，而且仿真结果真实、直观，便于用户查看和比较。

知识重点

- 电路仿真的基本知识
- 仿真分析的参数设置
- 电路仿真方法

9.1　电路仿真的基本概念

在具有仿真功能的 EDA 软件出现之前，设计者为了对自己所设计的电路进行验证，一般是使用面包板来搭建实际的电路系统，之后对一些关键的电路节点进行逐点测试，通过观察示波器上的测试波形来判断相应的电路部分是否达到了设计要求。如果没有达到，则需要对元器件进行更换，有时甚至要调整电路结构，重建电路系统，然后再进行测试，直到达到设计要求为止。整个过程冗长而烦琐，工作量非常大。

使用软件进行电路仿真，则是把上述过程全部搬到了计算机中。同样要搭建电路系统（绘制电路仿真原理图）、测试电路节点（执行仿真命令），而且也同样需要查看相应节点（中间节点和输出节点）的电压或电流波形，依此做出判断并进行调整。只不过，这一切都将在软件仿真环境中进行，过程轻松，操作方便，只需要借助于一些仿真工具和仿真操作即可快速完成。

仿真中涉及的几个基本概念如下。

1）仿真元器件。用户进行电路仿真时使用的元器件，要求具有仿真属性。

2）仿真原理图。用户根据具体电路的设计要求，使用原理图编辑器及具有仿真属性的元器件所绘制而成的电路原理图。

3）仿真激励源。用于模拟实际电路中的激励信号。

4）节点网络标签。对电路中要测试的多个节点，应该分别放置一个有意义的网络标签名，便于明确查看每一节点的仿真结果（电压或电流波形）。

5）仿真方式。仿真方式有多种，不同的仿真方式下有不同的参数设定，用户应根据具体的电路要求来选择设置仿真方式。

6）仿真结果。仿真结果一般是以波形的形式给出，不局限于电压信号，每个元件的电流及功耗波形都可以在仿真结果中观察到。

9.2 放置电源及仿真激励源

Altium Designer 22 提供了多种电源和仿真激励源，存放在“Simulation Symbols.lib”集成库中，供用户选择。在使用时，均被默认为理想的激励源，即电压源的内阻为零，而电流源的内阻为无穷大。

仿真激励源就是仿真时输入到仿真电路中的测试信号，通过观察这些测试信号通过仿真电路后的输出波形，用户可以判断仿真电路中的参数设置是否合理。

常用的电源与仿真激励源有如下几种。

9.2.1 直流电压/电流源

直流电压源“VSRC”与直流电流源“ISRC”分别用来为仿真电路提供一个不变的电压信号或不变的电流信号，符号形式如图 9-1 所示。

这两种电源通常在仿真电路上电时，或者需要为仿真电路输入一个阶跃激励信号时使用，以便用户观测电路中某一节点的瞬态响应波形。

需要设置的仿真参数是相同的，双击新添加的仿真直流电压源，在出现的对话框中设置其属性参数。

- Value（值）：直流电源值。
- AC Magnitude：交流小信号分析的电压值。
- AC Phase：交流小信号分析的相位值。

9.2.2 正弦信号激励源

正弦信号激励源包括正弦电压源“VSIN”与正弦电流源“ISIN”，用来为仿真电路提供正弦激励信号，符号形式如图 9-2 所示，需要设置的仿真参数是相同的。

图 9-1　直流电压/电流源符号

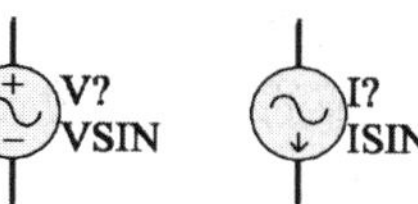

图 9-2　正弦电压/电流源符号

- DC Magnitude：正弦信号的直流参数，通常设置为“0”。
- AC Magnitude：交流小信号分析的电压值，通常设置为“1V”，如果不进行交流小信号分析，可以设置为任意值。
- AC Phase：交流小信号分析的电压初始相位值，通常设置为“0”。

- Offset：正弦波信号上叠加的直流分量，即幅值偏移量。
- Amplitude：正弦波信号的幅值设置。
- Frequency：正弦波信号的频率设置。
- Delay：正弦波信号初始的延时时间设置。
- Damping Factor：正弦波信号的阻尼因子设置，影响正弦波信号幅值的变化。设置为正值时，正弦波的幅值将随时间的增长而衰减。设置为负值时，正弦波的幅值则随时间的增长而增长。若设置为“0”，则意味着正弦波的幅值不随时间而变化。
- Phase Delay：正弦波信号的初始相位设置。

9.2.3 周期脉冲源

周期脉冲源包括脉冲电压激励源“VPULSE”与脉冲电流激励源“IPULSE”，可以为仿真电路提供周期性的连续脉冲激励，其中脉冲电压激励源“VPULSE”在电路的瞬态特性分析中用得比较多。两种激励源的符号形式如图 9-3 所示，要设置的仿真参数也是相同的。

图 9-3 脉冲电压/电流源符号

在“Parameters（参数）”选项卡中，各项参数的具体含义如下。

- DC Magnitude：脉冲信号的直流参数，通常设置为“0”。
- AC Magnitude：交流小信号分析的电压值，通常设置为“1V”，如果不进行交流小信号分析，可以设置为任意值。
- AC Phase：交流小信号分析的电压初始相位值，通常设置为“0”。
- Initial Value：脉冲信号的初始电压值设置。
- Pulsed Value：脉冲信号的电压幅值设置。
- Time Delay：初始时刻的延迟时间设置。
- Rise Time：脉冲信号的上升时间设置。
- Fall Time：脉冲信号的下降时间设置。
- Pulse Width：脉冲信号的高电平宽度设置。
- Period：脉冲信号的周期设置。
- Phase：脉冲信号的初始相位设置。

9.2.4 分段线性激励源

分段线性激励源所提供的激励信号是由若干条相连的直线组成，是一种不规则的信号激励源，包括分段线性电压源“VPWL”与分段线性电流源“IPWL”两种，符号形式如图 9-4 所示。这两种分段线性激励源的仿真参数设置是相同的。

在“Parameters（参数）”选项卡中，各项参数的具体含义如下。

图 9-4 分段线性电压/电流源符号

- DC Magnitude：分段线性电压信号的直流参数，通常设置为“0”。
- AC Magnitude：交流小信号分析的电压值，通常设置为“1V”，如果不进行交流小信号分析，可以设置为任意值。
- AC Phase：交流小信号分析的电压初始相位值，通常设置为“0”。
- Time/Value Pairs：分段线性电压信号在分段点处的时间值及电压值设置。其中时间为横坐标，电压为纵坐标。

9.2.5 指数激励源

指数激励源包括指数电压激励源“VEXP”与指数电流激励源“IEXP”，用来为仿真电路提供带有指数上升沿或下降沿的脉冲激励信号，通常用于高频电路的仿真分析，符号形式如图 9-5 所示。两者所产生的波形形式是一样的，相应的仿真参数设置也相同。

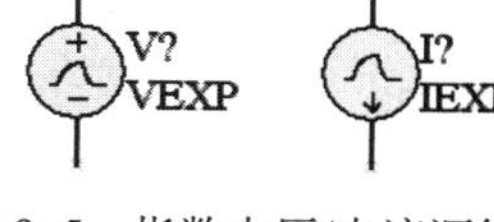

图 9-5　指数电压/电流源符号

在“Parameters（参数）”选项卡，各项参数的具体含义如下。

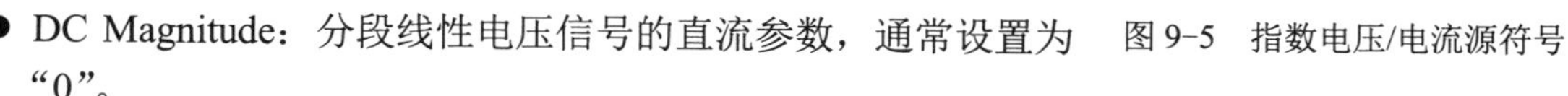

- DC Magnitude：分段线性电压信号的直流参数，通常设置为“0”。
- AC Magnitude：交流小信号分析的电压值，通常设置为“1V”，如果不进行交流小信号分析，可以设置为任意值。
- AC Phase：交流小信号分析的电压初始相位值，通常设置为“0”。
- Initial Value：指数电压信号的初始电压值。
- Pulsed Value：指数电压信号的跳变电压值。
- Rise Delay Time：指数电压信号的上升延迟时间。
- Rise Time Constant：指数电压信号的上升时间。
- Fall Delay Time：指数电压信号的下降延迟时间。
- Fall Time Constant：指数电压信号的下降时间。

9.2.6 单频调频激励源

单频调频激励源用来为仿真电路提供一个单频调频的激励波形，包括单频调频电压源“VSFFM”与单频调频电流源“ISFFM”两种，符号形式如图 9-6 所示，需要设置仿真参数。

在“Parameters（参数）”选项卡，各项参数的具体含义如下。

图 9-6　单频调频电压/电流源符号

- DC Magnitude：分段线性电压信号的直流参数，通常设置为“0”。
- AC Magnitude：交流小信号分析的电压值，通常设置为“1V”，如果不进行交流小信号分析，可以设置为任意值。
- AC Phase：交流小信号分析的电压初始相位值，通常设置为“0”。
- Offset：调频电压信号上叠加的直流分量，即幅值偏移量。
- Amplitude：调频电压信号的载波幅值。
- Carrier Frequency：调频电压信号的载波频率。
- Modulation Index：调频电压信号的调制系数。
- Signal Frequency：调制信号的频率。

以上介绍了几种常用的仿真激励源及仿真参数的设置。此外，在 Altium Designer 22 中还有线性受控源、非线性受控源等，不再赘述，用户可以参照上面所讲述的内容，自己练习使用其他的仿真激励源并进行有关仿真参数的设置。

9.3 仿真分析的参数设置

在电路仿真中，选择合适的仿真方式并对相应的参数进行合理的设置，是仿真能够正确运行并能获得良好的仿真效果的关键。

一般来说，仿真方式的设置包含两部分：一是各种仿真方式都需要的通用参数设置，二是具体的仿真方式所需要的特定参数设置，二者缺一不可。

在原理图编辑环境中，选择菜单栏中的“Simulink（仿真）”→“Simulation Dashboard（仿真仪表）”命令，或单击状态栏中的“Panels（面板）”按钮，选择快捷命令“Simulation Dashboard（仿真仪表）”命令，系统将弹出如图 9-7 所示的“Simulation Dashboard（仿真仪表）”面板。

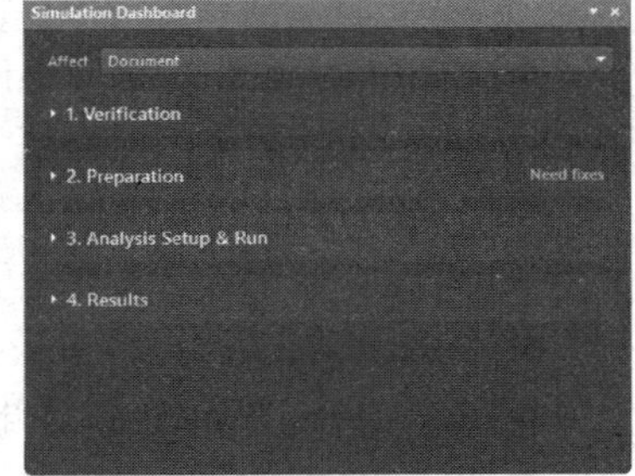

图 9-7 “Simulation Dashboard（仿真仪表）”面板

Affect（范围）选项用于设置仿真分析的作用范围，包括以下两个选项。

- Document（文档）：电路模拟器仅针对当前打开的原理图页面列出电路。
- Project（项目）：当前的整个项目。

9.3.1 常规参数的设置

1. “Verification（确认信息）”选项组

仿真原理图不同于一般的原理图，在进行仿真分析前需要进行电气规则检查、仿真激励源检查等，只有检查结果无误，才能进行仿真分析，仿真分析结果才有意义。

打开该选项组，如图 9-8 所示，单击“Start Verification（开始验证）”按钮，通过信息列表显示下面两种检查结果：Electrical Rule Check（电气规则检查）、Simulation Models（仿真模型），如图 9-9 所示。

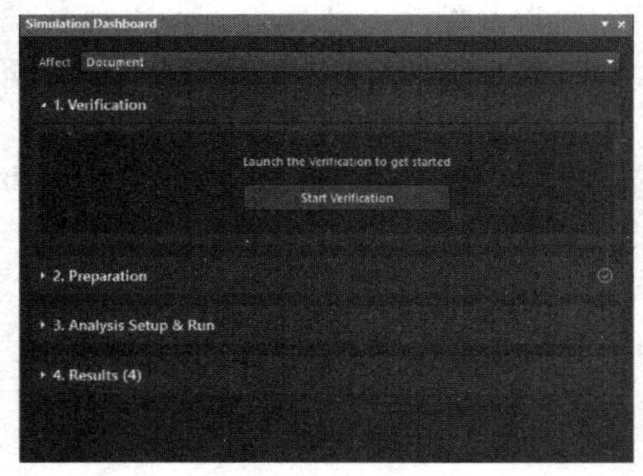

图 9-8 “Simulation Dashboard（仿真仪表）”面板

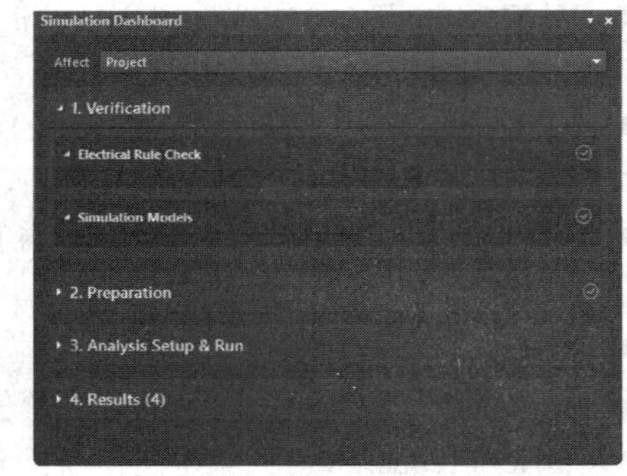

图 9-9 检查结果无误

1）若检查结果无误，在选项右侧会显示绿色对钩符号。

2）若仿真原理图绘制有误，Electrical Rule Check（电气规则检查）结果有误，在该选项组会显示警告信息，如图 9-10 所示。单击“Details（细节）”按钮，弹出“Message（信息）” 面板，如图 9-11 所示，显示具体的电气规则检查信息。

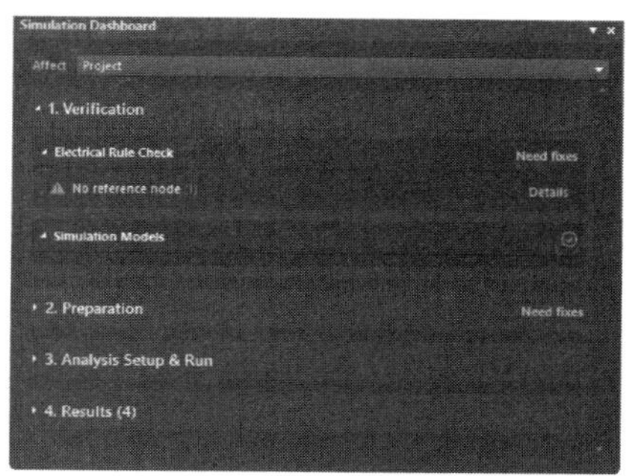

图 9-10　电气规则检查结果有误

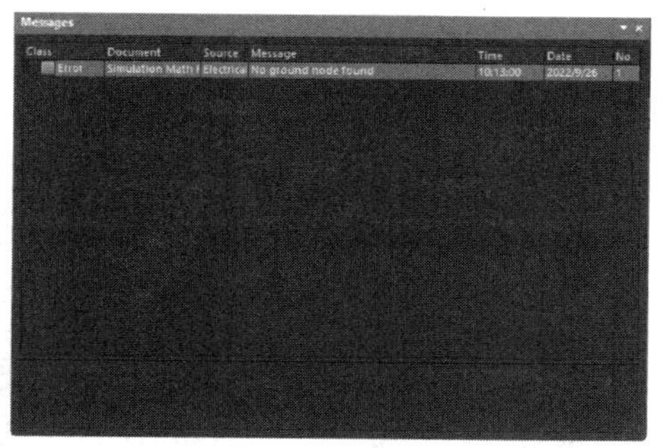

图 9-11　“Message（信息）”面板

3）若仿真原理图中元件仿真模型缺失或有误，Simulation Models（仿真模型）检查结果有误，在“Components without Models（无模型元件）”选项组下会显示没有仿真模型的元件，如图 9-12 所示。

① 单击“Add Model（添加模型）”按钮，弹出“Sim Model（仿真模型）”对话框，手动为无模型的元件定义新的仿真模型或编辑引用的仿真模型，如图 9-13 所示。

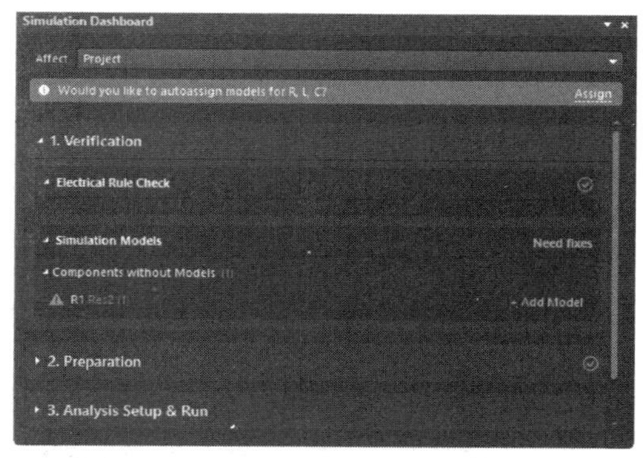

图 9-12　仿真模型检查结果

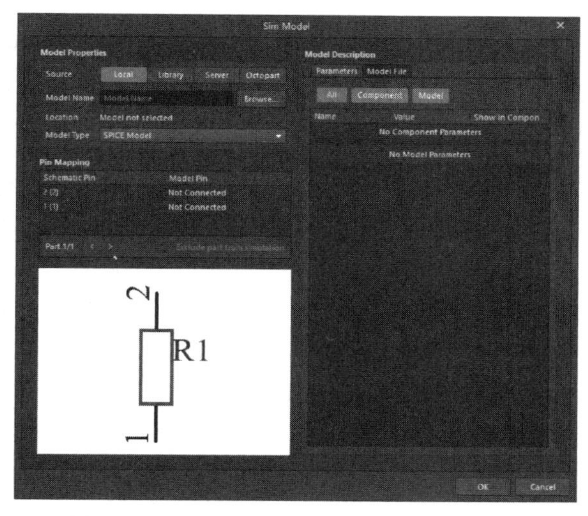

图 9-13　“Sim Model（仿真模型）”对话框

② Altium Designer 22 新增为无模型元件自动分配仿真模型的功能。单击“Assign”按钮，Simulation Models（仿真模型）选项组右侧显示检查结果无误，表示已经自动为无模型元件分配仿真模型。

2．“Preparation（准备）”选项组

（1）Simulation Sources（仿真源）

仿真原理图中必须添加电源或激励源，正确使用仿真模型进行仿真，才能获得正确的仿真结果。如果仿真模型不正确，那么仿真结果对实际设计来说不会有任何意义。

在该选项组下显示仿真原理图中的电源和激励源，如图 9-14 所示。单击仿真源 VSIN 右侧的“×”，删除该电源；单击“Add（添加）”按钮，弹出快捷菜单，选择 Voltage、Current 选项，分别添加直流电压源“VSRC”与直流电流源“ISRC”。

（2）Probes（探针）

在该选项组下显示仿真原理图中的探针。探针可以理解为电路中的未知变量，比如某条支路上的电流，两个节点之间的电压，都可以通过放置探针来求解。

单击“Add（添加）”按钮，弹出如图 9-15 所示的快捷菜单，选择添加不同类型的探针，探针类型有电压探针、电流探针、功率探针等。

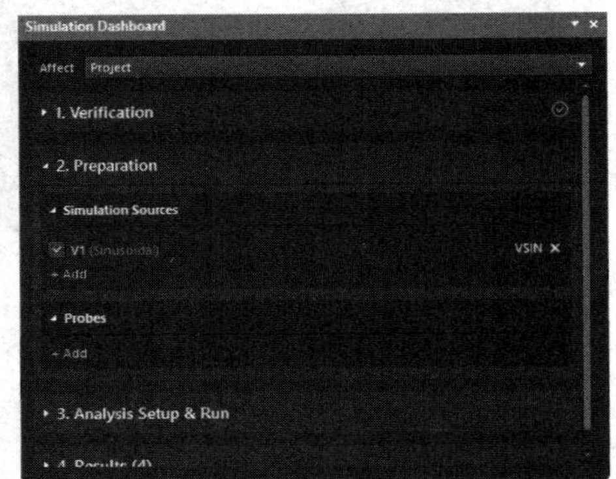

图 9-14　显示电源

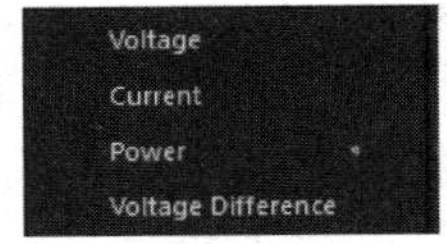

图 9-15　探针类型

图 9-16 显示添加的两个电压探针的仿真原理图，单击图 9-17 中的电压探针 V_INPUT，直接跳转到原理图中该探针的位置，单击探针 V_INPUT 右侧的“×”，删除该探针；单击探针右侧颜色块，弹出如图 9-18 所示的颜色列表，设置探针颜色，用于区分原理图中的不同探针，如图 9-19 所示。

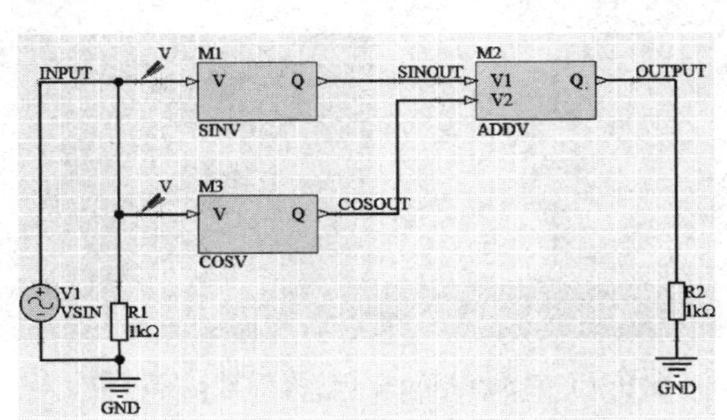

图 9-16　添加探针仿真原理图

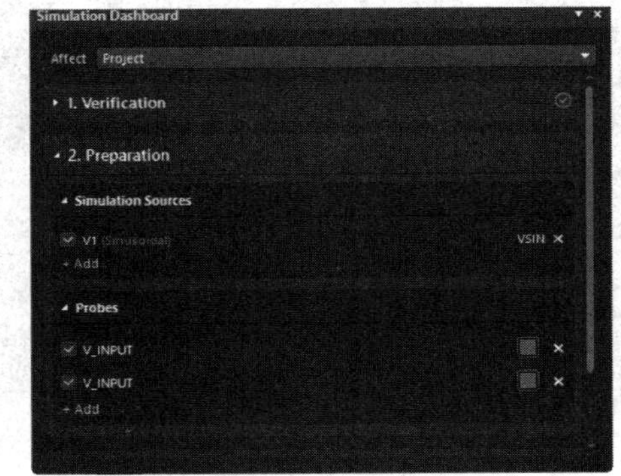

图 9-17　添加电压探针

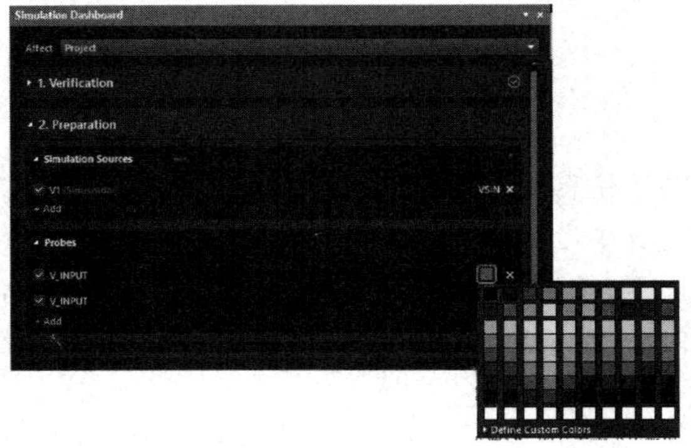

图 9-18　探针颜色列表

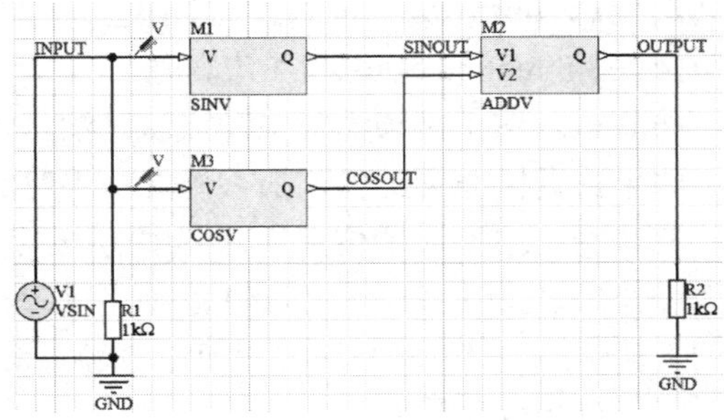

图 9-19　修改探针颜色

3．“Analysis Setup & Run（分析设置和运行）”选项组

在该选项组中单击▶按钮，展开对应的选项，如图 9-20a 所示，下面对部分选项进行介绍。

1）“Operating Point（工作点分析）”：用于计算电路工作点。

2）“DC Sweep（直流信号分析）”：用于计算直流模式。

3）“Transient（瞬态特性分析）”：用于计算瞬态过程。

4）“AC Sweep（交流信号分析）”：用于计算交流模式。

具体的操作方法将在 9.6.1 节中详细讲述，这里不再赘述。

4．“Results（结果）”选项组

选择菜单栏中的“设计”→“仿真”→“Mixed Sim（混合仿真）”命令，自动创建仿真分析图文件*.sdf，同时在该选项组中显示不同仿真分析方式的分析结果，单击仿真分析方式右侧的“…”按钮，弹出快捷菜单，用于编辑仿真分析图，如图 9-20b 所示。

- “Show Results”：选择该命令，打开仿真分析图文件，转到该仿真分析方式对应的标签页。
- “Load Profile”：选择该命令，保存仿真分析图表中添加的探针。
- “Edit Title”：选择该命令，编辑仿真分析图表标题。
- “Edit Description”：选择该命令，编辑仿真分析图表说明。
- “Delete”：选择该命令，删除该仿真分析方式的分析结果。

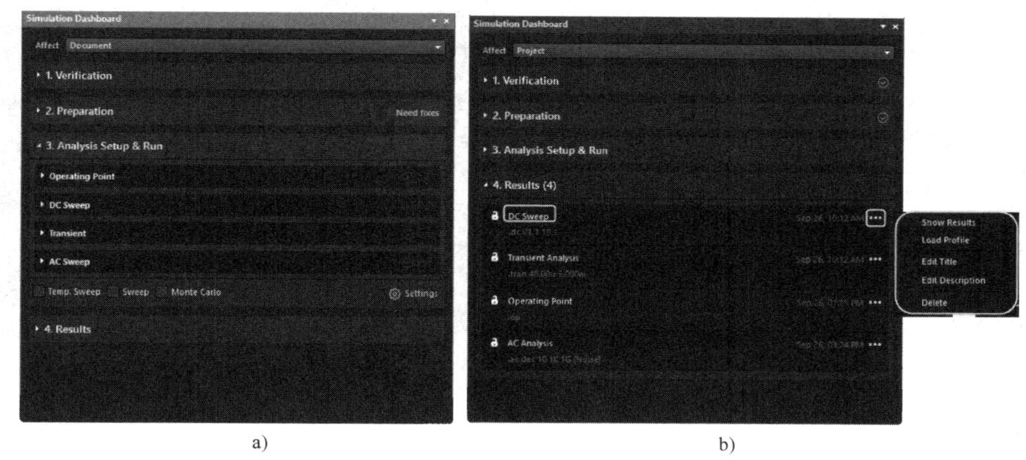

a)　　　　　　　　b)

图 9-20　“Analysis Setup & Run”选项组和“Results”选项组

a)“Analysis Setup & Run”选项组　b)“Results”选项组

9.3.2 仿真方式

上面讲述的是在仿真运行前需要完成的常规参数设置，而对于用户具体选用的仿真方式，还需要在“Analysis Setup & Run（分析设置和运行）”选项组进行一些特定参数的设定。

1．工作点分析

所谓工作点分析，就是静态工作点分析，这种方式是在分析放大电路时提出来的。当把放大器的输入信号短路时，放大器就处在无信号输入状态，即静态。若静态工作点选择不合适，则输出波形会失真，因此设置合适的静态工作点是放大电路正常工作的前提。

在“Analysis Setup & Run（分析设置和运行）”选项组中打开“Operating Point”下拉选项，

相应的参数设置如图 9-21 所示。

在工作点分析中，所有的电容都被看作开路，所有的电感都被看作短路，之后计算各个节点的对地电压，以及流过每一元器件的电流。需要用户在“Display on schematic”选项下选择参数，包括“Voltage（电压）”“Power（功率）”“Current（电流）”。单击“Run（运行）”按钮，开始进行工作点分析。

一般来说，在进行瞬态特性分析和交流小信号分析时，仿真程序都会先执行工作点分析，以确定电路中非线性元件的线性化参数初始值。

2．传递函数分析

传递函数分析主要用于计算电路的直流输入/输出阻抗。在“Advanced（高级）”选项组中勾选“Transfer Function”复选框，相应的参数如图 9-22 所示。各参数的含义如下。

- “Source Name”：设置参考的输入信号源。
- “Reference Node”：设置参考节点。

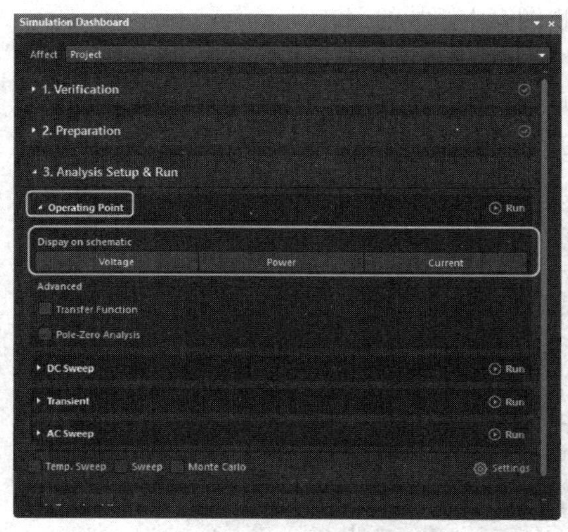

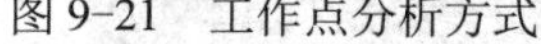
图 9-21　工作点分析方式

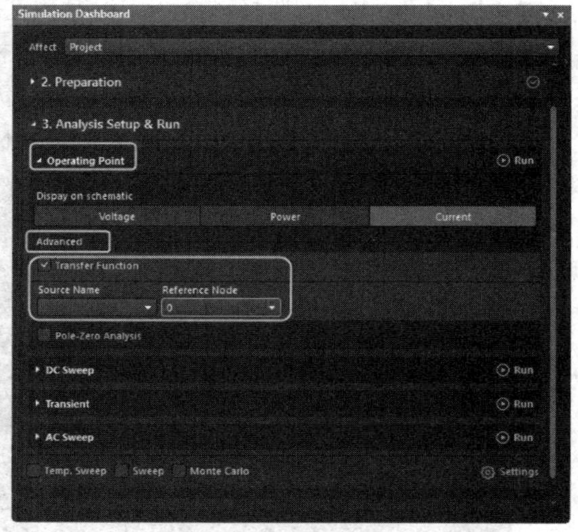

图 9-22　传递函数分析的仿真参数

3．零-极点分析

零-极点分析主要用于对电路系统转移函数的零、极点位置进行描述。根据零、极点位置与系统性能的对应关系，用户可以据此对系统性能进行相关的分析。

在“Advanced（高级）”选项组中勾选“Pole-Zero Analysis”复选框，相应的参数如图 9-23 所示。各参数的含义如下。

- Input Node：输入节点选择设置。
- Input Reference Node：输入参考节点选择设置，通常设置为“0”。
- Output Node：输出节点选择设置。
- Output Reference Node：输出参考节点选择设置，通常设置为“0”。
- Analysis Type：分析类型设置，有 3 种选择，分别是“Poles Only（只分析极点）”“Zeros Only（只分析零点）”和“Poles and Zeros（零、极点分析）”。
- Transfer Function Type：转移函数类型设置，有两种选择，分别是“V(output)/V (input)（电压数值比）”或者“V(output)/I(input)（阻抗函数）”。

4．直流扫描分析

直流传输特性分析是指在一定的范围内，通过改变输入信号源的电压值，对节点进行静态工作点的分析。根据所获得的一系列直流传输特性曲线，可以确定输入信号、输出信号的最大范围及噪声容限等。

该仿真分析方式可以同时对两个节点的输入信号进行扫描分析，但计算量会相当大。在“Analysis Setup & Run（分析设置和运行）”选项组中打开“DC Sweep”选项后，相应的参数如图 9-24 所示。各参数的具体含义如下。

- V1（输入激励源）：用来设置直流传输特性分析的第一个输入激励源。选中该项后，其右边会出现一个下拉列表框，供用户选择输入激励源，本例中第一个输入激励源为 V1。
- From：激励源信号幅值的初始值设置。
- To：激励源信号幅值的终止值设置。
- Step：激励源信号幅值变化的步长设置，用于在扫描范围内指定主电源的增量值，通常可以设置为幅值的 1%或 2%。
- +Add Parameter：用于添加进行直流传输特性分析的第二个输入激励源。单击该按钮后，即可添加第二个输入激励源，对相关参数进行设置，设置内容及方式与前面相同。
- Output Expression：添加直流传输特性分析的输出表达式。单击“+Add”按钮，添加输出表达式，如图 9-25 所示。单击输出表达式右侧的“…”按钮，弹出“Add Output Expression（添加输出表达式）”对话框，选择输出表达式参数，如图 9-26 所示。

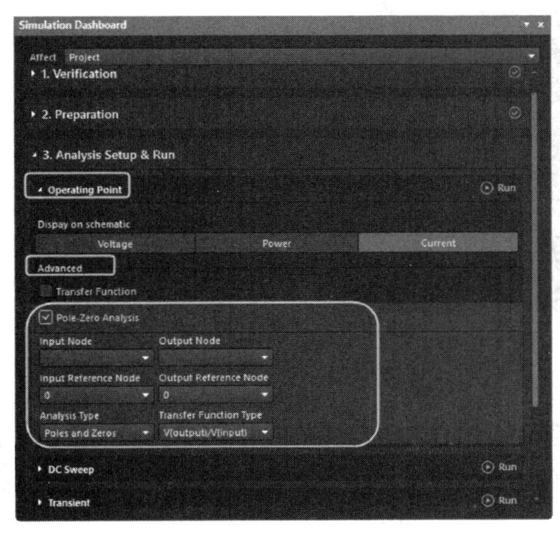

图 9-23　零-极点分析的仿真参数

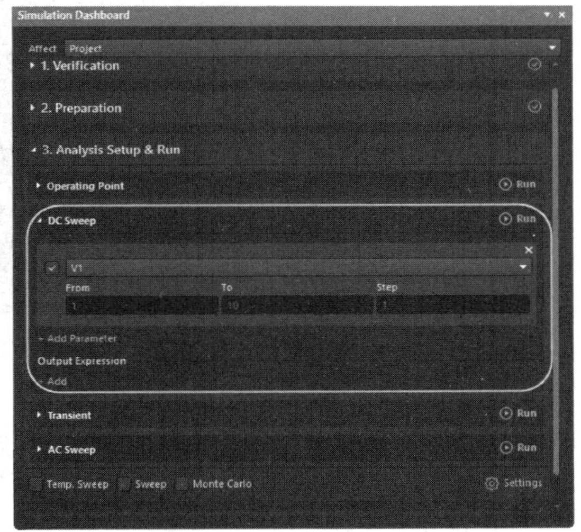

图 9-24　直流传输特性分析的仿真参数

5．瞬态特性分析

瞬态特性分析是电路仿真中经常使用的仿真方式。瞬态特性分析是一种时域仿真分析方式，通常是从时间零开始，到用户规定的终止时间结束，在一个类似示波器的窗口中，显示出观测信号的时域变化波形。

在仿真分析仪表面板中打开 Transient 选项，相应的参数设置如图 9-27 所示。各参数的含义如下。

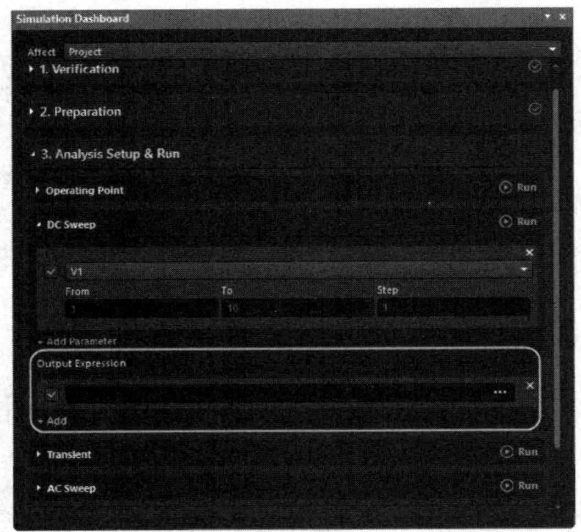

图 9-25 添加输出表达式

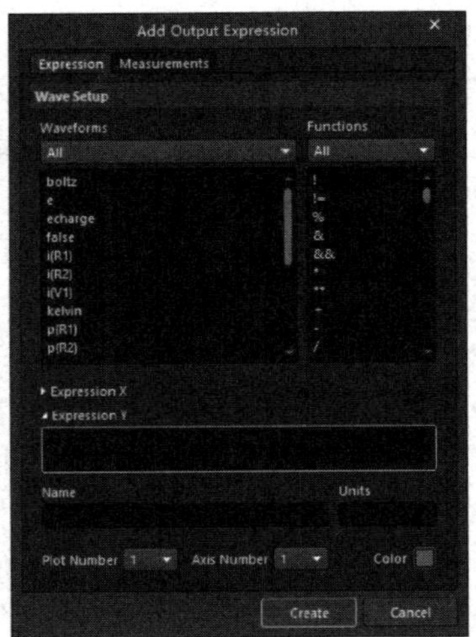

图 9-26 “Add Output Expression（添加输出表达式）”对话框

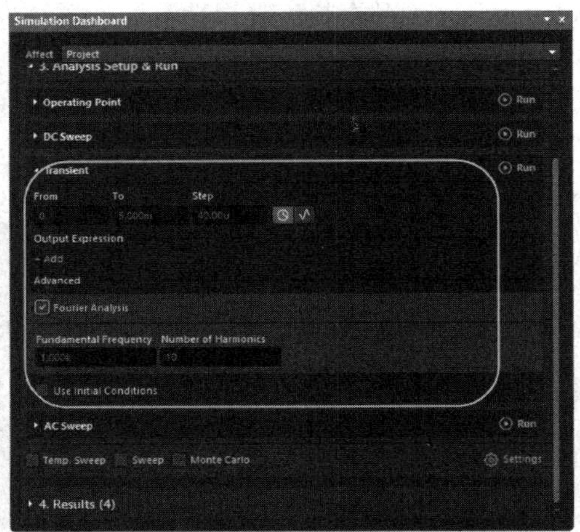

图 9-27 瞬态特性分析的仿真参数

- From：瞬态仿真分析的起始时间设置，通常设置为“0”。
- To：瞬态仿真分析的终止时间设置，需要根据具体的电路来调整。若设置太小，则用户无法观测到完整的仿真过程，仿真结果中只显示一部分波形，不能作为仿真分析的依据。若设置太大，则有用的信息会被压缩在一小段区间内，同样不利于分析。
- Step：仿真的时间步长设置，同样需要根据具体的电路来调整。设置太小，仿真程序的计算量会很大，运行时间过长。设置太大，则仿真结果粗糙，无法真切地反映信号的细微变化，不利于分析。

：选择该按钮，根据时间间隔设置瞬态仿真分析参数。

：选择该按钮，根据时间周期设置瞬态仿真分析参数，如图 9-28 所示。

- N Periods：电路仿真时显示的波形周期数。
- Points/Period：每个显示周期中的点数设置，其数值多少决定了曲线的光滑程度。
- Output Expression：添加瞬态特性分析的输出表达式。

● “Fourier Analysis”复选框：该复选框用于设置电路仿真时，是否进行傅里叶分析。

● Fundamental Frequency：傅里叶分析中的基波频率设置。

● Number of Harmonics：傅里叶分析中的谐波次数设置，通常使用系统默认值“10”即可。

● “Use Intial Conditions”复选框：该复选框用于设置电路仿真时，是否使用初始设置条件，一般应选中。

6. 交流信号分析

交流信号分析主要用于分析仿真电路的频率响应特性，即输出信号随输入信号的频率变化而变化的情况，借助于该仿真分析方式，可以得到电路的幅频特性和相频特性。

在仿真分析仪表面板中打开 AC Sweep 选项后，相应的参数如图 9-29 所示。各参数的含义如下。

● Start Frequency：交流小信号分析的起始频率设置。

● End Frequency：交流小信号分析的终止频率设置。

● Points/Dec：交流小信号分析的测试点数目设置，通常使用系统的默认值即可。

● Type：扫描方式设置，有三种选择。

Linear：扫描频率采用线性变化的方式，在扫描过程中，下一个频率值由当前值加上一个常量而得到，适用于带宽较窄的情况。

Decade：扫描频率采用 10 倍频变化的方式进行对数扫描，下一个频率值由当前值乘以 10 而得到，适用于带宽特别宽的情况。

Octave：扫描频率以倍频程变化的方式进行对数扫描，下一个频率值由当前值乘以一个大于 1 的常数而得到，适用于带宽较宽的情况。

● Output Expressions：添加交流信号分析的输出表达式。

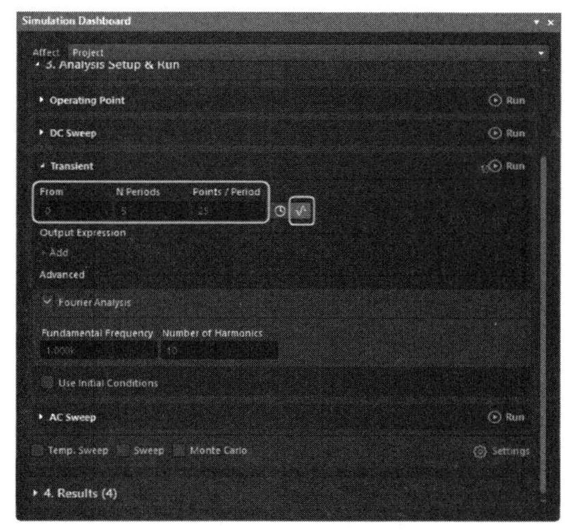

图 9-28　周期瞬态特性分析的仿真参数

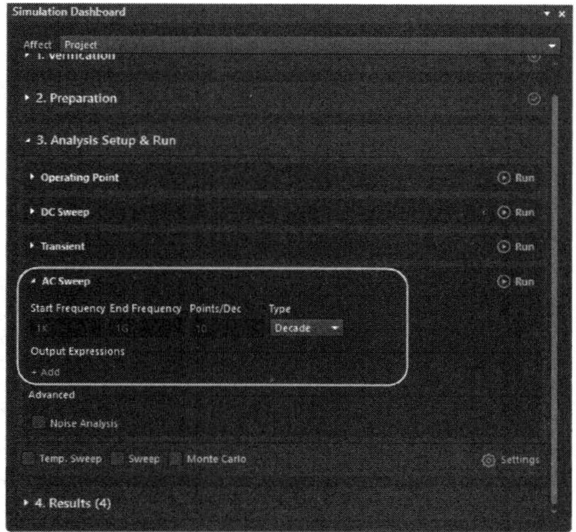

图 9-29　交流信号分析的仿真参数

7. 噪声分析

噪声分析一般是和交流小信号分析一起进行的。在实际的电路中，由于各种因素的影响，总是会存在各种各样的噪声，这些噪声分布在很宽的频带内，每个元件对于不同频段上的噪声敏感程度是不同的。

在噪声分析时，电容、电感和受控源应被视为无噪声的元器件。对交流小信号分析中的每一个频率，电路中的每一个噪声源（电阻或者运放）的噪声电平都会被计算出来，它们对输出节点的贡献通过将各均方值相加而得到。

电路设计中，使用 Altium Designer 仿真程序，可以测量和分析以下几种噪声。

1）输出噪声：在某个特定的输出节点处测量得到的噪声。

2）输入噪声：在输入节点处测量得到的噪声。

3）器件噪声：每个器件对输出噪声的贡献。输出噪声的大小就是所有产生噪声的器件噪声的叠加。

在仿真分析仪表面板中打开 AC Sweep 选项后，选中 Noise Analysis 复选框，相应的参数如图 9-30 所示。各参数的含义如下。

- Noise Source：选择一个用于计算噪声的参考信号源。选中该项后，其右边会出现一个下拉列表框，供用户进行选择。
- Output Node：噪声分析的输出节点设置。选中该项后，其右边会出现一个下拉列表框，供用户选择需要的噪声输出节点，如 IN 和 OUT 等。
- Ref Node：噪声分析的参考节点设置。通常设置为“0”，表示以接地点作为参考点。

噪声分析扫描起始频率、终止频率、测试点数目、扫描方式设置，与交流信号分析中的扫描方式选择设置相同。

8．温度扫描分析

温度扫描是指在一定的温度范围内，对电路的参数进行各种仿真分析，如瞬态特性分析、交流小信号分析、直流传输特性分析和传递函数分析等，从而确定电路的温度漂移等性能指标。

在仿真分析仪表面板中选中 Temp. Sweep 复选框后，单击“Setting （设置）”按钮，弹出“Advanced Analysis Settings（高级分析设置）”对话框，打开“General（通用）”选项卡，激活 Temperature 复选框，相应的参数如图 9-31 所示。各参数的含义如下。

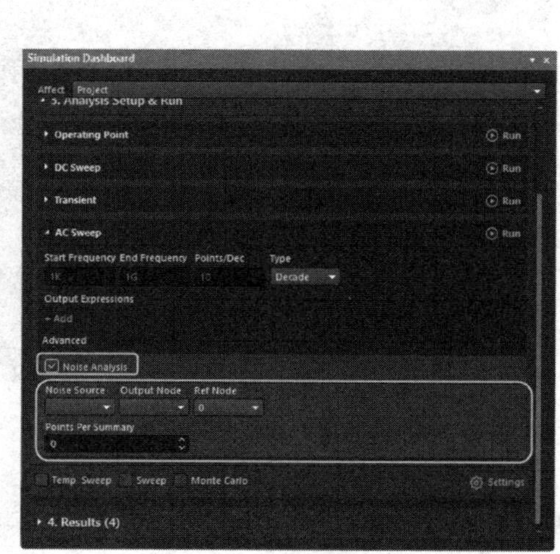

图 9-30　噪声分析的仿真参数

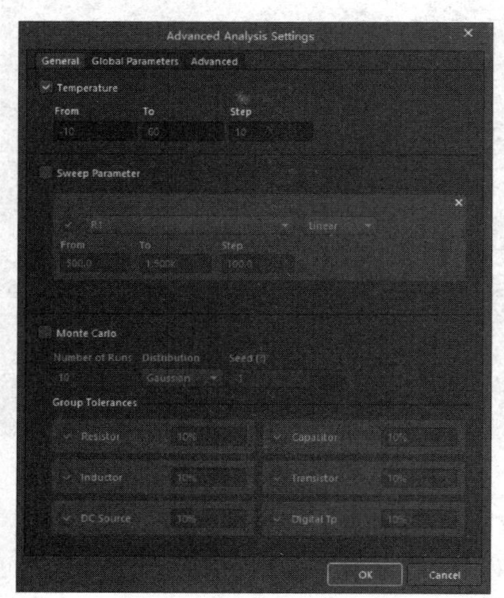

图 9-31　温度扫描分析的仿真参数

- From：扫描起始温度设置。
- To：扫描终止温度设置。
- Step：扫描步长设置。

需要注意的是，温度扫描分析不能单独运行，只有在运行工作点分析、交流信号分析、直流传输特性分析、噪声分析、瞬态特性分析及传递函数分析中的一种或几种仿真方式时方可进行。

9．参数扫描

参数扫描分析主要用于研究电路中某一元件的参数发生变化时对整个电路性能的影响，借助于该仿真方式，用户可以确定某些关键元器件的最优化参数值，以获得最佳的电路性能。该分析方式与前面的温度扫描分析类似，只有与其他的仿真方式中的一种或几种同时运行时才有意义。

在仿真分析仪表面板中选中 Sweep 复选框后，单击“Setting（设置）”按钮，弹出“Advanced Analysis Settings（高级分析设置）”对话框，打开“General（通用）”选项卡，激活 Sweep Parameter 复选框，相应的参数如图 9-32 所示。

- R1：选择第一个进行参数扫描的元器件或参数。选中该项后，其右边会出现一个下拉列表框，列出了仿真电路图中可以进行参数扫描的所有元器件，供用户选择。这里，默认选择 R1。
- Linear：参数扫描的扫描方式设置，有四种选择。Linear（线性变化）、Decade（10 倍倍频对数扫描）、Octave（8 倍倍频对数扫描）和 List（列表值扫描，数字间可用空格、逗点或分号隔开）。选择不同的扫描方式，扫描参数不同。
- From：进行线性参数扫描的元件初始值设置。
- To：进行线性参数扫描的元件终止值设置。
- Step：线性扫描变化的步长设置。
- +Add Parameter：单击该按钮，添加进行参数扫描分析的元器件或参数，对元器件的相关参数进行设置，设置的内容及方式都与前面完全相同，这里不再赘述。

10．蒙特卡罗分析

蒙特卡罗分析是一种统计分析方法，借助于随机数发生器按元件各种参数的概率分布来选择元件，然后对电路进行直流、交流小信号、瞬态特性等仿真分析。通过多次的分析结果估算出电路性能的统计分布规律，从而可以对电路生产时的成品率及成本等进行预测。

在仿真分析仪表面板中选中 Monte Carlo 复选框之后，单击“Settings（设置）”按钮，弹出“Advanced Analysis Settings（高级分析设置）”对话框，打开“General（通用）”选项卡，激活 Monte Carlo 复选框，系统出现相应的参数，如图 9-33 所示。各项参数的含义如下。

1）Number of Runs：仿真运行次数设置，系统默认为“10”。

2）Distribution：概率分布设置，有三种选择，分别是 Uniform（均匀分布）、Gaussian（高斯分布）和 Worst Case（最坏情况分布）。

3）Seed：这是一个在仿真过程中随机产生的值，如果用随机数的不同序列来执行一个仿真，就需要改变该值，其默认设置值为“-1”。

4）Group Tolerances：设置所有公差。

- Resistor：电阻容差设置，默认为“10%”。用户可以单击更改，输入值可以是绝对值，也可以是百分比，但含义不同。如一电阻的标称值为“1K”，若用户输入的电阻容差为“15”，则表示该电阻将在 985～1015Ω变化。若输入为“15%”，则表示该电阻的变化范围为 850～1150Ω。

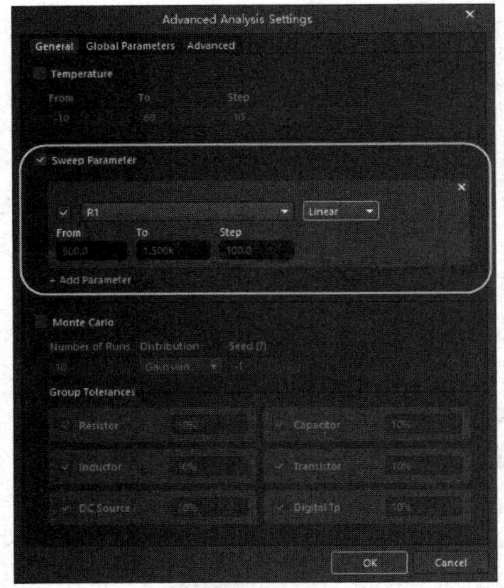

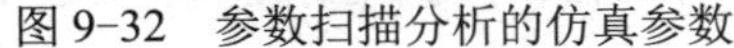
图 9-32　参数扫描分析的仿真参数

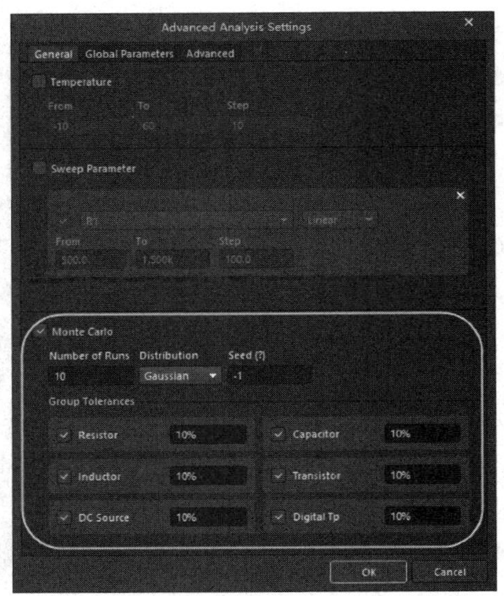

图 9-33　蒙特卡罗分析的仿真参数

- Capacitor：电容容差设置，默认设置值为“10%”，同样可以单击进行更改。
- Inductor：电感容差设置，默认为“10%”。
- Transistor：晶体管容差设置，默认为“10%”。
- DC Source：直流电源容差设置，默认为“10%”。
- Digital Tp：数字器件的传播延迟容差设置，默认为“10%”。该容差用于设定随机数发生器产生数值的区间。

9.3.3　全局参数设置

在电路设计中，电压源、电流源、温度、全局参数或者模型参数都可以进行参数扫描分析。全局参数需要用户自定义添加，本节介绍如何设置全局参数。

单击“Settings（设置）”按钮，弹出“Advanced Analysis Settings（高级分析设置）”对话框，打开 Global Parameters 选项卡，如图 9-34 所示。该选项卡中可以添加、删除全局参数。

- Add：单击该按钮后，直接在“Global Parameters Setup”列表中添加一个全局参数 Parameter1，默认 Value（值）为 0，如图 9-35 所示。

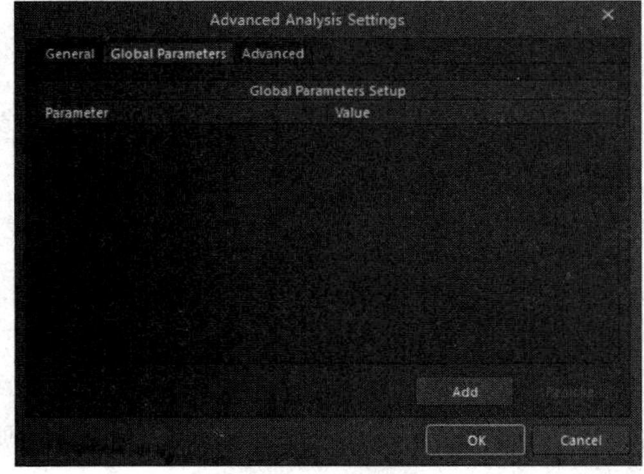

图 9-34　全局参数设置

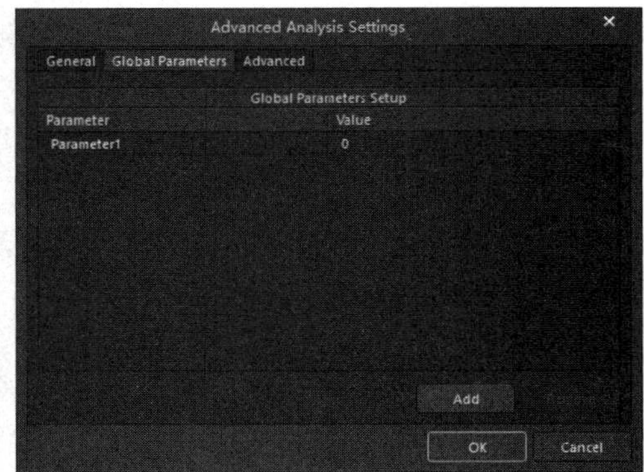

图 9-35　添加全局参数

● Remove：单击该按钮后，删除在“Global Parameters Setup”列表中选择的全局参数。

添加全局参数后，在进行“Sweep Parameter（参数扫描分析）”时，选择进行参数扫描的元器件或参数下拉列表框中选择全局参数 Parameter1，如图 9-36 所示。

9.3.4 高级仿真设置

单击“Settings（设置）”按钮，弹出“Advanced Analysis Settings（高级分析设置）”对话框，打开 Advanced 选项卡，用于设置仿真的高级参数，如图 9-37 所示。

该选项卡中的选项主要提供了设置 Spice 变量值、仿真器和仿真参考网络的综合方法。在实际设置时，这些参数建议最好使用默认值。

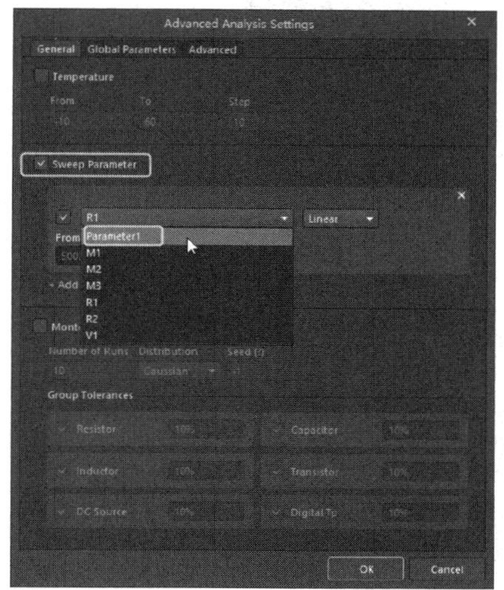

图 9-36　选择全局参数

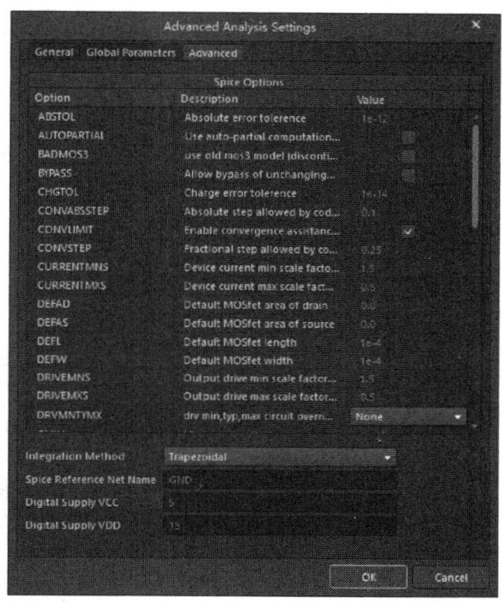

图 9-37　高级选项的参数设置

9.4 特殊仿真元器件的参数设置

在仿真过程中，有时还会用到一些专用于仿真的特殊元器件，它们存放在系统提供的“Simulation Sources.IntLib”集成库中，这里做一个简单的介绍。

9.4.1 节点电压初值

节点电压初值“.IC”主要用于为电路中的某一节点提供电压初值，与电容中的“Initial Voltage”参数的作用类似。设置方法很简单，只要把该元件放在需要设置电压初值的节点上，通过设置该元件的仿真参数即可为相应的节点提供电压初值，如图 9-38 所示。

需要设置的“.IC”元件仿真参数只有一个，即节点的电压初值。双击节点电压初值元件，系统将弹出如图 9-39 所示的“Component（元件）”对话框。

在“Parameters（参数）”选项组下选中“Simulation（仿真）”选项，单击编辑按钮，系统将弹出如图 9-40 所示的“Sim Model（仿真模型）”对话框来设置“.IC”元件的仿真参数。

在“Parameters（参数）”选项卡中，只有一项仿真参数“Initial Voltage（初始电压）”，用于设定相应节点的电压初值，这里设置为“0V”。设置参数后的“.IC”元件如图 9-41 所示。

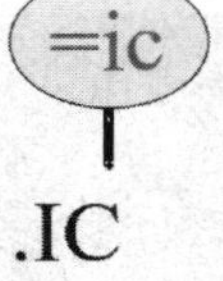

图 9-38　放置的“.IC”元件

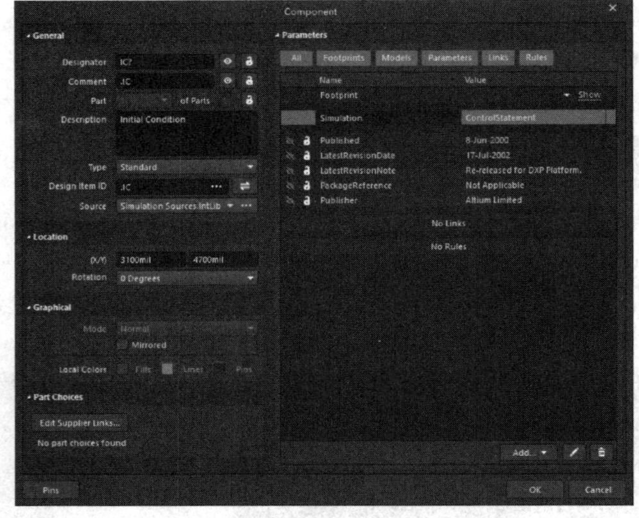

图 9-39　“Component（元件）”对话框

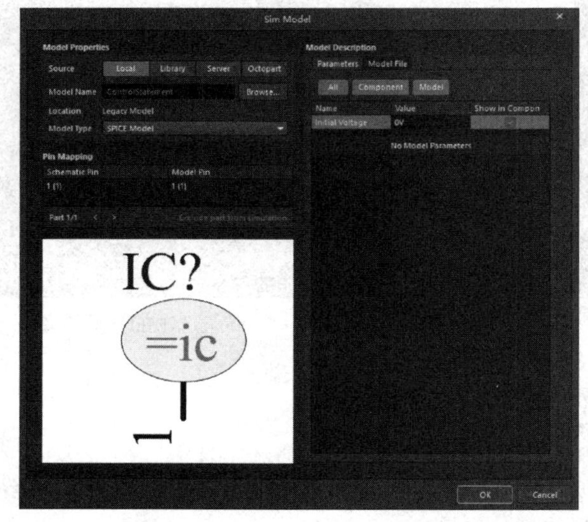

图 9-40　设置“.IC”元件仿真参数

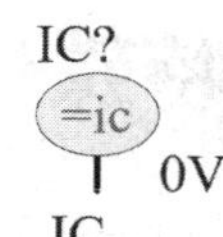

图 9-41　设置参数后的“.IC”元件

当电路中有储能元件（如电容）时，如果在电容两端设置了电压初始值，而同时在与该电容连接的导线上也放置了“.IC”元件，并设置了参数值，那么此时进行瞬态特性分析时，系统将使用电容两端的电压初值，而不会使用“.IC”元件的设置值，即一般元器件的优先级高于“.IC”元件。

9.4.2 节点电压

在对双稳态或单稳态电路进行瞬态特性分析时，节点电压“.NS”用来设定某个节点的电压预收敛值。如果仿真程序计算出该节点的电压小于预设的收敛值，则去掉“.NS”元件所设置的收敛值，继续计算，直到算出真正的收敛值为止，即“.NS”元件是求节点电压收敛值的一个辅助手段。

设置方法很简单，只要把该元件放在需要设置电压预收敛值的节点上，通过设置该元件的仿真参数即可为相应的节点设置电压预收敛值，如图 9-42 所示。

需要设置的“.NS”元件仿真参数只有一个，即节点的电压预收敛值。双击节点电压元件，系统将弹出如图 9-43 所示的“Component（元件）”对话框来设置“.NS”元件的属性。

图 9-42　放置的“.NS”元件

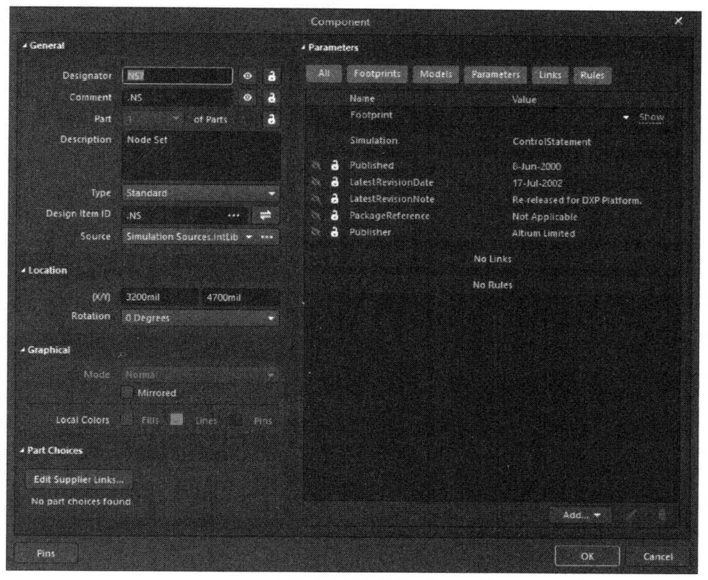

图 9-43　设置“.NS”元件属性

在“Parameters（参数）”选项组下选中“Simulation（仿真）”选项，单击编辑按钮，系统将弹出如图 9-44 所示的“Sim Model（仿真模型）”对话框来设置“.NS”元件的仿真参数。在“Parameters（参数）”选项卡中，只有一项仿真参数“Initial Voltage（初始电压）”，用于设定相应节点的电压预收敛值，这里设置为 10V。设置参数后的“.NS”元件如图 9-45 所示。

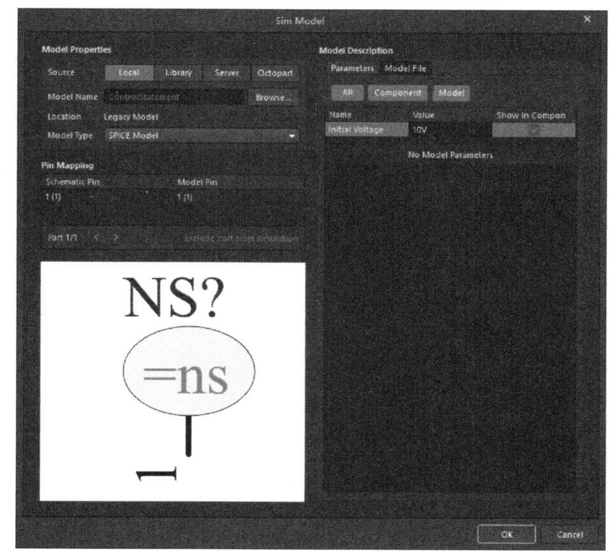

图 9-44　设置“.NS”元件仿真参数

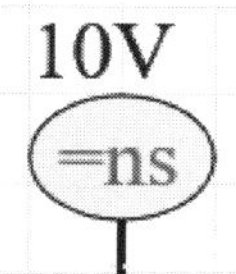

图 9-45　设置参数后的“.NS”元件

若在电路的某一节点处，同时放置了“.IC”元件与“.NS”元件，则仿真时“.IC”元件的设置优先级将高于“.NS”元件。

综上所述，初始状态的设置共有三种途径：“.IC”设置、“.NS”设置和定义器件属性。在电路模拟中，如有这三种或两种共存时，在分析中优先考虑的次序是定义器件属性、“.IC”设置、“.NS”设置。如果“.NS”和“.IC”共存，则“.IC”设置将取代“.NS”设置。

9.4.3 仿真数学函数

在仿真元件库“Simulation Math Function.IntLib”中，还提供了若干仿真数学函数，它们同样作为一种特殊的仿真元器件，可以放置在电路仿真原理图中使用。主要用于对仿真原理图中的两个节点信号进行各种合成运算，以达到一定的仿真目的，包括节点电压的加、减、乘、除，以及支路电流的加、减、乘、除等运算，也可以用于对一个节点信号进行各种变换，如：正弦变换、余弦变换、双曲线变换等。

仿真数学函数存放在“Math.Lib”中，只需要把相应的函数功能模块放到仿真原理图中准备进行信号处理的地方即可，仿真参数不需要用户自行设置。

如图 9-46 所示，是对两个节点电压信号进行相加运算的仿真数学函数“ADDV”。

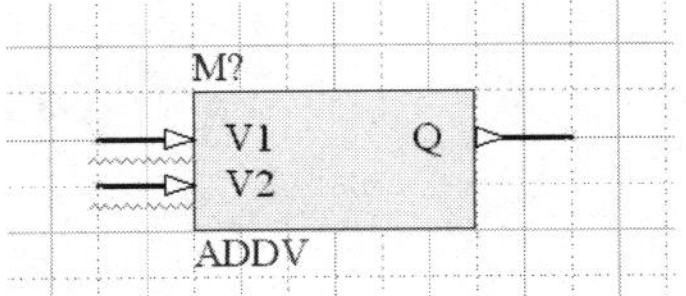

图 9-46　仿真数学函数“ADDV”

9.4.4 实例：使用仿真数学函数

9.4.4　实例：使用仿真数学函数

本例中，设计使用相关的仿真数学函数，对某一输入信号进行正弦变换和余弦变换，然后叠加输出。

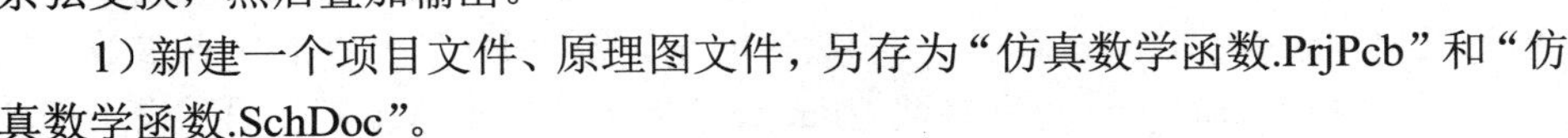

1）新建一个项目文件、原理图文件，另存为“仿真数学函数.PrjPcb”和“仿真数学函数.SchDoc”。

2）在系统提供的集成库中，找到“Simulation Sources.IntLib”和“Simulation Math Function.IntLib”，并进行加载。

3）在“Component（元件）”面板中，打开集成库“Simulation Math Function.IntLib”，找到正弦变换函数“SINV”、余弦变换函数“COSV”及电压相加函数“ADDV”，分别放置在原理图中，如图 9-47 所示。

4）在“Component（元件）”面板中，打开集成库“Miscellaneous Devices.IntLib”，找到元件 Res2，在原理图中放置两个接地电阻，并完成相应的电气连接，如图 9-48 所示。

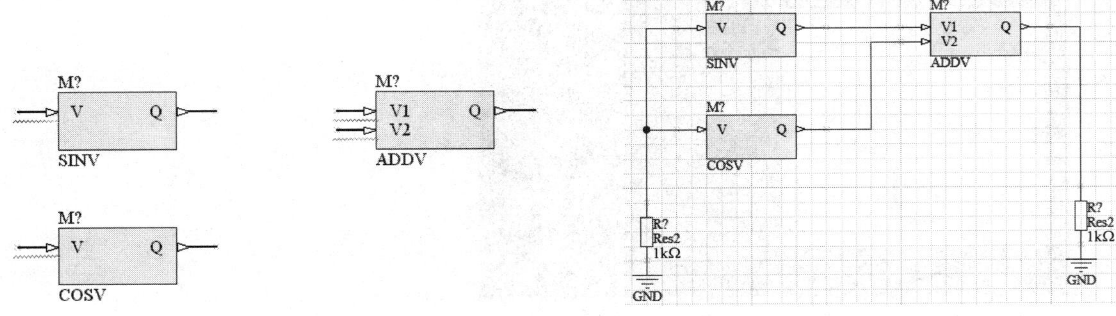

图 9-47　放置数学函数　　图 9-48　放置接地电阻并连接

5）双击电阻，系统弹出属性设置对话框，相应的仿真参数（即电阻值）均设置为 1kΩ。

📖 提示：电阻单位为Ω，在原理图进行仿真分析中，不识别Ω符号，添加该符号后进行仿真弹出错误报告，因此原理图需要进行仿真操作时，绘制过程中电阻参数值不添加Ω符号，其余原理图添加Ω符号。

6）双击每一个仿真数学函数，进行参数设置，在弹出的“Component（元件）”对话框中，只需设置标识符，如图 9-49 所示。设置好的原理图如图 9-50 所示。

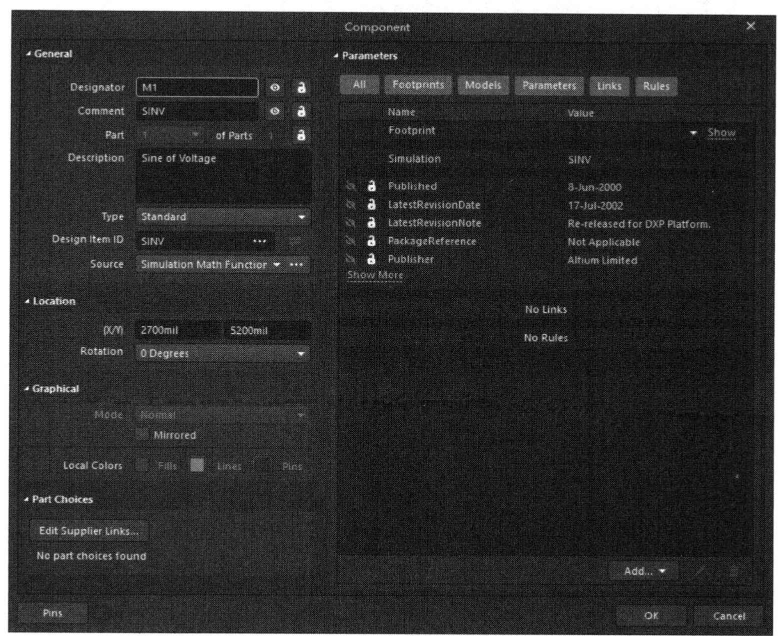

图 9-49 “Component（元件）”对话框

7）在“Component（元件）”面板中，打开集成库“Simulation Sources.IntLib”，找到正弦电压源“VSIN”，放置在仿真原理图中，并进行接地连接，如图 9-51 所示。

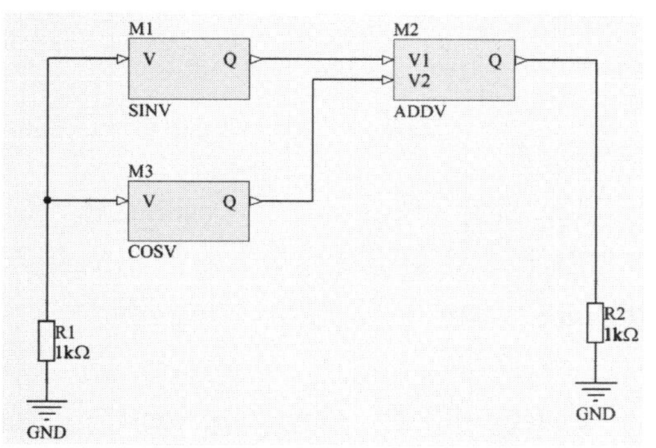

图 9-50 设置好元件参数的原理图

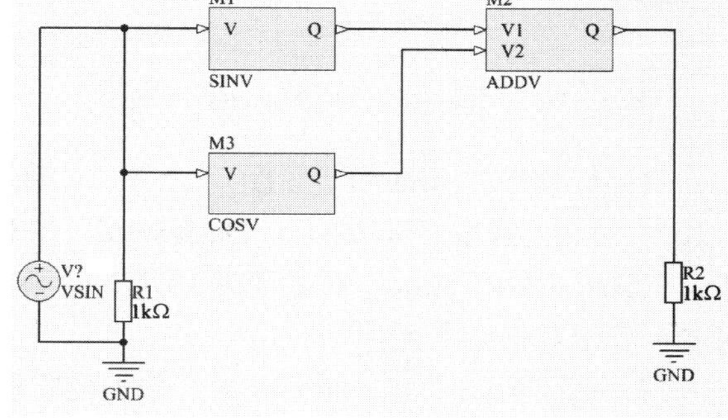

图 9-51 放置正弦电压源

8）双击正弦电压源，弹出相应的元件属性面板，设置其基本参数及仿真参数，如图 9-52 所示。标识符输入为“V1”，其他各项仿真参数均采用系统的默认值即可。

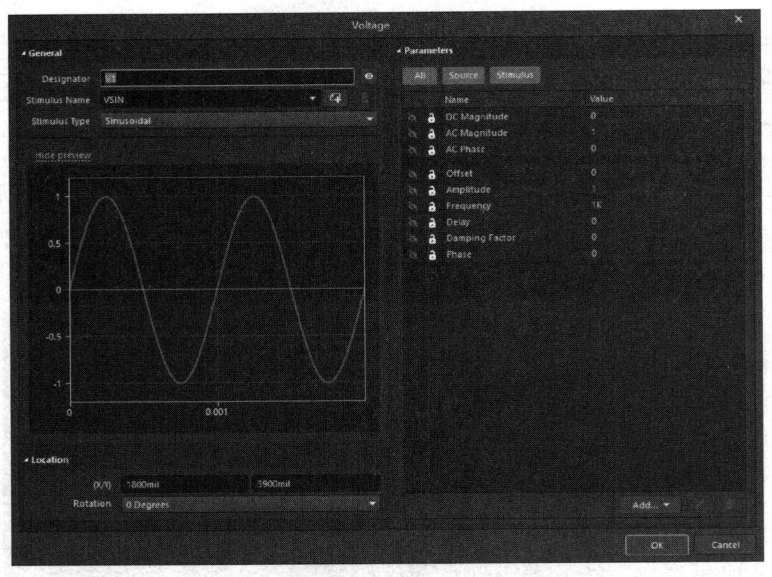

图 9-52　设置正弦电压源的参数

9）单击“OK（确定）”按钮返回后，仿真原理图如图 9-53 所示。

10）在原理图中需要观测信号的位置添加网络标签。在这里，需要观测的信号有 4 个：输入信号、经过正弦变换后的信号、经过余弦变换后的信号及相加后输出的信号。因此，在相应的位置放置 4 个网络标签：“INPUT”“SINOUT”“COSOUT”“OUTPUT”，如图 9-54 所示。

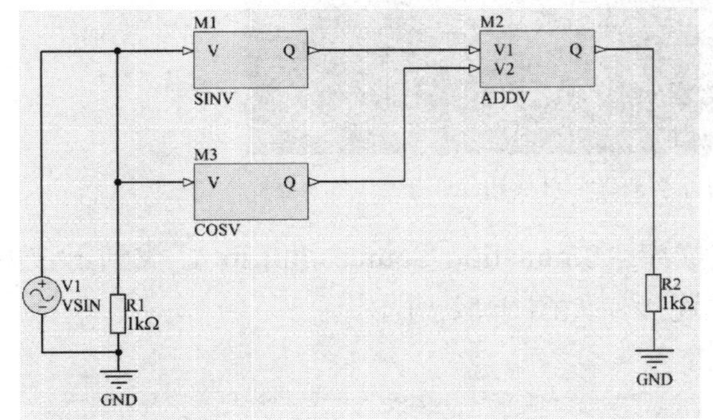

图 9-53　设置好仿真激励源的仿真原理图

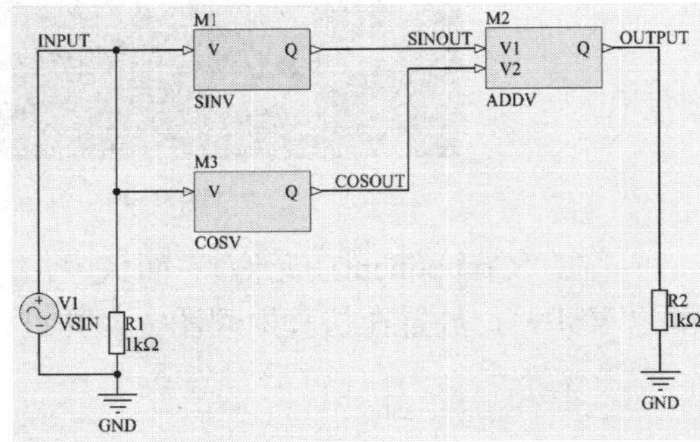

图 9-54　添加网络标签

11）在状态栏“Panel（面板）”上单击，弹出快捷菜单，选择 “Simulation Dashboard（仿真仪表）”命令，弹出“Simulation Dashboard（仿真仪表）” 面板，设置仿真参数，如图 9-55 所示。单击“Start Verification（开始验证）”按钮，在“Verification（验证）”选项组右侧显示绿色对钩符号，表示验证结果无误。

12）在“Analysis Setup & Run（分析设置和运行）”选项组中打开“Operating Point”下拉选项，在“Display on schematic（原理图显示）”列表框中，单击选中“Voltage（电压）”按钮，如图 9-56 所示。

打开“Transient（瞬态特性分析）” 下拉选项，在“Output Expression（输出表达式）”选项组下单击“Add（添加）”按钮，添加输出表达式，单击输出表达式右侧的“…”按钮，弹出“Add

Output Expression（添加输出表达式）”对话框，在“Waveforms（波形图）”选项组下选择“Node Voltages（节点电压）”选项，在列表中显示原理图中所有的节点电压参数。在列表中选择 v(COSOUT) 选项，在“Expression Y（Y 表达式）”选项中显示输出参数 v(COSOUT)，如图 9-57 所示。

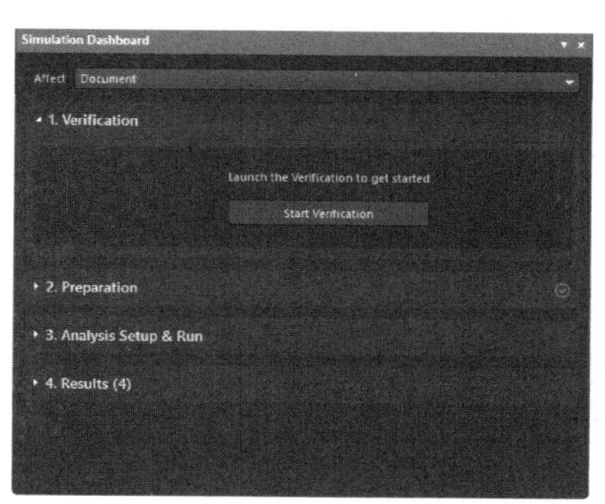

图 9-55 “Simulation Dashboard（仿真仪表）”面板

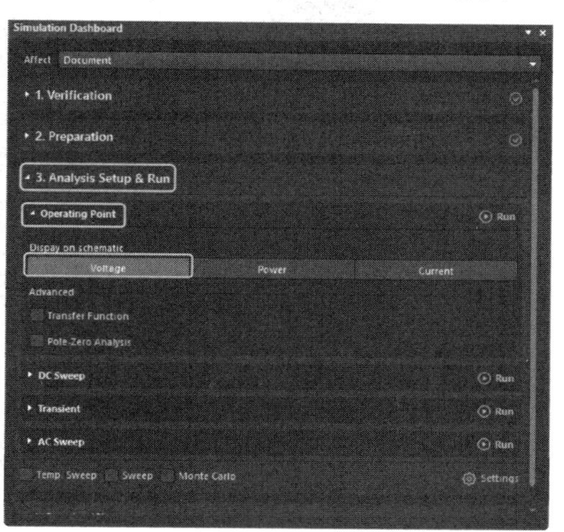

图 9-56 显示电压

单击“Create（创建）”按钮，关闭该对话框，返回“Simulation Dashboard（仿真仪表）” 面板，在“Output Expression（输出表达式）”选项组下添加输出节点电压参数 v(COSOUT)，如图 9-58 所示。

用同样的方法，在“Output Expression（输出表达式）”选项组下添加原理图中的节点参数 v(INPUT)、v(OUTPUT)、v(SINOUT)，其余各项参数的设置如图 9-59 所示。

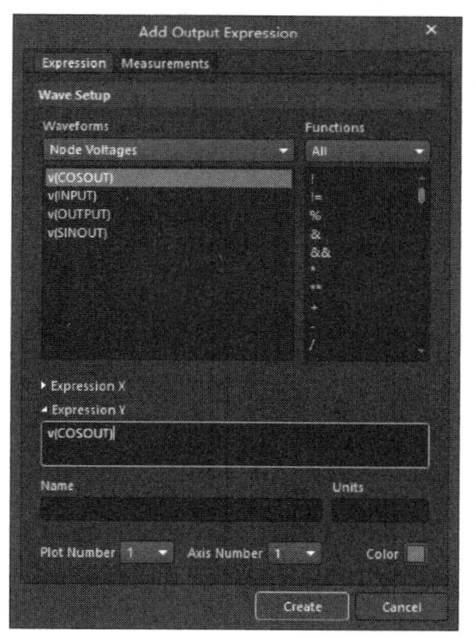

图 9-57 选择节点电压

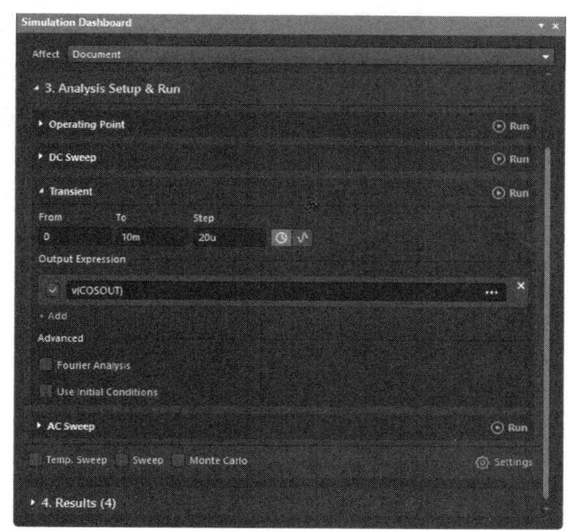

图 9-58 添加节点电压

13）设置完毕，选择菜单栏中的“设计”→“仿真”→“Mixed Sim（混合仿真）”命令，系统进行电路仿真，静态工作点分析结果、瞬态仿真分析的仿真结果如图 9-60 和图 9-61 所示。

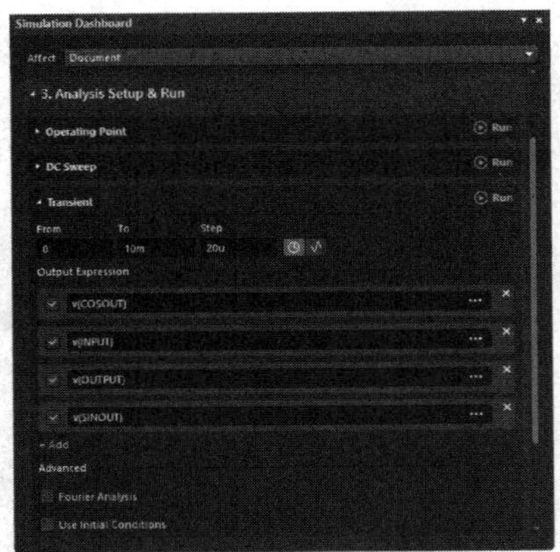

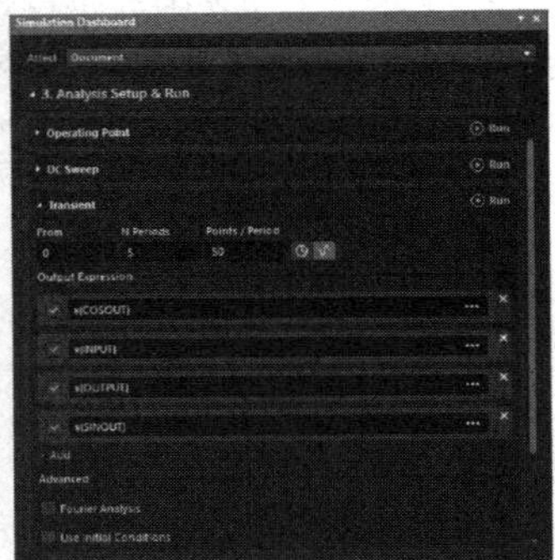

图 9-59　瞬态特性分析参数设置

图 9-60　静态工作点分析的仿真结果

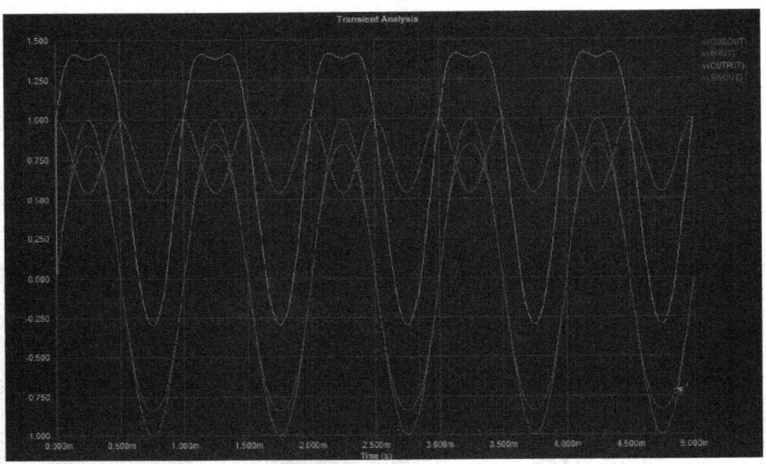

图 9-61　瞬态仿真分析的仿真结果

此时，在原理图左右节点处显示静态电压值，如图 9-62 所示。

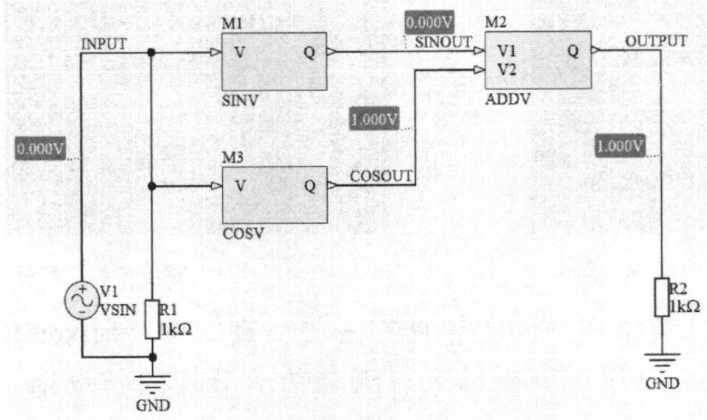

图 9-62　显示电压值

9.5 电路仿真的基本方法

下面结合一个实例介绍电路仿真的基本方法。

1）启动 Altium Designer 22，在随书资源“yuanwenjian\ch9\9.5\example\仿真示例电路图”中打开如图 9-63 所示的电路原理图。

9.5 电路仿真的基本方法

2）在电路原理图编辑环境中，激活“Projects（工程）”面板，右击面板中的电路原理图，在弹出的快捷菜单中选择“Validate PCB Project...（验证文件）”命令，如图 9-64 所示。选择该命令后，将自动检查原理图文件是否有错，如有错误应该予以纠正。

3）在“Components（元件）”面板右上角单击按钮，在弹出的快捷菜单中选择“File-based Libraries Preferences（库文件参数）”命令，则系统弹出“可用的基于文件的库”对话框。

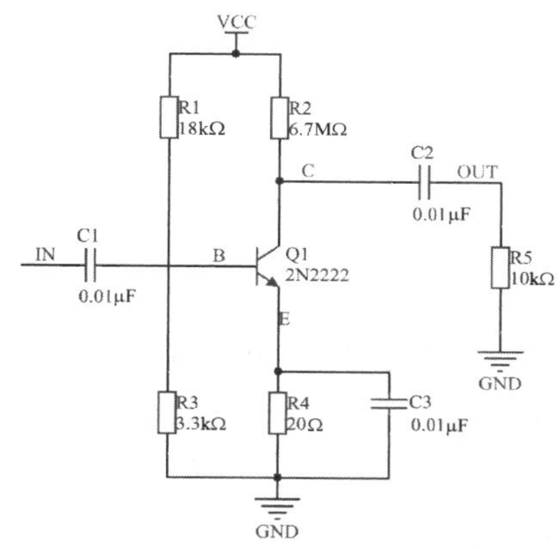

图 9-63　电路原理图

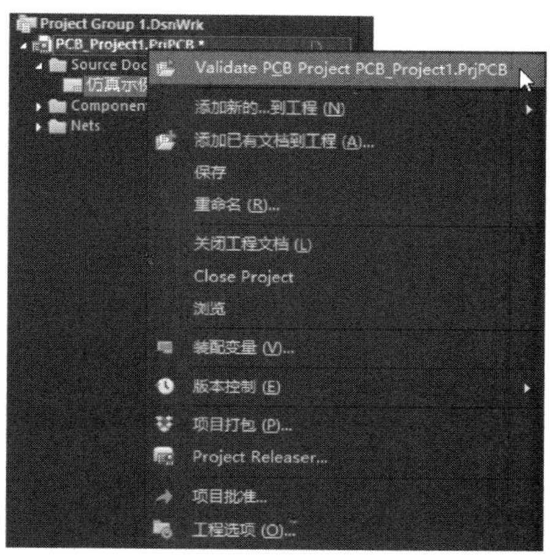

图 9-64　快捷菜单

4）单击“添加库”按钮，在弹出的“打开”对话框中选择源文件中的“Library/Simulation”中所有的仿真库，如图 9-65 所示。

图 9-65　选择仿真库

5）单击“打开”按钮，完成仿真库的添加。

6）在“Components（元件）”面板中选择“Simulation Sources.IntLib”集成库，该仿真库包含了各种仿真电源和激励源。选择名为“VSIN”的激励源，然后将其拖到原理图编辑区中，如图 9-66 所示。选择放置导线工具，将激励源和电路连接起来，并接上电源地，如图 9-67 所示。

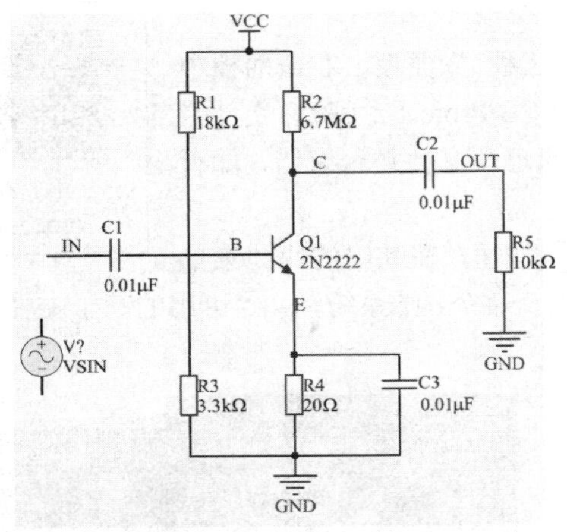

图 9-66　添加仿真激励源

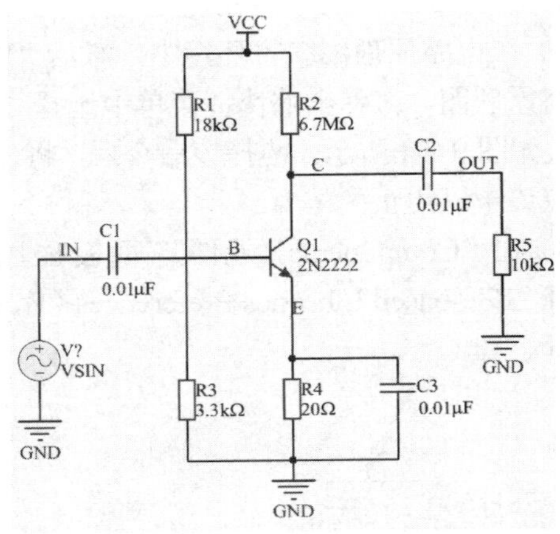

图 9-67　连接激励源并接地

7）双击新添加的仿真激励源，在弹出的“Voltage（电压）”对话框中设置其属性参数，如图 9-68 所示。

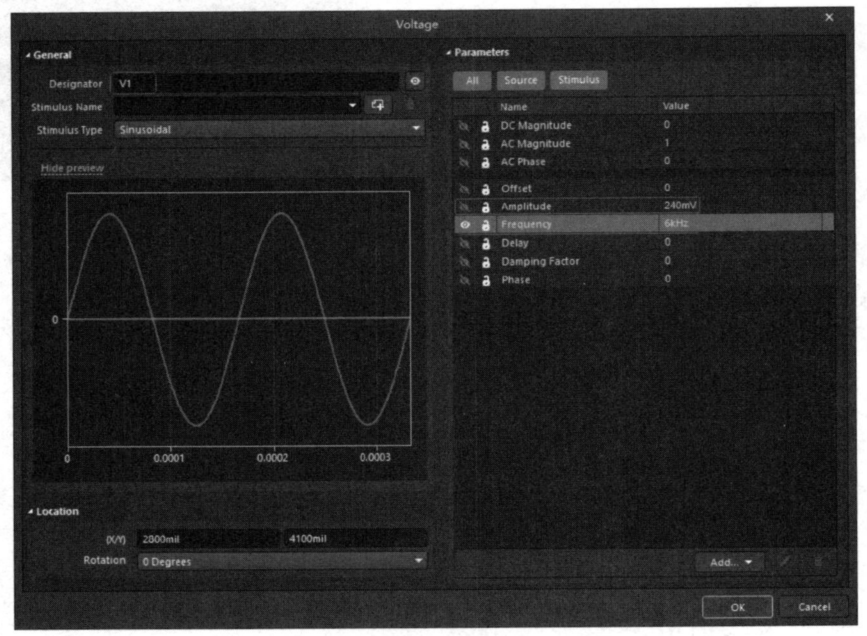

图 9-68　设置仿真激励源的参数

8）设置完毕，单击“OK（确定）”按钮，回到电路原理图编辑环境。

9）采用相同的方法，再添加一个仿真电源，如图 9-69 所示。

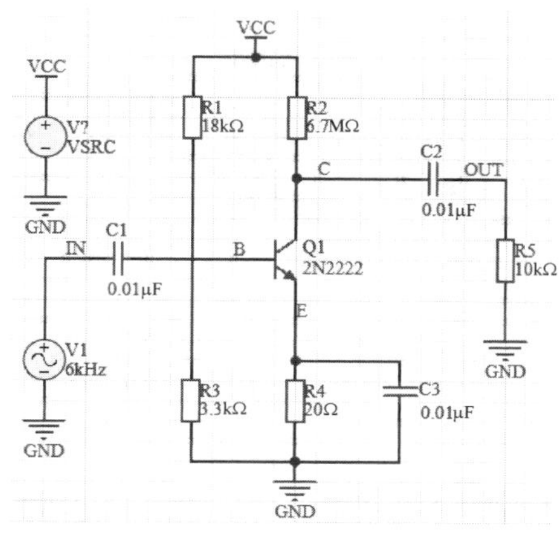

图 9-69　添加仿真电源

10）双击已添加的仿真电源，在弹出的“Voltage（电压）”对话框中设置其属性参数，如图 9-70 所示。

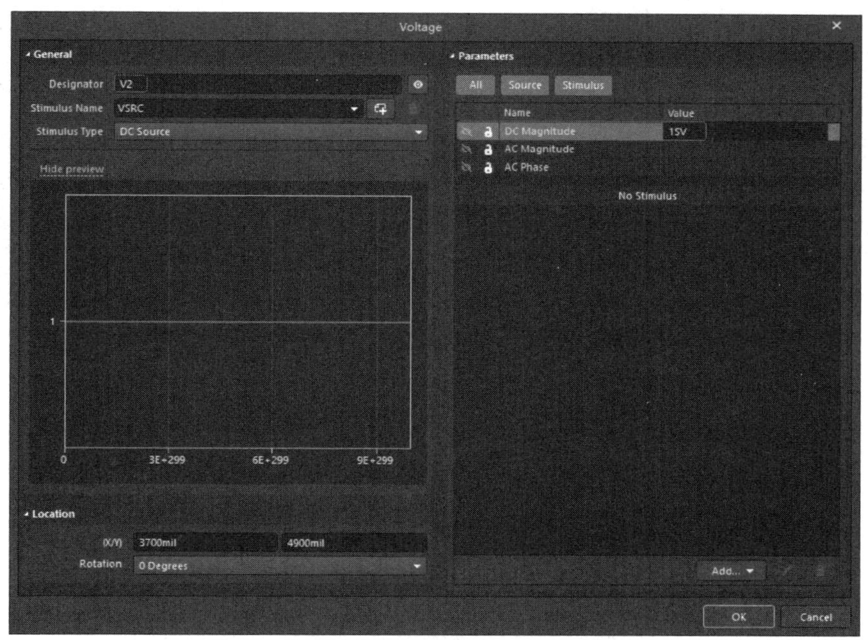

图 9-70　设置仿真模型参数

11）设置完毕，单击“OK（确定）”按钮，回到原理图编辑环境。

12）选择菜单栏中的“工程”→“Validate PCB Project...（验证文件）”命令，编译当前的原理图，编译无误后分别保存原理图文件和项目文件。

13）选择菜单栏中的“设计”→“仿真”→“Mixed Sim（混合仿真）”命令，系统将弹出“Simulation Dashboard（仿真仪表）”面板，在“Message（信息）”面板中显示仿真成功信息，如图 9-71 所示，并根据默认参数自动进行混合仿真。

在“Analysis Setup & Run（分析设置和运行）”选项组中打开“Transient（瞬态特性分析）”选项，自动根据需要观察的节点 E、IN、OUT 添加输出参数 v(E)、v(IN)、v(OUT)，设置瞬态特性分析相应的参数，如图 9-72 所示。

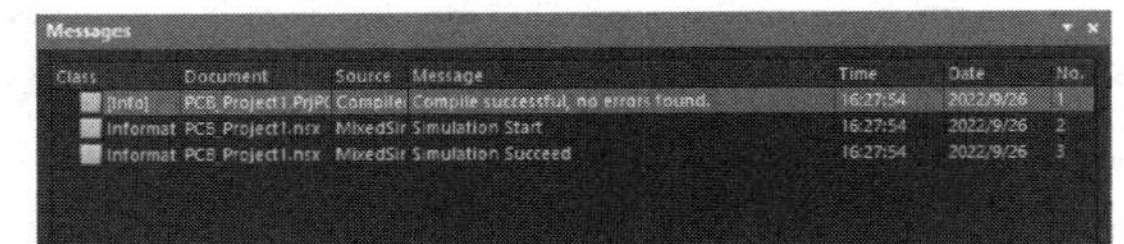

图 9-71 “Message（信息）”面板

单击输出参数 v(IN)右侧的“…”按钮，打开“Add Output Expression（添加输出参数）”对话框，在“Plot Number（图表编号）”下拉列表中选择“New Plot（新建图形）”命令，自动添加图表编号为 2，结果如图 9-73 所示。同样的方法，设置输出参数 v(OUT)显示在图表 3 中。

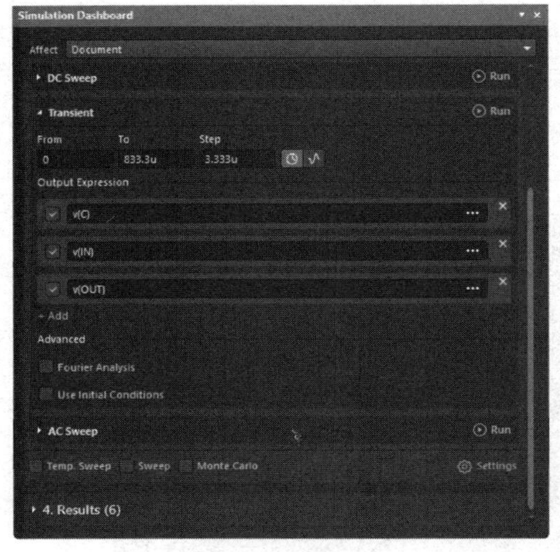

图 9-72 “Transient（瞬态特性分析）”选项的参数设置

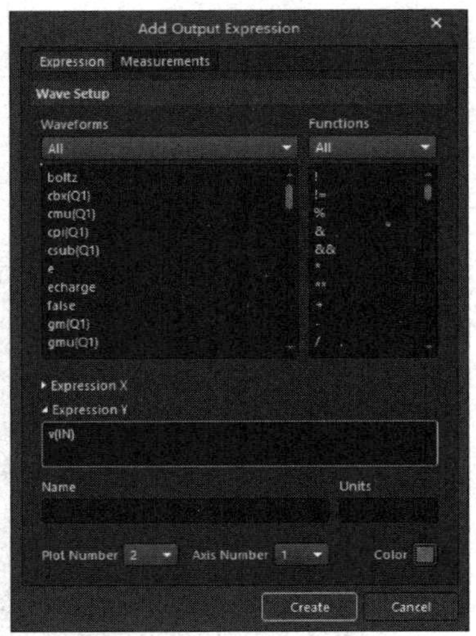

图 9-73 “Add Output Expression（添加输出参数）”对话框

14）设置完毕，单击“Transient（瞬态特性分析）”选项中的 “Run（运行）”按钮，得到如图 9-74 所示的仿真波形。

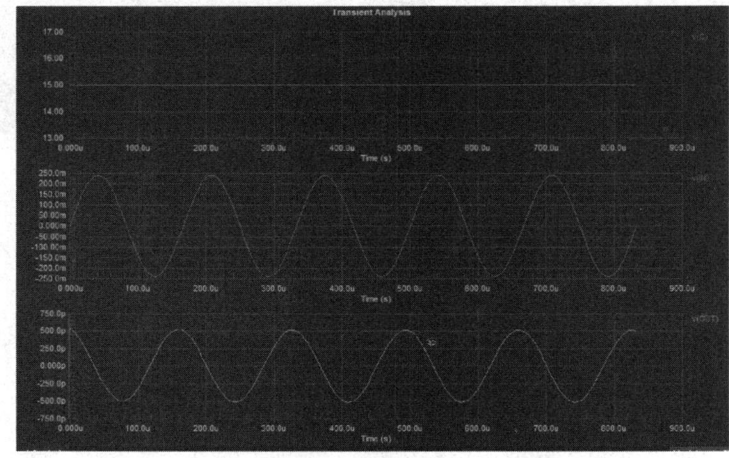

图 9-74 仿真波形 1

15）保存仿真波形图，回到原理图编辑环境。

16）打开“Simulation Dashboard（仿真仪表）”面板，勾选“Sweep（参数扫描）”复选框，单击“Settings（设置）”按钮，弹出“Advanced Analysis Settings（高级分析设置）”对话框，激活“Sweep Parameter（参数扫描）”选项组，设置需要扫描的元件 R2 及参数的初始值、终止值、步长等，如图 9-75 所示。

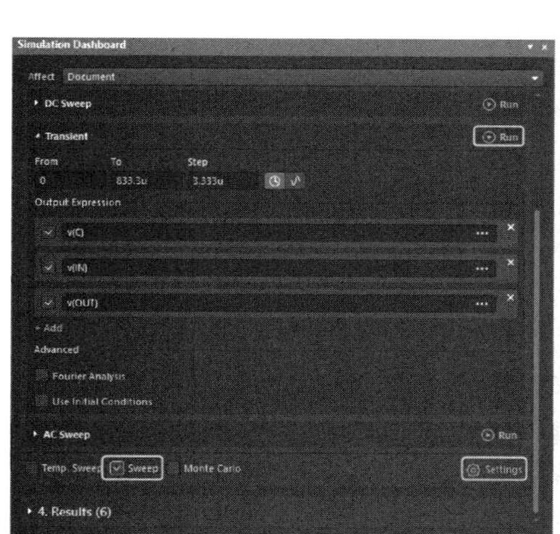

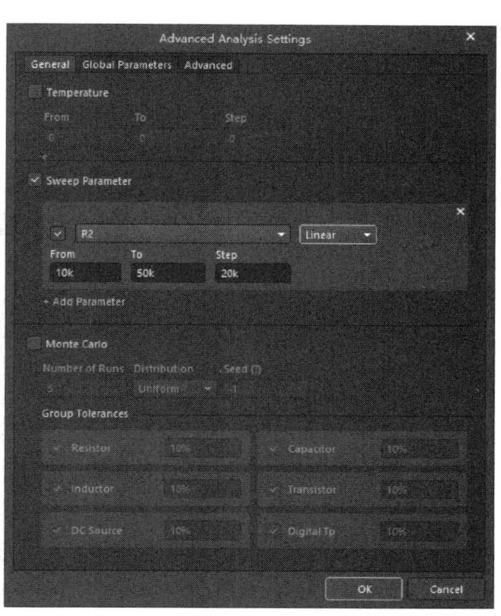

图 9-75　设置“Sweep Parameter（参数扫描）”选项

17）设置完毕，单击“Transient（瞬态特性分析）”选项中的 “Run（运行）”按钮，得到如图 9-76 所示的仿真波形。

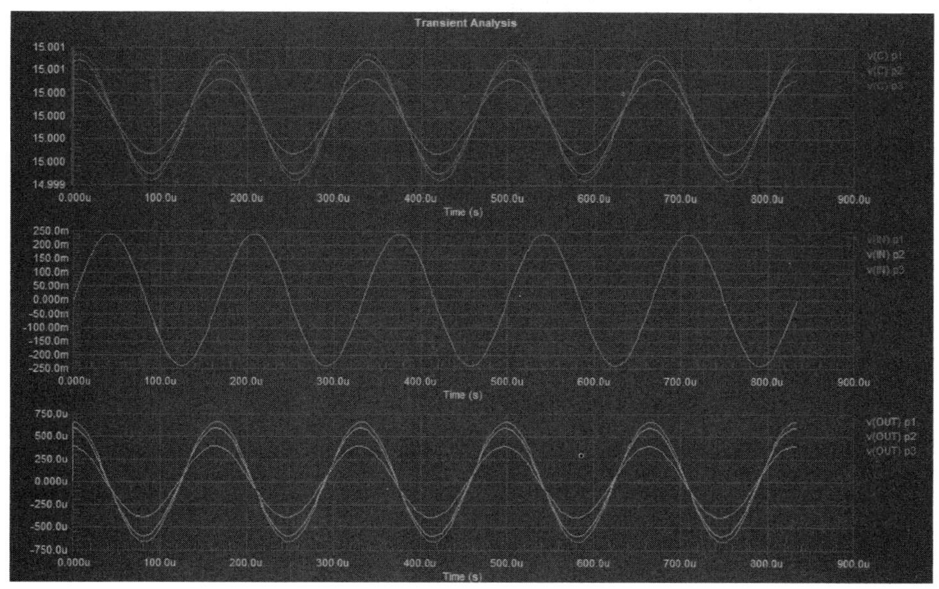

图 9-76　仿真波形 2

9.6 综合实例

通过本章的学习，用户对 Altium Designer 22 电路仿真系统相关操作方法应该有一个整体的认识。下面用实例来详细介绍一下电路仿真系统相关操作方法的具体步骤。

9.6.1 带通滤波器仿真

9.6.1 带通滤波器仿真

本例要求完成如图 9-77 所示仿真电路原理图的绘制，同时完成脉冲仿真激励源及仿真方式的设置，实现瞬态特性、直流工作点、交流小信号及传输函数分析，最终将波形结果输出。

通过这个实例掌握交流小信号分析以及传递函数分析等功能，从而方便在电路的频率特性和阻抗匹配应用中使用 Altium Designer 22 完成相应的仿真分析。

实例操作步骤如下。

1）选择菜单命令“文件”→“新的”→“项目”，建立新工程，并命名为“Bandpass Filters.PRJPCB”。为新工程添加仿真模型库，完成电路原理图的设计。

2）设置元件 Vin 的参数。双击该元件，系统将弹出“Voltage（电压）”对话框，按照设计要求设置元件参数。设置脉冲信号源“Period（周期）”为 1m，其他参数如图 9-78 所示。

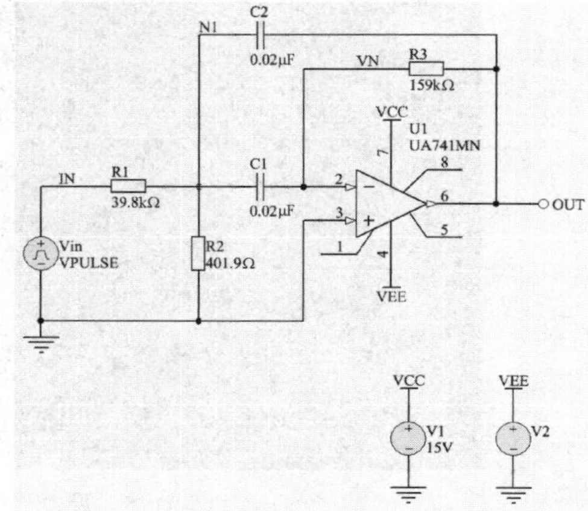

图 9-77 带通滤波器仿真电路

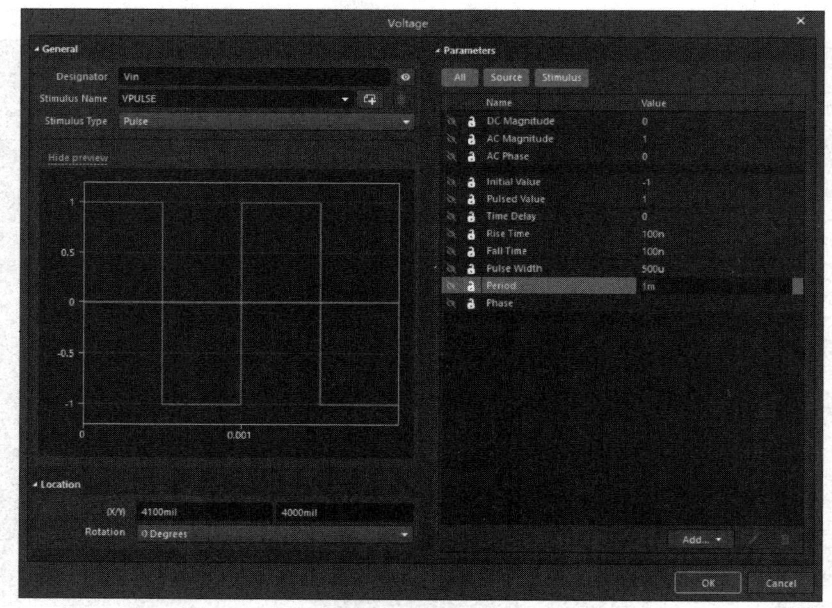

图 9-78 设置脉冲信号源

3）选择菜单栏中的“设计”→“仿真”→“Mixed Sim（混合仿真）”命令，系统将弹出“Simulation Dashboard（仿真仪表）”面板，使用默认参数进行仿真分析。本例选择进行工作点分析、瞬态特性分析和交流信号分析，并选择观察信号 IN 和 OUT。下面设置仿真参数。

4）在“3.Analysis Setup & Run（分析设置和运行）”选项组中打开 “DC Sweep（直流信号分析）”项，取消勾选 V1 复选框，不进行直流信号分析，如图 9-79 所示。

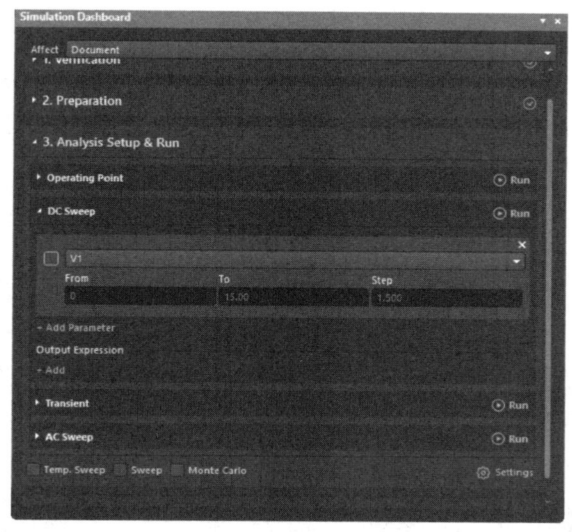

图 9-79　设置“DC Sweep（直流信号分析）”选项参数

5）在“3.Analysis Setup & Run（分析设置和运行）”选项组中打开“Transient（瞬态特性分析）”选项，根据需要观察的节点 IN、OUT 添加输出参数 v(IN)、v(OUT)，设置瞬态特性分析相应的参数，如图 9-80 所示。

6）在“3.Analysis Setup & Run（分析设置和运行）”选项组中打开“AC Sweep（交流信号分析）”选项，根据需要观察的节点 IN、OUT 添加输出参数 MAG(v(IN))、MAG(v(OUT))，设置交流信号分析选项参数如图 9-81 所示。

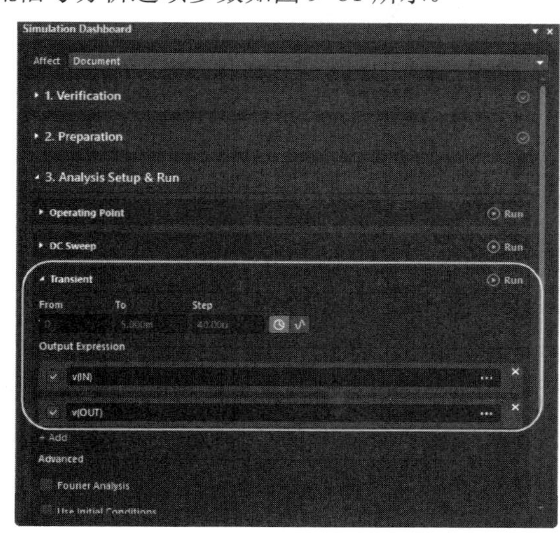

图 9-80　设置“Transient（瞬态特性分析）”选项参数

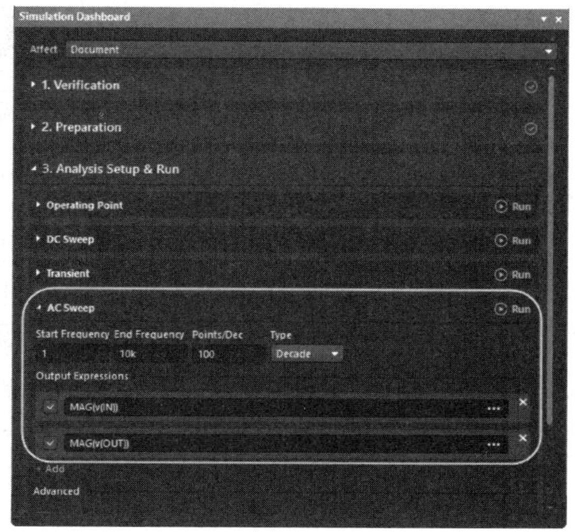

图 9-81　设置“AC Sweep（交流信号分析）”选项参数

7）设置完毕，选择菜单栏中的“设计”→“仿真”→“Mixed Sim（混合仿真）”命令，系统先后进行直流工作点分析、瞬态特性分析、交流信号分析，其结果分别如图 9-82～图 9-84 所示。

选择波形分析器窗口左下方的“Operating Analysis（工作点分析）”标签，切换到静态工作点分析结果输出窗口，默认显示 v(IN)电压，在空白处右击，选择“Remove Wave（删除波形）”命令，删除该工作点电压；选择“Add Wave（添加波形）”命令，添加工作点 v(in)、v(out)。

从图 9-84 中可以看出，信号为 1kHz，输出达到最大值。之后及之前随着频率的升高或降低，系统的输出逐渐减小。

v(in)	0.000
v(out)	12.69m

图 9-82　直流工作点分析结果

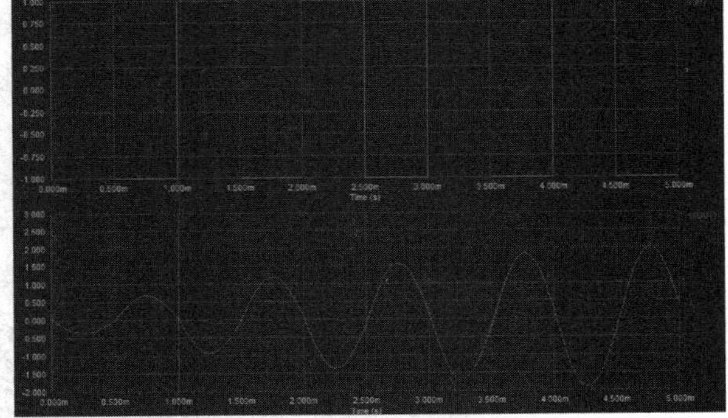

图 9-83　瞬态特性分析结果

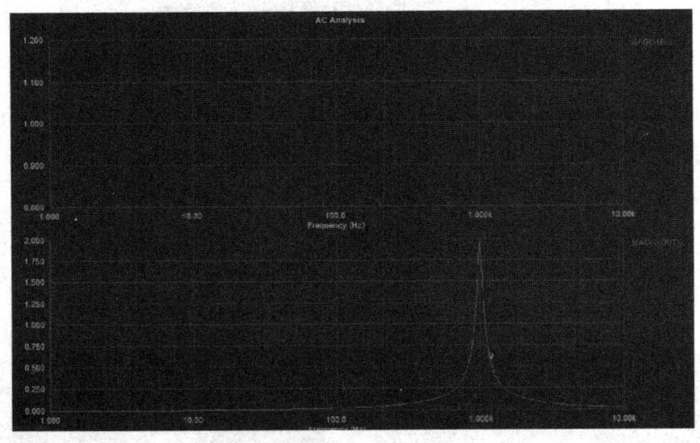

图 9-84　交流信号分析结果

9.6.2 模拟放大电路仿真

9.6.2　模拟放大电路仿真

本例要求完成如图 9-85 所示仿真电路原理图的绘制，同时完成正弦仿真激励源的设置及仿真方式的设置。实现瞬态特性、直流工作点、交流小信号、直流传输特性分析及噪声分析，最终将波形结果输出。通过这个实例掌握直流传输特性分析，确定输入信号的最大范围。同时通过本例的学习，正确理解噪声分析的作用和功能，掌握噪声分析适用的场合和操作步骤，尤其是要理解进行噪声分析时所设置参数的物理意义。

实例操作步骤如下。

1）选择菜单命令“文件”→“新的”→“项目”，建立新工程，并命名为“Imitation Amplifier.PRJPCB”。为新工程添加仿真模型库，完成电路原理图的设计。

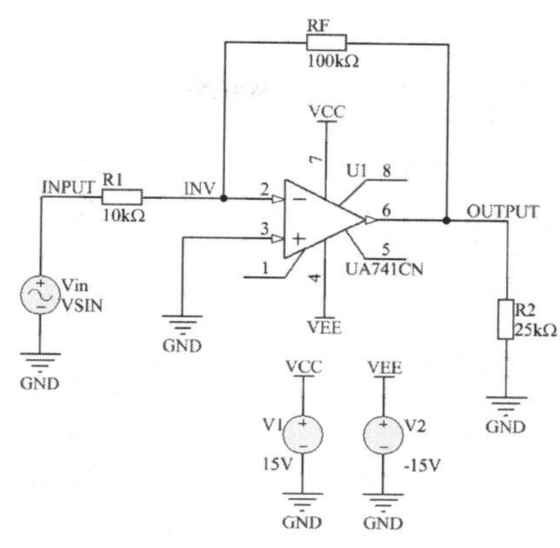

图 9-85　模拟放大仿真电路

2）设置元件的参数。双击该元件，系统将弹出元件属性对话框，按照设计要求设置元件参数。放置正弦信号源“VIN”。

3）选择菜单栏中的“设计”→“仿真”→“Mixed Sim（混合仿真）”命令，系统将弹出“Simulation Dashboard（仿真仪表）”面板，如图 9-86 所示。本例选择直流工作点分析、瞬态特性分析、交流信号分析和直流传输特性分析，并选择观察信号 INPUT 和 OUTPUT。

4）打开“DC Sweep（直流信号分析）”选项，设置“DC Sweep Analysis（直流信号分析）”选项参数，选择输出信号 v(INPUT)和 v(OUTPUT)（设置图表编号为 1、2），如图 9-87 所示。

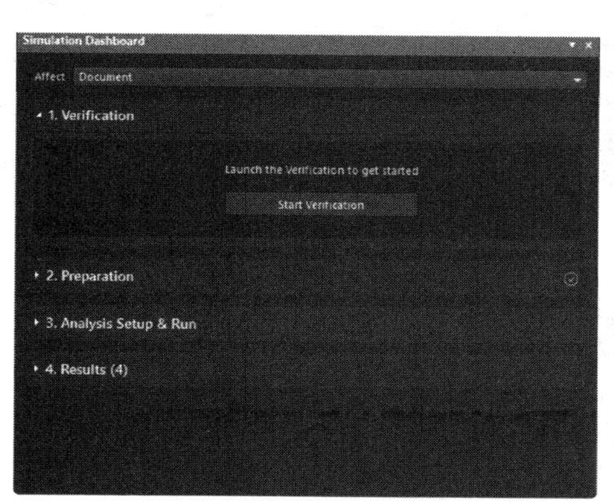

图 9-86　“Simulation Dashboard（仿真仪表）”面板

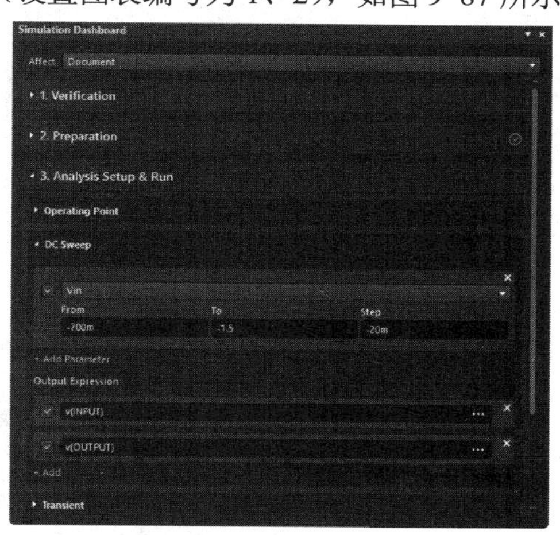

图 9-87　设置“DC Sweep（直流信号分析）”选项参数

5）打开“Transient（瞬态特性分析）”选项，设置“Transient（瞬态特性分析）”选项参数，选择输出信号 v(INPUT)和 v(OUTPUT)（设置图表编号为 1、2），如图 9-88 所示。

6）打开“AC Sweep（交流信号分析）”选项，设置“AC Signal Sweep Analysis（交流信号分析）”选项参数，选择输出信号 MAG(v(INPUT))和 MAG(OUTPUT)（设置图表编号为 1、2），如图 9-89 所示。

7）设置好相关参数后，选择菜单栏中的“设计”→“仿真”→“Mixed Sim（混合仿真）”命令，进行仿真。系统先后进行瞬态特性分析、交流信号分析、直流传输特性分析，其结果分别如图 9-90～图 9-92 所示。

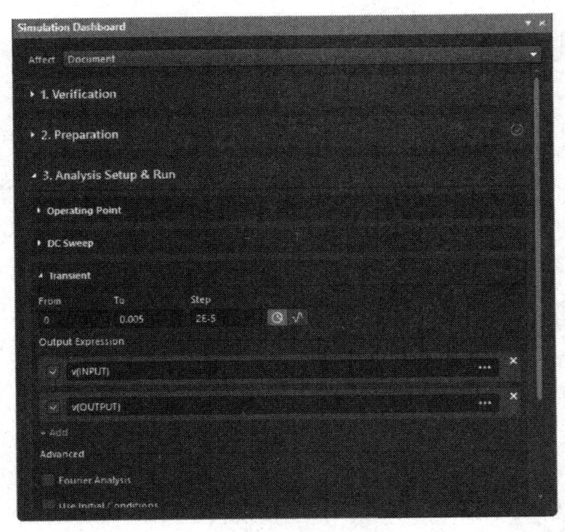

图 9-88 设置“Transient（瞬态特性分析）”选项参数

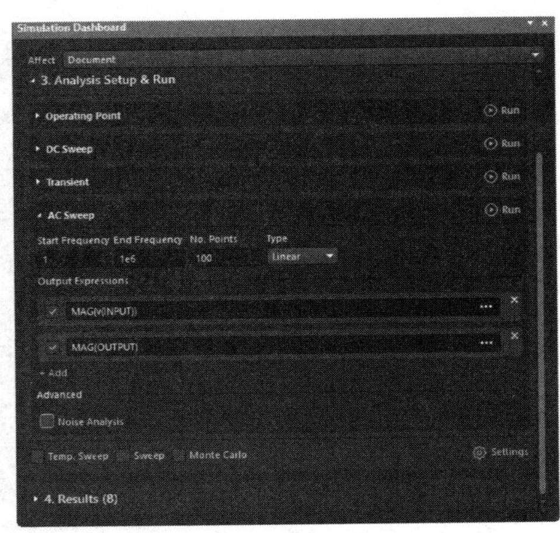

图 9-89 设置“AC Sweep（交流信号分析）”选项参数

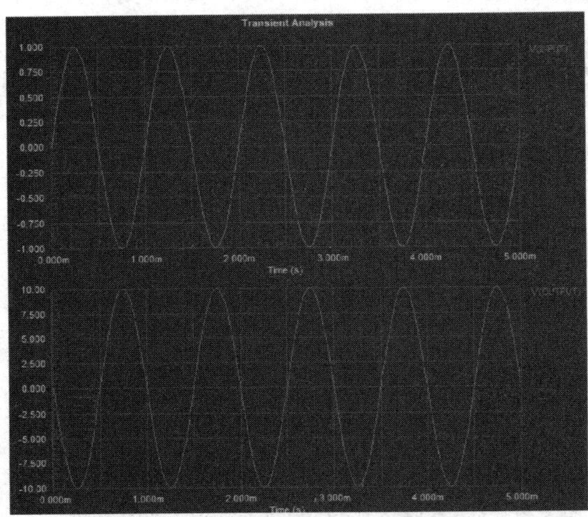

图 9-90 瞬态特性分析结果

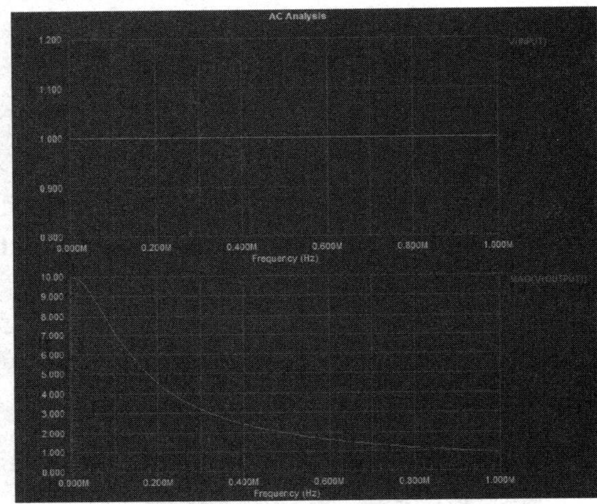

图 9-91 交流信号分析结果

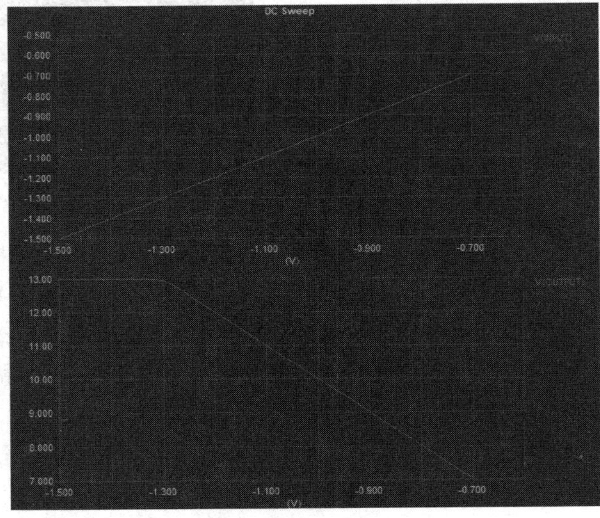

图 9-92 直流传输特性分析结果

9.7 思考与练习

1．简述电路仿真的基本概念。

2．使用交流分析，计算图 9-93 所示放大电路的放大倍数，输出结果如图 9-94 所示。

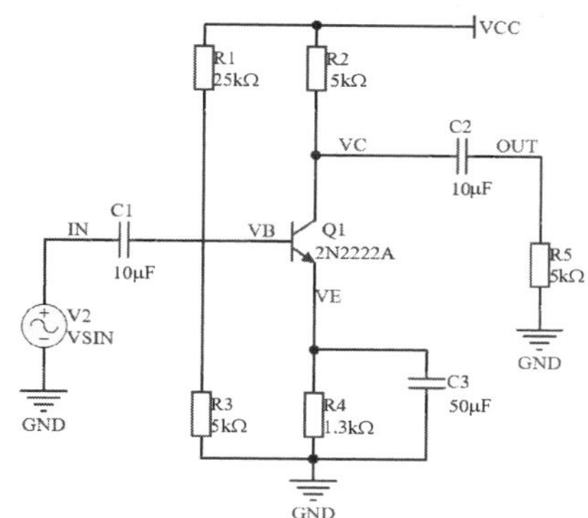

图 9-93 放大电路

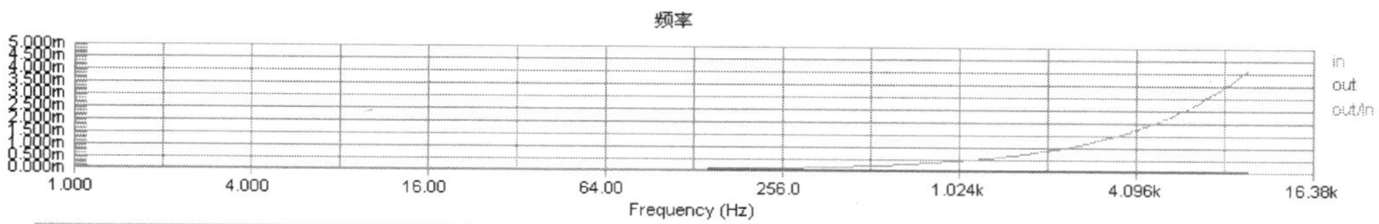

图 9-94 输出结果

第 10 章　综合实例：单片机显示电路原理图与 PCB 设计

第 10 章　综合实例：单片机显示电路原理图与 PCB 设计

内容指南

本章将介绍一个简单电路的完整设计过程，帮助读者建立对 SCH 和 PCB 较为系统的认识。希望读者可以在实战中消化理解本书前面章节所讲述的知识点，最终应用到自己的硬件电路设计工作中。

知识重点

- 电路板设计流程
- 绘制电路原理图
- 生成网络表
- 绘制印制电路板

10.1　电路板设计流程

本实例是全书的综合实例。在进行具体操作之前，再强调一下设计流程，希望读者可以严格遵守，从而达到事半功倍的效果。

10.1.1　电路板设计的一般步骤

一般来说，电路板的设计分为如下 3 个阶段。

1）设计电路原理图，即利用 Altium Designer 22 的原理图设计系统（Advanced Schematic）绘制一张电路原理图。

2）生成网络表。网络表是电路原理图设计与印制电路板设计之间的一座桥梁。网络表可以从电路原理图中获得，也可以从印制电路板中提取。

3）设计印制电路板。在这个过程中，要借助 Altium Designer 22 提供的强大功能完成电路板的版面设计和高难度的布线工作。

10.1.2　电路原理图设计的一般步骤

电路原理图是整个电路设计的基础，它决定了后续工作是否能够顺利进展。一般而言，电路原理图的设计包括如下几个部分。

- 设计电路图图纸大小及其版面。
- 在图纸上放置需要设计的元器件。
- 对所放置的元件进行布局布线。
- 对布局布线后的元器件进行调整。

- 保存文档并打印输出。

10.1.3 印制电路板设计的一般步骤

印制电路板设计的一般步骤如下。

1）规划电路板。在绘制印制电路板之前，用户要对电路板有一个初步的规划，这是一项极其重要的工作，目的是为了确定电路板设计的框架。

2）设置电路板参数。包括元器件的布置参数、层参数和布线参数等。一般来说，这些参数用其默认值即可，有些参数在设置过一次后，几乎无须修改。

3）导入网络表及元器件封装。网络表是电路板自动布线的灵魂，也是电路原理图设计系统与印制电路板设计系统的接口。只有导入网络表之后，才可能完成电路板的自动布线。

4）元件布局。规划好电路板并装入网络表之后，用户可以让程序自动装入元器件，并自动将它们布置在电路板边框内。Altium Designer 22 也支持手动布局，只有合理布局元器件，才能进行下一步的布线工作。

5）自动布线。Altium Designer 22 采用的是先进的无网络、基于形状的对角自动布线技术。只要相关参数设置得当，且具有合理的元器件布局，自动布线的成功率几乎是 100%。

6）手动调整。自动布线结束后，往往存在令人不满意的地方，这时就需要进行手动调整。

7）保存及输出文件。完成电路板的布线后，需要保存电路图文件，然后利用各种图形输出设备，如打印机或绘图仪等，输出电路板的布线图。

10.2 绘制电路原理图

本节将介绍本实例电路原理图的绘制过程和操作步骤。

10.2.1 启动原理图编辑器

1）执行“开始”→“程序”→“Altium Designer”命令，即可启动 Altium Designer 22。

2）执行“文件”→“新的”→“项目”菜单命令，建立一个新的 PCB 项目，如图 10-1 所示。

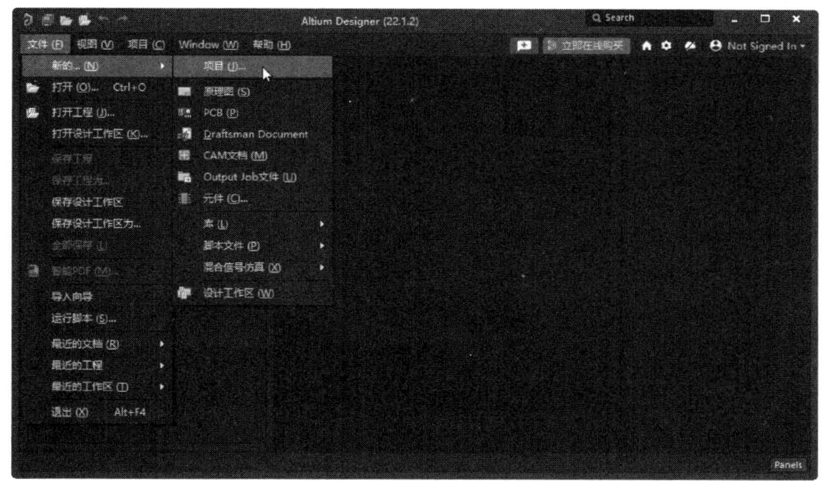

图 10-1 新建设计项目

3）执行“文件”→“保存工程为”命令，将项目命名为“Documents.PrjPcb”，保存在指定的文件夹中，如图 10-2 所示。

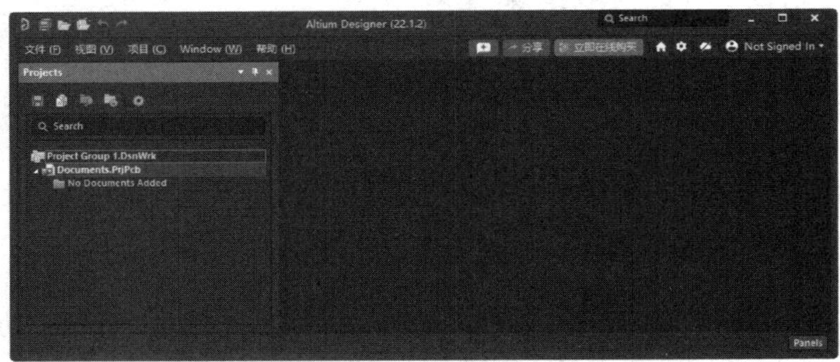

图 10-2 设计项目初始画面

4）执行“文件”→“新的”→“原理图”菜单命令，新建了一个原理图文件，如图 10-3 所示，新建的原理图文件会自动添加到“Documents.PrjPcb”项目中，并将其保存为 cuisch.SchDoc。

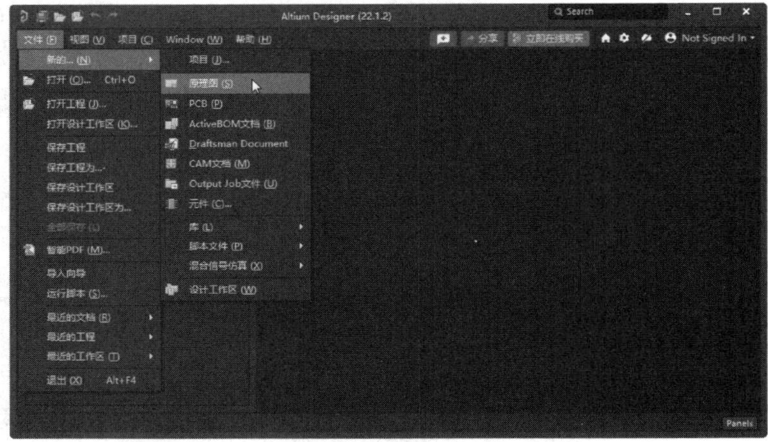

图 10-3 新建原理图文件

5）双击原理图文件图标，进入原理图编辑环境，如图 10-4 所示。

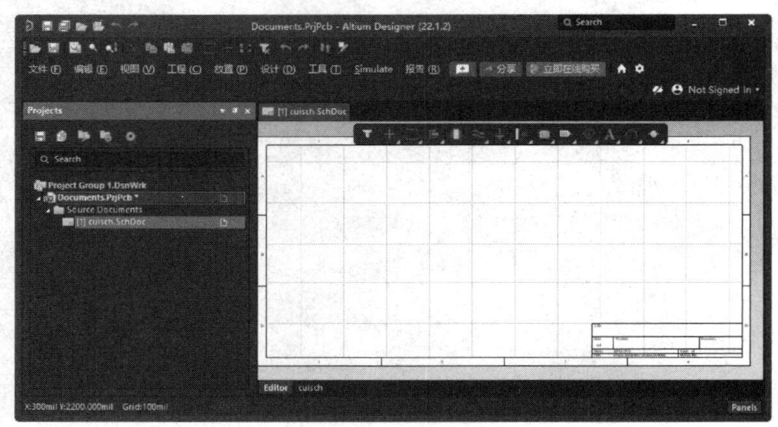

图 10-4 原理图编辑环境

10.2.2 设置图纸参数

单击原理图编辑环境右下角的 Panels 按钮，在弹出的快捷菜单中选择“Properties（属性）”命令，打开“Properties（属性）”面板，图纸的尺寸设置为“A4”，放置方向设置为“Landscape”，图纸标题栏设为“Standard”，其他采用默认设置，如图 10-5 所示。

10.2.3 绘制元件

本电路原理图需要 3 个芯片：一个 77E58 单片机、一个 24C01 的 EEPROM 和一个 MAX232 的电平转换芯片。另外还需要一个显示屏器件：LCD12232。以绘制 77E58 单片机为例，其具体操作步骤如下。

1）执行“文件”→“新的”→“库”→“原理图库”菜单命令，新建元件库文件，默认名称为“Schlib1.SchLib”，如图 10-6 所示。

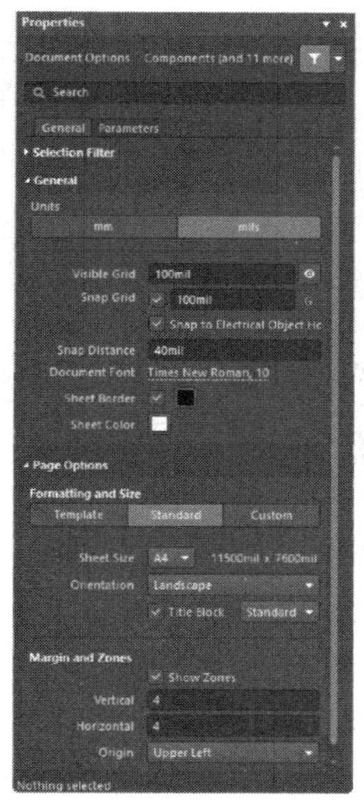

图 10-5 “Properties（属性）”面板

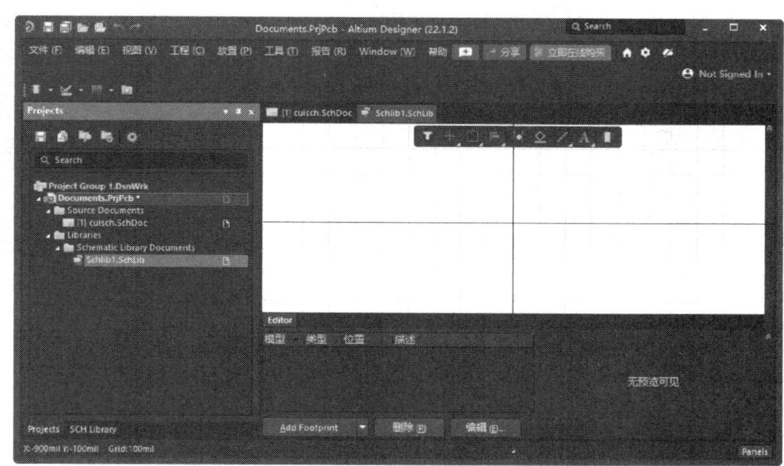

图 10-6 添加原理图元件库

2）新建的原理图元件库内，已经存在一个自动命名的 Component_1 元件，如图 10-7 所示。

3）首先确定元件符号的轮廓，即放置矩形。执行“放置”→“矩形”菜单命令，或者单击“应用工具”工具栏中的“实用工具”按钮下拉菜单中的（放置矩形）按钮，进入放置矩形状态，在空白区域绘制一个矩形，然后双击矩形，打开“Rectangle（矩形）”对话框，设置如图 10-8 所示。

4）放置好矩形后，执行“放置”→“文本字符串”菜单命令，或者单击“实用工具”工具栏的（放置文本字符串）按钮，进入放置文字状态，并打开如图 10-9 所示的“Text（文本）”对话框。在“Text（文本）”栏输入“77E58”，按“Font（字体）”文本框右侧按钮打开字体下拉列表，将字体大小设置为“16”，然后把文字放置在合适的位置。

5）执行“放置”→“管脚”菜单命令，放置管脚，双击打开如图 10-10 所示的“Pin（管脚）”对话框。在“Name（名字）”栏输入“P4.2”，“Designator（标识符）”栏输入“1”。

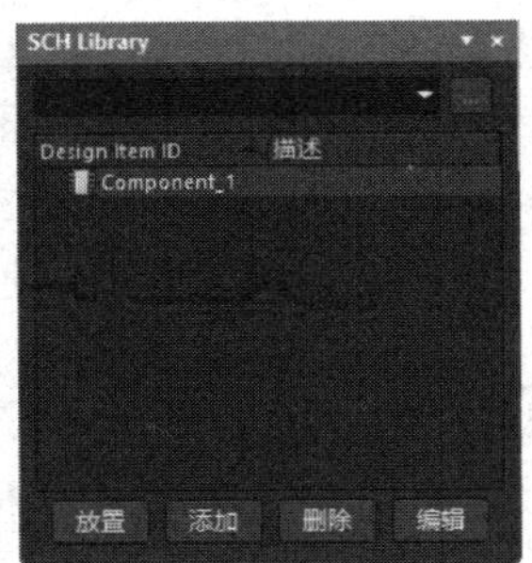

图 10-7　元件库浏览器

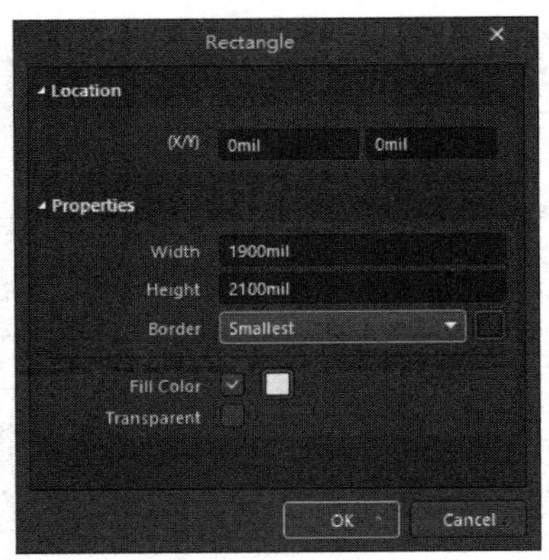

图 10-8　“Rectangle（矩形）”对话框

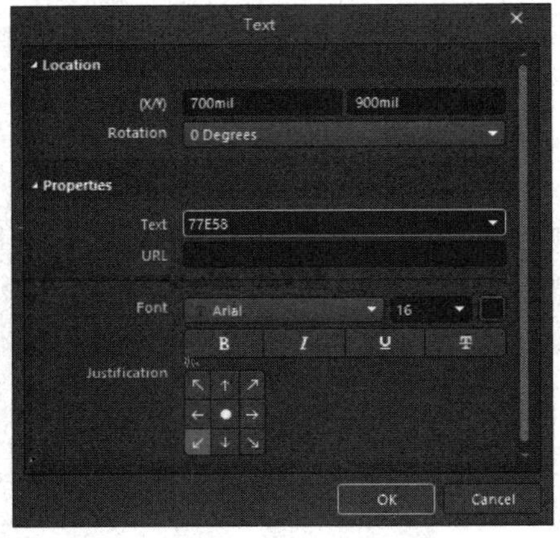

图 10-9　“Text（文本）”对话框

图 10-10　设置管脚属性

6）此时，鼠标指针上附着一个管脚的虚影，用户可以按〈Space〉键改变管脚的方向，然后单击放置管脚，如图 10-11 所示。

7）系统仍处于放置管脚的状态，以相同的方法放置其他管脚，如图 10-12 所示。

由于管脚号码具有自动增量的功能，第一次放置的管脚号码为 1，紧接着放置的管脚号码会自动变为 2，所以最好按照顺序放置管脚。

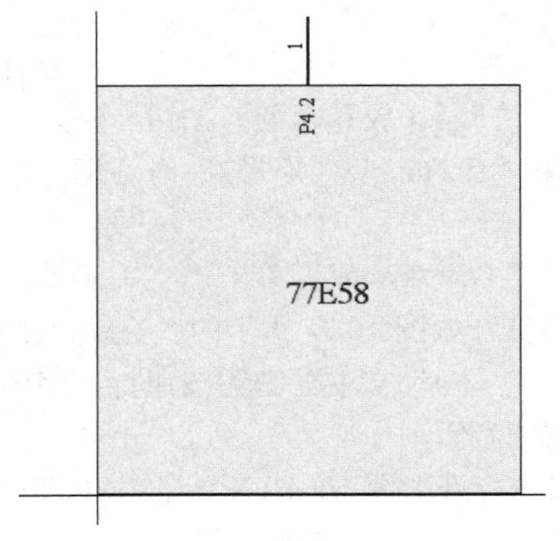

图 10-11　放置管脚（一）

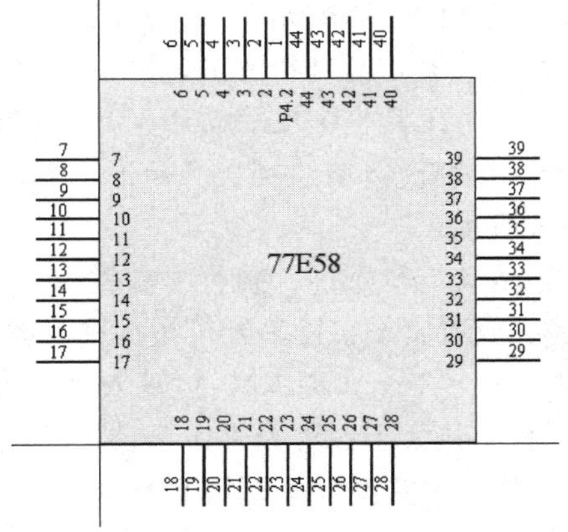

图 10-12　放置管脚（二）

8）设置管脚标识。每个管脚除了管脚号之外还有自己特定的标识，如管脚 1。用户需要对每个管脚的标识进行设置，设置好的结果如图 10-13 所示。

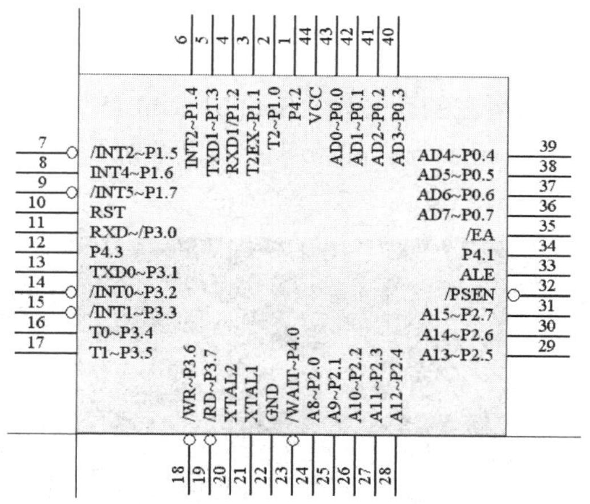

图 10-13　设置管脚标识

9）改名存盘。从“SCH Library（原理图库）”面板里元件列表中选择元件，然后单击“编辑”按钮，弹出“Properties（属性）”面板，如图 10-14 所示。在“Design Item ID（设计项目地址）”栏输入新元件名称“77E58”，在“Designator（标识符）”栏输入预置的元件序号前缀（在此为“U？”），在“Comment（注释）”栏输入元件注释 77E58，元件库浏览器中多出了一个元件 77E58。

10）同样的方法绘制 LCD12232 原理图符号，如图 10-15 所示。

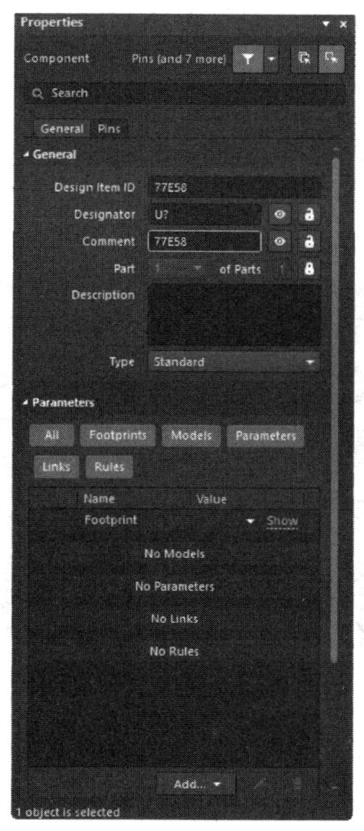

图 10-14　“Properties（属性）”面板

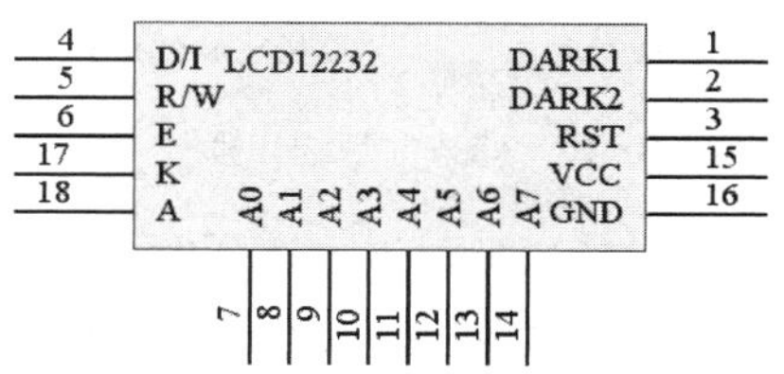

图 10-15　LCD12232 原理图符号完成图

10.2.4 放置元件

1）加载元件库。在“Components（元件）”面板右上角单击按钮，在弹出的快捷菜单中选择“File-based Libraries Preferences（库文件参数）”命令，则系统将弹出“可用的基于文件的库”对话框，找到刚才创建的元件库所在的库文件“Schlib1.SchLib”及普通阻容元件“Miscellaneous Devices.IntLib”“Miscellaneous Connectors.IntLib”，并将其添加到元件库列表中，如图 10-16 所示。单击“关闭”按钮返回原理图编辑环境。

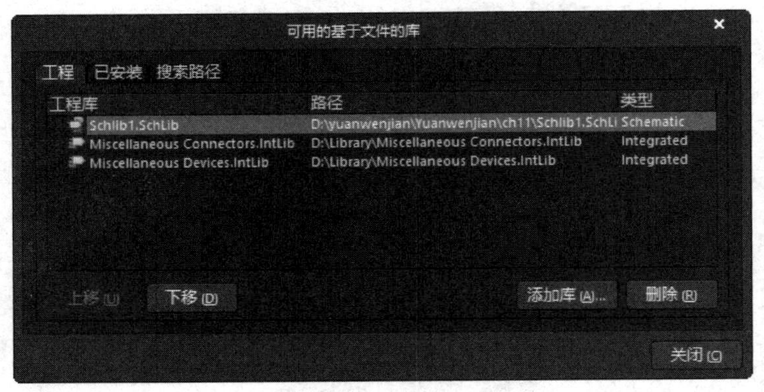

图 10-16　加载需要的元件库

2）在“Miscellaneous Connectors.IntLib”元件库中选择 9 段连接头“D Connector 9”，对于本原理图，连接头上的 10 和 11 引脚不必显示出来，双击元件，在“引脚属性”窗口中取消 9 脚和 10 脚的“展示”属性的选择，修改前后的元件如图 10-17 所示。修改后把连接头放置到原理图中。

3）搜索元件。在“Components（元件）”面板右上角中单击按钮，在弹出的快捷菜单中选择“File-based Libraries Search（库文件搜索）”命令，则系统将弹出“基于文件的库搜索”对话框，如图 10-18 所示。在文本框内输入搜索名称，然后单击查找按钮开始查找。

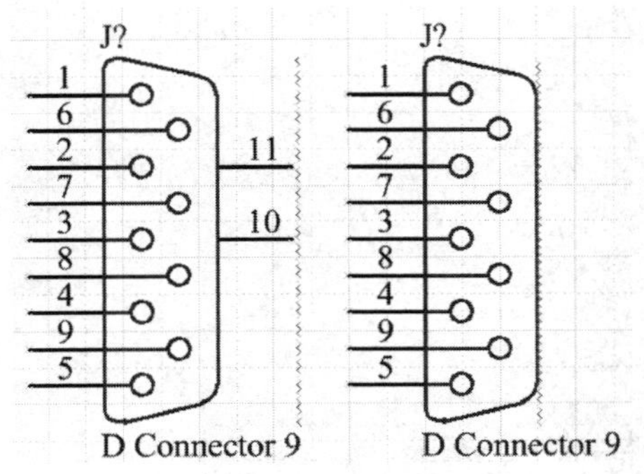

图 10-17　修改前后的元件

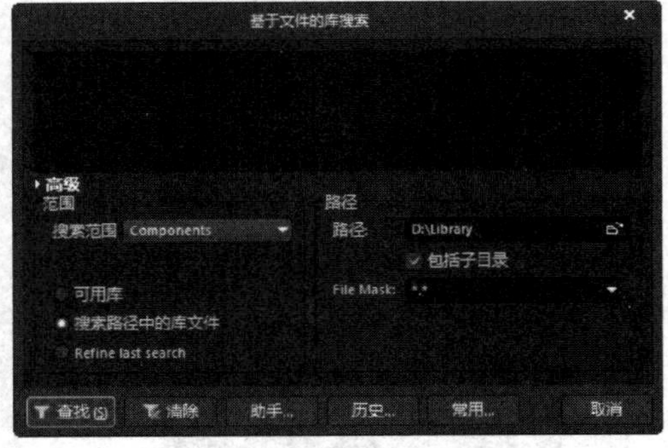

图 10-18　查找元件

4）将查找到的元件双击直接放置到原理图中即可。

5）放置所有元件并进行属性设置，结果如图 10-19 所示。

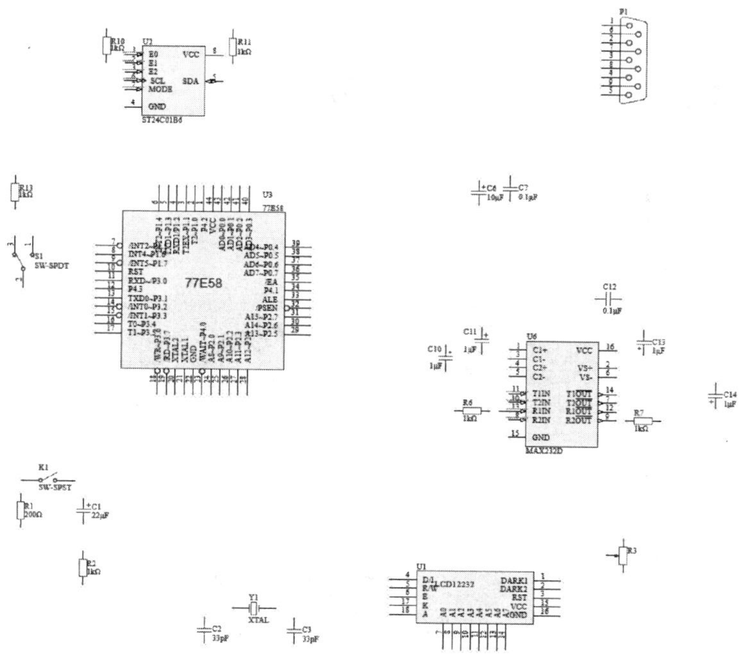

图 10-19　放置所有元件

6）执行“放置”→“线”菜单命令或单击“布线”工具栏中的（放置线），放置导线，完成连线操作。完成连线后的原理图如图 10-20 所示。

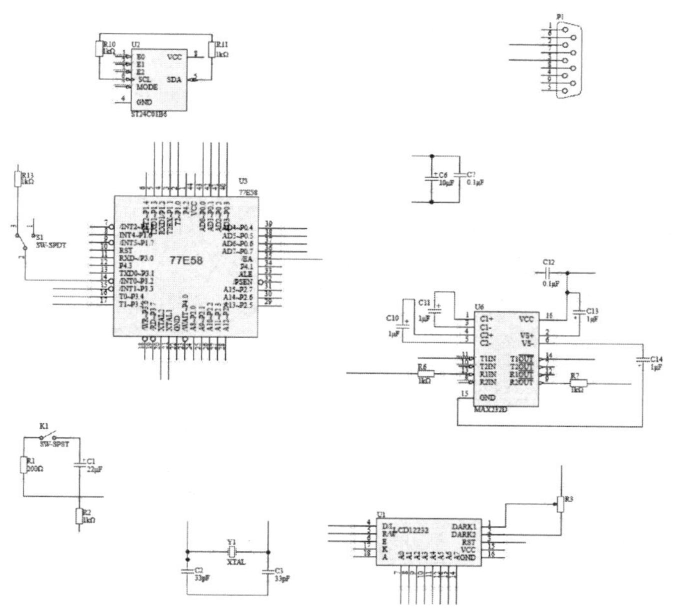

图 10-20　连接原理图

7）执行“放置”→“网络标签”菜单命令或单击“布线”工具栏中的 Net（放置网络标号）按钮，完成之后的原理图如图 10-21 所示。

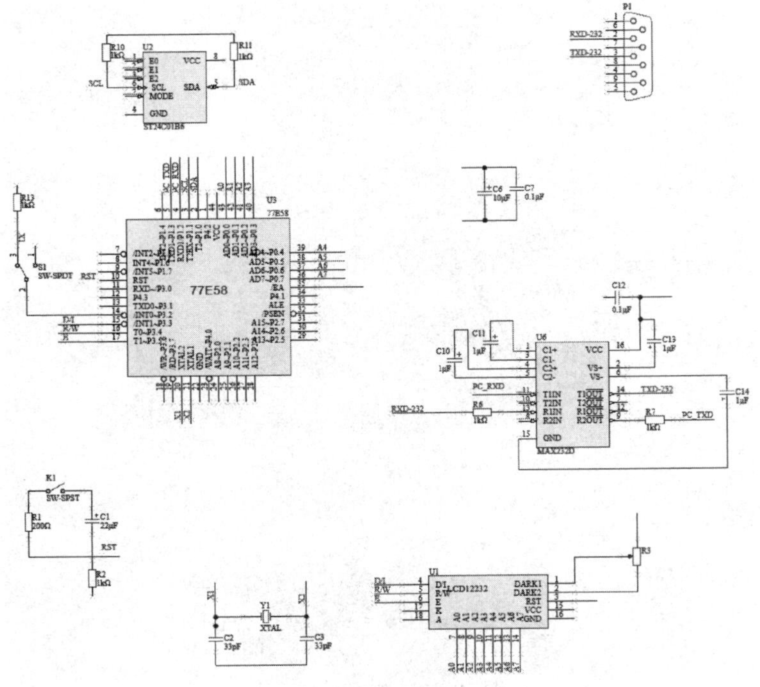

图 10-21　放置网络标号

8）放置电源符号。执行“放置”→“电源端口”菜单命令或单击“布线”工具栏中的（VCC 电源端口）按钮，放置电源，结果如图 10-22 所示。

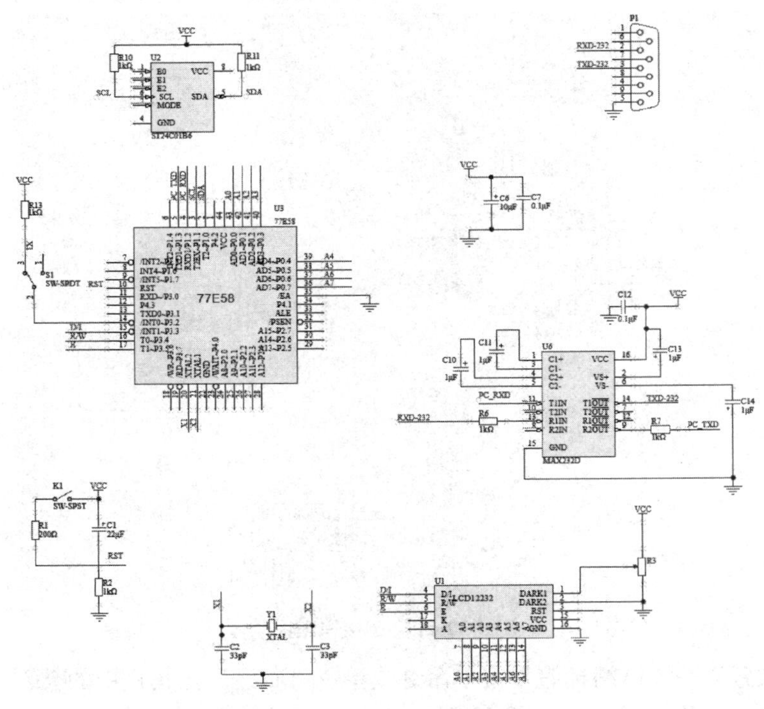

图 10-22　完成电路图设计

10.3 生成网络表

本节将生成原理图文件的网络表。

执行如图 10-23 所示的“设计”→“工程的网络表”→“Protel（生成原理图网络表）”菜单命令，或者按快捷键〈D+N〉，系统自动会生成当前工程的网络表文件“Documents.NET”，并存放在当前工程下的“Generated \Netlist Files”文件夹中。双击打开该文件，生成的网络表如图 10-24 所示。

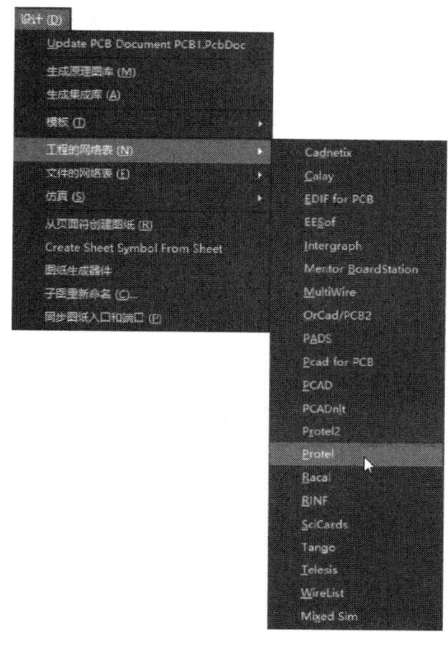

图 10-23 生成网络表菜单命令

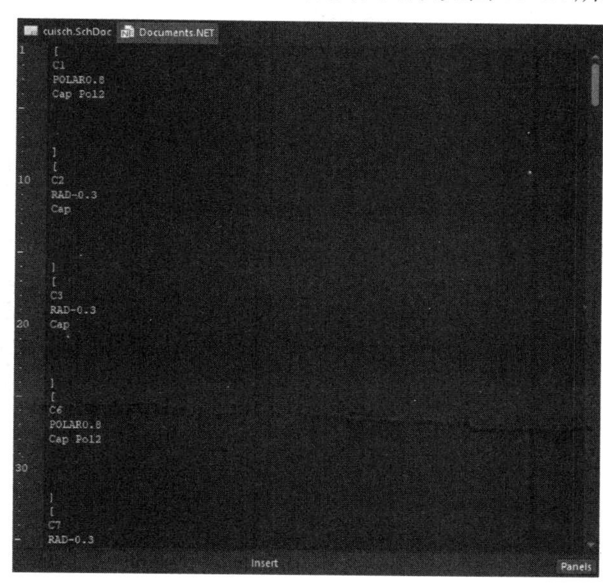

图 10-24 网络表文件

10.4 绘制印制电路板

本节将介绍本实例电路图印制电路板的绘制过程和操作步骤。

10.4.1 创建一个新的 PCB

在将设计从原理图编辑器转换到 PCB 编辑器之前，需要创建一个有最基本的板子轮廓的空白 PCB，最简单方法是使用 PCB 模板，这将选择工业标准板轮廓又创建了自定义的板子尺寸。

创建新的 PCB。选择菜单栏中的“文件”→“打开”命令，在弹出的对话框中选择模板文件“4000×4000.PcbDoc”，将其保存为“cuisch.PcbDoc”，如图 10-25 所示。

图 10-25 生成的 PCB 文件

10.4.2 设置印制电路板的参数

利用如图 10-26 所示的“工具”→“优先选项”菜单命令，或者按快捷键〈T+P〉，打开如图 10-27 所示的“优选项”对话框，设置 PCB 编辑环境中的各个参数。在这里都采用系统默认设置即可，不用更改任何参数，直接进入下一个环节。

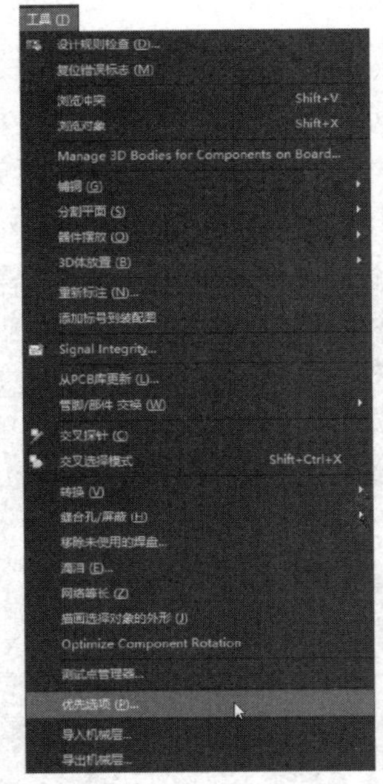

图 10-26 “优先选项”命令

图 10-27 “优选项”对话框

10.4.3 制作 PCB 元件封装

本实例要绘制两个元件的 PCB 封装：77E58 和 LCD12232。以 77E58 的封装为例，其具体绘制步骤如下。

1）执行“文件”→“新的”→“库”→“PCB 元件库”菜单命令，将切换到 PCB 元件库编辑环境，如图 10-28 所示。

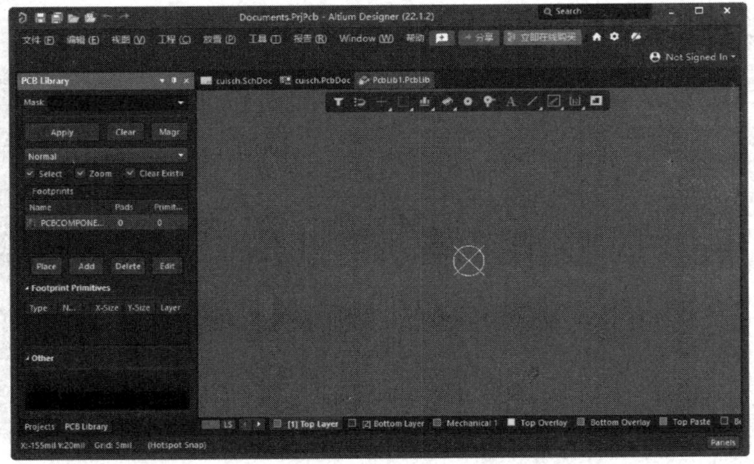

图 10-28 PCB 元件库编辑环境

2）将工作层切换到“Top Overlay（丝印层）”，将活动层设置为顶层丝印层。

3）执行“放置”→“线条”菜单命令，光标变为十字形状，单击确定直线的起点，并移动光标就可以拉出一条直线。用光标将直线拉到合适位置，在此单击确定直线终点。右击或者按〈Esc〉键结束绘制直线，绘制如图 10-29 所示的封装轮廓。

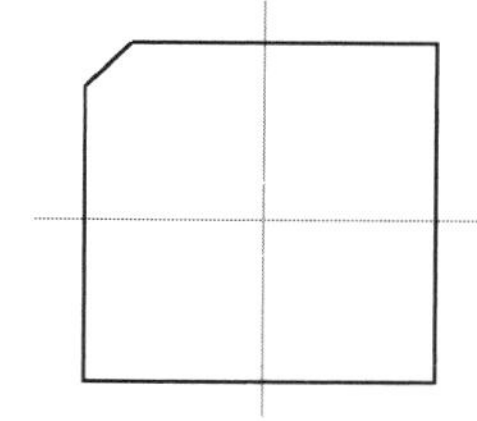

图 10-29　77E58 封装轮廓

4）在“Top-Layer（顶层）”执行“放置”→“焊盘”菜单命令，鼠标箭头上悬浮一个十字光标和一个焊盘，移动光标确定焊盘的位置。按照同样的方法放置另外几个焊盘。

5）编辑焊盘属性。双击焊盘即可进入设置焊盘属性面板，如图 10-30 所示。

6）如图 10-31 所示为 77E58 封装外观，双击“PCB Library”操作界面的元件框内会出现的 PCBCOMPONENT_1 空文件，在弹出的命名对话框中将元件名称改为 77E58，如图 10-32 所示，然后单击“确定”按钮即可。

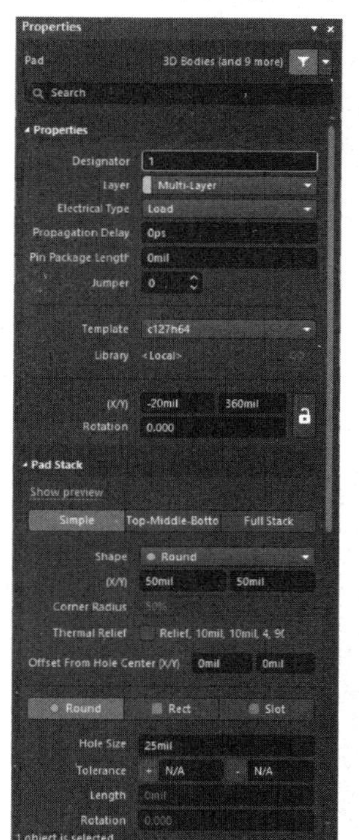

图 10-30　焊盘属性设置面板

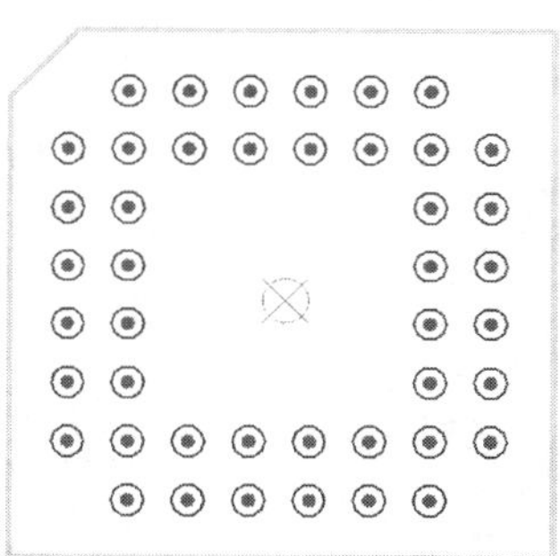

图 10-31　77E58 封装外观

图 10-32　重新命名元件

7）执行“工具”→“新的空元件”菜单命令，这时在 PCB Library 操作界面的元件框内会出现一个新的 PCBCOMPONENT_1 空文件。双击 PCBCOMPONENT_1，在弹出的命名对话框中将元件名称改为“LCD12232”。

8）按照上面的步骤再绘制出 LCD12232 的封装，如图 10-33 所示。

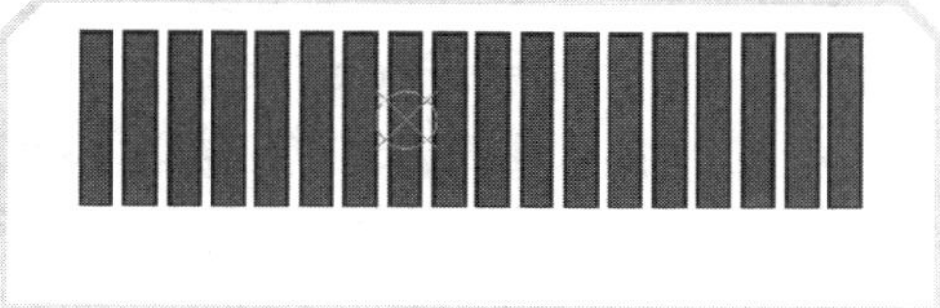

图 10-33　LCD12232 封装外观

10.4.4 导入网络表

将前面生成的网络表导入到 PCB 文件中，其具体操作步骤如下。

1）打开“cuisch.SchDoc”文件，使之处于当前的工作窗口中，同时应保证“PCB1.PcbDoc”文件也处于打开状态。

2）执行“设计”→“Update PCB Document PCB1.PcbDoc（更新 PCB 文件 PCB1.PcbDoc）”菜单命令，系统将对原理图和 PCB 图的网络报表进行比较并弹出一个“工程变更指令”对话框，如图 10-34 所示。

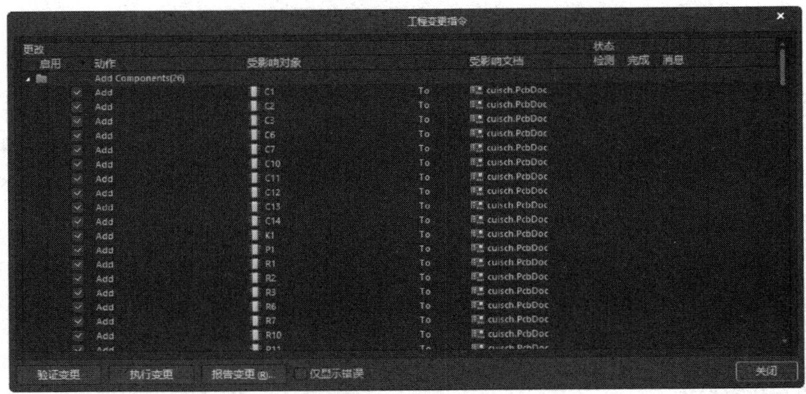

图 10-34 “工程变更指令”对话框

3）单击 验证变更 按钮，系统将扫描所有的改变，看能否在 PCB 上执行所有的改变。随后在每一项所对应的“检测”栏中将显示标记，如图 10-35 所示。

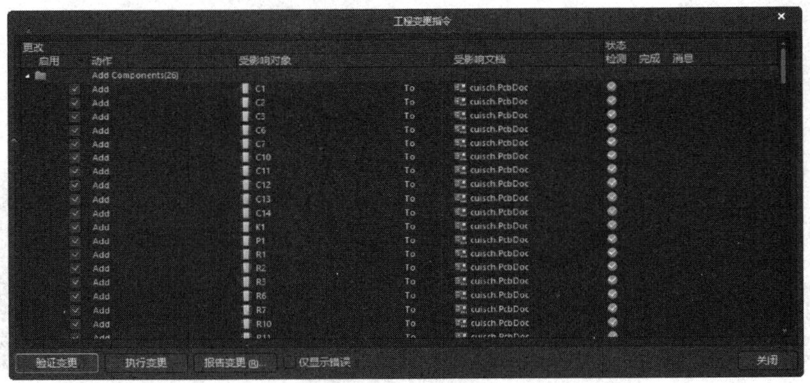

图 10-35 检查变更命令

标记说明这些改变都是合法的。标记说明此改变是不可执行的，需要回到以前的步骤中进行修改，然后重新进行更新。

4）进行合法性校验后单击 执行变更 按钮，系统将完成网络表的导入，同时在每一项的“完成”栏中显示标记提示导入成功，如图 10-36 所示。

5）单击 关闭 按钮关闭该对话框，这时可以看到在 PCB 图布线框的右侧出现了导入的所有元件的封装模型，如图 10-37 所示。

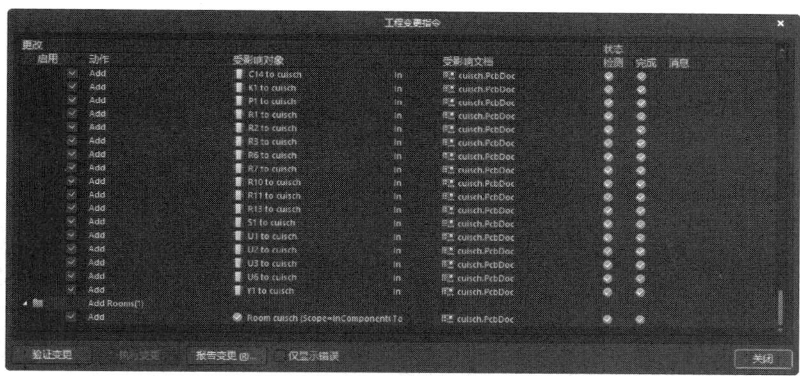

图 10-36　执行变更命令

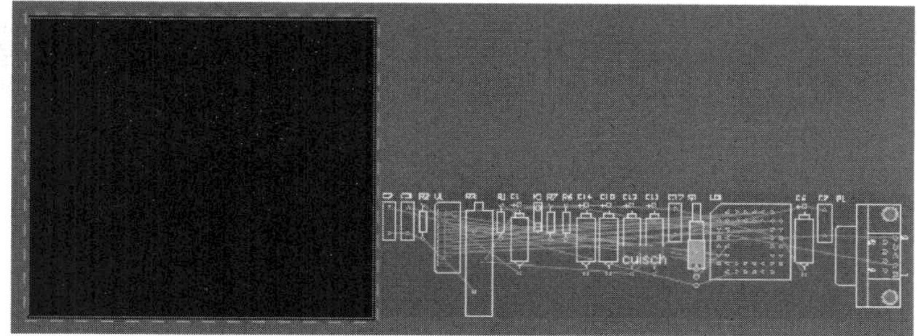

图 10-37　导入网络表后的 PCB 图

📖 提示：用户需要注意的是，导入网络表时，原理图中的元件并不直接导入到用户绘制的布线框中，而是位于布线框的外面。通过之后的自动布局操作，系统自动将元件放置在布线框内。当然，用户也可以手工拖动元件到布线框内。

10.4.5 元件布局

由于元件不多，这里可以采用手动布局的方式，其结果如图 10-38 所示。

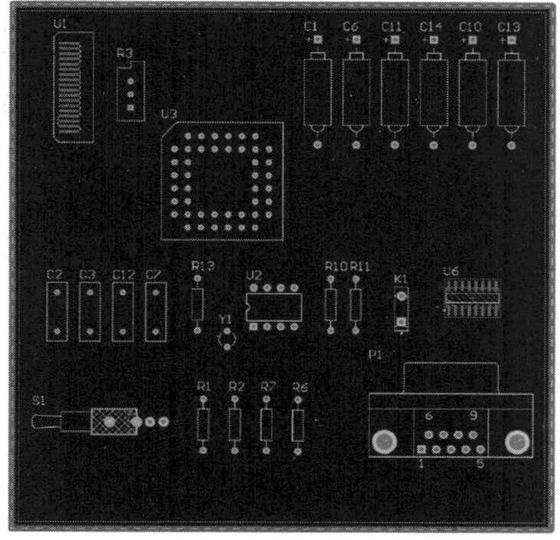

图 10-38　布局结果

10.4.6 自动布线

1）执行“设计”→“规则”菜单命令，打开如图 10-39 所示的“PCB 规则及约束编辑器”对话框，设置设计规则。

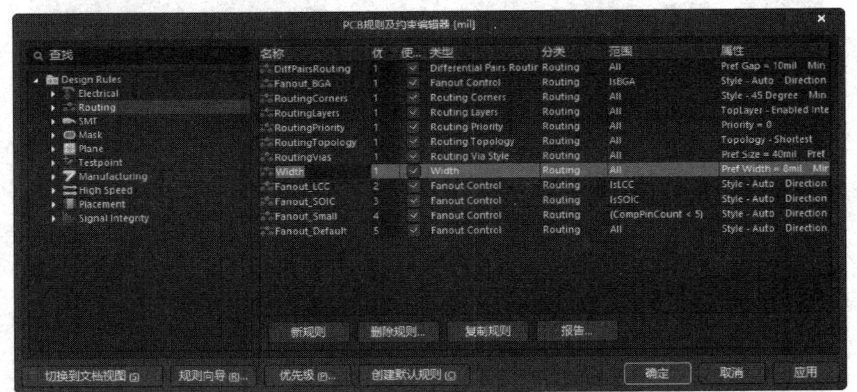

图 10-39 “PCB 规则及约束编辑器”对话框

2）在“Routing（线路）”选项卡中，设置 PCB 走线的各种规则，为自动布线操作给出一定的约束条件，以保证自动布线过程能在一定程度上满足设计人员的要求，信号线与焊盘之间的规则距离显示为 8mil。

3）单击如图 10-39 所示对话框中的“Electrical（电气）”类→“Clearance（安全间距规则）”，打开如图 10-40 所示的对话框，将信号线与焊盘之间的规则距离更改为 12mil，单击“确定”按钮，回到 PCB 编辑状态。

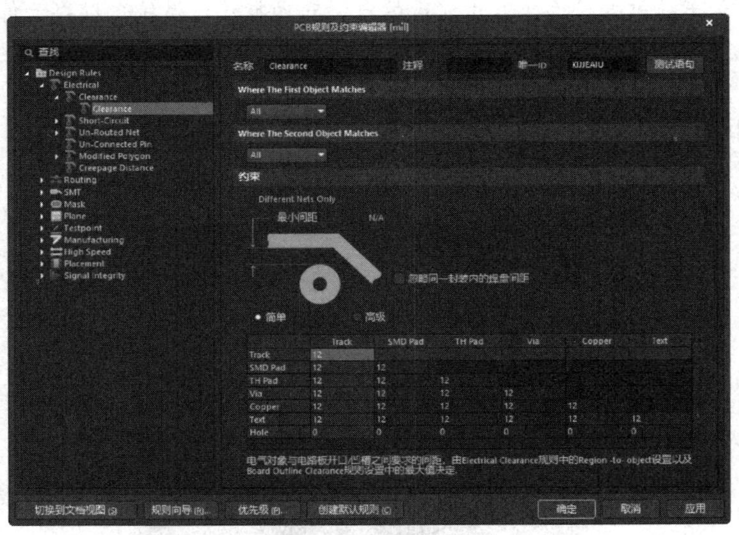

图 10-40 更改间距规则

4）执行“布线”→“自动布线”→“全部”菜单命令，弹出布线策略对话框，运行自动布线。单击 Route All 按钮，自动布线结束后给出报告，如图 10-41 所示，工作区内的电路板如图 10-42 所示。

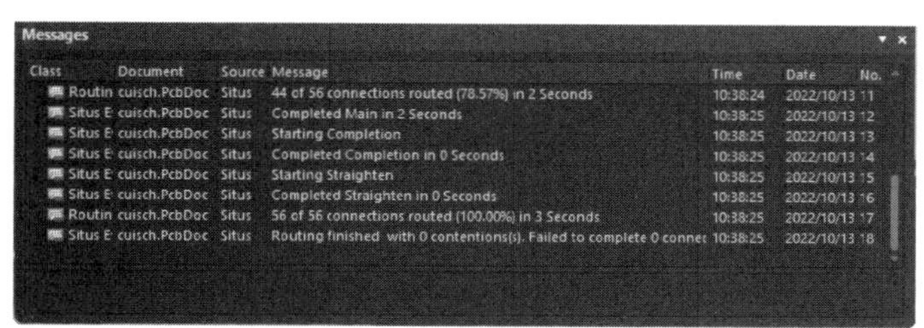

图 10-41　布线报告

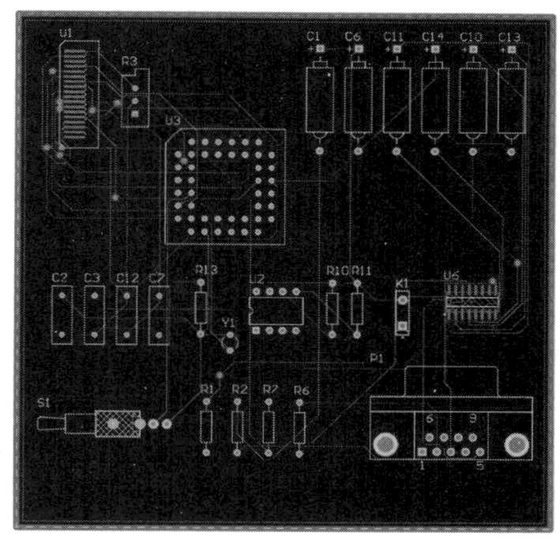

图 10-42　布线结果

5）放置多边形铺铜。执行“放置”→“铺铜”菜单命令，或者单击“布线”工具栏中的（放置多边形平面）按钮，按〈Tab〉键，打开“Properties（属性）”面板，将“层”栏设置为“Top Layer（顶层）”，如图 10-43 所示。

6）在工作区电路板内用鼠标绘制出一个放置多边形铺铜的区域。放好之后的电路板外观如图 10-44 所示。至此电路板设置完毕。

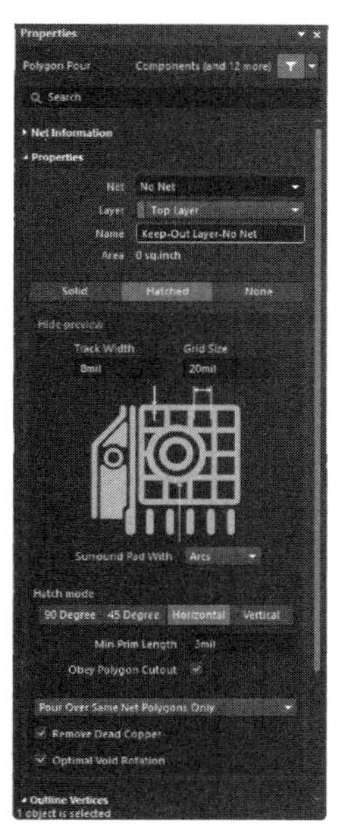

图 10-43　“Properties（属性）”面板

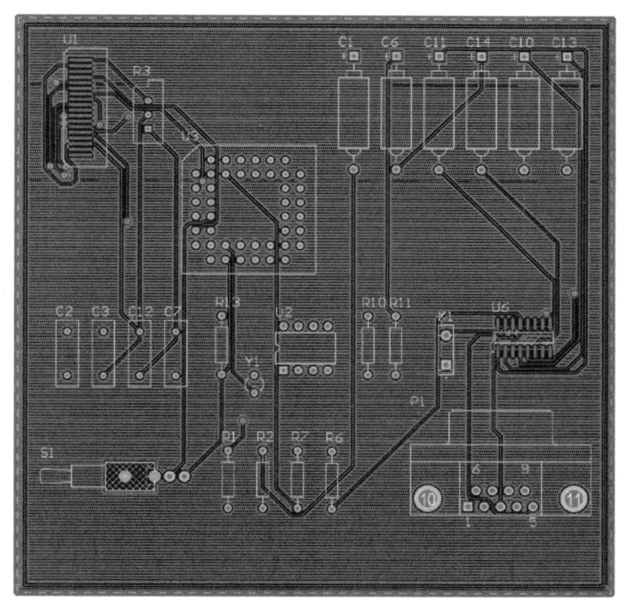

图 10-44　设置完毕的电路板